科普理论与实践研究
RESEARCH ON SCIENCE POPULARIZATION THEORY AND PRACTICE

「互联网+科普」理论与实践

施威 杨琼 编著

THEORY AND
PRACTICE OF
INTERNET +
SCIENCE POPULARIZATION

中国科学技术出版社
·北京·

图书在版编目（CIP）数据

"互联网+科普"理论与实践 / 施威, 杨琼编著 . —北京：中国科学技术出版社，2020.4

（科普理论与实践研究）

ISBN 978-7-5046-8431-8

Ⅰ.①互… Ⅱ.①施… ②杨… Ⅲ.①互联网络—应用—科普工作—教材 Ⅳ.① G316-39

中国版本图书馆 CIP 数据核字（2019）第 246968 号

策划编辑	王晓义
责任编辑	浮双双
装帧设计	中文天地
责任校对	张晓莉
责任印制	徐　飞

出　　版	中国科学技术出版社
发　　行	中国科学技术出版社有限公司发行部
地　　址	北京市海淀区中关村南大街16号
邮　　编	100081
发行电话	010-62173865
传　　真	010-62179148
网　　址	http://www.cspbooks.com.cn

开　　本	710mm×1000mm　1/16
字　　数	390 千字
印　　张	24
版　　次	2020 年 4 月第 1 版
印　　次	2020 年 4 月第 1 次印刷
印　　刷	北京华联印刷有限公司
书　　号	ISBN 978-7-5046-8431-8 / G・839
定　　价	99.00 元

（凡购买本社图书，如有缺页、倒页、脱页者，本社发行部负责调换）

丛书说明

《科普理论与实践研究》丛书项目是为深入贯彻实施《全民科学素质行动计划纲要实施方案（2016—2020年）》，推进科普人才队伍建设工程，在全国高层次科普专门人才培养教学指导委员会指导下，中国科学技术协会科学技术普及部和中国科学技术出版社共同组织实施，清华大学、北京师范大学、北京航空航天大学、浙江大学、华东师范大学、华中科技大学等全国高层次科普专门人才培养试点高校积极参与，在培养科普研究生教学研究成果的基础上，精心设计、认真遴选、着力编写出版的第一套权威、专业、系统的科普理论与实践研究丛书。

该丛书获得了国家出版基金的出版资助，彰显了其学术价值、出版价值，以及服务公民科学素质建设国家战略的重要作用。

该丛书包括20种图书，是科普理论与实践研究的最新成果，主要涵盖科普理论、科普创作、新媒体与科普、互联网+科普、科普与科技教育的融合，以及科普场馆中的科普活动设计、评估与科普展览的实践等，对全国高层次科普专门人才培养以及全社会科普专兼职人员、志愿者的继续教育和自我学习提高等都具有较高的参考价值。

目 录

绪 论 ·· 1
 一、问题缘起：信息科技革命背景下的科普 ······································ 1
 二、科普理论研究现状与趋势 ·· 6
 三、相关概念与基本理论 ·· 11

第一章 "互联网+"：概念界定与理论阐释 ·· 21
 第一节 "互联网+"的内涵、本质与特征 ·· 22
  一、"互联网+"行动计划提出的背景 ·· 22
  二、"互联网+"内涵界定 ·· 26
  三、"互联网+"的本质与特征 ·· 31
 第二节 "互联网+"技术体系 ·· 35
  一、移动互联网技术 ·· 35
  二、云计算技术 ·· 37
  三、大数据技术 ·· 40
  四、物联网技术 ·· 42
 第三节 "互联网+"的内在机理与运行模式 ···································· 45
  一、"互联网+"的内在机理 ·· 45
  二、"互联网+"的运行模式 ·· 52
 第四节 "互联网+"行动诉求、发展趋势与实施策略 ···················· 59
  一、"互联网+"行动诉求 ·· 59

二、"互联网+"发展趋势 …………………………………………… 64
三、"互联网+"行动计划实施策略 ………………………………… 66

第二章 "互联网+科普"需求、形态与功能演变 ……………………… 75
第一节 "互联网+科普"时代社会环境与需求演变 ………………… 76
一、"互联网+科普"时代社会环境 …………………………………… 76
二、"互联网+科普"时代科普需求演变 ……………………………… 81
第二节 "互联网+"时代科普目标与形态转变 ……………………… 88
一、"互联网+"时代科普目标与任务转变 …………………………… 88
二、"互联网+"时代科普形态转变 …………………………………… 95
第三节 "互联网+科普"功能演变 …………………………………… 105
一、"互联网+"时代科普范式转变的动力 …………………………… 105
二、科学与公众关系模型分析 ………………………………………… 111
三、"公众参与科学"模式的构建与检验——以果壳网为例 ……… 119

第三章 "互联网+科普"系统结构、机制与模式构建 ………………… 129
第一节 "互联网+科普"理念重塑 …………………………………… 130
一、"互联网+科普"理念构建的社会背景 …………………………… 130
二、"互联网+科普"理念构建的实践基础 …………………………… 132
三、"互联网+科普"理念构建的核心内容 …………………………… 136
第二节 "互联网+科普"系统构成要素 ……………………………… 139
一、科普传播系统的基本构成 ………………………………………… 140
二、科普参与主体 ……………………………………………………… 141
三、科普传播内容 ……………………………………………………… 145
四、科普传播渠道 ……………………………………………………… 148
第三节 "互联网+科普"系统结构与运行机制 ……………………… 151
一、科普传播系统结构与特性 ………………………………………… 152
二、科普传播模式类型与内容 ………………………………………… 154
三、科普传播的运行机制 ……………………………………………… 160

第四节 "互联网＋科普"战略及其实施路径……170
　　一、"互联网＋科普"战略目标设定……170
　　二、"互联网＋科普"战略实施内容与路径……173
　　三、"互联网＋科普"战略的保障体系建设……176

第四章 "互联网＋科普"政策与管理体系构建……185
第一节 "互联网＋科普"政策体系建设……186
　　一、科普政策概念与体系构成……187
　　二、我国科普政策体系及其演变趋势……190
　　三、科普政策功能研究……194
　　四、科普政策效应提升策略……197
第二节 "互联网＋科普"组织管理机制建设……200
　　一、科普管理体系构建……200
　　二、技术进步、组织变革与政府管理制度创新……205
　　三、"互联网＋"与科普管理模式创新……208
第三节 "互联网＋科普"人才培养体系建设……210
　　一、科普人才定义与内容……211
　　二、科普人才现状与存在的问题……213
　　三、科普人才培养需求与策略……218

第五章 "互联网＋科普"资源开发与共享机制构建……225
第一节 科普资源开发与利用现状……226
　　一、科普资源的内涵、外延及特征……227
　　二、科普资源建设现状……231
　　三、科普资源开发存在的问题……243
第二节 科技资源科普化及其共享机制构建……245
　　一、科技资源科普化……245
　　二、科普资源共建共享机制构建……248

第三节 "互联网+科普"资源平台建设……254
一、"互联网+科普"资源建设的目标及其实施路线……254
二、"互联网+科普"资源平台建设的目标与内容……261
三、"互联网+科普"服务平台建设……267

第六章 "互联网+科普"传播模式构建……277
第一节 新媒体时代科普传播模式创新……278
一、科普传播发展历程与趋势……278
二、新媒体发展与科普传播的互动机制……282
三、新媒体科普传播要素分析——以科学松鼠会为例……289
第二节 新媒体科普传播的功能、特征与影响……295
一、门户网站科普栏目的科普传播研究……295
二、互动百科的科普传播研究……298
三、微博的科普传播研究……301
第三节 "互联网+"背景下科普传播机制构建……304
一、"互联网+"时代科普媒介转型的目标与原则……304
二、"互联网+"时代科普媒介转型策略与路径……309
三、"互联网+"时代科普传播体系构建……312

第七章 "互联网+"与科技场馆教育模式创新……322
第一节 科技场馆教育功能及其演变……323
一、科技场馆的概念、类型及其发展……323
二、科技场馆教育功能及其机制分析……328
三、世界科技场馆教育功能演变及其启示……333
第二节 信息技术应用与科技场馆建设……337
一、信息技术在科技场馆建设与运营中的应用……337
二、数字化科技场馆及其建设……344
三、"互联网+"与科技场馆发展……349

第三节　科技场馆传播与教育模式创新·····················352
　　一、科技场馆媒介化及其路径························352
　　二、科技场馆传播要素、功能与模式分析···············357
　　三、"大科学"视野下科技场馆教育模式创新·············361
　　四、科技场馆与 STEM 教育·························365

绪 论

一、问题缘起：信息科技革命背景下的科普

（一）互联网科普：特征与影响

20世纪90年代以来，计算机、网络通信和信息处理技术所催生的互联网革命，对人类社会信息传播的基本形态和格局产生了深远影响，日益成为创新驱动发展的先导力量。信息化和全球化相互促进，不仅带来信息总量的爆炸式增长，同时也使信息传播渠道和表达方式更加多元化。

当前，互联网技术已被广泛应用于科普领域，网络科普因此成为一种全新形态，并将对未来科普事业发展产生广泛且深远的影响：①互联网通过连接所有在线信息终端实现了异地计算机间数据、信息的交换与传输，成为一个集信息承载、加工、服务、传播于一体的技术平台，拥有强大的信息集散功能和传统媒介所不具备的诸多优势；②基于互联网的科普信息传播具有高度的开放性、交互性、即时性和远程化等特征，并拥有极好的便捷性和集成性，由此成为科普信息发布、科学知识获取以及公众观点表达的公共平台，能够帮助不同类型、不同需求、不同地点的用户实现科普信息的快捷检索、获取、处理、传送和交流；③互联网科普传播突破了传统科普信息传播的时间和空间限制，而移动互联网技术在传播手段和形态、传播效率和质量、传播空间和作用等方面的作用更加令人瞩目。总之，互联网为当代科普事业发展提出了新需求、新压

力、新手段，注入了新动力、新活力、新魅力，并将科普事业推进到一个全新的发展阶段。

在信息科技革命推动下，科普工作出现了参与主体多元化、社会功能高级化、传播关系复杂化、传播途径多样化、传播手段现代化等一系列新特点，越来越转向以"公众"为中心，而促进公众理解科学、提升公众科学素质、服务科技创新和经济社会发展成为当前科普所关注的新目标。在此背景下，科普不仅涉及科学家与公众这种单一关系，而是变成了科学共同体、政府、媒体、公众等多元主体共同参与的一个公共领域；不再局限于知识普及这一个方面，而是更强调促进公众理解科学、提高公众科学素质、推动全社会的科技创新。因此，当代科普事业正面临一个塑造新理念、建立新理论、构建新体系、发展新手段、探索新模式的重要转型期。

（二）互联网科普：问题与困惑

信息技术发展为科普传播创造了一个极佳的环境和平台，为公众理解和参与科学提供了契机，正在推动中国科普传播从"政府主导型"向"民间协同型"与"公众参与型"跨越和演进，但现阶段网络科普还存在政策体系、资源建设、传播机制、传播效率等方面的问题和缺陷，亟待拓展新的思路和路径。

进入 21 世纪，互联网成为科普创新驱动发展的先导力量。①互联网建构了科普社区的新空间。互联网和移动互联网快速融入人们的日常生活，截至 2015 年 12 月，中国网民规模达到 6.88 亿，其中，手机网民规模达 6.20 亿，网络已成为主要的科普平台和阵地。②互联网激发了公众新的科普需求。信息技术重塑了互联网人群的聚集方式，使人们的学习、交流和思维方式发生重大变革，海量信息和泛在服务使个性化和碎片式学习成为可能。随着虚拟现实、增强现实、智能穿戴等技术的普及和应用，情境化、体验式学习满足了科普受众追求虚拟与现实无限接近的交互需求。③互联网催生了新型科普服务机制和方式。多媒体技术、云计算、移动互联网和大数据挖掘等新技术，科普信息获取方式的碎片化、泛在化、个性化与互动性，以及公众科普需求个性化和多元化的发展态势，倒逼出泛在、多元、集约、精准、交互式的科普服务新机制和新方式。

在科普信息化背景下，中国科协于 2014 年启动科普信息化的顶层设计，同年 12 月发布了《中国科协关于加强科普信息化建设的意见》，提出要弘扬"开放、共享、协作、参与"的互联网精神，充分运用先进信息技术，有效动员社会力量和资源，丰富科普内容，创新表达形式，通过多种网络便捷传播，利用市场机制，建立多元化运营模式，满足公众的个性化需求，提高科普的时效性和覆盖面。这一规划旨在全力推进科普信息化进程，不仅强调技术提升，更注重科普理念和机制转变，即从单向、机械、灌输式的传统模式，向平等互动、公众参与式的现代模式转变；从科普受众泛化、内容同质化的科普服务模式，向受众细分、个性精准推送的科普服务模式转变；从政府推动、事业运作的科普工作模式，向政策引导、社会参与、市场运作的科普工作模式转变。2015 年，中国科协和财政部通过 PPP 模式实施了"科普信息化建设工程"，包括建立网络科普大超市、搭建网络科普互动空间、开展科普精准推送服务、推进科普信息化建设运行保障等内容，由新华网、腾讯网、百度等 13 家机构具体承担，总体目标是"一年搭建框架、初见成效，两年完善提升、效果凸显，三年体系完善、持续运行"。

　　学界认为，科普发展主要经历三个阶段，即"传统科普"（政府立场）、"公民理解科学"（科学共同体立场）、"公民参与科学"（公民立场）。然而，虽然我国互联网科普迅速发展，但仍没有完全迈入"公民理解科学"这一阶段，表现在两方面：①科学共同体本身未曾意识到向公众科普的重要性，使科学传播大多停留在内部群体交流阶段，且传播内容与现实生活的契合度不高；②公众对科学理解的主动参与性不高，导致科学素养偏低。此外，由于追逐经济利益的商业化倾向，导致网络媒体科学传播责任缺失，甚至传播迷信、伪科学；具有较高科技素养的传播、编辑人才严重匮乏，加之传媒界与科技界之间缺乏深入交流与合作，导致科学家与公众间的知识鸿沟难以消除；而制作优秀科普节目和进行科技新闻报道自身的难度，也是造成科技传播效果不理想的重要原因之一。这些因素使"科学"在互联网信息传播中仍处于"边缘"地位。

　　总之，随着技术、理念提升以及社会投入不断增加，我国互联网科普取得了长足进步，多元主体、多种渠道、多方协作的社会化科普工作新机制正在形成，但也存在着许多亟待解决的深层次问题。顺应时代发展趋势，积极学习和借鉴发达国家经验，全面推进工作机制和模式创新将成为互联网科普事业未来发展的核心主题和鲜明特点。

（三）"互联网+科普"：一个新契机、新思路

进入21世纪第二个10年，互联网以"无所不包"之势将传媒、零售、物流、金融、教育等多个行业卷入网络大潮之中，由此上升为国家政策和发展战略中的核心要素。一方面，作为一种现代化基础设施，互联网包含了基站、宽带等硬件设施和服务器、通信协议、OA系统等软件保障，其本身就可形成巨大的经济拉动力；另一方面，互联网作为经济增长的新引擎，带来了产业生态、产业结构、行业规范和受众需求的根本性变革，极大影响了生存和产业发展的方式。但是，互联网的影响能力远不止于此，正如每一轮工业/科技革命都改造了那个时代的社会结构和生活方式一样，互联网在变革现代社会结构方面具有极大的潜在动力，包括人际交往、信息传播、消费方式、社会动员等。在这种背景下，中央政府顺势而为，在国家层面上提出了一个整体性、系统化的"互联网+"战略，旨在推动互联网由消费领域向生产领域、社会领域拓展，构筑经济社会发展新优势和新动能。2015年7月，国务院印发《关于积极推进"互联网+"行动的指导意见》，提出要充分发挥我国互联网的规模优势和应用优势，坚持改革创新和市场需求导向，大力拓展互联网与经济社会各领域融合的广度和深度；增强互联网支撑大众创业、万众创新的作用，并使之成为提供公共服务的重要手段。

2016年10月，习近平总书记在中共中央政治局第36次集体学习时再次强调："网络信息技术是全球研发投入最集中、创新最活跃、应用最广泛、辐射带动作用最大的技术创新领域，是全球技术创新的竞争高地。"在科普实践的角度上，借力于建设网络强国的技术创新，实现"互联网+"行动计划，就是要校正当前的理念偏差，基于经济社会创新发展的迫切需要，围绕科普事业改革的重点难点，深化融合创新，进一步推动科普资源、技术、内容、平台、机制等要素的互通共融，取得从"相加"到"相融"的发展实效。国务院颁布的《全民科学素质行动计划纲要实施方案（2016—2020年）》将中国科协全力推进的"科普信息化建设工程"纳入其中，从科普服务模式创新、科普内容供给、媒体科技传播水平、科普信息落地应用等方面提出具体的任务和相关

要求。该方案明确提出，要"引导建设众创、众包、众扶、众筹、分享的科普生态圈，打造科普新格局"，打造基于互联网的科学普及之翼，并依托大数据、云计算等信息技术手段，"洞察和感知公众科普需求，创新科普的精准化服务模式"，实现与科技创新之翼的均衡协调。

在"互联网+"的背景下，信息传播形式、传播载体和参与主体更加多元化，这为当代科普发展提供了难得的机遇。就必要性而言，"互联网+"语境下科普工作的环境、目标、任务、内容和对象都有显著变化，必然要求科普工作方式、理念、思路、机制等进行创新和改进，并构建新型科普模式。同时，科普工作只有与时俱进创新发展，才能适应时代和公众需求，使蕴藏在亿万民众间的创新智慧和创新力量充分释放。在可行性方面，①"互联网+"思维有利于实现"换道超车"，能够解决传统科普理念、手段和方式过于陈旧的问题，有利于减少地域之间的发展差距；②移动互联网、云计算和大数据等技术为"互联网+科普"的实现提供了物质上的可能，有助于科普资源和平台的多方融合，并符合当前个性化、碎片化、互动式学习的特征；③政府对科普事业的支持构成了"互联网+科普"发展的现实基础。习近平总书记在全国科技创新大会、两院院士大会和中国科协第九次全国代表大会上强调，科技创新、科学普及是实现创新发展的两翼，要把科学普及放在与科技创新同等重要的位置，从而肯定了科普事业的突出地位、独特作用和历史使命。

所谓"互联网+科普"，就是充分利用移动互联网、数据分析和云计算等信息技术，以互联网为基础设施和创新要素，通过开发和利用数字化科普资源，推动科普理论、制度、技术、组织的"四重创新"，创造科普新产品、新服务与新模式，进而构建数字时代的新型科普生态体系。"互联网+科普"的本质在于在线化、数据化，即变互联网"工具"为"思维"和"范式"，推动科普数据化、在线化、柔性化和开放化，实现科普模式的战略性转型。因此，科普"互联网+"化实质上是一场从质性到量态的全面的、根本性的变革，其特征是开放、大规模、生态化、运行模式颠覆、以人为本。当然，互联网对科普的改造将是一个漫长的、渗透的融合过程，需要科普模式的不断变革、科普内容的持续更新、科普资源的逐步丰富、科普形式的不断变化、科普组织的互动耦合、科普评价的日益多元等。

2015年4月30日，中国科协常务副主席尚勇与腾讯公司首席执行官马化腾签署了"互联网+科普"合作框架协议，旨在打造移动互联网时代的"科普中国"，这一品牌被视为"互联网+科普"行动计划和科普信息化建设工程的排头兵。可以预见，未来几年，科普工作将始终秉承科普信息化理念，以实现互联网与科普的深度融合发展。当前，科普信息化建设正处于落地生根的关键阶段，如何把握机遇，充分发挥广大科普工作者的能动性和创造力，认真落实国家政策和中长期规划，就成为一个重大的理论和实践选题。本书拟在"互联网+"框架下，就推动科普供给侧结构性调整、科普需求调查和分析、科普平台建设、科普资源整合、科普信息传播、科普人才培养、科普场馆运营以及科普创意与活动组织等议题展开研究，并提出政策建议和具体举措。

二、科普理论研究现状与趋势

改革开放以来，我国科普理论研究在研究深度和广度上都实现了重大突破。特别是进入21世纪，研究范围得到极大拓展，研究深度不断深化，初步形成了科普理论体系。同时，在科普背景、对象、内容、目的、手段、方式方法、过程、效果等方面的研究成果，对我国科普实践产生了重要影响和作用。

（一）国内研究现状概述

中国科普理论研究可以追溯到新文化运动时期，近百年来，众多有识之士将科普看作开启民智、治国图强的一项社会事业而投身其中。改革开放后，科普理论研究工作得以重新启动，1980年，在著名科学家和科普作家高士其建议下，成立了中国科普创作研究所，并于1987年更名为中国科普研究所，标志着中国科普研究工作进入正规建制的新阶段。北京大学、清华大学、中国科学技术大学、上海交通大学、北京师范大学等高校也先后设立了专门从事科学技术普及研究的科学传播中心或类似机构。

20世纪90年代以后，科普界和理论界积极借鉴和汲取国外科技传播新理论和新理念，广泛引进和运用传播学、教育学、科技哲学、科技史、社会学等学科的理论和方法，深入分析影响科技传播与普及实践的关键要素，拓展科普研究的领域和范围，深化科普基础问题的研究，科普研究领域的基本问题目前已经初步明确，研究框架体系初见端倪，重要研究方向初步形成，科普研究迈入体系化发展的重要阶段。

在研究人员构成上，中国科普研究所作为国家级机构，是中国科普研究的重要力量。科技传播从业者以及关心科普的科学家和科研工作者，也纷纷涉足该领域的研究。值得注意的是，近年来一批具有科技史、科技哲学和传播学背景的学者加入讨论中，提供了多种视角，为科普研究注入了新的活力。

在研究手段上，也从过去主要以资料研究、定性研究为主，发展到注重定性与定量相结合，个案研究与系统的社会调查、数理统计相结合等多种先进手段的综合利用，中国科普事业进入理论和实践共同发展的新阶段。同时，借助于现代媒体，尤其是互联网的传播优势，科普理论成果得以更广泛的散布，在全社会范围内引起了前所未有的关注。

在研究内容上，科普研究扩展到深入探索、研究、创新和理论总结、体系建构等多个方面，在科普政策、科普资源、科普创作、科普产业、科普人才、科普监测评估、科普实践研究、中外科普比较等方面取得许多有价值的成果。特别是在科普信息化领域，在以信息技术为依托的科普手段与方法、科普创作的理论与方法、科普效果、科普产业、科普人才、科技资源等相关资源科普化方面有了重要进展。

在研究成果上，相继出版了一批学术专著，如袁清林的《科普学引论》、金健民的《科技传播与科学普及》、郭冶的《科技传播学引论》、孙宝寅的《科技传播导论》、胡钰的《科技新闻传播导论》、汤书昆的"当代科技传播丛书"、牛灵江的《科学技术普及概论》、周孟璞的《科普学》、任福君的《科学传播与普及概论》与《科技传播与普及实践》、翟杰全的《让科技跨越时空》等。此外，自2002年起，中国科普研究所每年推出"中国科普报告"；科技部也于当年启动了"中国科普发展报告"出版计划，并对全国科普统计指标体系进行了研究。

围绕科普的理念、方法、运行机制等内容，当前中国科普理论研究有两个结合的趋势：①借鉴西方国家的公众理解科学和科学传播等方面的研究成果；②结合中国社会环境的变迁，使科普活动适应时代发展需求。多数研究者对中国传统知识科普的理念和做法提出了批评，认为这是一种单向的知识灌输活动，忽视了更高层次的科学精神的传播，缺少社会文化内涵，在传播模式上也存在问题。在此基础上，研究者们对科普理念持不同观点：吴国盛提出了"科普、公众理解科学和科学传播"三个发展阶段论；刘华杰认为科普存在"二阶传播"，强调对科学本性及其社会影响的认识、理解，弱化对科技知识本身的关注；陶世龙则主张"大科普"概念，并认为科学传播不能代替传统科普；刘兵综合当前国内研究的多种观点，对"科普""公众理解科学""科学传播"三个关键词的区别进行了归结。

类似的，对科普内容、重点、政策导向及主体性等问题也存在广泛的争论，如技术培训与科学文化传播的争论、科普公益性与科普产业化的争论、媒体与科技界在科普中作用的定位的争论等。

（二）国外研究现状概述

国际科普理论研究可以追溯到英国科学社会学家贝尔纳对科技传播（scientific communication）的研究，之后的发展大体上可分为三个阶段：①在20世纪80年代之前，科技传播是被作为科学技术领域的一个特殊问题来研究的，尽管科学家之间的交流、技术的社会扩散及公众的科学素质问题受到不同学科的关注与重视，甚至出现了科技情报学这样的学科，但科学技术普及还没有得到系统而全面的研究；②20世纪80年代之后，公民科学素质、公众理解科学问题受到发达国家学者的普遍重视，科技传播研究逐渐发展成为一个专门的研究领域，学者们对提升公众科学素质、增进公众理解科学等理论与实践问题进行了系统探讨，提出了一些新的理论和模型；③进入21世纪之后，科技传播与普及研究正在朝向建立一门新的学科的方向发展，进入创建科技传播学科的发展阶段。

具体而言，20世纪90年代，日本发起"增进国民对科学技术的理解"运动；1999年，德国八大有影响的科学团体签署"科学对话——公众理解科学与人文"备忘录，并以此为契机掀起了科普热潮。2000年，英国上议院科技特别委员会发表了《科学与社会》的报告，在公众理解科学的基础上，将科普范畴延伸到科技工作者对大众价值观和社会态度的认识上，强调科技决策和科技发展的公开化，建立良好的社会协商氛围，让科技和公众平等交流、相互理解，进一步反映出科技与社会的互动关系，从而从根本上使科普成为一项全社会共同参与的事业。

学界普遍认为，公众理解科学强调公众在科技活动中的主动性，从而更好地反映了公众对科技的态度和科普活动的效果。关于公众理解科学的定义，米勒（Miller）提出：公民科学素养"……应该被概念化，它涉及三个相关的方面：①基本科学结构的词汇，这些词汇足以用于阅读报纸或期刊中相互对立的新闻报道（内容）；②对自然科学探究过程或本质的理解（过程）；③对科学技术在个人和社会方面的影响具有一定层次的理解（社会因素）"。约翰·齐曼（John Ziman）认为，"第一，科学普及，是要求科学家以通俗易懂的方式向公众讲解科学知识；第二，在前述意义的基础上，科学普及的背后隐含着特指科学界公众之间的关系。前者应是对科普内涵的本质性解释，对科普一切外延的扩展都不能远离这个内涵。后者体现了产生科普的社会关系基础。"

此外，国外关于"科学技术与社会"（STS）的研究对科普也有一定的影响。STS于20世纪70年代初发源于美国，并在欧洲及世界范围内广泛扩散。其研究交叉融合了科技史、科技哲学、科技社会学等传统学科的内容，探讨科学、技术与社会之相互关系。

20世纪末期，传统科普发展进入科学传播阶段，这一阶段主要具有几个特征：①科学传播渠道由单向变为双向，强调科普的互动性；②科普对象拓展为全体公众，甚至包括科学家；③传播内容不仅仅单纯局限于科学知识的传播，而是已经扩展为传播科学思想、科学精神和科学方法；④科普宣传手段更加多样化、现代化，并受到越来越多的关注和支持。对科学的定义各有不同。例如：布赖恩特（Bryant）优雅地把科学传播定义成"……科学文化和知识融入更广的共同体文化的过程"。这个表达的优点在于：它确认了科学传播无形的文化指向，它也把科学传播确认为是一种连续的过程，而不是一次性的线性行为。伯恩斯等人在《科学传播的当代意义》一文中，将科学传播定义成：使用恰当的方法、媒介、活动和对话来引发人们对科学的下述一种或多种反应——意识、愉悦、兴趣、形成观点以及理解。

布鲁斯·莱文斯坦（Bruce V. Lewenstei）则使用传播模型来研究科普，他提出了三个科学传播模型，其中包括公众舆论模型（the public opinion model），又称对话模型（the dialogue model）和公众参与模型（the public participation model）。这个模型要求的是在民主的制度中，公众参与科学技术议题的讨论，以保证公共政策决策的民主化和公开化，同时，公众在参与讨论过程中科学素质得到提高，保证公众对科学技术和研究的理解。在参与的过程中使公众了解科学和社会之间的关系。

（三）科普理论研究趋势

进入 21 世纪以后，科普理论研究和科普实践形成日益密切的互动关系，科普实践工作越来越倚重理论研究的指导，而科普理论研究也越来越贴近科普实践，尤其是迫切需要解决的重大现实问题，如国家创新战略、科技成果转化和大众创新等。因此，未来持续深化科普基础理论研究，建立更加完善的科普理论体系，对促进我国科普事业发展、政策制定、规划落实等方面都具有极其重要的作用和价值。

当前，理论界和科普界已经取得了一些重要领域的理论成果，但在新的形势下仍需继续深化研究。目前，国内对于互联网时代科普理论的研究，主要侧重于通过传播的"结构性模式"，描述某种现象的结构；有些则通过"功能性模式"，从能量、力量及其方向等角度来描述各系统之间的关系和相互影响，很多研究直接运用拉斯韦尔"五W模式"，按照传播效果研究的既定框架分析科学传播过程。然而，这种单纯运用传播效果研究科学传播的研究范式，无疑是将科学与传播进行简单叠加，不利于问题的深入探讨与分析，毕竟"互联网＋科普"具有独特的内涵、本质和特征，同样也受到更为复杂的外界环境影响。

在"互联网＋"战略下，经济、社会、文化发展对科普事业提出了更高的要求，未来科普理论研究要在借鉴国外先进理念、方法和经验的基础上，紧密围绕国家发展战略需求，深入探索具有中国特色的"互联网＋科普"机制和模式，实现科技创新和科普传播齐头并进。具体来说，理论界要充分运用和借鉴传播学、社会学、教育学、科技哲学、科技史等学科的基本理论和方法，对"互联网＋"背景下的科普过程、结构、手段、方式、效果因素、作用机制等问题进行系统梳理和深入分析；对科普背景、理念、需求、目标、任务、对象、方法等进行全面研究；结合当代社会发展、科学技术、公众需求及其相互关系的现实情况，对成功案例进行深入剖析。而在这些研究领域中，最为核心的议题，就是通过对"互联网+科普"进行动态的功能性分析，回答如何在新时期推动传统科普向"公民理解科学""公众参与科学"转化的方向和路径。

总之，科普理论研究的基本目标和任务就是在全面、深入、系统研究的基础上，科学把握新时期科普事业发展的内在规律，明晰科普领域的发展趋势，把握时代发展特征，总结历史与当代经验，融合国际先进理念，建立能够反映中国认识成果、解决当代问题的科普理论体系。力争尽快产出一批对决策有支撑作用的研究成果或学术论著，以充分发挥"智库"作用，服务于我国科普政策制定、科普实践和公众科学素质提升。

三、相关概念与基本理论

（一）科普属性、定位与目标

1. 科普的基本属性

科普作为一种科学传播活动，有其自身的特点和规律。深入分析、正确认识这些特点和规律，对于科普实践意义重大。

（1）社会性。作为一项面向公众的社会教育活动，科普受到政治、经济、科技、文化、民族、宗教等许多社会因素的影响，因此在功能、观念、内容、手段、组织和工作方法上都体现出鲜明的社会性。

（2）公益性。简言之就是使国家、社会和公众共同受益。当前，科普对整个社会和全体公众的公益性价值显得越发突出，体现在提高公众科学文化素质，促进中国社会主义物质文明、政治文明、精神文明建设等方面。

（3）时代性。随着科技革命的深入和公众科学素养的日益提高，科普的概念、定位、对象、内容和方式等都在不断发展变化，体现出鲜明的时代特征。

（4）经常性。经常性是指国家将科普以制度化的方式固定下来，作为一项长期、稳定的工作加以开展，并为此提供各种必要的财力、物力和人力保障。经常性是科普工作的重要特点，也是科普工作取得成效的重要保证。

（5）全民参与性。科普的目的是提高公众的科学素养，因此其工作对象是全体公众。科普对全民参与程度的强调，体现了"以人为本"的精神。

2. 科普的定位问题

应该说，相对于传统科普重视强调把科普作为生产力的角色而言，现在把科普目标定位于提高公众科学素质无疑是一种进步，但却又有矫枉过正之嫌。其主要表现为：①试图采取学校正规教育的惯有思路，通过制定和实施统一的科学素质标准来促进科学知识的普及；②常常将公众视为同质、均一的整体，客观上将公众置于被动接受的位置。在具体的科普实践过程中，这两方面都值得商榷和思考。

首先，制定国民"基本科学素质标准"，试图通过让公众掌握一些基本科学知识，以不变应万变，缺乏实际操作性。原因：①科学知识无穷无尽且更新淘汰的速度越来越快；②公众遇到的有关科技问题又往往是社会、生活环境中的具体问题。"基本科学素质标准"在这两方面都难以应对，更无法保证两者有效衔接。国际经验显示，这类成人"科学素质标准"的普适性、可比性本身就存在疑问。因此，科普的重点应放在如何方便和有效地协助公众找到需要的知识，而不是无休止地要求公众掌握更多的科学知识。

其次，企图填平公众和科学家之间知识差距的做法被证明是"一厢情愿"。实际上，科普过程中的公众不仅是参差多元的，而且是变化复杂的，即使同一位公众也可能具有多重身份。显然，不同公众对科学知识的需求是非常个性化、多元化的，很难统一接受某种并不实用的"基本科学素质标准"。

最后，当代社会，公众在当代科技的实际应用、发展协调、政策决策的参与过程中将扮演越来越重要的角色，在这种背景下，科普不仅是政府的责任和科学界的义务，更是公民的民主权利。因此，应构建以公众为中心的科普模式，强调以公众的科学需求为导向，建立积极、快速、高效的互动响应机制，这一机制应能够有效回应和满足公众从日常生活到精神文化、到民主参政等不同层次的多元化需求，在此过程中协助公众认识、理解和欣赏科学。

3. 科普的目标设置

一般说来，科学普及是指学校正规科学教育以外的、主要通过大众传媒以及各类宣传、展教等方式传播科学知识、方法等内容的社会教育活动。科学普及与（学校）科学教育之间虽有联系甚至交叉，但两者在方法、对象、性质等方面存在着诸多差异，这一点在业内已有较高共识。问题是，两者在提高国民科学素质中的作用有何不同？

至今，中国科协针对 18～69 岁的成年公民相继进行了 6 次科学素养的专门调查，这些调查结果均显示：公众受教育程度越高，具备基本科学素养的比例也相应越高。此外，调查数据还显示，如果排除科学教育的作用，科学普及对提高国民科学素质的贡献比例很不乐观，至少对受教育程度为小学及以下的公众而言，科学普及的贡献较为有限。这一统计结果无疑会引起业界对科普目标的反思。一方面，提高全体国民科学素质的根本措施在于加强和完善学校的正规教育。提高全民科学素质的真正"亡羊补牢"的措施在于尽一切可能保障所有国民接受义务教育，最大限度地减少义务教育阶段的失学者和辍学者，进而逐步延长国民接受正规教育的时间。而期待缺乏约束力的科学普及以后再对这些失学者进行科学素质方面的"补充"和"延续"，实际上是一种"亡羊找羊"的做法。另一方面，把提高国民科学素质作为科学普及的唯一目标过于狭隘。科学普及从单向普及到双向公众理解科学，再到协商互动的科学对话，说明当代科普已经超越单方面提高科学素质的范畴，面向满足公众从日常生活到思维方式、精神文化、民主参政等多层次的需求，科普事业也因此日益成为一项需要从政府到全社会共同参与和协调的系统工程。

（二）科普主体与客体

1. 传统意义的主体与客体

虽然公众理解科学是一个双向互动的过程，即科普主体与科普对象互为主客体，但在具体实践中，必须明确实施主体和客体，因为科普主体是否明确，力量是否强大，直接关系到科普工作的成败。

在传统意义上，科普主体一般包括政府、科技团体、企业、民间基金会、大众传媒、大学和科研机构等。其中，科学技术出版社和少数几家科普出版社、科普研究所等处于科普主体的中心位置。从微观层面来看，即具体到从事科普工作的个人而言，它又分为专业科普工作者和兼职科普工作者两类。

传统科普对象是在科学知识方面处于相对弱势的群体，自从公众理解科学运动出现以来，科普对象更加明确，它所指的公众对象涵盖了社会中的每一个成员，与所有人都有关，甚至包括各行业的科学家。根据科学素养的差异程度，我们可将科普对象分为四个部分：①一般公众，主要为工人、农民、青少年等普通群体；②媒体层，包括编辑、记者、作家、艺术家、电视人、图书出版人、新媒体等；③科技层，即科学共同体内部人员；④决策层，主要是指各级政府领导干部。

2. 现阶段科普主体和客体的嬗变

随着经济社会和科学技术本身的发展，科普的主体和受众在组成成分和相互关系上都在发生变化，其中最突出和最重要的就是受众的主体化，并且随着主体与受体角色不断地互换。科普发展到今天，已经不仅仅是少数主体的事情，而是全社会、全体公众的行为，从而形成了"大科普"这样一种互动的科普格局。

"大科普"即科普不仅仅是传者的事情，不是传者主动而受者被动，而是传者和受者互动，以至全社会支持参与的过程。与此同时，随着信息技术进步、互联网普及、信息对称分布及公众的广泛参与为主体与受体角色互换提供了可能性。互联网是一种双向交互式的新型传播媒体，与传统媒体相比具有不同特点，如传播范围的广泛性，内容的丰富性与生动性，方式的互动性、及时性、开放性等，这些特征使科普主体与受体界限日益模糊，从而主体与受体角色互换成为现实。

总之，主体与客体之间的界限模糊和角色互换，使科普拥有一个信息技术支撑下的新系统、新机制和新流程，各要素均存在于此系统并处于动态流动状态，从而推动、协调整个科普系统的有效运行。

3. 现阶段科普的主体与客体

（1）科普的新主体。新的科普主体指科普主体的构成发生变化。传统意义上的科普主体主要包括政府、科协及科技工作者如科学家。随着社会的转型，一方面政府仍是科普事业的推动者和管理者，另一方面媒体、企业、社区、医院等也积极参与到科普事业中。

中国在转向市场经济后，企业成为经济和社会中的主体，也是技术创新的主体，是有能力也有必要承担科普宣传活动的。企业的科学素质，是在知识经济社会中树立企业形象、在国内外市场竞争中立于不败之地的重要保证。根据企业发展的长远目标从事科普宣传，能够使消费者从更广阔的视野了解本企业的素质和有关产品的社会价值。媒体通常被认为只是科普的手段而非主体。但是，一方面由于公众尤其是中国公众对电视、报纸、杂志和互联网等新旧媒体的高度依赖，另一方面，随着媒介市场竞争的加剧，媒体在科普等方面的主动性大大增强。目前看，电视、出版物和互联网是中国公众获取各种科技信息的首选渠道，加强这三大媒体体系的科普力量，是提高中国公众科学素养的重要手段。此外，在全球化进程中，国外的科普主体如国家地理杂志、探索频道等也会在不同程度上发挥影响。应注意，这些科普主体必须中国化。

总之，一方面新的主体正在介入并发挥各自的作用，另一方面，政府仍是主导者，是"主体中的主体"，并对新的主体起引导、组织、规范和管理的作用。

（2）科普的新客体。受众通常是指传播过程中信息的接受者，是读者、听众和观众的统称。目前对受众的看法有三种。①把受众看成社会学意义的个体与群众。②将受众看成消费者。受众接受科普的过程也就是进行消费的过程，通过受众的消费，科普的价值得到转移，并且增值——公众科学素养的提高，同时，受众的消费心理也影响了受众的科普消费行为。③将受众看作权利的主体，有知晓权。传统科普向现代科普转变的过程中，受众行为由被动变为主动参与，受众的主体意识增强，同时互联网等新媒体的介入使受众加强了互动，同一群体的受众可打破时空之限，同时实现不同方式、不同内容的科普，即受众与科普系统内各个要素构成了非线性关系。基于此，科普新受众呈现出两大特征。

一方面是受众构成的多元化。传统科普一般把没有文化或者文化程度不高的公众确定为科普对象。随着社会转型的深入，传统群体结构逐渐消解，新的群体组织不断涌现，新的矛盾与问题也逐渐呈现出来，这就决定了科普对象日趋多元化，既包括广泛意义上的公众，也包括边缘群体，如进城务工人员、下岗人员等。此外，还应关注一个特殊的受众群体——科学家或科学共同体。随着科技分化与综合趋势的加剧，科技信息呈爆炸式增长，"科学家在他本专业之外正在变成一个外行"，他们和普通大众一样也渴望获得新知识、新信息。

另一方面是受众在科普中的地位发生变化。过去，主体与受体主要是上下灌输式关系，现在受众的地位正在提高，作为权利主体要求知情权，作为消费者拥有选择权。受众的知情权和选择权反过来又对科普主体施加影响，前者一般是积极的，后者则需要进行针对性分析。在受众素质不高的情况下，单纯迎合其情趣和选择会造成主体和受众"双败"的局面。所以，虽然受众的主体性在提高，但在目前阶段，科普主体的地位仍需强调。

（三）科普发展模式

1. 科普模式演变

从横向方面看，科普经历了从对单一群体的传播到对全社会公众为对象的传播阶段。目前国际上普遍认同的是类似"全纳"式的知识传播。"全纳"从字面上看就是全部接纳，全纳教育就是要求科普要接纳所有的人，不论其社会背景、经济状况、种族、文化、身体和智力等方面的原因；要关注每一位公众，促进所有人积极参与科普的学习和生活，改变社会存在的歧视和排斥态度。其作为一种全新的科普理念模式，在国际上已广为接受。从纵向方面看，科普则经历了从单一模式到科学传播的模式。

法国科学传播学者皮尔·费亚德（Piere Fayard）谈到世界上主要科学传播模式的时候，描绘了两种传播模式：计划科普和自由科普。计划科普，即科普中心（或其他科普场馆）根据已有计划向公众展示预设科普内容的科普模式。由于科普中心没有对普通公众需求做详细全面调查，其结果很有可能是公众被这些死板僵硬或者深奥难懂的知识吓跑，仅有一小部分知识分子对这些展览感兴趣。"这种模式需要花费很大的成本，准备的时间很长，但是没有针对性。这种模式是政府喜欢的，其表现形式是轰动的、直观的和热烈的。其效果是传播的是知识，而不是科学。"自由模式，即科普中心不对预设科学知识做特意准备，而是通过聘请科学家或者专家学者为公众亟须了解的科普知识做现场解答，那么公众会表现出前所未有的浓厚兴趣。这两种模式在世界上普遍存在，但效果完全不同。

经过几代学者的努力，国外对科技传播的研究已形成微观和宏观两大方向，即技术和社会学方向。后者基于社会文化发展视角，主要研究科技传播的社会结构、社会功能、社会影响等。在这一领域，贝尔纳最先认识到科学的内部交流和社会传播的重要作用。1985年，英国皇家学会在《公众理解科学》中首次提出大众理解科学的重要性，推动传统科学普及进入公众理解科学阶段。

2000年，英国上议院科学技术特别委员会发布了《科学与社会》的报告，象征着公众理解科学进入了科学传播阶段。与此同时，以英、美两国学者为主，先后提出了一系列旨在解释科学传播现象的理论模型：缺失模型、语境模型、地方知识模型、内省模型、民主模型、参与模型、对话模型等。

2. 传统科普模式的缺陷

进入信息化社会，科普已成为沟通联系科技工作者和社会公众的桥梁，是科技联系经济社会和人民生产生活的重要纽带，也是科学防灾减灾、最大程度减少灾害损失不可或缺的重要途径。但以往的科普实践均以单方面"灌输式"为主，这种方式已不能适应社会发展，无法满足社会公众的需求。

有识之士指出，国外的科普活动丰富多彩，但它们并不像国内那么讲究实用主义，而更注重非功利性用途，特别是科学文化和科学环境的培养。从前述科普现状可知，对社会需求的错误理解以及科普的传统理念，导致科普仅仅做到了科技知识和事件结论的简单解说，忽视了科学的态度、方法以及精神的传播。江晓原指出，"这种科普很不成功""传统的科普概念继续沿用于今日，已很不适应，应该与时俱进，拓展科普概念，代之以含义更为广阔、内容更为丰富的'科学文化传播'"，同时，市场已经倾向于拓展之后的科普。

实际上，随着科技、社会和经济迅猛发展，公众对科技信息的需求越来越具有针对性，科普工作必须以"双向"乃至"多项"互动的形式进行，才能真正体现"以人为本、无微不至、无所不在"的服务理念，真正实现以科普服务社会经济发展、服务和谐社会的宗旨。因此，新的科普推广工作需要改变以往科普过程中的"被动科普"理论，从以科普者为中心转变到以科普对象为中心，让科普对象主动参与到科普项目过程中并成为项目的一部分，深度体会科学方法、科学思维与科学精神。

3. 科普模式创新

尽管中国有着特殊的国情，但随着科技、教育水平的迅速提高以及三十多年中外学术交流，当前国内科学传播的研究理念、内容和趋势与国外已基本同步了。然而，在概念上，国内学界和业界一直存在着争议。"科学技术普及"这一术语的研究和使用，主要源于法律和国家政策层面；从社会视角来看，"科技传播"一词似乎更为合适；而更为看重科学文化的"科学传播"则强调科学的方法层面、精神层面、文化层面等抽象内容，并认为应在平等、互动的基础上进行有反思、有互动的科学传播。概念之争，反映了两个基本趋势：一是随着时代变迁，科普事业范畴不断丰富，扩展到科学技术知识、科学方法、科学思想和科学精神等；二是无论学界还是业界，都开始重视方法层面、精神层面和文化层面的科学传播。

就传播模型而言，国内学者早期推崇贝罗的"四要素模型"，任福君、翟杰全等人通过转换视角的方法对科学传播模型进行了分类：时空特征的模式、传播载体的模式、流程特性的模式、综合属性的模式；翟杰全进而将其细分为交流式传播、辖射式传播、历时性传播、空间跨越式传播、定向传播、非定向传播六种。赞同使用"科学传播"概念的刘华杰提出了"中心广播模型"，被认为是传统科普阶段的主要模型。在刘华杰看来，当前国内学界最具代表性的科学传播模型分别是中心广播模型、缺失模型和民主模型。

《中国科协科普发展规划（2016—2020年）》指出："到2020年，建成适应全面小康社会和创新型国家、以科普信息化为核心、普惠共享的现代科普体系，科普的国家自信力、社会感召力、公众吸引力显著提升，实现科普转型升级。"鉴于传统科普在传播内容、方法和模式上的缺陷，应积极借鉴国内外科普理论研究成果，加快科普模式创新和转型，使科普工作更加深入地融入社会、融入百姓生活，发挥更大的作用和效益。

参考文献

[1] 樊洪业. "科普"史辨三则［N］. 科学时报，2004-01-09.

[2] 樊洪业. 解读"传统科普"［N］. 科学时报，2004-01-09.

[3] 刘华杰. 科学传播的三种模式和三个阶段［J］. 科普研究，2009（2）.

[4] 吴国盛. 从科学普及到科学传播［N］. 科技日报，2000-09-22.

[5] 田松. 科学传播：一个新兴的学术领域［J］. 新闻与传播研究，2007（2）.

[6] 朱效民. 什么是公众理解科学［J］. 科学学与科学技术管理，1999（4）.

[7] 任海，刘菊秀，罗宇宽. 科普的理论方法与实践［M］. 北京：中国环境科学出版社，2005.

[8] 张慧人. 试论科学普及的社会功能［J］. 科学学研究，2001（3）：34.

[9] 高金辉，袁长焕. 开展气象科普工作的方法与途径探讨［J］. 理论观察，2006（5）：155-156.

[10] 陆晨，高迎新. 科普的社会作用［J］. 学会，2012（8）：63-64.

[11] 林方曜. 论气象科普在提升公民科学素质中的优势与作用［J］. 学会，2012（7）：59-61.

[12] 英国皇家学会. 公众理解科学［M］. 唐英英，译. 北京：北京理工大学出版社，2004.

[13] 刘霁堂. 科普历史分期与中国科普客体分层［J］. 中国科技论坛，2004（1）：57-59.

[14] 任海，刘菊秀，罗宇宽. 科普的理论、方法与实践［M］. 北京：中国环境科学出版社，2005.

[15] 唐钏洋，卢锡超，杨民军，等. 现阶段科普主客体嬗变浅析［J］. 时代经贸，2007（S3）.

[16] 孟丽娜. 论当代中国科普主体与受体的演变［J］. 科技情报开发与经济，2004（10）：168-170.

[17] 中国科普研究所. 2002中国科普报告［M］. 北京：科学普及出版社，2002.

[18] 张会亮. 英国全纳教育：让所有人融入主流的权利［C］// 中国科普研究所. 中国科普理论与实践探索：2010科普理论国际论坛暨第十七届全国科普理论研讨会论文集. 北京：科学普及出版社，2011.

[19] 李大光. 计划向自由：中国科学传播亟待转型［C］// 中国科普研究所. 中国科普理论与实践探索：2008《全民科学素质行动计划纲要》论坛暨第十五届全国科普理论研讨会文集. 北京：科学普及出版社，2008.

[20] 马磊. 走进"科学"象牙塔：国外科普活动及对广东的启示［J］. 广东科技，2006（7）：8-9.

[21] 江晓原. 论科普概念之拓展［J］. 上海交通大学学报（哲学社会科学版），2006（3）：40-45.

[22] 陈正洪，杨桂芳. 气象科普的"深度参与理论"［J］. 科普研究，2012，7（4）：37-40.

[23] 刘华杰. 科学传播读本［M］. 上海：上海交通大学出版社，2007.

[24] 吴国盛. 关于中国科普事业宏观战略问题的思考［N］. 科学时报，2001-04-03.

[25] 石顺科. 美国科普发展史简介［M］. 北京：科学普及出版社，2008.

[26] 李红林. 公众理解科学的理论演进：以米勒体系为线索［J］. 自然辩证法研究，2010，26（3）：85-90.

[27] 李红林. 科学社会化语境中的米勒体系及其理论借鉴、目标指向［J］. 自然辩证法研

究，2009（5）：80-84.

[28] 李红林，曾国屏. 科学的社会化：对米勒体系确立过程的分析与考察［J］. 科普研究，2009（5）：45-51.

[29] Miller J D. Scientific literacy: a conceptual and empirical review［J］. Deadalus, 1983, 112（2）：29-48.

[30] 齐曼. 知识的力量—科学的社会范畴［M］. 许立达，李令遐，译. 上海：上海科学技术出版社，1985.

[31] Bryant Chris. Does Australia need a more effective policy of Science Communication［J］. International Journal for Parasitological, 2003, 33（4）：357-361.

[32] Burns T W, O'connor D J, Stocklmayer S M. Science communication, Acomtenprary Definition ［J］. Public understanding of science, 2003, 12（2）.

[33] 李大光. 科普的模型应该是什么：评布普斯·莱文斯坦"缺失模型"［N］. 科学时报，2003-1-09.

[34] 刘兵，侯强. 国内科学传播研究：理论与问题［J］. 自然辩证法研究，2004（5）：52-54.

[35] 朱效民. 30年来的中国科普政策与科普研究［J］. 中国科技论坛，2008（12）：9-12.

[36] 中国科学技术协会中国公众科学素养调查课题组. 2001年中国公众科学素养调查报告［M］. 北京：科学普及出版社，2002.

[37] 钟琦. 数说科普需求侧［M］. 北京：科学出版社，2016.

[38] 刘华杰. 整合两大传统：兼谈我们理解的科学传播［J］. 科学新闻，2002（18）：5-7.

[39] 翟杰全，郑爽. 网络时代的科技传播［J］. 北京理工大学学报（社会科学版），2000（3）：48-50.

[40] 李国敬. 加强网络媒体科技传播力研究［J］. 齐鲁师范学院学报，2012，27（5）：147-150.

[41] 杨维东. 社会化媒体环境下科普宣传的平台建构与路径探析［J］. 新闻界，2014（13）：62-66.

[42] 关峻. "互联网+"下全新科普模式研究［J］. 中国科技论坛，2016（4）：96-101.

[43] 胡泳. "互联网+"信息时代的转型与挑战［J］. 学术前沿，2015（10）：84-93.

[44] 孟威. "互联网+"不是颠覆而是转型升级［J］. 新闻与写作，2016（11）.

第一章
"互联网+"：概念界定与理论阐释

本章导读

"互联网+"行动计划是适应全球经济发展形势的一项重大战略举措，旨在促进传统产业转型升级和提质增效，并通过融合发展培育新业态和新的增长点，使"互联网+"成为适应新常态、谋求新发展、塑造新优势的新动力。本章系统阐述了"互联网+"的概念、特征和运行模式等，并论述了"互联网+"的行动诉求、发展趋势与实施策略。

学习目标

1 了解"互联网+"行动计划提出背景、技术体系与实施规划；
2 理解"互联网+"的内涵、本质与特征；
3 理解"互联网+"的内在机理、运行模式与发展趋势。

知识地图

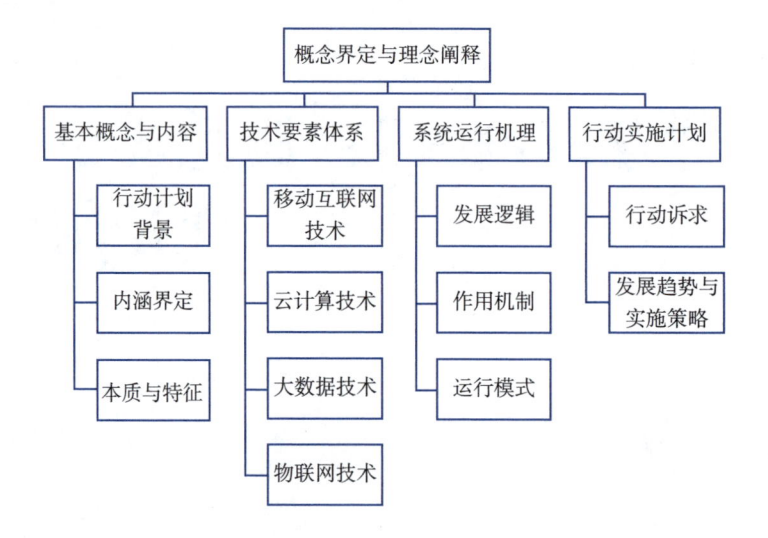

```
                    概念界定与理念阐释
          ┌──────────┬──────────┬──────────┐
       基本概念与内容  技术要素体系  系统运行机理  行动实施计划
          │            │            │            │
       行动计划       移动互联网     发展逻辑      行动诉求
         背景           技术
          │            │            │            │
       内涵界定       云计算技术    作用机制    发展趋势与
                                                实施策略
          │            │            │
       本质与特征     大数据技术    运行模式

                     物联网技术
```

第一节 "互联网+"的内涵、本质与特征

一、"互联网+"行动计划提出的背景

（一）第五次技术革命与互联网经济兴起

"互联网+"行动计划的提出有深刻的背景，进入 21 世纪以来，以移动互联网、云计算、大数据、物联网等为标志的新一代信息技术对经济社会生活的渗透率越来越高，正以前所未有的广度和深度，加快推进资源配置方式、生产方式、组织方式转变。经济发展模式的深刻变革，使世界正进入以信息产业为主导的新经济发展时期。

自 16 世纪以来，人类社会经历了蒸汽机和机械、电力和运输、相对论和量子论、电子和信息五次技术革命（The New Technological Revolution），推动世界经济发生了机械化、电气化、自动化和信息化三次产业革命（The Industrial Revolution）。目前，第五次技术革命和第三次产业革命尚未结束（1945—2020

年），如大数据、云计算、物联网、智能化制造（3D 打印）和绿色能源等技术对世界经济产生了巨大影响，人类社会开始进入互联网经济时代。

根据卡萝塔·佩蕾丝（Carlota Perez）的"技术—经济范式"理论，人类历史上五次技术革命的阶段划分如图 1.1 所示。两次技术革命的重叠和共存通常发生在爆发阶段，一个正在崛起，一个正在衰落，并带来典型的导入期断裂现象。

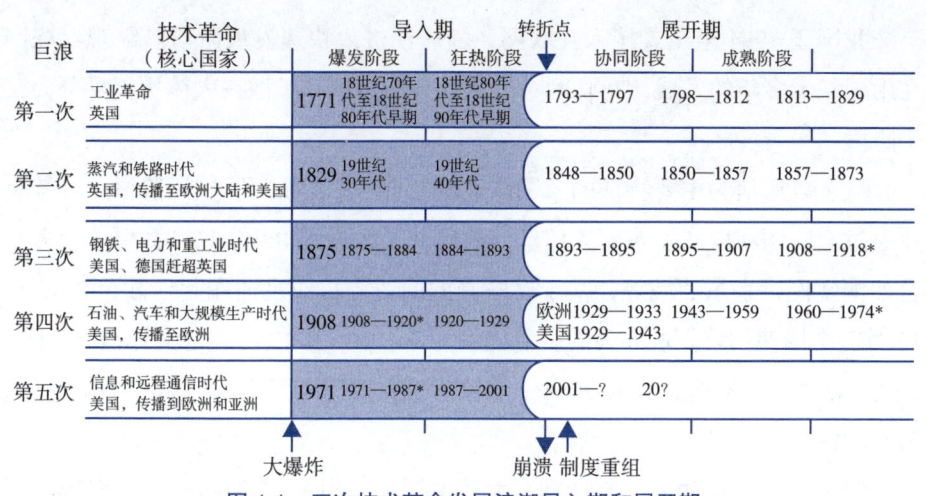

巨浪	技术革命（核心国家）	导入期 爆发阶段	导入期 狂热阶段	转折点	展开期 协同阶段	展开期 成熟阶段
第一次	工业革命 英国	1771 18世纪70年代至18世纪80年代早期	18世纪80年代至18世纪90年代早期		1793—1797	1798—1812	1813—1829
第二次	蒸汽和铁路时代 英国，传播至欧洲大陆和美国	1829	19世纪30年代	19世纪40年代	1848—1850	1850—1857	1857—1873
第三次	钢铁、电力和重工业时代 美国、德国赶超英国	1875	1875—1884	1884—1893	1893—1895	1895—1907	1908—1918*
第四次	石油、汽车和大规模生产时代 美国，传播至欧洲	1908	1908—1920*	1920—1929	欧洲1929—1933 美国1929—1943	1943—1959	1960—1974*
第五次	信息和远程通信时代 美国，传播到欧洲和亚洲	1971	1971—1987*	1987—2001	2001—？	20？	

大爆炸　　　　　　　崩溃　制度重组

图 1.1　五次技术革命发展浪潮导入期和展开期

资料来源：卡萝塔·佩蕾丝，技术革命与金融资本——泡沫与黄金时代的动力学。

由图 1.1 可知，第五次技术革命以 2000 年为分界线，前期经历了自 1970 年开始的导入期，2000 年后进入展开期。1970—1989 年为爆发阶段，但此阶段的互联网主要是政府投资，仅限于政府机构、学术研究和教育部门在使用，因此社会影响有限；1990—2000 年进入狂热阶段，随着 1989 年分类互联网信息协议的推出，检索互联网开始出现。1990 年，非营利的组织——先进网络科学公司 ANS（Advanced Network & Science Inc.）成立，旨在建立一个全美范围的 T3 级主干网。此后，大量企业涌入互联网，使其通信、资料检索、客户服务等方面的价值得以显现。2003 年之后，互联网发展进入"Web2.0 时代"，并呈现出技术、产品、业务、市场和组织的融合趋势。2010 年以后，移动互联网开始飞速发展，到 2014 年 5 月，全球移动互联网流量已经占据互联网整体流量的 25%；与此同时，通信基础设施、硬件设备、带宽成本、数据储存和处理成本等显著下降，使大数据挖掘、云计算行业应用和解决方案成为可能。

综上所述，第五次技术革命正处于展开期的协同阶段，以信息技术、（移动）互联网、大数据、云计算、搜索引擎、社交网络、物联网等技术为主的技术革新和应用均取得重大进展，互联网经济在全球范围内迅速兴起。

（二）中国互联网经济发展及其影响

我国于1994年正式接入互联网，随后便进入快速发展阶段。纵观互联网在中国二十多年的发展，互联网对经济社会的渗透和扩散，大体历程可分为三个阶段。

（1）以通信为主要特征的"网络经济"即"+互联网"应用阶段。传统企业通过互联网获取或发布商务信息，并出现了大量的B2B、B2C型电子商务平台如淘宝网、京东商城等，基于互联网的商业零售业迅速崛起。截至2015年12月，全国使用计算机办公的企业比例为95.2%，其中制造业的计算机使用比例为94.7%，服务业企业为95.9%，但批发业、零售业、住宿业和餐饮业略低，为94.2%。

（2）以移动互联网、云计算、大数据深化应用为主要特征的"信息经济"即"互联网+"应用阶段。随着国家信息化战略的提出，互联网迅速从商贸流通领域扩展到整个第三产业，电子商务、即时通信、搜索引擎、网络娱乐、互联网金融等产业迅速发展，并逐渐向第一、第二产业渗透，深刻影响了实体经济的发展。目前，我国正处于这一阶段的深化时期。据中国互联网络信息中心（CNNIC）数据，2016年通过移动互联网进行营销推广的企业比例为83.3%，比2015年增长近1倍。在民生方面，互联网成为人们工作、学习和生活的"基础元素"，正在重构中国人的生活方式。除了传统消费、娱乐以外，互联网对民生、医疗、教育、交通、金融等领域渗透程度进一步增强，推动人们生活深度"互联网化"。截至2016年12月，我国网民规模达7.31亿户；2016年手机购物、手机外卖、手机在线教育课程规模增长明显，其中手机网上支付的使用比例由57.7%提升至67.5%；在线政务服务使用率已超过线下政务大厅及政务热线使用率，政务信息公开向移动、即时、透明方向发展。

（3）以物联网广泛应用为主要特征的"互联网经济"阶段。这一阶段，人、工业设备与计算机网络相连接,信息网络和设备连接设计、制造、流通、消费等经济活动的所有环节,构成全球性数字化空间。目前,这一阶段的基础工作业已开始,如大量城市开始规划、设计、建设"智慧城市"。

人类文明经历农业经济和工业经济之后,将进入一种新的社会经济发展形态——互联网经济。目前,世界上大部分国家尚处于"网络经济"阶段;中国等部分国家进入"信息经济"阶段,正由"+互联网"向"互联网+"转变;少数发达国家则已进入第五次技术革命成熟阶段的"互联网经济"时代。2015年和2017年,"互联网+"和"数字经济"分别被写进政府工作报告。腾讯研究院发布的《中国互联网+数字经济指数(2017)》报告显示,2016年全国iGDP指数升至30.61%,达到全球领先水平。

(三)"互联网+"行动计划及其落实

"互联网+"理念的提出,国内最早可追溯至2012年,于杨在"易观第五届移动互联网博览会"上做了题为"所有传统和服务都应该被互联网改变"的演讲,提出"'互联网+'是我今天给各位带来的易观的一个想法,我认为,其实今天这个世界上所有的传统和服务都应该被互联网改变"。之后,马化腾于2014年4月21日在《人民日报》发表文章,首次公开提出"互联网+"概念,认为"互联网+"将成为一个趋势,他还在2015年两会上提交了加快推动"互联网+"的议案。

尽管于杨、马化腾等人正确地预测了互联网的力量,但真正把"互联网+"带到公众视野并推动其发展进程的,则是2015年的政府工作报告。2015年3月5日,李克强总理在第十二届全国人民代表大会第三次会议所作的政府工作报告中,正式提出:"制定'互联网+'行动计划,推动移动互联网、云计算、大数据、物联网等与现代制造业的结合,促进电子商务、工业互联网和互联网金融健康发展,引导互联网企业拓展国际市场,将'互联网+'行动作为推动中国产业结构迈向中高端的重要部署,以协调推动经济稳定增长和结构优化"。

为贯彻落实2015年全国两会精神和政府工作报告对重点工作的部署,2015年7月1日,国务院印发了《关于积极推进"互联网+"行动的指导意见》,将"互联网+"定义为"把互联网的创新成果与经济社会各领域深度融合,推动技术进步、效率提升和组织变革，提升实体经济创新力和生产力，形成更广泛的以互联网为基础设施和创新要素的经济社会发展新形态"。该指导意见指出，国家将在创业创新、协同制造、现代农业、智慧能源、惠普金融、益民服务、高效物流、电子商务、便捷交通、绿色生态、人工智能等11个领域开展重点行动计划，并深入阐述了中国"互联网+"建设的总体思路、基本原则以及2018年形成协同互动发展格局。提出到2025年，完善产业生态体系，初步形成"互联网+"新经济形态的阶段性发展目标。

2015年12月进一步出台了《工业和信息化部关于贯彻落实〈国务院关于积极推进"互联网+"行动的指导意见〉的行动计划（2015—2018年）》，提出到2018年，互联网与制造业融合进一步深化，制造业数字化、网络化、智能化水平显著提高，信息物理系统（cyber-physical systems，CPS）初步成为支撑智能制造发展的关键基础设施，互联网成为大众创业、万众创新的重要支撑平台，基本建成宽带、融合、泛在、安全的下一代国家信息基础设施，初步形成自主可控的新一代信息技术产业体系。

近年来，发达国家积极应对新一轮经济变革带来的挑战，纷纷鼓励信息技术变革和应用模式创新，美国的《先进制造业伙伴计划》和《网络空间国际战略》、英国的《信息经济战略2013》、德国的"工业4.0"等一系列行动计划和战略的提出与实施，旨在充分发挥信息技术领域的领先优势，加强在新兴科技领域的前瞻布局，以谋求抢占制高点、强化新优势。由此可见，我国提出"互联网+"行动计划是一项适应全球经济发展形势的重大战略举措，旨在利用互联网加快促进传统产业转型升级和提质增效，并通过融合发展培育新业态和新的增长点，将以互联网与传统经济的融合作为适应新常态、谋求新发展、塑造新优势、打造中国经济升级版的新动力。

二、"互联网+"内涵界定

（一）企业界的定义

2015年3月，马化腾在人民代表大会议案《关于以"互联网+"为驱动，推进我国经济社会创新发展的建议》中提出"互联网+"是"利用互联网的平台，利用信息通信技术，把互联网和包括传统行业在内的各行各业连接起来，在新的领域创造一种新的生态"。同年4月29日，在"势在必行——2015'互联网+中国'峰会"上，马化腾表示，互联网本身是一个技术工具、是一种传输管道，"互联网+"则是一种能力，而产生这种能力的能源是因为"+"而激活的"信息能源"。

2015年3月，阿里研究院颁布了国内第一份《"互联网+"研究报告》，系统研究了"互联网+"。阿里巴巴提出，所谓"互联网+"是指以互联网为主的一整套信息技术（包括移动互联网、云计算、大数据技术等）在经济、社会生活各部门的扩散、应用过程。"互联网+"的前提是互联网作为一种基础设施的广泛安装，本质是传统产业的在线化、数据化，内涵在根本上区别于传统意义上的"信息化"。"互联网+"的过程也是传统产业转型升级的过程，推动各产业的互联网化，"互联网+"的动力在于云计算、大数据与新分工网络。

根据以上表述，可知两者对"互联网+"的理解是基于自身业务特征进行的。在阿里看来，互联网是在现代社会中信息处理成本最低的基础设施，它所具有的开放、平等、透明等特质能够使海量信息资源和无处不在的大数据动起来，从而转化为巨大的现实生产力，创造出不断增长的新财富；在腾讯看来，"互联网+"则是某个行业以互联网为平台，充分利用外部资源和环境从而提升发展能力的过程。综合两者定义中涵盖的要素，经济和产业意义上的"互联网+"可理解为：依托移动互联网、云计算、大数据、物联网等信息网络技术的渗透和扩散，以信息的互联互通和信息能源的开发利用为核心，促进信息网络技术与传统产业的深度融合，优化重组设计、生产、流通、消费全过程，创新生产方式和企业组织形式，推动传统产业转型升级和经济发展方式转变，进入互联网经济这种新型经济社会形态的历史过程。

（二）政府机构的定义

李克强总理在2015年政府工作报告中与此概念相关的表述是：国家要制订"互联网+"行动计划，推动移动互联网、云计算、大数据、物联网等与现代制造业结合，促进电子商务、工业互联网和互联网金融健康发展，引导互联网企业拓展国际市场。

国家发展和改革委员会在《关于 2014 年国民经济和社会发展计划执行情况与 2015 年国民经济和社会发展计划草案的报告》中，将其定义为："互联网+"代表一种新的经济形态，即充分发挥互联网在生产要素配置中的优化和集成作用，将互联网的创新成果深度融合于经济社会各领域之中，提高实体经济的创新力和生产力，形成更广泛的以互联网为基础设施和实现工具的经济发展新形态。

在 2015 年 7 月国务院印发的《关于积极推进"互联网+"行动的指导意见》中，对"互联网+"的解释是"把互联网的创新成果与经济社会各领域深度融合，推动技术进步、效率提升和组织变革，提升实体经济创新力和生产力，形成更广泛的以互联网为基础设施和创新要素的经济社会发展新形态"。这可视作目前为止官方对"互联网+"最权威的解释。

综上所述，在企业界影响下，政府部门对"互联网+"概念的表述也处于不断演进状态。随着政策制定者的积极响应，"互联网+"已不再局限于技术应用视角的由信息基础设施、互联网和物联网、个人终端设备所构成的"云+网+端"三位一体的互联网技术应用体系，转而上升为一种推动经济及社会变革创新的"国家战略"。"互联网+"也因此迅速从一般经济或产业意义上的信息化升级版演变为一种推动经济系统和社会系统发展的"全新范式"。

（三）全行业语境下的"互联网+"内涵

事实上，社会对"互联网+"的内涵并没有形成统一认识，也很难形成共识，不同的行业、不同的人群站在各自视角，对"互联网+"都会产生不同的界定和诠释。综合各种视角对这一概念的理解，有利于更为清晰、全面地审视和把握"互联网+"的特征。

从信息传播角度看，"互联网+"是基于新一代互联网技术的信息革命。由于 Web2.0 的出现，去中心化、用户生产内容、平台化使人类信息传播方式发生了变革，而以移动互联网、大数据和人工智能为核心的新一代互联网技术更加强化了这一趋势。因此，"'互联网+'不是在传统互联网中做一点提升，而会是一次全新的信息革命，在这次信息革命中，主角要从一个传播的时代转向智能感应的时代"。

从经济转型角度看,"互联网+"是实体经济与互联网深度融合的经济形态。在"互联网+"背景下,传统产业迎来了自我变革和转型升级的难得机遇。"互联网+"通过连接不同产业领域,将生产、流通、服务等环节打通,从而培育出新产品、新服务、新模式和新业态。目前,互联网已经与零售、金融、教育、交通、医疗、养老等产业实现了深度融合,培育出电子商务、互联网金融、智能家居等多种消费模式和产业模式。

从社会治理角度看,"互联网+"是推动社会治理创新的有效手段。俞可平提出,"社会治理的理想结果是'善治',其本质特征是政府和社会多元主体对公共生活的合作管理。"互联网平台正是搭建了一个政府与社会沟通协商合作的平台,促进普通公民等社会主体参与到开放的公共决策中。比如近年来涌现的政务微博、微信和移动 App,就有效促进了政府信息公开,提升了政府的社会动员能力和服务能力。

总之,在信息化社会和大数据时代,伴随着这种全新发展范式的催动,经济和社会逐渐步入数字化、智能化、在线化和协同化发展的新阶段,互联网技术的广泛应用改变了人类社会及其经济运行的演化轨迹,沿着"帕累托改进"路径而不断逼近"帕累托最优"状态。这样一个基于终端联通、利用数据交换、促进动态优化、推动产业变革从而实现社会转型的整个动态演进过程,就是我们现在所理解的全行业意义上的"互联网+"。综合多种观点,我们可以将"互联网+"重新定义为:这是一个借由现代信息技术而构建的,旨在优化生产服务模式和资源配置方式,从而促进经济、社会、文化和技术不断跨界耦合及变革创新的系统,它是推动经济社会创新发展、科学发展、和谐发展的新范式。

"互联网+"客观上要求充分利用互联网平台,深度融合互联网和包括传统行业在内的各行各业,推动移动互联网、云计算、大数据、物联网等与经济、科技、文化、社会等部门的有机结合,能够激发社会和市场的潜力、活力,从而创造新的经济社会生态。在这一过程中,人类社会的网络化生存空间不断被拓展,社会生产及生活的数字化水平不断被提升,经济和社会发展中的多个场景的互动共生与跨界融合被不断推进,经济和社会系统的均衡被不断打破,社会变迁的速度无形之中得以加剧。

(四)"互联网+"与"+互联网"

1. "+互联网"的概念

实际上,"+互联网"的概念是在"互联网+"的基础上提出的。一般认为,"+互联网"主要是指传统行业以既有业务为基础,主动利用互联网技术和理念,以提高行业服务效率和质量为目的一种发展模式。

主动利用互联网进行自我创新甚至自我革命,具体到每一个国家、行业或企业可能模式各异,但总体上这条路是符合"继承—创新—再继承—再创新"这一思路和模式的。从国际上看,德国的"工业 4.0 战略"、美国的"工业互联网"等模式,都可以大致认为是"+互联网"模式在具体领域的应用范例。在国内,原先以线下实体店销售产品的苏宁电器就通过"+互联网"模式成功转型,该企业于 2013 年 2 月正式更名为"苏宁云商",并在同年 6 月推行"线上线下一体价"策略,强调线上线下渠道在商品、服务、价格方面的融合,线下实体店与线上网站同步共享资源,以实现内部资源使用效率的最大化。主动利用互联网自我革新、从线下到线上模式的有效转换,是苏宁在零售行业获取成功的重要经验。

2. "互联网+"与"+互联网"的区别

"互联网+"与"+互联网"的差异主要体现在两个方面。

一方面,"互联网+"侧重于从线上到线下的过程,而"+互联网"则侧重于从线下到线上的过程。从技术、商业模式、资金、人才等方面看,"互联网+"的主导者往往是互联网企业,如阿里巴巴等。"+互联网"则正好相反,这一模式下,传统企业主动融入互联网,依托互联网开展业务活动,如通过线上的 B2C 或 C2C 等形式进行交易,然后再经过线下的快递、邮寄等形式发货的"淘宝"网商模式。

另一方面,"互联网+"具有新技术优势、体制机制优势和更广泛的社会支持,而"+互联网"拥有存量优势、行业标准优势和公信力优势。"互联网+"模式下,除了强大的互联网技术,还有优惠的价格、便捷的操作以及舒适的体验等优势,能够赢得消费者的长期信赖,如"互联网+金融"的典型代表"支付宝"。此外,国家层面的政策支持也给该模式制造了舆论优势。相对而言,在"+互联网"模式中，传统产业和企业在内外部双重压力之下，通过利用互联网技术提高自身生产、服务和管理能力，其声势虽然不及"互联网+"，但其发展态势也非常迅猛，目前也催生一些重要的行业应用模式，如德国的"工业4.0战略"和美国的"工业互联网"。

三、"互联网+"的本质与特征

随着"互联网+"进入总理政府工作报告，意味着这个概念已从一般的学术术语上升为国家战略意义上的政策概念。相应的，"+"这个符号的含义也就从"+"的基础性符号含义上升为对国家经济、政治等各行各业都具有战略意义的符号含义。由此，对于"互联网+"本质和特征的解读，仅仅停留在一般意义上是不够的，必须从战略的、理论的高度去认知"互联网+"。

（一）"互联网+"的本质

当今，信息已经成为全社会发展最重要的基础性要素和战略资源。"互联网+"革命的影响始于电子芯片的发明，迄今已有40多年的时间，但只有在互联网真正出现之后，人与人、人与物连接起来的时候，互联网所特有的大数据威力才显现出来。这也是"互联网+"不同于以往信息化的主要原因。"互联网+"将突破"+互联网"时利用互联网主要实现信息沟通和传播的功能的限制，打破信息在不同企业、产业、部门和地域间自由流动的时空界限。随着信息技术在经济社会各领域的不断渗透和扩散，各部门界限被打破，信息连接的深度与广度不断扩大，完成了人、设备、服务、场景的信息传输渠道对接，真正实现了"无缝连接、连接一切、连接未来"，由此重构了新的商业生态系统。

我国信息化建设已推进二十多年，工作重点是鼓励和促进ICT技术（信息、通信和技术）的普及和应用，如计算机和内联网设备等。但是，如果不能保证信息和数据的流动性，就难以促进信息/数据的跨组织、跨地域共享，就会出现妨碍信息化效益实现的"IT黑洞"陷阱，形成"信息孤岛"现象。就国务院信息化工作领导小组提出的国家信息化六要素体系结构（六要素包括信息资源、信息网络、信息技术应用、信息技术和产业、信息化人才、信息化政策和法规及标准）来说，其核心是信息资源，但在"互联网+"出现之前，国家信息化战略一直没有触及这个核心区域。

进入"互联网+"阶段后，信息化逐渐回到正确的轨道上，其根本原因在于信息收集、处理成本明显下降而效率显著提升。随着移动互联网、物联网等技术的迅速发展，数以亿计的各类终端包括智能手机、平板电脑、可穿戴设备等都被纳入数据采集网络。互联网数据中心（Internet Data Center，IDC）曾预测，2009—2020年数据量将有44倍的增长，更重要的是，这些数据都是实时的、活跃的、可随时调用的数据。所以，"互联网+"的第一层含义是在线、连接、互联，在线形成的活的数据连接起来，信息资源的价值才能得到有效释放。

在线化数据被获取以后，可以通过大数据技术开发和利用数据资源，用来指导生产、经营和管理。例如，淘宝网促进了商品供给—消费需求数据/信息在全国、全球范围内的广泛流通、分享和对接，形成一个超级在线大市场。腾讯要做的"互联网的连接器"和"内容产业"，从本质上说，指的就是"黑盒"和"数据信息"。从操作上看，信息资源在"黑盒"里进行能量转化，处理后产品自成一体，用户可以直接使用而不需要知道产品的工作原理。比如，公司靠软件免费积累用户，再将用户流量卖给第三方获取利润；用户有免费软件用就够了，不必关心公司怎么赚钱。而获取在线化数据的方式有两种，一是免费软件，如滴滴打车、高德地图等；二是直接收购数据平台。

在"互联网+"的背景下，无论互联网广告、网络零售、在线批发、跨境电商还是金融产业，其工作中心都是努力实现交易的在线化。只有商品、人和交易行为迁移到互联网上，才能实现"在线化"；只有"在线"才能形成"活的"数据，以便随时被挖掘、分析和调用。这种业务模式改变了以往仅仅封闭在某个部门或企业内部的传统模式，信息资源可以随时在产业上下游、协作主体之间以最低的成本流动和交换，可以最大限度地发挥其价值。

综上所述，"互联网+"的本质就是信息互联和信息能源的开发，即在线化、数据化。随着信息搜索、采集、存储、处理、分析、展示、利用技术的全面成熟，信息设备不断融入传统产业的生产、销售、流通、服务等各个环节，人们能更高效地进行资源配置，从而推动传统产业不断升级，提高社会劳动生产率和社会运行效率。由此，信息的获取能力、连接能力、加工能力和利用能力将成为未来综合国力的新标志。

（二）"互联网+"的特征

从政府和政策角度出发，"互联网+"是一场由国家推动的比特化革命。卡斯特在研究信息技术革命时提到，"不论美国或全世界，国家才是信息技术革命的发动者，而不是车库里的企业家。"这是由于只有国家才具备发展"互联网+"这一类的大型社会工程。当然，不可否认企业家和创新氛围的重要性，实际上，在国家的"发动"之外，正是"受到技术创造文化与快速个人成功之角色模型刺激的分散化创新"真正促成了互联网产业的蓬勃兴起，如BAT。根据丹尼尔·贝尔的社会结构—政体—文化分析框架，"互联网+"也拥有着自己的底层架构，这一架构由国家和政府及与之关联的大型企业主导；它具有自己的"政体"，各方参与将在政策之外广泛地拓展概念的意涵和实践的可能性；它要改变的并不仅仅是经济领域，它必定会影响文化，因为它拥有自身独特的思维方式，将促使社会语境发生变化。2012年12月7日，习近平总书记在考察腾讯公司时指出，"现在人类已经进入互联网时代这样一个历史阶段，这是一个世界潮流，而且这个互联网时代对人类的生活、生产，生产力的发展都具有很大的进步推动作用"。

目前，企业界和学界对互联网思维的关注度日益增加，并从不同角度给出了多种解释。马云认为，互联网不仅是一种技术和产业，而且是一种思想和价值观。雷军提出，互联网不是技术，而是一种观念和方法论，其要义是"专注、极致、口碑、快"。有学者认为，互联网思维具有用户、极致、简约、迭代、流量、社会化、大数据、平台、跨界九大思维特性。还有学者把互联网思维提升到精神层面，认为它是充分利用互联网的精神、方法、价值、规则、技术、机会，来指导、处理、创新工作的一种思想。综合各种观点，我们认为，"互联网+"思维应包括以下五个方面的特征。

（1）民主平等。平等是互联网思维最重要的原则之一，网络消弭了现实生活中的各种不平等，身份、地域、职业、年龄等社会标识都被淡化和忽略了。在互联网交流互动的过程中，主导话语权被打碎，人际关系在网络中得到重组，受众可以依据个人的兴趣爱好、思想观念、价值偏好等进行平等对话。在法律允许范围内，人们可以随时发布消息、阐发观点或者进行褒奖和评判，并可以平等参与网络活动。

（2）开放透明。开放意味着没有相对意义上的"边界"。①摆脱时间和空间限制的互联网是一个完全开放的空间，能够使海量信息在无数的节点上瞬间传递；②这种开放也表现在观念和态度上，互联网允许不同的文化、观念和生活方式同时存在，体现了文化多样性和价值多元性。开放精神成为互联网思维的核心要素，这也恰好与我们时代所倡导的公开透明精神相契合。当然，在网络世界中，人们的隐私有时会受到一些侵犯，这需要不断完善法律法规予以保障。

（3）注重体验。体验是互联网企业生存的关键要素，即"客户体验至上"。所谓用户体验，就是用户对某个产品在使用全过程的感受，包括情感、信仰、喜好、认知印象、生理和心理反应、行为和成就等。作为直接参与者，人们不再满足于被动听从和附和式的意见表达，会成为整个过程的见证者以及报道者、传播者。因此，互联网的体验性使对象思维成为一种必要，不注重体验就意味着被淘汰。

（4）多元多态。人们在互联网上呈现的是一种本真的、自然绽放的多元状态，能够折射和反映出现实社会的丰富多彩。由于匿名和交互特性，人们可以非常便捷地表明自己的立场和价值取向。互联网使人们零距离、零差距相处，可谓"平民与精英共聚，主流群体与边缘群体并存"。然而，这种网络多元性在带来互联网内容丰富性的同时，也使网络信息良莠不齐、纷繁复杂，难以甄别。

（5）参与协同。互动性是网络的特征之一，互动才能使每个人的影响力充分展现出来。但在网络世界里，人的影响力也是有强弱差别的，被关注多的人就容易成为意见领袖，俗称"大V"。在这种情况下，协同性就显得异常重要，否则整个网络格局就会非常混乱。

综上所述，"互联网+"是一种概念、一种战略、一种革命、一种规律、一种融合、一种文化、一种动力、一种引领、一种模式、一种经验、一种改革、一种趋势……从战略高度看，"互联网+"是一种撬动、挖掘各类资源的原动力，是战略性新兴产业的主导力量，也是我国进入"新硬件时代"不可或缺的要素，必须高质量、快速有序地实施"互联网+"行动计划。

第二节 "互联网+"技术体系

《第四次革命》的作者扎克·林奇说："互联网是一切技术的基础，它帮助我们真正理解我们是谁，我们身在何方。""互联网+"信息基础设施可以概括为"云、网、端"三部分。"云"是指云计算以及大数据基础设施。"网"不仅包括原有的"互联网"，还拓展到"物联网"领域。"端"则是指用户直接接触的个人电脑、移动设备、可穿戴设备、传感器，乃至以软件形式存在的各类应用。"互联网+"的核心是"数据"。人类社会的各项活动与数据的创造、传输和使用直接相关。数据是"互联网+"的基础，包括数据采集、数据传送、数据分析处理及数据应用，而这正是"物联网"的基本特征。

移动互联网、云计算、大数据、物联网技术的广泛应用，意味着一个关键性的临界点已经到来：云计算作为商业基础设施的迅速成长，大数据作为新型生产要素的快速发育，商业逻辑从机械化系统到生态化系统的演化，以及大规模、社会化的全新分工形态的出现等。这一切正预示着，人类即将快步踏入真正的"信息社会"。在此语境下，必须从技术驱动的视角认识"互联网+"，否则就很难在纷繁芜杂的形势和环境中准确理解和把握这些代表着未来的趋势性变化。

一、移动互联网技术

随着移动智能终端和宽带无线接入等技术的发展，移动互联网进入高速发展阶段，可以支持用户随时随地对网络的便捷访问、获取服务和信息交流，在行业应用及个人用户市场中发挥巨大作用。

（一）技术要素与架构

作为互联网技术与移动通信技术融合的产物，移动互联网是以移动与无线网络（3G、4G、5G、无线局域网和无线个域网等）作为接入网络的互联网及服务，包括移动终端、移动网络和应用服务三个要素。移动互联网以应用服务为核心，用户可以使用移动终端便捷地访问互联网，应用与终端的可移动性、可感知性、可定位性甚至可穿戴性等功能特性相结合，可以方便用户个性化地使用服务。

移动互联网自底向上分为5层：①移动终端层，支持用户界面、互联网接入和业务互操作等；②移动网络层，包括各种类型的把移动终端接入无线核心网的设施；③网络接入网关层，提供移动网络中的业务执行环境，识别业务信息、服务质量要求等，并可基于这些信息提供按业务和内容区分的资源控制和计费策略；④服务接入网关层，向第三方应用开放移动网络能力、应用编程接口和业务生成环境，实现对业务接入移动网络的认证与对内容的整合和适配；⑤应用层，提供各类移动应用，满足用户的多样化和个性化的需要。

（二）关键技术

移动互联网跨互联网、移动通信、无线网络、嵌入式系统等多个领域，涉及移动终端、无线接入网络、应用服务和安全隐私等一系列关键技术。

1. 移动终端

移动互联网的兴起使人们能够随时随地获取信息和服务，手机作为移动互联网终端技术发展的典型代表，已经从单纯的通信设备演变成为一种集计算、感知与通信等为一体的便携式个人智能终端。随着云计算、社交网络和物联网的发展，智能手机会成为打通"人—机—物"三元世界的重要载体，信息可从智能手机无缝平滑地转移到无处不在的云端平台，使其信息存储和处理能力得到无限扩充，方便地实现跨设备、跨平台的信息获取和共享。

2. 无线接入网络

无线接入网络是实现用户便捷访问的技术，包括蜂窝网络、无线局域网、无线个域网、无线城域网和卫星网络等。随着4G的普及和5G的出现，无线接入能力将得到极大提高，用户体验质量会得到极大改善。对移动互联网而言，移动性管理至关重要，包括位置管理和切换控制。互联网工程任务组（Internet Engineering Task Force，IETF）为此提供了比较全面的解决方案，先后发布了MIPV4、MIPV6、PMIPV6和HIP等主流协议。

3. 应用服务

应用服务是移动互联网取得成功的关键。与此相关的关键技术主要包括用户行为分析、服务聚合、服务质量和体验质量控制、开放服务等。用户行为分析基于移动互联网社交、本地和移动等特征，目的是激发用户在应用中的互动性和参与性，精确聚焦用户需求，为用户提供个性化、差异化的服务，实现服务定位、位置服务和商业推荐服务等应用。

4. 安全隐私

安全和隐私保护涉及移动终端安全、移动与无线网络安全、应用安全、内容安全、位置隐私保护等一系列问题。安全防护技术自身存在的局限性、恶意软件传播途径的日益多样化和隐蔽化以及窃听、监视和攻击等行为难以监听与管控等，均已成为影响移动互联网发展的制约因素，亟待发展高效实用的安全防护技术。可信移动平台（trusted mobile platform，TMP）、开放移动终端平台（open mobile terminal platform，OMTP）、移动可信模块（mobile trusted module，MTM）等都是解决移动互联网安全和隐私保护问题的重要基础。

二、云计算技术

作为一种新型网络计算模式，云计算资源是虚拟化、可动态扩展的，用户不需要了解"云"中各类信息资源的细节，只需根据实际需求获取相应的资源和服务即可，从而降低了中小型用户的信息化门槛，为"互联网+"战略提供了强有力的技术支撑。

（一）概念与特点

云计算（cloud computing）是一种可以随时随地通过网络访问可配置计算资源（如网络、服务器、存储、应用程序和服务）共享池的模式。这个"共享池"通过与服务提供商交互以及最低成本管理来快速配置和释放资源，之所以称为"云计算"，是因为互联网的标识是云状图。

在云计算概念诞生之前，很多公司就通过互联网提供服务，如订票、地图、搜索以及硬件租赁业务等。随着服务内容不断增加和用户规模不断扩大，对于服务可靠性、可用性的要求急剧增加，这种需求变化通过服务器集群等方式很难满足，必须建设数据中心，而这些服务的提供是从Google、Amazon等一些大型公司开始的。

云计算具有几个特点：①快速弹性（rapid elasticity）。弹性是指根据需要可伸缩地使用资源的能力。对于消费者来说，"云"似乎是无限的，消费者可以根据需要购买计算力资源，多少不限。②测量服务（measured service）。在测量服务中，云服务提供商控制和监视云服务，这对计费、访问控制、资源优化配置、容量规划和其他任务来说都是至关重要的。③按需自助服务（on-demand self-service）。这意味着消费者可以根据需要使用云服务，不需要与提供商进行人机交互。④无处不在的网络接入（ubiquitous network access）。这意味着用户可以通过网络获取提供商的能力，胖客户（thick client）和瘦客户（thin client）可以通过标准机制访问它们。资源池（resource pooling）允许云服务提供商通过多租户模型为消费者提供服务，根据消费者的需求对物理和虚拟资源进行分配和再分配，用户一般不需知道资源的确切位置。

（二）主要类型

1. 按照资源使用方式分类

按照云计算资源使用方式，可将云计算分为公共云（public cloud）、私有云（private cloud）和混合云（hybrid cloud），如图1.2所示。①公共云，是指多个用户共用一个云服务提供商的IT资源，适用于中小企业、微型企业、政府基层单位和个人用户。②私有云，是指国家部委、省级和地市一级政府或大型企业集团自建一个云计算中心或云服务平台供自己使用，不对外开放。③混合云，则是指公共云和私有云的混合体，其中一部分资源对外开放，适用于IT资源富余的机构。

图1.2　云计算类型

2. 按照服务类型分类

按服务类型分类，可将云计算分为基础设施即服务（IaaS）、平台即服务（PaaS）、软件即服务（SaaS）三类。

（1）IaaS。IaaS 是指云计算服务提供商把服务器、存储设备、网络设备等硬件设备资源打包成服务提供给用户使用，用户无须自己购买硬件设备，适用于中小企业、微型企业、政府基层单位和个人用户。如用于数据存储的"云盘"或"网盘"服务。

（2）PaaS。PaaS 是指云计算服务提供商为用户提供应用软件开发、测试、运行等环境，用户可以在这个公共平台上开发、测试和运行自己的软件，适用于小型软件企业、小型互联网企业。PaaS 还为中小软件企业提供了一个在线软件开发工具，用户无须自行购买昂贵的平台软件，有利于减少企业经营成本。

（3）SaaS。SaaS 是指云计算服务提供商或软件企业通过互联网为用户提供所需的软件，用户只需要以服务费的形式支付软件使用费。目前，软件企业逐渐改变服务方式，由传统销售软件方式改为用户付费在线使用方式。SaaS 同样适用于中小企业，由于不需要一次性支付软件购置费，且不需要自我维护，大大降低了中小型用户的信息化门槛。

（三）优势分析

云计算技术具有几个优势：①成本显著降低。云计算模式下的用户成本只相当于传统 IT 服务成本的一小部分，不但消除了前期支出，还可以大幅降低 IT 管理负担。②更高的灵活性。按需计算跨越了提供商的技术、业务解决方案和庞大的 IT 生态系统，减少了新解决方案的实施时间。③随时随地存取。避免被单一计算机或网络困扰，可以使用不同的计算机或转移到便携式设备、应用程序和文件。④弹性的可扩展性和"用多少付多少"（pay-as-you-go）。用户可以根据需求的变化增加或减少云计算资源，只需对使用部分付费。⑤容易实现。无须购买硬件、软件许可证或实施服务。⑥服务质量可靠。较大的存储和计算能力，以及 24×7 服务和运行时间。⑦委托非关键应用。把非关键应用外包给服务提供商，把机构的 IT 资源集中在关键业务应用方面。⑧共享文件和群组协作。在世界任何地方都可以访问应用程序和文件，方便群组在文件和项目方面进行协作。

三、大数据技术

大数据（big data）是指无法在一定时间内用常规软件工具对其内容进行抓取、管理和处理的数据集合。随着城市信息化建设的深入，许多机构和企业积累了海量数据资源，迫切需要利用大数据技术对这些数据资源进行处理、分析和挖掘，以提高行政管理、公共服务水平和经营管理水平，并使海量数据资源转化为社会财富。

（一）形成背景

"大数据"的概念由美国 EMC 公司于 2011 年 5 月首次提出。2011 年 6 月，由 EMC 赞助、IDC 编制的年度数字宇宙研究报告《从混沌中汲取价值》（*Extracting Value from Chaos*）发布。根据 IDC 的研究，全球数据量大约每 2 年翻一番：2010 年，全球数据量跨入 ZB 时代，预计到 2020 年全球数据量将达到 35 泽字节（ZB）。2011 年 6 月底，IBM、麦肯锡等众多机构相继发布了与大数据相关的研究报告（表 1.1）。

表 1.1　大数据计算单位

符　号	名　称	容　量	容量说明
TB	太字节	1024 吉字节	Twitter 每天产生 7 太字节（TB）的数据，是 60 年来《纽约时报》单词量的 2 倍
PB	拍字节	1024 太字节	Google 每小时处理的数据约为 1 拍字节（PB）
EB	艾字节	1024 拍字节	全中国每人 1 本 500 页书的信息量约为 1 艾字节（EB）
ZB	泽字节	1024 艾字节	2011 年以前全人类的信息量约为 1.2 泽字节（ZB）
YB	尧字节	1024 泽字节	

随着电子商务、物联网、社交网络等的发展，新的数据源和数据采集技术不断出现，使数据类型不断增多，各种非结构化数据增加了大数据的复杂性，使传统数据库技术无法对其进行高效分析。在互联网时代，数据移动已成为信息系统最大的开销。基于此，大数据在为商家和消费者创造价值方面具有巨大的发展潜力，许多行业都可以利用大数据提高市场资源配置和协调能力，特别

是政府、金融、电信、互联网、航空等数据量规模较大的行业。

（二）概念和特点

大数据不仅包含海量数据，而且其中很多数据往往类型复杂。大数据包括交易和交互数据集在内的所有数据集，其规模或复杂程度超出了常用技术按照合理的成本和时限捕捉、管理及处理这些数据集的能力。

大数据具有几个特征。①数据差异化（variety）程度大。数据种类繁多，在编码方式、数据格式、应用特征等多个方面存在差异性，多信息源并发形成大量的异构数据。②数据容量（volume）极大。通过各种设备产生的海量数据，其数据规模极为庞大，远大于目前互联网上的信息流量，PB级别将是常态。根据麦肯锡估计，2010年，全球企业硬盘上存储了超过7EB的数据，消费者在个人电脑等设备上存储了超过6EB的新数据，而Google每天处理的数据量就超过20拍字节（PB）。③处理速度（velocity）快。涉及感知、传输、决策、控制开放式循环的大数据，对数据实时处理有着极高要求，通过传统数据库查询方式得到的"当前结果"很可能已经没有价值。④时效性（vitality）强。数据持续到达，并且只有在特定时间和空间中才有意义。⑤可视化（visualization）。可视化在数据工作流中将同时起到解释和探索的作用，数据科学家会将可视化作为寻求问题以及探索数据集新特性的一种方式。⑥复杂度（complexity）高。通过数据库处理持久存储的数据不再适用于大数据处理，需要新的方法来满足异构数据统一接入和实时数据处理的需求。

（三）关键技术

用于整合、处理、管理和分析大数据的关键技术主要包括BigTable、商业智能、云计算、Cassandra、数据仓库、数据集市、分布式系统、Dynamo、GFS、Hadoop、HBase、MapReduce、Mashup、元数据、非关系型数据库、关系型数据库、R语言、结构化数据、非结构化数据、半结构化数据、SQL、流处理、可视化技术等。

1. 数据挖掘

所谓数据挖掘（data mining，DM），是指从数据库的大量数据中揭示出隐含的、先前未知的并有潜在价值的信息的非平凡过程。数据挖掘是一种决策支持过程，它主要基于人工智能、机器学习、模式识别、统计学、数据库、可视化技术等，可以高度自动化地分析企业数据，做出归纳性推理，从中挖掘出潜在模式，帮助决策者迅速调整市场策略。

2. 数据可视化

数据可视化技术，是将数据库中每一个数据项作为单个图元元素表示，大量的数据集构成数据图像，同时将数据的各个属性值以多维数据的形式表示，可以从不同的维度观察数据，从而对数据进行更深入的观察和分析。目前的数据可视化技术包括基于几何的技术、面向像素技术、基于图标的技术、基于层次的技术、基于图像的技术和分布式技术等。

3. Hadoop

Hadoop 由 Apache 软件基金会研发，是一个能够对大数据进行分布式处理的软件框架，能够以一种可靠、高效、可伸缩的方式对大数据进行处理。可靠性源于它假设计算元素和存储会失败，因此它维护多个数据副本，确保能够针对失败的节点重新分布处理；高效体现在它以并行方式工作，通过并行处理加快处理速度；可伸缩，是指能够处理 PB 级数据。

四、物联网技术

物联网是由具有标识、感知和智能处理等能力的物理实体利用无线通信技术，在互联网或通信网络基础上构建的覆盖万物的网络。在两化融合领域，物联网技术已在产品信息化、生产制造、经营管理、节能减排、安全生产等领域得到应用。在电子政务领域，如公安、国土、环保、交通、海关、质检、安监、林业等政府主管部门也得到初步应用。

（一）基本内涵

物联网是通过射频识别（RFID）系统、红外感应器、全球定位系统、激光扫描器等信息传感设备，按约定的协议，把任何物品与互联网连接起来，进行信息交换和通信，以实现智能化识别、定位、跟踪、监控和管理的一种网络。物联网为人类社会增加了新的沟通维度，即从任何时间、任何地点的人与人之间的沟通连接扩展到人与物、物与物之间的沟通。

1995年，比尔·盖茨在《未来之路》一书中曾提及物联网（internet of things）的概念。1999年，移动计算和网络国际会议提出"传感网是物联网技术及其在智慧城市中的应用，下一个世纪人类面临的又一个发展机遇"。2003年，美国《技术评论》提出传感网络技术将是未来改变人们生活的十大技术之首。2005年11月，在突尼斯举行的信息社会世界峰会（WSIS）上，国际电信联盟（ITU）发布了《ITU互联网报告2005：物联网》，该报告对物联网概念进行了扩展，提出了在任何时刻、任何地点实现任意物体之间的互联，及无所不在的网络和无所不在的计算的发展愿景。

（二）技术架构

物联网依托多种信息获取技术，包括传感器、射频识别（radio frequency identification，RFID）、二维码、多媒体采集技术等，其关键技术环节可以归纳为感知、传输、处理，数据处理和融合贯穿于物联网采集、控制、传输和上层应用的全过程。物联网的技术架构由感知层、网络层、应用层组成（图1.3）。

1. 感知层

感知层主要实现智能感知功能，包括信息采集、捕获和物体识别等，关键技术包括传感器、RFID、自组织网络、短距无线通信、低功耗组网等。网络层主要实现信息的传送和通信，可进一步细分为接入层和核心层。

2. 网络层

网络层将感知层获取的信息进行传递和处理，类似于人体结构中的神经中枢和大脑。网络层可依托公众电信网和互联网，也可依托行业专用网，还可同时依托公众网和专用网，例如，接入层依托公众网、核心层依托专用网，或接入层依托专用网、核心层依托公众网。

3. 应用层

应用层包括作为应用开发支撑的中间件和面向用户的应用。中间件主要提供网络层与物联网应用间的接口和能力调用，包括对业务的智能分析、整合、共享、处理、管理等，具体体现为各种类型的业务支撑平台、管理平台、信息处理平台、智能计算平台、中间件平台等，为物联网应用提供共性支撑、决策支持和协调控制等。应用层向用户提供各类物联网应用，如工业监控、智能电网、智能家居、环境监控、公共安全、绿色农业等。

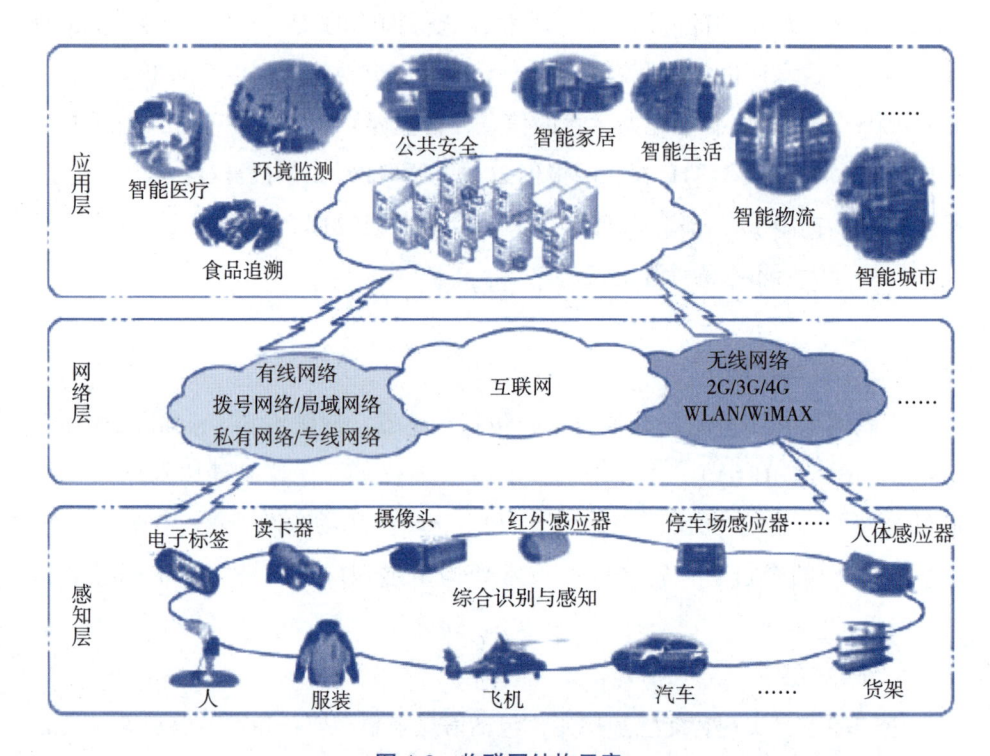

图 1.3 物联网结构示意

（三）功能与应用

物联网提供一体化的信息感知、传输与处理能力。物联网通过同类或异类传感器协同感知被测目标获得丰富的感知数据，经过局部信息处理和融合获得可靠的高精度感知信息，在数据传输过程中还可对其进行必要的处理，如基于网络状态的感知信息聚合与融合、基于链路状态的自适应网络编码和传输优化、数据的加密安全传输以及加急与应急处理等。此外，由于物联网应用环境的复杂多样和物体自身状态的变化，为了保证物联网运行的稳定与高效，特别是感知信息的可靠，需要及时获取、融合和处理物联网自身的状态信息，实现有效和高效的网络管理。物联网应用方面，既包括局部区域的独立应用，如流程工业的能源控制系统、特定区域的环境监测系统等，也包括广域范围的统一应用，如全球性的 RFID 物流和供应链系统等。

当前，物联网在工业领域的发展还处于技术研发与现场应用的交接阶段，在技术标准、核心器件、信息融合处理及安全防护方面仍存在亟待解决的关键问题，诸如通信接口和数据模型的标准化、传感器芯片的高端制造、高可靠通信与智能控制、工业海量数据的感知与协同处理等关键技术方面均有待进一步攻克。

综上所述，世界正在从 IT(信息科技) 向 DT（数字科技）时代快速跨越，未来将呈现出一个"连接一切"（万物互联）的新生态。"Everything will Learn" 是互联网发展的未来趋势，需要不断创新物联网、大数据、云计算、人工智能等技术，与各行各业跨界融合，在推动各行业优化、增长、创新、新生过程中，新产品、新模式与新业态将层出不穷。在此背景下，政府推动实施"互联网+"行动计划，必须用互联网思维改造观念，集中精力夯实"互联网+"基础设施。例如，加大政府对云计算、大数据等新兴服务的购买力度，推进国家新一代信息基础设施建设工程，大幅提升宽带网络速率，优化数据中心、内容分发网络等应用基础设施布局，提升移动互联网、云计算、物联网应用水平，加强与水利、工业、交通、能源等基础设施的对接，提高互联网应用支撑能力。

第三节 "互联网+"的内在机理与运行模式

一、"互联网+"的内在机理

（一）"互联网+"理论形态

1."互联网+"：一种先进生产力

从理论发展的逻辑来看，"互联网+"是一个当代性范畴，是对互联网信息技术与当代社会经济发展关系的界定与认识。自 20 世纪 90 年代以来，互联网逐渐融入社会经济的各个领域以及整个生产、销售、配送、消费过程，并据此对原有产业要素和产业模式进行重新配置。就呈现形式来说，"互联网+"是互联网与其他各行业的一种深度融合，但从本质形态来说，互联网已脱离"工具"范畴而成为一种更为先进或最基础性的生产力。在要素整合与配置过程中，互联网已从"背景"性要素转换为"突前"性要素，并在要素位置的前移中完成社会经济发展方式的"范式转换"。由此，在经历了蒸汽技术革命、电力技术革命之后，信息技术革命正在加速人类生产生活方式变革，表现为互联网产业化、工业智能化、生活智慧化等。

与其他技术革命要素类似，互联网并不是一出现就立即对社会生产生活发生普遍性、颠覆性的影响，卡斯特对这种技术效应滞后进行了解释："技术革新与经济生产力之间有相当大的时间落差，这是过去的技术革命皆具有的特征。"这是因为，虽然"互联网+"成为一种"突前"的生产力，但它本身仍是一种异质性因素，必须逐渐介入并引发原有经济社会生态的"反常"。而要真正取代传统发展动力因素并实现社会经济发展方式范式的转换，就需要解除原有生产力和传统观念对社会经济发展的束缚。"充分认识到互联网对于加快国民经济发展、推动科学技术进步、加速社会服务信息化进程、提高人们生活质量和国家竞争力的不可替代作用，沿袭固有的路径安排已经难以获得解放生产力的效能，'互联网+'才会走上前台。"在这个意义上，"互联网+"战略的实施以及创造性动能的充分释放，是一个长期的、渐进的过程，需要社会、经济、文化及相关制度做出相应的整体性调整。

总之，作为理论形态的"互联网+"，已经超越了工具或载体的范畴，成为继电力取代蒸汽之后引领社会变革的新动力，成为社会经济发展最基础性的生产力，必将推动生产关系的重新调整。

2. "互联网+"："液化"一切

"液化"力量是英国社会学家齐格蒙特·鲍曼在提到"现代性"时所做的比喻，意味将一切都重新构造，以此来形容"互联网+"对产业、社会与人类的影响，也是非常贴切的。

作为一种"液化"力量，"互联网+"具有黑洞效应、数字化"胁迫"和创造性破坏三个方面的特征和效应。首先，"互联网+"形成了一个"黑洞"，将各类行业吸入其引力范围之中，差别只是时间和程度问题。虽然互联网不会席卷一切，但是在可预见范围之内，作为新的动力引擎，它必将与主要行业紧密结合，形成拉动经济成长、优化产业结构的新动力。其次，"互联网 +"的黑洞效应，会先将轻量级的行业和部门纳入数字化轨道。数字化的结果是指数级运算，而非简单的加法计算。在实体经济范畴内，互联网将实现工业的全方位数字化，形成新的动态的协作生产网络，最终实现熊彼得所谓的"产业突变"。最后，作为创新理论的重要支点，创造性破坏意味着内生增长力量不断打破现有规则、重塑新型关系的一个过程和结果。对"互联网 +"而言，则意味着个体创造力的解放与协同的不可预知性。因此，国家采取了与"互联网 +"相匹配的鼓励创新和创业的政策。依托"互联网 +"平台的"大众创业，万众创新"被视为新常态之下的新引擎之一，将为人们提供众多社会、商业的新机会。这些新机会，一方面来源于"互联网 +"框架下个体创造力的释放，另一方面也源于正在形成之中的基于协同创新的社会关系和产业空间。

（二）"互联网 +"发展逻辑

1. "互联网 +"重构业态时空

人类的生产与消费活动长期受制于时间与空间，而信息技术革命帮助人们逐渐摆脱了时空制约，并重构了业态时空。整个移动互联网产业以应用商店为中心，承接了以百万千万计的第三方软件应用开发者，以及以十亿计的企业和个人用户，形成了一个全新的完整产销链。这一新的互联网模式对传统业态的时空进行了错置重构，将实时交易的过程分割为不同时间、空间并异步完成，从而颠覆了传统商业模式。

"互联网 +"对业态时空的重构体现在以下几个方面。首先，"互联网 +"使工业远程协同制造成为可能，将带来工作方式和流程的全新变化，工厂之间的界限将逐渐模糊甚至消失，从而使时空限制成为过去，设计、生产、销售、管理成本将显著下降。其次，利用移动互联网的"撮合"工具，能让人们利用碎片化时间满足另一群人的突发需求。传统业态如果顺应这种趋势变化，不但可以提升资源配置和创新能力，还能够对时空进行重组，使产业运行更加灵活便捷和人性化。再次，O2O（online to online）通过需求与服务错位的时空重置，解决了需求与服务时空不对称的问题。用户差异化需求在 O2O 模式下得到满足，个性与质量终于可以"兼得"。最后，新经济形态出现。近年来，互联网实现了从媒体属性向产业属性的重要转变，腾讯、阿里巴巴、百度等一批平台型互联网企业已形成了一定规模的产业生态系统，对整个国家的经济社会转型产生了举足轻重的影响。

2. 产业价值与产业链再造

电子商务在全球已经改变了几乎所有的商业业态和经营环节。从商业业态来看，图书、音乐、媒体、物流、金融等产业由于电子商务而发生深刻改变。实际上，网络零售对商品交易的影响远不止网上交易部分，还应包括受到网络广告、社交导购、供应链变革等电子商务相关服务影响而最终在线下完成交易的部分。如果将交易过程中所有环节中涉及电子商务的相关服务都算作O2O电商市场的话，咨询机构IDC预计，到2020年，社会消费品零售中将至少有66.7%的交易涉及电子商务相关服务。从经营环节来看，新的"零售—批发—生产—设计—采购"流程已经确立了主流地位，这一点在中国网络零售份额最大的服装行业表现非常明显：设计越来越个性化，生产柔性化也有所提速。

在产业互联网化的同时，其内部的价值与产业链再造也在同步发生，这种变革的广度和深度远远超过公众所感受的表象，如网络零售。实质上，网络交易只是整个"互联网+"的前端或表层，"互联网+"已在多个层面上引发了复杂变化，体现在三方面。①产品层面。"互联网+"不仅可以实现跨地域、短链条经营——因此其成本结构与传统商业很不相同，而且它还激发、聚合、分类、对接了大量个性化需求与供应，使具有个性化体验价值的商品比重不断上升。②企业层面。"互联网+"引发了部门间、企业与市场之间边界的重新界定和整合，主要表现在产业链再造方面，它使产业链上的角色构成、链条长短、链条的柔性与刚性等都发生了变化。③产业层面。"互联网+"开始逐渐引发产业形态的革新：电子商务等新产业快速崛起，不同产业之间开始深度融合，云计算逐步替代私有计算。

3. 实时协同的分工网络

信息基础设施建设和能力提升加速了信息（数据）要素在各产业部门中的渗透，直接促进了产品生产、交易成本的显著降低，从而深刻影响着经济形态：一是信息技术革命为分工协同提供了必要、廉价、高效的信息工具，也改变了消费者的信息能力，其角色、行为和力量正在发生根本变化，从孤陋寡闻到见多识广，从分散孤立到群体互动，从被动接受到积极参与，消费者潜在的多样性需求被激发，市场环境正在发生着重大变革。二是以企业为中心的"产—消"格局，转变为以消费者为中心的全新格局。企业以客户为导向、以需求为核心的经营策略迫使企业组织形式相应改变。新型的分工协同形式开始涌现。三是"小而美"成为企业常态。企业不必维持庞大臃肿的组织结构，低效、冗余的价值链环节将逐渐消亡，而新的高效率价值环节兴起使组织的边界收缩，小企业将成为主流。四是生产与消费更加融合。信息（数据）作为一种柔性资源，缩短了迂回、低效的生产链条，促进了 C2B 业态的兴起，生产与消费将更加趋于融合。五是实时协同是主流。技术手段的提升、信息（数据）开放和流动加速以及由此导致的生产流程和组织变革，促使生产模式从工业经济的典型"线性控制"转变为信息经济的"实时协同"。六是就业途径多样化。从业者经由网络平台和外包渠道，可柔性高效安排工作时间、地点和方式，对外提供个性化服务，如翻译、设计、客户服务等，企业的雇用方式和组织形式、就业方式和收入结构都将发生变革。

4. 消费习惯革新

互联网特别是移动互联网正在改变着商业模式的基础结构：一方面，在传统商业模式下，消费者的购买行为必须在实体空间场所（如商场、超市）发生，而"互联网 +"打破了传统渠道垄断格局，能够提供大量丰富的长尾商品，以满足新一代消费者的个性化需求；另一方面，传统消费者购买行为只和商家产生关系，而现今互联网独有的社交链接方式使消费者彼此之间也产生了联系。同时，基于移动互联网的智能手机、智能可穿戴设备，帮助消费者实现了沟通的"瞬间无缝连接"，一旦这种连接发生，消费者便不再以"个体"形式存在，而是以"同好聚合"的"群组"形式存在，"群组"内部沟通方式是一种基于消费者之间的平等交流。

在以上两个方面的影响机制下，消费者基于同好聚合而产生了大量的碎片化需求，包括消费者的消费习惯、偏好等，这种自发聚合与互动形成了一种新的社会力量，即 C（customer）端力量的崛起。而这一群体崛起重构了 B（商家）与 C（消费者）之间的关系，即消费者主导的 C2B（customer to business）倒逼式传导模式逐渐形成。商家通过大数据技术可实现对"端"表现出的需求特征进行归纳、计算和输出，最终使得供给更加贴合市场需求。从操作流程看，这些经技术手段精细处理的碎片化需求，最先传导至营销流通环节、再到设计生产环节、物流仓储环节、原材料供应环节。总之，在"互联网+"框架下，消费者逐渐占据市场主导地位，并不断参与到各个商业环节之中。

（三）"互联网+"作用机制

从实践层面来看，作为一种新的经济和文化形态，"互联网+"逐渐融入经济社会之中，开始发挥其作为先进生产力和核心驱动力的效应，调整或重组生产关系和社会生活模式。具体体现在以下几个方面。

1. "互联网+"带来价值和思维方式革命

以互联网为基础的第三次工业革命，与前两次工业革命类似，在大幅度提高生产效率的同时，也带来了思维、管理、战略、体制及其价值观念的变革。不同的是，虽然"互联网+"给传统产业带来了诸多危机和焦虑，但也给传统产业注入了新的动力，使后者能够自然地融入；在冲击传统管理理念、方式的同时，也催生了新的理念和管理模式，从而成为传统产业升级换代的强劲推动力。在"互联网+"语境下，开放、平等、协作、共享和去中心等特征激发着个体的欲望、激情、活力和创造性，并汇聚成强大的社会生产力。新的管理模式和商业形态下，组织结构上的利益共同体、事业合作人、股东平台代替了马科斯·韦伯的平台理论，而多样化、个性化的消费需求颠覆了长期统治人们的规模经济理论。

2. "互联网+"改变人类认知方式

在以互联网为核心基础设施的信息时代，知识和信息的容量越来越大，更新也越来越快，信息和知识正以指数级加速膨胀。为适应越来越复杂的社会，人类认知世界、驾驭世界的认知方式会越来越多地依赖人与智能设备的分布式认知、协同思维，分布式认知成为信息时代人类适应社会复杂性的基本思维方式。"互联网+"下，知识"去中心化"趋势加快，呈现分布式协同状态，知识的产生机制、传播机制、应用形态都将发生巨大变化。在这一机制下，网络规模越大其变更的驱动力也就越大，就越利于快速组织大规模的社会化协同。由于知识都分布在一个个相互连接的节点之上，通过连接并激活一个个的节点获得知识，因此大规模的社会化协同将成为认识世界与改造世界的常态方式，将成为各种组织解决问题的基本方式。认知是构建社会系统的基础，人们认知方式的裂变必然导致社会革新。当基本认知方式都发生改变的时候，在此基础上建立的经济社会文化系统必然发生意义深远的革命性的裂变。

3. "互联网 +" 创新人类生活方式

"互联网 +" 将在很大程度上改变公众的生活方式。与社会生活方式相结合，本就是"互联网 +"存在的最为广泛和坚实的基础。在实践中，"互联网 + 购物""互联网 + 餐饮""互联网 + 交通""互联网 + 金融""互联网 + 教育"等产业融合，充分展示出互联网对传统文化生活方式转型的巨大推动作用，它促进了生活的物理世界和虚拟的数字世界的融合。从根本上说，"互联网 +"中的"+"是一种融合与连接，它不仅给予个人一种全新的体验方式和社交方式，而且日益改变着社会的生活方式和价值观念。《2016 中国智能家居用户数据报告》显示，人们对家庭安防、智能灯光、单系统第三方设备、影音集成、环境控制等层面的智能化需求正表现出越来越多的兴趣，体现出网络智能化的生活方式正在逐步形成。

4. "互联网 +" 革新社会生产方式

以互联网为代表的信息技术革命在改变产业结构和经济发展方式的同时，也将生产推进到智能时代。从本质上看，"互联网 +"的"+"是指实体经济的创新力、现代商业模式创新以及生产流程再造和价值链重组。因此，"互联网 +"对社会生产方式的革新，就是充分利用互联网技术和手段，全面优化产业结构，合理配置产业资源，大幅度降低产品的生产、流动和管理成本，确立和提升各行业在全球竞争中的优势地位，从整体上推动我国制造业向智能制造转型。智能制造即"互联网 + 制造业"，是信息化与工业化深度融合的产物。在新一轮工业革命中，制造业的核心支撑将是智能制造，它不仅利用现代通信网络在全球配置资源，增强要素之间互动协同，引领全球工业发展，而且充分利用互联网、物联网、大数据和云计算对市场需求和态势做出的精准判断，探索绿色化、服务化、定制化的新型发展模式，提升产品附加值，挖掘智能制造的产业潜能。

5. "互联网 +" 锻造全新政务生态

云计算、大数据等互联网技术的更新迭代，为交通管理、在线审批、政务发布、应急预警等各类应用场景中更加现代化、更加科学的政务管理提供了手段和途径。全国各大城市都在积极推进智慧城市建设，而智慧城市的基本特征正是"互联网+"，逻辑枢纽是"政务云+"。"政务云+"不仅仅是电子政务+云计算，而是在开放、透明、互动、参与、融合的互联网思维下，用云服务理念和相应措施构建政务与服务协同生态系统。

"互联网+"时代，推进国家治理体系和治理能力现代化需树立"互联网+"思维。首先，海量在线化数据成为政府和社会治理的宝贵资源，能为我们更准、更快地捕捉现在和预测未来。尤其是在一系列紧迫性世界公共问题的解决上，如抑制全球变暖、消除疾病、疏解交通、食品卫生、公共安全、人口流动、社会救助等，互联网和大数据正在发挥核心作用。其次，随着互联网的发展，网络问政平台、政府网站、政务微博等的建设使政府和民众之间能够更好地互动和沟通。最后，随着信息载体的不断发展，民众有了更多获取信息的渠道，信息不对称现象大大减少，将倒逼公共服务机制转型。

综上所述，无论是理论形态的"互联网+"，还是实践形态的"互联网+"，都展示出这一理念的巨大包容性和发展性，具有相对宽泛的内涵和外延。作为一种位置"突前"的新生产力，"互联网+"将以互联网信息技术为依托，推动互联网与万物的互联，对社会构成要素和生产关系进行重新整合和配置，从而构建出一个创意、创新和创造为社会发展动力，以智慧和智能为发展方向，融现实与虚拟、线上与线下、文化与科技、经济发展和社会生活为一体的全新生态。

二、"互联网+"的运行模式

作为一种引领社会经济文化发展的先导理念，从宏观语境看，"互联网+"代表着第三次信息技术革命之后互联网在世界各国战略地位的提升，全球范围内以互联网为核心的政治经济新秩序正在形成；就微观语境而言，"互联网+"推动了信息技术与社会经济文化发展的高度融合，催生出许多新的经济形态和产业业态，为社会经济发展模式转型提供了重要的平台支撑。

（一）"互联网+"经济发展模式

1. 推动新技术的运用

李克强总理在全国人大所做的《政府工作报告》中明确提出要制订"互联网+"行动计划，推动移动互联网、云计算、大数据、物联网等高新信息技术的运用。

（1）"互联网+"在形式上更多地表现为"移动互联网+"。移动互联网得以广泛普及和利用，才有可能使人与人、人与设备、设备与设备，消费者、企业、社会最广泛、最便捷地相互连接，从而产生海量数据。一方面，通过数据分析和可视化处理，可以更好地呈现和分析大型系统的运作方式，在此基础上不断优化生产流程；另一方面，基于产前、生产、销售、售后服务等完整链条的数据分析，可以使企业产品和服务的设计开发更具针对性，有望实现按需生产和定制化生产，以提高生产环节的附加值。

（2）在云计算、大数据技术支持下，由于生产数据、用户需求数据的深度挖掘、分析和结构化呈现，企业将有机会从单一的产品生产者转变为生产者、用户需求的方案提供者和实施方。从数据上看，发达国家知名制造企业收入中，服务收入占比可达40%~60%，而中国只有15%~20%。

（3）移动互联网、物联网等技术将使企业生产向数据化、知识化转变，企业经营模式与利润来源也随之发生深刻变化，使企业由传统生产制造转向深度服务应用，由产品开发转变为用户需求开发。此外，信息技术发展和应用还能够实现产业融合和业务重组，传统的行业之间的区隔和界限都将模糊甚至消失，新的产业链和经营模式不断出现。商业价值创造过程由此发生改变，企业不但可以再造行业流程，还可以跳出原有行业限制，提供原来隶属不同领域的产品或服务。

2. 促进产业全面升级

作为"第三次工业革命"，"互联网+"革命给传统行业带来了根本性变革，如"互联网+工业""互联网+农业""互联网+服务业"等。

（1）"互联网+工业"。《中国制造2025》是中国实施制造强国战略第一个十年的行动纲领，该规划提出要通过"三步走"实现制造强国的战略目标。规划提及的核心之一就是通过两化融合发展来实现这一目标，即用信息化和工业化两化深度融合来引领和带动整个制造业的发展，并要把工业互联网作为未来发展的重要新引擎，作为支撑智能制造、推动两化融合的重要抓手。一方面，"互联网+"搭建了客户交互、精准营销的通道，有助于制造业提升核心竞争力，并积极构建新型企业生态价值链，加快工业制造模式从大规模制造向个性化定制、按需制造、定制化众包生产等方式演进，因此能够帮助传统工业实现从"以产品为中心"向"以用户需求为中心"的模式转变；另一方面，制造业在转型过程中，需要大量基础设施以及通信、大数据、安全、云计算、车联网、社交等移动互联网技术的支持，这无疑也会带动互联网企业、通信企业以及安全企业技术上的更新换代。

（2）"互联网+农业"。自1949年以来，农业一直是党和国家工作的"重中之重"，但鉴于其依赖自然条件的行业属性，一直处于基础相对薄弱的产业地位。近年来，大数据、物联网、云计算、移动互联网等新一代信息技术的迅速发展，为传统的农业焕发了新的生机，"智慧农业"呼之欲出。首先，就生产环节来说，通过智慧农业物联网、大数据等高科技手段，实现对农业全过程的信息获取、优化处理和投入要素精准化控制，推进了农业现代化。不但改变了几千年来中国农业基本靠天吃饭的状况，还大大提升了生产效率，真正做到精耕细作、高效增收。其次，就销售环节而言，信息技术向农业生产、经营、服务领域的渗透，以及移动电商销售平台向农村的延伸，将信息精准、即时地投放给农产品生产者和潜在消费群体，有助于推动优质农产品的快捷、精准销售。最后，在农业发展模式转型方面，互联网将资源吸引到农村，打通城市到农村的资金、商品、人才通道，如阿里集团将在未来建设10万个村级淘宝服务站。此外，"互联网+"平台使以前分散的农村资源得以更优化和更高效率地配置，并实现农业的管理信息化和产销经营网络化。

（3）"互联网+服务业"。服务业是"互联网+"化程度较深的领域，如零售、金融、餐饮、旅游等产业，许多移动应用产品深受用户青睐。如"互联网+医疗"，硬件方面利用可穿戴设备终端收集人体信息，经与手机交互后传输到云端，成为医疗监护和检查的新模式；软件方面，好大夫在线、丁香园、春雨医生等新产品利用手机作为交互平台，有利于促进改善医生和患者之间的交流，为用户提供专业、便捷的医疗信息服务。近年来，国家相关部门出台了一系列政策和措施，积极推动"互联网+服务业"向更广的领域、更深的层次发展。当前，"互联网+"正在全面渗透传统服务行业，包括金融、餐饮、交通、物流、医疗、养老、住房、教育、旅游、居家等行业，企业逐渐实现与消费者之间的无缝沟通对接，在线购买消费如火如荼。相应地，消费者行为也呈现出碎片化、高频化趋势，基于大数据挖掘和分析的企业行为逐渐增多，有益于行业良性发展和服务水平的快速提升。

3. 推动虚拟经济与实体经济的深度融合

进入21世纪后，随着信息技术革命的深入，"范式革新的力量及其新基础设施的优势"基本形成：①"云、网、端"等新一代信息基础设施建设加快，正叠加于原有农业基础设施（土地、水利等）和工业基础设施（交通、能源等）之上，为"互联网+"与传统产业的融合奠定了坚实的物质基础；②社会及公众对"互联网+"的"学习"适应已基本完成，突出表现在网络应用及其渗透率的不断提升；③信息网络技术呈现指数级增长趋势，联网用户和设备数量快速增加，在线数据流动和交换的成本大为降低，为"互联网+"实现从信息连接到产业融合转化提供了技术上的可能。

在此基础上，"互联网+"从两个维度上推动了虚拟经济与实体经济的深度融合。①在行业内纵向上，传统产业利用互联网技术和平台进行自我变革，重塑生产、流通、消费过程，优化生产流程和产业链管理，有效提高了行业生产效率。在初步实现"互联网+"之后，传统产业通过构建"互联网+"下的产业生态体系和新型制造模式，实现了智能化生产、网络化供应，满足个性化、定制化、多样化消费需求；通过打通生产、流通、服务等环节，加速研发设计、生产制造、业务重组等向全球体系演进，促进产业创新模式向高效共享和协同转变；通过移动互联网、地理位置服务、大数据等信息技术，打造产业智能服务系统，促进产业转型升级、经济提质增效。②在行业内横向上，"互联网+"将不同行业领域的信息连接起来，在信息网络平台上进行有效整合，跨界融合产生化学反应的聚变，培育出新产品、新模式（服务模式和商业模式）与新业态。在初步实现"互联网+"之后，互联网经济形态不再完全虚拟化，而是日益融合现实世界的"虚实结合、虚实相生"的信息物理融合系统（CPS），并向工业、农业、服务业进行渗透和融合，进而通过优化重组资源、创新商业模式、培育新的跨产业形态，继续创造新的经济和价值增长点。如互联网与零售、金融、交通、教育、医疗、养老等深度融合，发展出互联网金融、网络创新设计、个性化定制等新业态，创造出智能汽车、智能家居、可穿戴设备等新产品，培育出电子商务的多种商业模式和O2O的消费模式，逐步打造出"互联网+"新生态。

综上所述,"互联网+"并非简单、机械的相加与合并,而是实现了互联网与传统产业的深度融合;既要解决传统产业的效率问题,又要培育经济新业态;既要形成网络经济与实体经济联动发展新态势,又要打造"互联网+"经济范式的新生态。

(二)"互联网+"社会发展模式

"互联网+"战略的实施,必然涉及现有体制和机制的改革创新,需要推动社会治理的信息化转型。在"互联网+"深入发展的背景下,必须准确把握社会治理转型的趋势、方向和路径,才能真正推动社会全方位转型,为经济领域的战略实现提供体制和机制保障。

1. 社会治理面临的两大发展趋势

"互联网+"对于社会连接关系的建立、加强或连接层次的压缩,客观上造成了虚拟社会的不断扩张,进而导致虚拟社会与现实社会的融合。这种融合趋势既体现为"线下"向"线上"的融合过程,也体现为线上向线下的融合过程。

(1)由线下向线上的扩展,包括三个层次。①网络空间在线上扩展。上网人数逐年增长以及平均上网时长逐年增加,体现了社会生活虚拟化和网络化的趋势。②社会服务向线上扩展。除目前发展较为成熟的电子政务和电子商务外,金融、医疗、旅游、交通、就业、法律、家居等领域也都呈现向线上扩展和延伸的态势,初步实现了社会服务的便捷化、智能化和个性化,这一变化契合"互联网+"时代"以人为本"的服务理念和发展趋势。③多元社会治理主体向线上扩展。一方面传统的由政府包揽公共服务供给的"一元化"模式不复存在,政府、市场、社会组织和个人都能够成为社会服务的供给主体这一变化显然有益于降低政府投入和服务成本,并有效提高公共服务质量;另一方面大量互联网企业踊跃加入公共服务运营和公共服务流程改造中,大幅提升了社会公共服务的效率和水平。

(2)由线上向线下的延伸,可以从四个方面来分析。①线上市场主体向线下延伸,表现为O2O模式在社会领域迅速扩张。②线上社会组织向线下延伸。

线上社会组织和社会团体尤其是公益机构越来越多地通过社交网络平台志愿发起、组织公益活动,这一模式不仅运行成本低廉,而且组织效率较高,如"微博打拐""等你回家"等。③线上个体向线下延伸。众多个体网民也充分利用网络空间的便利,以公民身份参与到公共治理之中,开展诸如独立调查、取证和研究等工作,引起了良好的社会互动效应。④线上治理向线下治理延伸。尽管多元社会治理主体由线上向线下延伸体现了创新性和正能量,但也存在不少违规、违法现象,这对传统监管模式提出了挑战,政府监管部门不仅要治理线上违法行为,还要将治理领域延伸到线下空间。

2. 互联网促成社会"善治"的两大方向

俞可平认为,社会治理的理想结果是"善治"——使公共利益最大化,其本质特征是政府与社会多元主体对公共生活的合作管理。在"互联网+"时代,多元社会主体的公共参与性和对公共生活的合作管理具有两大方向或特征。

(1)开放性。从全球范围来看,开放性治理是"善治"的一个显著特征。美国政府在"开放政府"(open government)方面的探索,其核心理念就是倡导政府向社会开放透明,向责任型政府转型。2011年,美国更发起"开放政府伙伴计划",致力于与其他国家为实现透明型、参与型政府加强合作。随着"互联网+"技术和平台的不断完善,我国也逐渐具备建设"开放政府"的基本条件:互联网连接的"泛在化"趋势为"开放性"奠定了基础和前提条件;互联网对"匿名性"的尊重和保护,削弱了传统"把关人"对网络信息的审查能力;互联网舆论的"流动性",使信息能够在虚、实两个空间里进行充分交融和舆论互动;互联网信息平台和渠道的"多元性"发展,使公众在公共话语和公共参与方面有了更多主导权;自媒体时代的信息"自主性",使公众有了平等参与民主政治和社会事务的公开平台。

(2)合作创新。一方面,从互联网的发展阶段来看,从固定主机互联时代到移动互联时代,实现了信息单向传播、搜索到个人创造和群体互动的转型——即从Web1.0向Web2.0的转型。而IOT(internet of things,万物互联)则将互联网时代推向Web3.0阶段——万物感知和智慧控制。这些技术方面的进步为社会治理合作与创新奠定了坚实基础,同时也提供了更多的必要性。另一方面，就创新形态而言，在信息技术推动下，面向知识社会的创新形态——"创新 2.0"的影响和作用日益凸显。"创新 2.0"强调知识的积累、传承、获取和创造，强调创新的民主化进程，其倡导的"大众创业、万众创新"，本质上体现为利用"互联网+"时代社会个体的"认知盈余"，形成具有巨大创新能量的"长尾效应"。此外，创新的民主化还体现为社会个体在知识创新过程中的平等参与性。

综上，促进社会治理转型的驱动力既包括信息技术和平台，也包括新思维、新技术支撑下的创新形态。在"开放性"要求之下，"互联网+"时代合作形式必然指向"合作"与"创新"，这也是当前解决社会治理困境、实现社会"善治"的重要方式和路径。

3. "互联网+"社会治理的具体路径

基于以上分析，"互联网+"时代社会治理转型路径包括"合作"与"创新"两大路径。

（1）合作。具体来看，"互联网+"时代社会治理的合作性体现在三个方面。①信息贡献。云计算、物联网、大数据等技术，为群体知识的汇集和积累提供了技术条件；大数据分析、云计算等先进的互联网分析技术，则进一步在信息累积的效能和创新价值方面起到了关键作用。②信息共享。自 2013 年《国务院关于促进信息消费扩大内需的若干意见》颁布以来，我国公共信息资源开放共享程度不断加深，多个领域已经实现定期向社会公布行业数据，以便为跨领域、跨地区、跨行业的公共决策、公共监督和城管执法提供依据和参考。③互动协商。近年来，我国政府通过互联网平台搭建了一个政府与社会沟通的话语平台，并建立健全了多元主体间平等协商与对话的机制，如政务微博和政务微信。这些平台的出现，对于增进社会多元对话、重塑社会互动模式、提升政府服务能力和社会动员能力等都起到了明显的推动作用，因此得到了社会各界的广泛认可。

（2）创新。"互联网+"技术和平台提升，以及对大数据的全面感知、收集、分析、共享，推动了社会治理思维方式和治理方式的全面创新。①大数据创新。大数据挖掘、分析和管理的能力日益成为提升社会治理能力的关键因素。当前，数据分析逐渐从对局部"现实"、小样本的需求研究转向覆盖更广泛、涉及更多人的大数据分析，可以更加精确而有针对性地预测社会需求、预判社会问题和社会安全。②治理模式创新。决策模式创新，公共决策不再是政府部门的封闭行为，而是充分吸引社会多元主体参与；监督方式创新，基于政务平台的信息公开和互动交流日益成为解决某些社会顽疾的"良药"；动员和组织形式创新，众包、众筹等新型动员模式和组织形式，正越来越多地应用到城市治理创新和社会基础设施建设等社会实践之中。

第四节 "互联网+"行动诉求、发展趋势与实施策略

一、"互联网+"行动诉求

（一）"互联网+"行动的社会背景

1. 新常态与发展动力转换

习近平主席在系统阐述"中国经济新常态"时表示，中国经济的增长动力已从要素驱动、投资驱动转向创新驱动。互联网经济注重创新，这使其成为中国经济新常态下经济发展新动力的最佳选择。在 2014 年 11 月举办的首届世界互联网大会上，习近平主席更是在贺信中强调，"互联网日益成为创新驱动发展的先导力量，深刻改变着人们的生产生活，有力推动着社会发展"。这两次表述向我们传达了明确的信号：中国未来靠创新驱动，而互联网是创新的先导。

中国正在接近追赶式发展的边界，无可避免地遇到发展方式转变、增长动力转换的问题。在四大发展动力中，除"影响全要素生产的因素（新技术革命、制度变革带来的要素升级和结构变化）"之外，其他三个传统动力都遇到了挑战，包括"需求因素（出口、投资和消费）""要素投入因素（劳动力、资本和资源）""中国特色因素（扭曲生产要素价格、增加建设支出、刺激政策、政府企业和压低福利保障支出等）"。具体表现为：①经济增速减缓。2010 年一

季度起，GDP 增速从 12.3% 回落到 2015 年一季度的 7%，增长放缓持续了 20 个季度。2015 年 3 月 5 日，李克强总理在《政府工作报告》中称，中国 2015 年经济增长目标降为 7% 左右。②外贸形势严峻。2015 年 3 月，中国进出口双双下降，进口下降 12.3%，出口更是下降了 14.6%，出现了近年来少有的降幅。国际市场需求不振，出口订单减少。③人口红利消失。自 2012 年起，劳动人口占总人口的比重开始下降，相应的人口抚养比开始上升，意味着人口红利开始消失。④资源压力增大。传统发展方式对能源、资源消耗巨大，未来经济发展、资源消耗、环境保护等问题需要用新思维、新方式统筹协调处理。

世界经济论坛（WEF）在《全球竞争力报告》中根据人均 GDP 以及初级产品占出口份额的情况，把经济体分为三个层次：要素驱动型经济体、效率驱动型经济体和创新驱动型经济体。当前，我国面临由效率驱动向创新驱动转型，驱动经济增长的动力源泉必然是依靠技术革命和制度创新，充分提高全要素生产率。

2. 科技与产业转型背景

为深入推进"互联网+"与经济社会各领域的融合，自 2015 年以来，国家相继出台一系列政策措施（表 1.2）。从政策内容来说，"互联网+"推进互联网信息技术与各领域相融合发展的着力点在创业创新、设计产业、科技信息服务、体育产业、商贸物流、制造业等六大领域的众多部门和行业，既涉及发展的整体创新环境，又包括具体的产业门类，既注重发挥优势产业的影响力，又关切科技服务对社会生活的支撑能力。从某种程度上讲，中国语境下的"互联网+"已渗透入经济社会的各个领域，具有多层次的内容指向。

表 1.2　国家推进"互联网+"的相关政策

时　间	名　称
2015 年 5 月	中国制造 2025
2015 年 6 月	关于大力推进大众创业万众创新若干政策措施的意见
2015 年 7 月	关于积极推进"互联网+"行动的指导意见
2015 年 8 月	三网融合推广方案

续表

时　间	名　称
2015 年 8 月	促进大数据发展行动纲要
2015 年 9 月	关于推进线上线下互动加快商贸流通创新发展转型升级的意见
2015 年 9 月	关于加快构建大众创业万众创新支撑平台的指导意见
2016 年 4 月	关于深入实施"互联网＋流通"行动计划的意见
2016 年 4 月	推进"互联网＋政务服务"开展信息惠民试点实施方案
2016 年 5 月	关于建设大众创业万众创新示范基地的实施意见

"互联网＋"日益成为一种国家战略，表明以互联网为基础的经济形态在未来国民经济的发展中将作为一种新的引擎。从发展趋势来说，这一战略的提出和实施与当代的语境密切相关，总体可以概括为"互联网＋"的"三期重合"，即新一轮信息技术变革带来的"高点抢占期"、产业发展方式的"转型调整期"、新兴互联网产业的"生长勃发期"。

（1）新一轮信息技术变革带来的"高点抢占期"。进入 21 世纪以来，互联网作为国家创新发展基本动力的认识得到世界各国的普遍认可，发达国家纷纷出台关于推进信息技术革命和互联网经济发展的战略规划，以抢夺网络信息社会的话语权和制高点。可以说，开发利用新一代网络信息技术，挖掘互联网产业潜力是世界新一轮竞争的焦点。在这一语境下，我国实施"互联网＋"行动计划，加快发展以互联网数字化信息技术及其应用服务，积极推进移动互联网、云计算、大数据、现代互联网科技等与生产力、生产关系的互动与融合，是抢占科技创新制高点，从而在整体上提升我国国际竞争力的一种战略选择。

（2）经济结构优化升级的"转型调整期"。实现社会经济的创新式发展和经济结构优化，告别过去以高耗能、大投入为特征的粗放型发展，推动社会经济的优质发展，需要对产业结构进行智能化调整。而"互联网＋"作为产业转型升级和融合创新平台的作用日益凸显，机器人、传感器、大数据、云计算等新一代信息技术大幅提升了现有产业的生产效率。如装备制造业、电力、能源等传统领域正逐渐被纳入工业互联网的范畴，积极开拓互联网金融、移动支付、O2O等互联网业务，有力地促进了传统工业设计、生产与营销模式的升级换代。《中国制造2025》提出要提升制造业信息化水平，推动传统制造业"三化"（数字化、网络化和智能化），就是要促进"互联网+"与制造业的深度融合。增强新一代信息技术对制造业的支撑，推动制造业的智能化发展，有助于实现我国传统制造业生产方式、产业业态、商业模式等产业环节的更新或转型，强化工业的基础制造能力和创新能力，优化经济结构并推动发展模式的转型升级。

（3）新兴互联网产业的"生长勃发期"。当前，以互联网为基础的新业态成为社会经济新的增长点，手机游戏、可穿戴设备、虚拟现实技术（VR）、人工智能（AI）等行业发展前景广阔。在全国电信总收入中，2015年非话音业务收入占到68.3%，移动数据及互联网业务收入的比例增加至27.6%，移动互联网接入流量消费始终保持高速增长。2015年，全国信息消费规模为3.2万亿元，其中微信为1381亿元，同比增长45%。与传统的文化业态不同，这些新业态由于具备高效的供需对接，在提升闲置资源利用率和拓展传统消费领域消费空间的同时，依靠其强大的社交功能和交易平台，改变着用户的消费习惯和生活方式，探索并推动着社会经济供需协同创新驱动模式。

（二）"互联网+"行动的具体内容

中国目前处于社会转型、改革深化、快速发展的复杂历史阶段，要在2020年实现全面建成小康社会的目标和经济可持续健康发展，最大的动力无疑就是创新，而"互联网+"作为驱动经济发展的新引擎，将为新常态注入新动力，带动新一轮创新驱动型产业布局和投资，促进产业的全面转型升级。

（1）借助于"互联网+"整合资源、要素、市场与技术，打造一个新兴、无边界的经济体。鉴于互联网经济体拥有巨大的网络效应和协同效应，随着互联网用户增长、应用的丰富，其经济体量、社会价值呈指数级增长。2016年，我国网络零售市场规模达53288亿元，同比增长39.1%，全年网络零售市场交易规模占到社会消费品零售总额的14.9%，较2015年的12.7%，增幅提高了2.2%。近年来，我国网络零售行业逐步成熟、线上线下融合持续推进、新技术推动服务升级，种种现象都在表明网络零售的渗透作用持续增强，互联网在促进流通、扩大消费、优化传统产业等方面对经济增长的支撑作用日益增强。

（2）借助于"互联网+"带动就业增长，提升就业质量，助力新型城镇化。互联网基础设施既为大众创业、万众创新提供了低成本平台，同时也在重塑中国劳动力市场。2010年以来，以互联网为代表的服务业显著提升就业弹性系数。2014年2月发布的《网络创业促进就业研究报告》指出，我国网络创业带动的就业已累计创造岗位超过1000万个，有力缓解了近几年的就业压力。同时，"互联网+"将开启新一轮创业机遇。国务院颁布《关于发展众创空间推进大众创新创业的指导意见》给予创新以指导和鼓励，并提供400亿元的新兴产业创业投资引导基金，以激发民众才智和创造力。

（3）借助于"互联网+"促进传统产业优化升级。互联网对实体经济的改造，以传媒业、流通业为起点，然后逐步向上下游渗透，最后整个经济活动都会迁移至互联网，并完成流程再造。在此背景下，"互联网+"将催生一大批新的产业业态和消费业态。如近两年发展迅猛的互联网金融产业，就创造了移动支付、第三方支付、众筹、P2P网贷等模式，实现了用户接触和处理金融需求场景与方式的根本性变革。2014年媒体融合的顶层设计加快了媒体转型的步伐，新的内容生产与消费必将催生新的盈利模式，信息消费方式也将得到根本改变。此外，物流配送、餐饮家政、育幼养老、在线教育等公共服务领域的资源整合与优化配置，也将促进生活方式实现全方位变革。尽管这些新产业、新业态、新产品、新模式目前尚未形成规模，但却代表着新兴的增长动力，是中国未来经济的希望所在。

（4）借助于"互联网+"促进流通，扩大消费。移动互联网、云计算、大数据等技术有助于推动全国统一市场的形成，高效的流通体系能够实现生产、消费无缝对接，有助于减少企业和商家库存。作为全国最大的商务交易平台，淘宝网促进了商品"供给—消费"需求数据/信息在全国、全球范围内的广泛流通、分享和对接，多达10亿件商品、850万个商家、3亿消费者实现了实时对接，形成了一个超级在线大市场。此外，鼓励大众消费、信息消费成为我国拉动经济增长的强劲动力。预计到2020年，我国网购规模将达到10万亿元，其对经济增长的支撑作用将更加明显。

二、"互联网+"发展趋势

当前，互联网经济在全球迅速兴起，以超乎想象的强劲发展势头、摧枯拉朽般的态势改变了世界经济社会格局。"互联网+"行动的兴起及其未来发展，与互联网技术和平台发展"大趋势"息息相关。

（一）信息技术呈现指数级增长

信息技术革命的快速推进，构成当下经济社会变迁的决定性力量。信息技术在诸多领域都取得了重大进展：高难度模式识别、复杂沟通等领域难以逾越的技术高峰被征服；依靠庞大数据、设备和模式识别软件，谷歌汽车实现了自动化控制；莱昂布里奇公司与IBM合作攻克了机器翻译技术，商业化目标初步达成；工业互联网力图将复杂机器同传感器、软件结合，依托云计算、大数据技术进行系统级优化，将显著加快各行业推出产品或服务的速度；全球联网用户和设备数量快速增加，超过临界点之后呈现出指数级增长态势。

（二）数据潜力和价值加速释放

大数据以数据量大、实时性强、类型多样、价值丰富为突出特征。数据采集、存储、处理、分析、展示技术的全面成熟，为人们挖掘数据潜在的商业和社会价值提供了强有力的平台和工具。信息技术的不断突破，本质上都是在松绑数据的依附，最大程度加速数据流动并提高使用效率。

（三）互联网跨界渗透力度加大

全球范围内互联网跨界渗透现象非常普遍，连接思想、人体、物体、环境的一系列创新正源源不断地产生，并显示出对传统产业的颠覆性影响。互联网的跨界渗透能力，体现在互联网的一整套规则和观念对其他产业的改造上。基于TCP/IP协议这一合作机制，去中心化、重视连接、无边界、开放共赢的做法将最大程度地发挥信息技术的威力。而互联网跨界渗透对各传统领域的这种强有力的冲击，恰恰反映了信息经济时代的趋势和风尚。

(四)信息主导权争夺愈演愈烈

国家主导权的争夺，从对土地、人口的索求，向经济领域（金融）推进，再演化到对信息空间的控制。作为后发大国，我国对信息空间主导权的争夺意义更为重大。要通过技术、制度和文化创新，使互联网领军企业能够充分发挥"国家企业"作用，全面参与国际竞争，输出技术及服务，实现技术为先、规则主导、创新制胜。当前，在移动互联网、云计算、大数据等基础设施上展开的新一轮较量迫在眉睫，应紧紧抓住从"计算机+软件"到"云计算+数据"这一信息技术范式演变的契机，大力发展云计算服务、布局和数据资源控制，以抢占信息技术高地。

(五)平台经济主导新商业生态

平台经济主导的新商业生态，逐渐成为信息经济发展壮大的中坚力量，如第三方交易平台淘宝网协同电子商务生态伙伴，以自身百亿元收入支撑了万亿元规模的网络购物市场。随着互联网技术和平台的演进，商业生态演化呈现出开放、自组织等复杂系统特征，其治理模式也随之发生重大变化。各电子商务平台充分利用了信息技术优势、传播优势、规模优势，将相互依赖的不同群体集合在一起，通过促进群体之间的互动创造独有的价值（如电子商务平台集合了买方和卖方，搜索引擎集合了大众用户和广告商等）。经过十余年发展，淘宝网聚合了众多买方、卖方以及其他电子商务服务商，形成了充满活力的"大平台、小前端、富生态"生态圈。而阿里巴巴则支撑了更为巨大、覆盖人口更多、超万亿规模的世界级电子商务市场，体现了平台经济所主导的商业生态价值。

(六)大众创新与创业不断涌现

改革开放以来，我国依靠"后发优势"，充分利用劳动力供给、人力资本积累、资源配置、国内外市场等条件，取得了举世瞩目的经济和社会发展成就。进入经济发展新常态以后，我们面临人口红利消失、外需增长乏力等困境，推动制度创新、善用新基础设施、激活大众创新、发展信息经济就成为调结构、稳增长的必然选择。根据国际经验，只有推动人才、资本、技术、知识的自由流动，激发民众潜在的创造力，才能真正汇聚起"互联网+"时代中国经济发展的巨大动能。

（七）全球化互联网经济体崛起

经济体，原是基于地域概念所产生的国家或地区经济的集合。然而互联网所具有的泛在性——时间泛在、空间泛在和主体泛在，使得分布式的资源配置、协同型的价值网络和跨越空间的经济集合成为可能，从而打破了实体地域的经济集合概念。进入 21 世纪以来，互联网经济以技术为边界，通过对资源、要素、市场与技术的整合，在全球范围内形成了一个巨型经济体——互联网经济体。相应地，互联网对 GDP 的贡献占比逐年增加，互联网经济体正在成为全球经济增长新的驱动力。

（八）跨境经济与经济格局重塑

近年来，以电子商务为突出代表的信息经济实践，充分体现了在重塑全球贸易格局中"跨境经济"兴起的态势。全球化规则日益完善、信息技术进步、沟通效率提高以及商业功能拓展，使交易匹配、跨境支付及国际物流突破了地理空间的限制，从国内的统一大市场逐渐延伸至"无国境"的全球市场。在互联网经济形态下，全球领先的平台企业（电子商务领域的亚马逊、阿里巴巴，社交网络领域的脸谱、腾讯，搜索领域的谷歌、百度等），通过加强国家和地区覆盖，已成为跨境经济的重要枢纽。

三、"互联网+"行动计划实施策略

（一）实施"互联网+"行动计划的总体思路

实施"互联网+"行动计划的总体思路就是要抓住新一轮科技革命和产业变革的历史机遇，以改革创新激发全社会发展新经济的积极性，使"互联网+"与传统产业深度融合，使互联网经济模式促进新型业态的发展成为中国新常态下再创竞争优势的主要形态。

（1）准确把握"互联网+"行动计划的战略定位。坚持以"发展为第一要务",认真落实"四个全面"的新要求,全面深化改革开放,以"互联网+"为抓手,坚持"两化"深度融合与"四化"同步协同发展,大力实施创新驱动,致力融合应用,着力激发"大众创业、万众创新",突破新技术、研发新产品、开发新服务、创造新业态、改造传统产业、发展新兴产业,推动中国经济社会全面转型升级。

(2)确立"互联网+"行动计划的目标。依据现有基础和条件,通过互联网经济与其他产业经济的融合渗透及其转型创新进一步深化,到2020年,初步确立互联网经济在中国经济中的主导地位,信息经济发展水平位于世界前列,基本建成若干有影响的"互联网+"经济深度融合示范区;在大数据应用领域,建成2~3个国内领先的大数据营运中心,引进和培育一批大数据应用企业,政府信息资源和公共信息资源开放共享机制基本建立;在两化融合领域,应使中国两化融合发展指数达到86以上。

(3)基于上述战略定位和发展目标,"互联网+"行动计划应着力于三个方面的内容。①着力做优存量,推动现有的传统行业提质增效,包括制造、农业、物流、能源等一些产业,通过实施"互联网+"行动计划来推进转型升级;②着力做大增量,打造新的增长点,培育新的产业,包括生产性服务业、生活性服务业;③要推动优质资源的开放,完善服务监管模式,增强社会民生等领域的公共服务能力。

(二)实施"互联网+"行动计划的具体措施

1. 加快"互联网+"基础平台建设

(1)加快信息化建设。2015年,李克强总理在《政府工作报告》中强调,"互联网+"行动计划就是要"推动移动互联网、云计算、大数据、物联网等与现代制造业结合,促进电子商务、工业互联网和互联网金融健康发展……"。可见,实现"互联网+"时代社会治理转型的重要途径是全面推进社会的信息化。

1)推动平台建设与应用。要加强互联网基础设施平台的建设。一方面,要将网络基础设施建设覆盖到更多人群。"互联网+"时代的显著特征之一是社会服务和管理的"互联网化",治理转型的一个前提条件是从根本上解决总体人群"触网"机会的问题。因此,要搭建和扩大覆盖城乡的网络化信息平台,创造条件向社会普及网络设施和网络终端，缩小区域间和阶层间的"数字鸿沟"，促进"数字公平"；加快实施"宽带中国"战略，降低网络资费，减少上网成本。另一方面，要加快建立社会治理信息系统。要实现虚实社会空间全面覆盖、联通共享、动态跟踪、功能齐全的信息网络，提高社会治理系统监测、评估、分析、预警的效能；健全和完善基层社区综合服务信息化管理平台，激发基层社会自治的能力与活力；搭建信息公开与信息共享平台，促进社会多元主体的"合作创新"。

2）要扩大互联网设施和平台在社会"善治"中的应用。①利用"互联网+"促进社会的开放性。积极利用微博、微信等新媒介，进一步发展和升级现有的电子政务运行模式，不断完善公共参与的渠道和平台，包容性接纳进步的声音和意见，加强舆情引导和社会互动；加强"互联网+"新兴行业生产服务标准和相关接口的统一，避免新兴行业的重复开发和低效运作。②利用"互联网+"促进社会的创新性。充分发挥大数据、云分析计算、物联网等新兴前沿技术的作用，改进基层需求与问题调查、电子政务、决策评估、风险预警等方面工作的能力和实效。

（2）大数据驱动治理创新。目前，我国在基于大数据社会治理创新方面存在的主要问题是：政府向社会开放公共数据不足，大量的公共数据资源处于封闭状态；虚拟空间中不断产生的社会数据处于孤立状态，缺乏从战略层面进行有效整合和利用。这两方面问题制约了市场主体、社会组织、公民等多元主体在治理过程中的参与性、合作性和创新性。因此，政府应从两个方面实行改革。一方面，要推动政府数据开放共享。要从国家层面进一步推动开放政府数据改革，加强开放政府数据顶层设计；在遵循《中华人民共和国保密法》和个人隐私保护的法律框架下，合理划分数据公开权限；合理划分数据公开的权限和优先等级之后，还需要进一步明确数据公开的形式，包括公开渠道、公开数量、数据格式，并制定科学的公开标准。另一方面，要加大社会大数据管理力度。不断完善国家和地方层面的大数据资源储备，在更多层面、更多领域实施社会大数据的收集和储备；大力加强"共享"的信息化平台建设，不断改进和完善"共享"的机制构建，优化配置公共数据资源到协同网络中的相应主体，实现"共享"机制的常态化和长效化；加强对社会大数据的利用，包括在社会问题分析、政策制定、决策评估等方面利用大数据增强科学性和针对性。

（3）信息安全防护。网络安全问题制约着社会安全，是关系社会治理顺利转型的保障问题。大力维护网络安全，应从两个层面来应对。一方面，从技术层面看，加强网络安全防护技术是基本前提。"互联网＋"时代，由于线上社会服务增多，国家的机要性数据信息、公民的财务和个人隐私信息都面临着不确定的安全风险，技术防范要不断升级。政府应在防护技术的标准制定和强制社会领域加强网络安全防护方面加强督促和监督。另一方面，从战略层面看，构建网络安全防护的机制和制度体系是根本。①要加强网络监测。综合运用大数据挖掘和分析、云平台试验仿真等互联网先进前沿技术，及时精确地发现定位网络中的异常节点，提高网络防控的效率和准确性。②要加快构建网络社会风险预警体系。科学建立网络社会风险评估指标，加大网络风险管理工具和技术平台在社会风险的监测、分析、预判和决策中的应用，坚持网络风险源头性治理的原则。③推进网络安全的法制体系。坚持与时俱进地推进网络安全立法，加强网络执法，严厉打击网络违法。

2. 构建"互联网＋"公共服务体系

（1）提升电子政务服务平台效能。通过实施"互联网＋"行动计划提升电子政务服务效能，顺应行政审批制度改革和转变政府职能的总体要求，完善以管理社会和服务群众为中心的电子政务服务体系。基于国家统一的政务网络，整合各部门政务服务资源，优化服务流程，加快构建基于云平台的跨层级、跨部门的互联互通的统一电子政务公共服务平台，面向企业和公众提供全生命周期的远程公共服务，实现中国政府行政审批等服务事项"一站式"网上办理与"全流程"效能监督。

（2）推进信息惠民和智慧城市建设。实施"互联网＋"行动计划离不开推进信息惠民和智慧城市建设，要充分利用现代信息技术，创新城市管理模式，实现对城市全地域覆盖、全时空监控、全过程综合管理，推进信息惠民和智慧城市建设，加快新一代信息技术在试点城市的创新应用和推广，推进城市综合服务体系建设，便民利民惠民，促进城市低碳化、绿色化、智能化发展。例如，一个重要的领域就是要大力发展"互联网＋"全民健康保障，推动国家层面卫生信息平台之间的互联互通和信息共享，形成中国社会保障信息公共服务体系。要建设覆盖公共卫生、医疗服务、医疗保障、药品管理、计划生育、综合管理领域的业务应用系统，应用大数据、云计算、物联网等技术，建立开放、统一、优质、高效的"健康云"。

（3）大力发展"互联网+"公共服务体系。实施"互联网+"行动计划，还要大力发展公共服务体系，推进社保卡、市民卡、金融IC卡等公共服务卡的应用集成和跨区域一卡通用，实现医保费用跨区域即时结算。完善公共就业信息服务平台，推进就业信息联网，提升公共就业服务水平。建设智慧社区，搭建社区信息服务平台和服务站，发展面向家政、养老、社区照料和病患陪护的信息服务体系，为社区居民提供便捷的综合信息服务。推进物联网、移动互联网等在养老服务和社区服务领域的广泛应用，更好地满足养老服务和社区服务需求，释放信息消费潜力。围绕家居安防、智能家电控制、室内环境智能监测等，开展智能家居、数字家庭示范应用，带动智能家居技术和产品突破，提高人民生活质量。探索发展远程办公、移动商务等在家办公新模式，满足多元化数字生活需求。

（4）创新"互联网+"的培育引导模式。实施"互联网+"行动计划离不开建立健全和创新工作机制，要创新"互联网+"的培育引导模式。要研究制定"互联网+"发展的优惠政策，向互联网、物联网、云计算、大数据、电子商务等新兴服务产业倾斜。相关资金重点向支持"互联网+"倾斜，支持组建混合所有制、多方融资的联合性产业基金，加强对创新应用和新型产业的投资。拓宽直接融资渠道，鼓励和支持符合条件的企业吸收社会资金上市、发行债券等融资举措，加大对创新型中小企业的资金支持，扶持中小企业发展。同时要引导和组织行业协会、研究机构和行业骨干企业，联合制定"互联网+"各领域标准规范与相关评价体系等，调动企业积极参与标准的研修工作。研究制定"互联网+"指数指标体系，开展"互联网+"发展水平评估。

3. 实施"互联网+"行动计划的关键

实施"互联网+"计划行动的关键在于"一个中心""两个转变""三个融合"：要以用户需求为中心，实现思维方式转变和企业组织形式转变，推进工业化与信息化、互联网与传统产业、金融与实体经济的融合。

（1）围绕一个中心：以用户需求为中心。在"互联网+"的条件下，相对于工业经济中的消费者，消费者在商品信息获取上的劣势得到了一定的扭转。

换言之,"互联网+"连接需求与供给,消费者成为相对完全的理性人,还可以参与到设计、生产过程之中,供需关系从以商品为中心向以用户为中心转变,从根本上改变工业经济的供需模式。以用户需求为中心包含三层含义:①高度注重个性需求,设计出让用户满意的产品;②高度注重产品质量,生产出专注和极致的产品;③高度注重用户体验,为用户提供良好的消费体验。以用户需求为中心的口碑时代,这是实施"互联网+"最基础和最关键的一步。

(2)实现两个转变:思维方式转变与企业组织形式转变。未来的社会是信息高速公路条件下的"原始社会"形态:产品和服务高度个性化、生产和经营高度分散化、企业和政府规模高度小型化、生产资料和生产工具高度公共化。在互联网经济的成熟阶段,全球经济社会将构成赛博空间,"互联网+"进入人工智能主导的时代,人联网、物联网、企联网、政联网相互连接,届时几乎所有企业都转化为"互联网企业"。整个世界的运转方式、供需关系、生产模式都将被彻底改变,中心化的工厂被分布式的生产替换,中小企业具备与大企业一样的生产技术,机器人等新的技术有可能改变人类的分工和协作关系,市场调研—批量生产—渠道销售的传统供需模式将被倒置。

实施"互联网+",必须用互联网思维武装头脑,"用互联网思维来做远离互联网的事",颠覆或重构整个商业价值链。"互联网+"的本质是连接,互联网思维就是基于关系和连接的思维。工业思维关注的是事物本身,互联网思维关注的是事物之间的关系。此外,实施"互联网+",必须创新企业组织模式和治理模式。"互联网+"时代,传统企业应从技术、商业模式、组织等角度提升自身效率。企业必须将现有的组织架构互联网化,通过标准、虚拟化架构持续改进来实现互联互通和可扩展性,并确保企业的创新性系统能够快速敏捷地响应外部环境变化。为此,《中国制造2025》提出,要发展基于互联网的个性化定制、众包设计、云制造等新型制造模式,推动形成基于消费需求动态感知的研发、制造和产业组织方式。

(3)推进三个融合:工业化与信息化融合、互联网与传统产业融合、金融与实体经济融合。2015年《政府工作报告》提出,"制定'互联网+'行动计划,推动移动互联网、云计算、大数据、物联网等与现代制造业结合,促进电子商务、工业互联网和互联网金融健康发展,引导互联网企业拓展国际市场"。"促进工业化和信息化深度融合，开发利用网络化、数字化、智能化等技术，着力在一些关键领域抢占先机、取得突破。"由此，"互联网+"行动的三个重要方向是，运用信息网络技术推进工业化与信息化、互联网与传统产业、金融与实体经济的深度融合。

信息技术与先进制造业相融合，互联网+工业化+信息化+智能化+云计算+大数据助力传统产业改造升级，构建信息化条件下的产业生态体系和新型制造模式。《中国制造2025》进一步提出，加快推动新一代信息技术与制造技术融合发展，把智能制造作为两化深度融合的主攻方向。到2020年，我国宽带普及率达70%，数字化研发设计工具普及率达72%，关键工序数控化率达50%，制造业数字化、网络化、智能化取得明显进展；到2025年，制造业重点领域全面实现智能化。

互联网与传统产业相融合，实现线上线下、虚实之间的深度融合，信息资源的价值得到有效释放。2015年颁发的《关于大力发展电子商务加快培育经济新动力的意见》提出创新服务民生方式、积极发展农村电子商务、创新工业生产组织方式等六项具体意见，以推动信息网络技术与民生服务、商贸流通、农业农村、工业生产和金融的深度融合。互联网与传统产业相融合最重要的是商业模式的互联网化，基于内部数据及外部大数据资源的互联和利用，改造、优化甚至重构商业价值链，打造新的商业生态。

互联网技术促进金融与实体经济相融合，提升金融体系的资金配置效率。当前，"互联网+"解决了金融与商业紧密结合的问题，催生了多种"互联网+金融"组织形式。在互联网+传统产业的协同发展阶段，金融资本与生产资本将高度耦合，利用"互联网+"发展实体经济的企业，将广泛地获得金融资本的支持。同时，"互联网+"也会促使金融与实体经济深度融合，推动金融产业向互联化、数字化和移动化发展。

参考文献

[1] 阿里研究院. 互联网+未来空间无限[M]. 北京：人民出版社，2015.

[2] 杨正洪. 智慧城市：大数据、物联网和云计算之应用[M]. 北京：清华大学出版社，

2014.

[3] 欧阳日辉. 从"+互联网"到"互联网+"：技术革命如何孕育新型经济社会形态［J］. 学术前沿，2015（5）.

[4] 钟琦. 数说科普需求侧［M］. 北京：科学出版社，2016.

[5] 马化腾. 互联网+：国家战略行动路线图［M］. 北京：中信出版社，2015.

[6] 王吉斌，彭盾. 互联网+：传统企业的自我颠覆、组织重构、管理进化与互联网转型［M］. 北京：机械工业出版社，2015.

[7] 曾鸣，李明，朱克力. 读懂互联网+［M］. 北京：中信出版社，2015.

[8] 陈灿. 互联网+：跨界与融合［M］. 北京：机械工业出版社，2015.

[9] 周鸿祎. 我的互联网方法论［M］. 北京：中信出版社，2014.

[10] 信息社会50人论坛. 未来已来："互联网+"的重构与创新［M］. 上海：上海远东出版社，2016.

[11] 王国华，骆毅. 论"互联网+"下的社会治理转型［J］. 学术前沿，2015（10）：39-51.

[12] 何强. 政府统计大数据应用模式："互联网+"还是"+互联网"［J］. 调研世界，2016（2）：10-11.

[13] 王林生. "互联网+"理念的时代语境及内涵特征［J］. 深圳大学学报（人文社会科学版），2016（5）：36-41.

[14] 王兴伟. 面向"互联网+"的网络技术发展现状与未来趋势［J］. 计算机研究与发展，2016（4）：729-741.

[15] 周鸿铎. 我理解的"互联网+"："互联网+"是一种融合［J］. 现代传播，2015（8）：114-121.

[16] 黄俭. 以互联网思维引领我国的"互联网+"教育战略［J］. 教育信息化，2017（1）：99-104.

[17] 刘德明."光联万物"：未来的"互联网+"世界［J］. 学术前沿2016（17）.

[18] 吴南中."互联网+教育"内涵解析与推进机制研究［J］. 成人教育，2016（1）：6-11.

[19] 官建文."互联网+"：重新构造的力量［J］. 现代传播，2015（6）：1-6.

[20] 李润珍."互联网+"行动的特征、价值和意义［J］. 自然辩证法研究，2016（1）：88-92.

[21] 宁家骏."互联网+"行动计划的实施背景、内涵及主要内容［J］. 电子政务，2015

（6）：32-38.

[22] 南旭光."互联网+"教育：现实争论与实践逻辑[J].网络教育，2016（9）：55-60.

[23] 南旭光."互联网+"职业教育：逻辑内涵、形成机制及发展路径[J].职教论坛，2016（1）：5-11.

[24] 秦虹."互联网+"教育的本质特点与发展趋向[J].科学技术与辩证法，2016（4）：8-10.

[25] 余胜泉."互联网+教育"的变革路径[J].中国电化教育，2016（10）：1-9.

[26] 张岩."互联网+教育"理念及模式探析[J].中国高教研究，2016（2）：70-73.

[27] 孟威."互联网+"不是颠覆而是转型升级[J].新闻与写作，2016（11）.

[28] 杨庆育."互联网+"的现实效应[J].重庆社会科学，2015（11）.

[29] 陈丽."互联网+教育"的创新本质与变革趋势[J].远程教育杂志，2016（4）：3-8.

[30] 胡泳."互联网+"信息时代的转型与挑战[J].学术前沿，2015（10）：84-93.

[31] 黄楚新，王丹."互联网+"意味着什么[J].新闻与写作，2015（5）：52-53.

[32] 王红，张慧芳.基于互联网+的知识服务产业结构变革创新模式研究[J].现代情报，2015（9）：18-22.

第二章
"互联网 + 科普"需求、形态与功能演变

本章导读

在我国全面实施"互联网 +"行动计划的背景下，社会经济和公众科普需求发生重大转变，科普事业发展面临发展范式转换压力和机遇，应从科普形态、方式和功能等方面入手，重塑科普传播在知识经济发展、国家创新体系构建等方面的定位与功能。

学习目标

1. 了解"互联网 + 科普"时代社会环境与需求演变；
2. 理解"互联网 +"时代科普目标、形态与功能转变；
3. 理解"公众参与科学"模式，在实践中推广应用"果壳网"传播策略。

知识地图

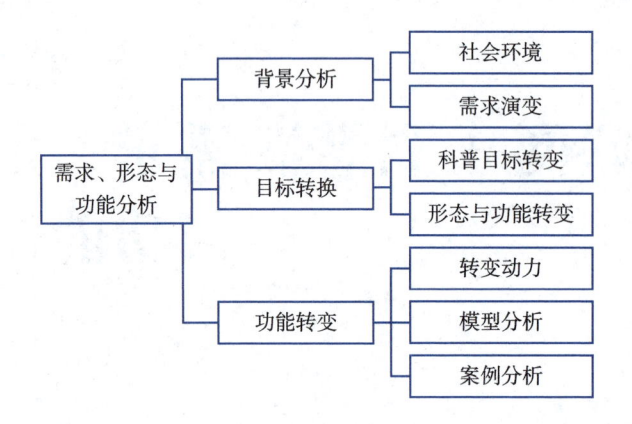

```
                    ┌─ 背景分析 ─┬─ 社会环境
                    │           └─ 需求演变
需求、形态与         │
功能分析  ──────────┼─ 目标转换 ─┬─ 科普目标转变
                    │           └─ 形态与功能转变
                    │
                    └─ 功能转变 ─┬─ 转变动力
                                ├─ 模型分析
                                └─ 案例分析
```

第一节 "互联网＋科普"时代社会环境与需求演变

一、"互联网＋科普"时代社会环境

20世纪中叶以来，科技革命的影响逐渐深入社会各领域，极大地改变了人类社会的面貌和结构，科学技术与社会的关系愈加密切。在此格局下，经济社会发展越来越依赖科学技术创新和应用，相应的，科学技术普及与社会发展、国家战略、公众需求也紧密联系在一起。由此，社会、国家和公众需求成为当代科普事业发展的基本驱动力。

（一）科技与社会一体化

现代科学高度分化和高度综合的趋势，使许多跨领域学科的交叉学科、边缘学科如雨后春笋般出现，自然科学与社会科学的相互渗透、融合的趋势也日益明显，并呈现出一系列全新的发展特征和发展图景。

（1）科学技术已进入一个与经验世界截然不同的"超经验"世界。科学研究在宏观和微观两极上迅速发展，宏观上扩展到星系、黑洞、暗物质、暗能量以及宇宙起源和演化，微观上深入基本粒子层次和量子领域、纳米尺度；技术研究则深入分子、原子、电子或基因层面。

（2）科学技术呈现出明显的加速趋势和"指数增长"发展特征，全面进入"大科学知识经济时代"。一方面，新理论和新技术爆发式增长，科学知识的更新和新旧技术的替代速度明显加快，包括人文社会科学在内的现代科学技术不仅是一种知识和技能的体系，而且演化为一种社会文化活动和社会事业，并形成一种社会建制；另一方面，在社会对科学技术需求和支持强度日益增长的背景下，科学向技术、技术向产品的转化速度明显加快，也使科技与经济领域的竞争日趋激烈。

（3）科学在不断分化中高度综合，各学科之间构成统一、不可分割的有机整体。经过不断交叉、渗透、融合和综合，孕育出一系列新的分支学科、交叉学科、边缘学科、综合学科；学科之间关系更为复杂，学科边界更加模糊，同时也使知识和技术创新模式出现新变化，学科交叉融合成为推进知识创新的重要方法，集成创新成为技术创新的基本模式。

（4）科学技术的加速发展和整体进步，使"群状突破"成为当代科学技术发展的另一个重要特征，如系统科学学科群、软科学学科群、新兴交叉学科群、解决复杂问题的巨系统学科群等。同时，科学技术领域的交叉融合使其内部形成复杂的互动机制，在多学科相互结合和渗透中，产生了许多新兴、边缘和交叉学科，它们成为许多科学创造的生长点，如生态社会学、环境伦理学、文化哲学等。由此，科学技术某些领域或某个方面的突破往往依赖其他领域的突破，反过来可能又会影响和带动其他方面的突破。

（5）科学与技术之间、科学技术与社会发展之间都呈现出许多新特征，并反映为解决当今复杂问题的整体配合性。20世纪后半叶之后，科学和技术之间的互动日渐密切，科学与技术之间的界线日渐模糊，科学技术化、技术科学化、科学技术一体化成为科学技术发展的一个显著特征；而大科学的整体参与性和密切协同性、多学科的结合性使之能够解决复杂经济和社会问题，科学技术更快速、更广泛地进入社会生产领域，促进了科学技术和社会发展之间的密切关系，使科学技术越来越成为社会发展的重要动力。

总之，科技革命改变了科学技术本身的发展特征，科学的发展与技术社会一体化导致了科学技术社会化、社会科学技术化等新现象，也改变了科学技术与社会的基本关系，变革了社会发展的基本特征，促进社会进入高度依赖科学技术的阶段。20世纪60年代以来，世界各地都相继出现了许多科研、教育、生产紧密结合的综合体，正是科学技术社会一体化发展的结果。在创新驱动发展机制下，科普事业在社会发展中拥有了重要而特殊的地位与作用，成为与科学技术和社会发展需求紧密相关的一项社会事业。

（二）科学传播模式演变

科学传播是科学知识社会化的助推器，媒介在其中起到了不可替代的作用。无论哪一类科技传播，要实现科技信息的传递，都离不开媒介的渠道和介质作用，随着媒介技术的变革和媒介形态的演变，媒介在科技传播中的功能爆发性地增强，媒介融合在科技传播机制中的动力作用愈加明显。科学传播必将在这个全新的空间中产生重大变革。

就媒介发展而言，人类总是在既有传播技术基础上不断发展新的传播技术，"新媒介一是由传统媒介在技术上发展而成；一是由传统媒介相互联姻或是与其他媒介的新式结合而产生"。当代媒介融合（media convergence）新趋势即是伴随着新媒介与传统媒介从"冲突对抗"到"共存共荣"的转变中发展起来的。在理论研究层面，日本学者植草益把媒介产业融合定义为通过技术革新和放宽限制来降低行业间壁垒、加强各行业企业间的竞争合作关系，并认为媒体产业融合不仅出现在信息传播业，金融业、能源业、运输业的产业融合也在加速进行之中。美国新闻学会Andrew Nachison则认为融合媒介是印刷、音频、视频、互动性数字媒体组织之间的战略、操作、文化的联盟。可见，融合在媒体领域涉及技术融合、组织合作或合并、功能合并升级、传播形态聚合、产业融合等。在实践层面，随着"三网合一"以及终端电脑、电视、手机等趋于一体化，产业、内容融合在技术融合的基础上成为现实。媒介融合催生出新的融合媒介，如电子杂志、手机报、网络广播、网络电视，无论是技术和组织结构上的联合，还是不同媒介形态的合作、所有权的合并，都丰富了表现形式，扩大了展现空间和覆盖范围，带来传播方式的突破和传播平台的扩张。

进入21世纪后，随着信息技术的跨越式发展，"数字地球"与"智慧地球"

正逐渐成为人类生存的全新空间，数字化生存和网络化生存共同构成了当代社会主流和前景生活模式，表现在两方面：①"数字地球"和"地球村"的初步形成。数字技术使各种信息都能被转化成计算机可识别的二进制数字"0"和"1"，再进行运算、加工、存储、传输和还原，其成熟发展成为媒介融合的必要条件。"比特，作为信息时代新世界的 DNA 正迅速取代原子成为人类社会的基本要素"。与此同时，网络技术力求将不同终端的信息资源融为有机整体，以实现信息共享、交流与协作。麦克卢汉于 1967 年首次提出"地球村"的概念，认为电子媒介使信息加速，人与人之间的时空距离骤然缩短，整个世界缩小为一个"村落"。而今，不仅"数字地球"已被广泛应用，"地球村"也在网络上逐步成为现实。②"智慧地球"的体系构建。"物联网"和"互联网"的融合，构建了人类与物质世界的智慧联接，使人类历史上第一次出现了几乎任何系统都可以实现数字量化和互联的事实。2009 年，IBM 论坛和中国策略发布会上，IBM 大中华区首席执行官钱大群提出，世界正在加入互联互通，当这一行为更广泛地应用到人、自然系统、社会体系、商业系统和各种组织甚至是城市和国家中时，"智慧的地球"就将成为现实。当前，我们已经进入 Web3.0 时代，这是一个物质世界与人类社会全方位连接起来的信息交互网络，超大尺度、无限扩张、层级丰富、和谐运行的复杂网络系统，现实世界与数字世界无限聚融。

　　面对人类生存环境的数字化与网络化，科学传播面临变革的震荡。可以想象，人类借助物联网，可以实现与世间万物的信息交流，必将导致人类行为方式及社会运行方式的改变，也必将改变科学传播过程及模式，为科学传播带来巨大的潜力和无限可能。2015 年 8 月 31 日，国务院颁布了《促进大数据发展行动纲要》，强调"用数据说话，用数据决策，用数据创新，用数据管理"。科学普及工作面向广大社会公众，科学传播模式不再是传统的自上而下的方式，更加注重双向交流互动，科普信息的传播方和接收方趋向于处于更加平等的位置。因此，开展科普工作不仅着力于科普供给侧，还要贴近和契合科普需求侧。开展科学普及和传播活动应该遵循一定规律，在大量数据的基础上，揭示强相关性要素之间的关系，以便科普信息精准抵达科普受众，提升科普效果。

　　放眼未来，科学传播将无处不在。

（三）公众学习方式变革

学习是个体以经验的获得去适应其周围不断变化的环境或生活条件的活动。进入 21 世纪，随着信息技术革命的推进和渗透，社会观念、生活方式、思维方式正发生着根本变化，计算机网络和多媒体技术的广泛应用使传统教育和学习模式受到严峻挑战。

网络空间是以计算机与计算机互联为基础，通过知识与有关规则形成的人与计算机共同建构的（实时与非实时）空间，实质上是科学知识在一定规则下形成的空间，具有虚拟性、开放性、数字化、自由性、变动性以及资源丰富性和时空压缩化等特点。网络空间的这些独特性质，不仅极大地拓展了教育的时空界限，空前地提高了人们学习的兴趣、效率和能动性，突破传统的教和学的模式，产生了新的学习革命。①学习时空的突破。网络教育也突破了学校教育的时空界限，"因特网在技术上有潜力将全球的每一间客厅变成共时互动的课堂"。②学习基石的变化。传统阅读、写作和计算的形态和内容都发生了根本性的变革。③学习形态的变革。从班级制走向个别化教学；从教师授课走向"教材—教师"一体化；从现实课堂走向虚拟课堂；从"注入式"教学法走向"咨询—辅导式"教学法；从知识模具化走向知识个性化。④智能环境的变化。教学和学习环境以及图书馆、博物馆等社会环境大为改善，增强了全行业的知识密集和智力密集程度，促使人们不断学习、高效率学习。

学习方式的变革必将产生新的学习理念，这是当代每一个教育者和学习者都应该高度重视的。①虚拟化学习。虚拟化学习模式是"通过促进利用资源与服务的机会以及远距离的交流与合作，用新的媒体技术与互联网改进学习质量的模式"。计算机多媒体和网络可以模拟大量的现实世界情景，把外部世界引入课堂，使学生获得与现实世界较为接近的体验。②开放式学习。多媒体技术和网络的发展与普及，使远程网络教育更加完善，使教育不再受特定时空的限制，学校的界限变得模糊起来，教育将从垄断和僵化中走出，从而变得更加开放和多样化。③个性化学习。各种形式的虚拟大学、虚拟图书馆、虚拟实验室、博物馆等丰富的教育资源，不仅改变了教室和学校的面貌，也从根本上改变了学习者的学习方式。随着教学过程由"以教师为主导"转变为"以学生为中心"，学生将拥有学习的自主权、全面参与权和教育活动的选择权，可以根据自己的兴趣、需要和水平择校、择师、择课、择时、择地等，做到自主学习、充分学习和有效学习。④互动性学习。传统教学是一种从教师到学生的单向的、线性的学习模式，虚拟学习则是一种符合现代教育理念的互动性合作学习。学习者不仅在认知、解释、理解世界的过程中建构自己的知识，而且还在人际互动中通过社会性的协商进行知识的社会建构。⑤社会化学习。学校教育、社会教育、家庭教育的界限变得愈来愈模糊，整个社会将变成一个学习化社会。学习化社会尊重个人发展和人们不同的思维方式，更重要的是它强调教学活动让位于学习活动，使学习成为社会公众的普遍和自觉行为。⑥终身化学习。终身学习是 21 世纪人类的生存概念和生活方式，是现代社会发展和进步的必然产物，"教育的最终目标会改变，不是为了一纸文凭，而是为了终身受到教育"。传统的电化教育手段与现代远程交互式教育网络的相互融通和结合，使学习者可以超越时空限制，形成以学习者为中心、以实践为中心的现代学习方式，体现了终身学习的开放性、多样性、整合性、社会性、灵活性和主题性等特征。⑦创造性学习。网络空间为学习者塑造创造性、创新性品格搭建了活动平台并提供诸多资源，而网络的多元性、开放性和非线性决定了虚拟学习的创造性、创新性特征。创造教育是网络时代素质教育的核心和重点，不仅要使学生"学会学习"，而且更重要的是要使学生"学会创造"，因为创造（创新）是知识经济时代人才的主导素质。

二、"互联网＋科普"时代科普需求演变

（一）创新型国家建设战略与科普传播需求

在创新驱动发展时代，科普事业已上升为国家层面的基础性、战略性社会工程，能够给建设创新型国家、转变经济发展方式、提高国民科学素质以及培育创新文化提供基础性支撑。如果科普事业出现问题，就会严重影响国家创新体系的运行质量、秩序和效率。

1."创新驱动发展"与创新型国家建设战略

在科技革命推动下，科技创新体现出不可替代的价值和作用，成为当代经济社会发展的主要驱动力。自 20 世纪 80 年代以来，科学技术领域出现一系列

重大突破，以信息科学、生命科学、量子物理等为标志的现代科学突飞猛进，高新技术及其产业快速发展，引发了生产和生活方式的一系列变革，经济发展模式从资源依赖型、投资驱动型向创新驱动型转变。可以预见，科学技术革命将会继续推动人类生产方式、产业结构、经济增长的变革，引起全球经济格局进一步调整，并将对科学技术、经济社会和综合国力竞争产生深刻影响。

当代科技革命不但改变了科学技术自身的特征，也改变了科学技术与社会的基本关系：①随着科技成果在经济、社会、文化等领域的广泛应用，社会发展和社会生活的基本面貌发生深刻变革，呈现出高度科技化的趋势和特征，科学技术对经济社会发展的影响越来越广泛、深刻、直接；②科学技术发展和应用促进了生产方式变革，推动了产业结构调整，改变了经济增长和社会发展的传统模式，"创新驱动发展"成为当代社会的基本特征。在生产领域，科技成果商品化、产业化周期的不断缩短使高度机械化、自动化、信息化、智能化成为主导性生产方式；在产业领域，产业结构不断调整，新产业不断出现，高新技术产业成为主导性产业。总之，在传统工业化时期，科技与经济发展的关系是"技术进步的动力源于生产需要的刺激（如蒸汽机的发明），技术的进步牵动科学理论的进步（如热力学原理）、推动产业的发展"；进入信息化社会以后，科学理论实现了常态化领先创新，并不断引导技术、生产和产业变革与发展。在此背景下，科学研究、技术创新、产业发展、经济增长、社会进步相互促进趋势更加明显，科技知识创新、传播、应用的规模和速度不断提高，社会各领域都不可逆转地在向科学化、知识化、信息化方向发展。

科学技术与社会发展的趋势给人类社会发展带来了重大挑战，欧洲国家与美国、日本等发达国家纷纷将促进科技创新确立为基本国策，通过调整科学技术政策、加强创新体系建设以及加大对高新技术产业支持等措施，以确立自身在未来科技竞争中的优势地位。可见，以创新驱动发展，充分依靠科技创新提升综合国力和核心竞争力，已成为世界各国的共同选择。在这种形势下，我国政府基于基本国情及战略需求，提出了"提高自主创新能力、建设创新型国家、实施创新驱动发展战略"的重大决策。习近平总书记明确指出，实施创新驱动发展战略，是应对发展环境变化、把握发展自主权、提高核心竞争力的必然选择，是加快转变经济发展方式、破解经济发展深层次矛盾和问题的必然选择，是更好引领我国经济发展新常态、保持我国经济持续健康发展的必然选择。

2. 创新型国家建设战略下科普事业的价值提升

从国际经验来看，创新型国家建设不但依赖科学技术的快速发展、创新能力的不断提高以及国家创新体系的不断健全，也依赖于国民科学素质的有效提升、创新环境的良好营造以及激励创新机制的日益完善。习近平总书记在中国科协九大讲话中强调，科技创新、科学普及是实现创新发展的两翼，要把科学普及放在与科技创新同等重要的位置，使蕴藏在亿万人民中间的创新智慧充分释放、创新力量充分涌流。因此，在创新型国家建设过程中，科学技术普及工作将扮演重要角色，并发挥重要作用，要站在国家发展的高度来理解科技传播对科学技术及其创新的基础性意义，理解发展科技传播事业对建设创新型国家的战略性价值，这一重要价值体现在两个方面。

一方面，当代科学技术与经济社会发展之间这种越来越紧密的关系，使社会各类组织和机构的科普需求急剧增长。正如杜兰特所说："生活在复杂科学技术文明中的人们应该具有一定的科学知识水平，政府需要高素质的公民参与政治，实业家们需要具备技术素养的劳动力加入他们的生产大军，科学家们需要更多具有科学素质的公众支持他们的工作；许多公共政策的决议也都含有科学背景，只有当这些决议经过具备科学素质的公众的讨论，才能真正称得上是民主决策。"在实践中，鉴于科学技术对经济社会发展的全方位影响，来自科学共同体（包括科学团体、科研机构和大学等）、政府部门、工业机构、媒体组织以及各类专业组织等社会组织和群体的科普需求不断增长。在科学共同体的范围内，不仅高效的专业交流变得愈加重要，针对科学家的科普也越来越受到重视；对政府部门而言，因为公共政策的制定和实施涉及很多技术性问题，需要通过科普获取公众对政策和决策的理解与支持，这一原理也同样适用于企业和消费者；对各种社会机构、组织和群体来说，需要通过科普获得有效的科技信息以及科技发展趋势和特征，以提升自身生存和发展能力。

另一方面，当代科学技术的迅猛发展及其广泛应用，同样引起了科学技术与公众之间关系的深刻变革，使社会公众对科技传播的需求日益增加且复杂化。在19世纪40年代至90年代末，科学普及仅发生于科学家与公众两大群体之间，其目标、任务和内容都较为明确和简单，政府、社会组织和其他机构并未认识到科普的价值，也未参与其中。进入 20 世纪以后，随着科学领域新理论、新知识和新技术大量涌现，科学家与公众之间的知识鸿沟进一步扩大，这使政府、科学共同体和社会组织逐渐认识到科普的重要性。依据科学与公众的关系，我们可以将西方国家的科普事业发展分为三个阶段：①传统科普阶段（20 世纪初期至中叶）。科学与公众关系相对简单，科学普及的任务目标就是让新知识从科学家流向公众。②公民理解科学阶段（20 世纪中叶至 90 年代），倡导科学共同体、大众传媒、工业部门、学校教育积极开展各种科学普及和科学传播活动，促进公众对科学知识、方法和社会作用的全方位理解，以提升公众的科学素质；③公众参与科学阶段（20 世纪 90 年代以来），为消除公众对科学的"信任危机"，各方开始提出"科学对话"和"公众参与"的议题，强调通过建立良好的对话氛围吸引公众参与科学对话，来解决科学与公众关系中出现的问题。总之，随着科技革命的深入，科学与公众的关系趋于复杂化，公众对科普的需求呈现出理念、数量和质量等多方面变化。

（二）经济新常态与"大众创业、万众创新"

我国经济发展进入新常态，是党的十八大以来以习近平为核心的党中央在科学分析国内外经济发展形势、准确把握我国基本国情的基础上，针对我国经济发展的阶段性特征所做出的重大战略判断，是对我国迈向更高级发展阶段的明确宣示。2014 年 5 月 10 日，习近平同志在河南省考察时首次明确提出"新常态"。2015 年 3 月 30 日，在博鳌亚洲论坛年会期间，习近平同志进一步对"新常态下实现经济新发展、新突破"提出了明确要求。他强调，中国经济发展已经进入新常态，向形态更高级、分工更复杂、结构更合理阶段演化，这是我们做好经济工作的出发点。

我国经济发展进入新常态后，增长速度正从高速增长转向中高速增长，经济发展方式正从规模速度型粗放增长转向质量效率型集约增长，经济结构正从增量扩能为主转向调整存量、做优增量并存的深度调整，经济发展动力正从传统增长点转向新的增长点。在这一背景之下，2015 年李克强总理在《政府工作报告》中正式提出"大众创业、万众创新"政策。一方面，通过"大众创业、万众创新"创造出新的技术、新的产品和新的服务，可以激发国内市场需求，并提升国际竞争力；另一方面，在经济发展环境"硬约束"加强的压力之下，既要通过"大众创业、万众创新"推动经济转型发展，走集约发展、高科技含量发展、高附加值发展之路，也要通过"大众创业、万众创新"增强全面深化改革的动力和活力。可见，大众创业、万众创新是主动适应和引领经济发展新常态、培育和催生发展新动力的必然选择，也是深入实施创新驱动发展战略、加快经济结构调整优化的必由之路。

当前，全面推进"大众创业、万众创新"还存在一些体制机制方面的问题，主要包括：①创新创业氛围仍需进一步营造，体现在创新创业文化尚未全面植根，创新创业政策的宣传引导亟待加强，政策对创新创业的开放度、包容性不强等方面；②支持创新创业的激励机制有待建立健全，表现为科技成果使用、处置和收益权改革有待深化，激励创新的税收优惠的普惠性不足、操作烦琐等方面；③众创空间建设整体水平偏低，全国大部分地区无论是众创空间规模、运营能力还是社会影响力都处于较低水平，科技企业孵化器专业服务能力不强。

在此背景下，为激发全社会创新创业活力，培育经济发展新引擎，科协系统应充分发挥职能和优势，积极引导和促进大众创业、万众创新，这源于三个方面的原因。①服务大众创业、万众创新是党和国家赋予科协组织的新要求和新任务。十八届三中、四中全会都做出重大决策部署，要求充分发挥各级科协及学会组织的主力军作用，以"互联网+"思维为突破口，以培育发展科技类社会组织为主抓手，以各级学会、高校科协为主体，以市场需求为导向，以培育服务体系和科技创业文化为保障，充分激发科技工作者创新创业积极性和创造性。②服务大众创业、万众创新是科协组织的责任使命所在。大众创新创业不同于以往的全民创业，它是以科技创新为基础的新型创业形态，其创业主体是广大科技工作者。作为科技工作者的群众组织、党和政府联系科技工作者的桥梁和纽带，科协组织理应在服务大众创业、万众创新中凸显重要作用。应积极营造良好的创新创业生态环境，构建各类科技创新创业服务平台，促进科技与各类资源要素的有机结合。③服务大众创业、万众创新是科协组织的职能优势所在。科协组织具有学科齐全、人才荟萃、智力密集和跨学科、跨领域、跨部门的独特组织优势。充分发挥省级学会、高校科协等组织的专业人才优势，促进科技社团服务创新创业，是科技类社会组织自身发展的内在动力，更是有序承接政府职能转移和转变服务方式的重要途径。

（三）公众科学素质提升与科普需求转换

科普工作和公众科学素质建设具有相辅相成、互相作用的关系，科普是提升全民科学素质的主要途径和手段，公众科学素质的变化也是科普工作实效的重要体现。就我国目前科普和公众科学素质建设的关系而言，可以认为现阶段科普工作的核心内容就是服务于全民科学素质建设。自2011年7月国务院办公厅印发《全民科学素质行动计划纲要实施方案（2011—2015年)》以来，我国科学技术普及的主要工作被正式纳入《全民科学素质行动计划纲要》框架中，成为全民科学素质建设的重要组成部分以及提升全民科学素质的基本手段。

从《全民科学素质行动计划纲要》基本诉求来看，科普要提高公民的"四科两能力"，即了解必要的科学技术知识、掌握基本的科学方法、树立科学思想、崇尚科学精神，并具有一定的应用它们处理实际问题、参与公共事务的能力。但是，在当前的科普工作中，普遍存在以"普及科技知识"替代"四科两能力"的失衡现象，即重科技知识尤其是民生技术知识的普及，轻深层科学文化的普及，以致深层科学文化普及严重滞后，这就必然导致科普责任的缺失，主要体现在两方面。①科普缺乏全局意识和理性思想。科普人员强调科技知识或成果的内容（或正面／负面的作用），忽视科技所蕴含的精神、文化、思想层面的内容，导致公众难以全面理解科技知识或科技事件。②对科普工作缺乏合理的定位。实践中有人把科普等同于科学教育，因此从内容上强调科学知识的普及而忽视科普工作的其他内涵，这就造成科普工作的偏差和缺位。科技给人类社会带来的影响是全方位的，科普不应仅仅停留在器物层面，要加强对精神、文化层面的关注力度。总之，现代科技的影响与近代科学产生之际已不可同日而语，对科普来说，仅仅让公众知道"科学是什么"是远远不够的。

随着科学技术的普遍应用，生态灾难、全球变暖、核威胁、食品安全等一系列问题开始涌现，这些严重问题的缓解或解决不仅与科技发展的政策、选择和使用有关，也与国民科学素养、公众对科学的理解深度有直接关系。换言之，科普的责任不仅在于传播普及科技理念、科技知识和成果，促进公众理解科学与技术，更重要的在于唤醒公众，促使科学技术向着有利于人类社会、人与自然和谐共荣的方向发展。在这个意义上，科普应当承担历史和时代赋予的社会责任。主要包括：①科普要有利于解决科技发展本身所面临的问题。当前，我国科技事业取得了举世瞩目的成绩，但也面临着日益严重的问题和挑战，如体制官僚化，缺乏原始创新，低水平重复严重，成果转化率低，创新环境不完善，学术风气和科研道德滑坡等。因此，新时期的科普工作要以这些工作为重心，促进科技事业的可持续发展。②科普要有利于解决科技发展所带来的社会环境问题。这些问题突出地反映在与社会有关的生命伦理问题、信息技术发展带来的（个人）隐私安全问题、与环境有关的生态伦理问题等方面。以信息技术领域为例，随着网络的普及，信息资源共享与知识产权保护、隐私、家庭安全、网络犯罪等一系列问题也在日益困扰着人们。这就要求科普工作未雨绸缪，及时客观地告知公众科技应用可能存在的影响和潜在风险。③唤醒公众意识是科普的基本社会责任。自1968年罗马俱乐部提出"全球问题"概念以来，有识之士一直致力于研究和唤醒人类对于全球问题的认识和解决。他们认为人类的未来取决于人类自己的选择，其中科技发展与运用的选择最为关键，关乎人类命运与前途。为了使人类社会真正进入理性阶段，现代科普必须致力于唤醒公众意识，促进公众和人类社会趋向于理性思考。

2016年3月，国务院办公厅印发了《全民科学素质行动计划纲要实施方案（2016—2020年）》，该方案确定了"十三五"期间实施《全民科学素质行动计划纲要》的基本任务和目标。该方案提出，要适应新形势需要，牢固树立创新、协调、绿色、开放、共享的发展理念，围绕"节约能源资源、保护生态环境、保障安全健康、促进创新创造"的工作主题，扎实推进全民科学素质工作，激发大众创业创新的热情和潜力，为创新驱动发展、夺取全面建成小康社会决胜阶段伟大胜利筑牢公民科学素质基础。此外，针对网民获取科普信息的新变化、新要求，该方案强调要以科普信息化为核心，推动实现科普理念和科普服务模式的全面创新，围绕加强优质科普内容资源供给，提升科技传播能力和科普精准服务水平的要求，着重提出以下措施：①实施"互联网+科普"行动，打造科普中国品牌，实现科普信息汇聚生产与有效利用；②大力开展科幻、动漫、视频、游戏等科普创作，丰富科普信息内容资源；③鼓励和引导中央及地方主要新闻媒体加大科技宣传力度,提升大众传媒从业者的科学素质与科技传播能力;④强化科普信息的落地应用,依托大数据、云计算等信息技术手段,加强移动端科普推送,为公众提供定向、精准的科普信息服务。可见,新方案体现了科普需求的新增长和科普理念的新变化,也为新时期的科普工作提出了新的任务和要求,在"互联网+"战略紧密推进的背景下,科普工作应依托新技术、新平台,采取新方法和新途径,以提升公众科学素质为核心目标,切实加强科普工作机制创新。

第二节 "互联网+"时代科普目标与形态转变

一、"互联网+"时代科普目标与任务转变

(一)"互联网+"时代科普目标的设立原则

在上述社会环境和需求之下,要进一步明确新形势、新环境中"互联网+"时代科普事业的地位、使命和任务,充分发挥科普事业的"中介"作用,促进当代科学文化传播。为了准确把握"互联网+科普"的目标和任务,应深刻理解经济社会发展的趋势和特征,从以下几个方面着手,准确界定科普在当代社会发展中的定位问题。

(1)要把科普放在中国现代科学进步的发展水平上来考量。作为人类智慧的结晶,科学技术是科普的母体,它的现状、发展和应用决定着科普发展的方向和水平。"互联网+"时代科普具有与传统科普完全不同的社会背景,全球化战略使中国具备了全球视野和全新思维方式;科学技术开始进入自主创新阶段;科学技术与社会发展的关系也越来越密切,真正成为第一生产力。在此背景下,一方面科学技术的进步和发展为科普不断地提供新的生长点,使科普具有了鲜活的生命力和浓厚的社会性、时代性,另一方面,社会公众比过去更加需要了解、理解和掌握科学技术。因此,当代科普是以时代为背景、以社会为舞台、以人为主

角、以科技为内容，面向广大公众的一台现代文明戏。

（2）要把科普放到提高全民族科学文化素质的角度去考虑。劳动者素质状况决定了一个国家的综合国力，世界各国都把提高国民素质作为基本国策之一。20世纪60年代末期，美国科学促进会成立了公众理解科学委员会，旨在加强公众本身在科技活动中的主动性，强调公众应为科技实践的主体，更多地关注公众对科技的态度，以及科技与社会生活之间的互动作用和社会影响。20世纪80年代中期，英国也组建了"公众理解科学委员会"，其宗旨是为提高公众科技意识以及理解科技的能力。之后，美国和英国的做法波及德国、法国、瑞典、挪威、澳大利亚、日本、印度等许多国家。我国也逐渐认识到提高公众科学素养的重要性，从政策、制度、技术、资金等方面都进行了科学布局，中国科协九大将科普工作提升到了一个新的高度。

（3）把科普放在从传播科学知识走向以弘扬科学精神、普及科学知识、传播科学思想和科学方法的更广的科学文化视角上去思考。"四科"体现了当代一种全新的文化视角，它把科普的内涵从科学大众化层次提升到人文、社会科学层面。就本质而言，科学技术不仅是一种生产力，还是一种方法、思维方式和精神力量。在全球化、信息化时代，科学人文和人文科学是科普应有之义，只有如此才能真正促进科学和人文之间的交融。王绥琯院士认为："科学普及的目的是提供一个社会的整体素质，科学知识普及属一种'十年树木'的建设，而科学精神普及则属于'百年树人'"。这一观点抓住了科普的本质，即科学知识是源头，科学精神是结果，而科学方法和科学思想，属于它们中间的过渡层次。总之，倡导"四科"，就是要以博大的胸怀和更宽广、更深刻的眼光认识科学的本质和作用，不仅要在发展生产力意义上讲科学，而且要在人文意义上讲科学。

（4）科普必须满足大众的真正需求。当前，科普工作面临很多困境，其中最突出的就是科普产品供应过剩与公众科普需求难以满足的结构性矛盾。潘家铮院士说："'法轮功'事件应引起我们深思，许多教授专家都相信'法轮功'，你能说他们知识不够吗？这说明科普有效供给是不足的。据此，何祚庥院士提出了"四性"原则：①时代性，即科普工作要直面当代老百姓最关心的问题；②现实性，即科普内容要有针对性，要多样化、多元化、多层次，雅俗共赏；③娱乐性，即科普必须生动活泼，有趣味性，做到好听、好看、好玩；④科学性，要向公众讲解科普概念、对基本知识的理解、对科学研究过程的理解，或者对一些科学方法、科学精神的理解。因此，进入"互联网+"时代后，科普应准确把握"四性"原则，要立足于提高老百姓的生活质量（物质生活和精神生活），解决老百姓最感兴趣的问题，要做到有用、有趣、有理，只有这样科普才能有更强健的生命力。

（二）"互联网＋科普"目标：社会化大科普
1."互联网＋科普"目标的多元化

当代社会技术科学化、科学技术化以及科学技术社会化、社会科学技术化已成为一种趋势和常态。科学本身的价值也已发生变化，科学共同体以把符号形态的知识变成生产力形态的知识为核心使命，与产业、资本发生着越来越紧密的动态联系。总之，科学技术改变着当代生产生活方式，这从根源上丰富和扩展了科普的内涵和外延。

基于上文分析，在当代科技与社会发展背景下，不仅促进科技知识传播、促进公众对科学的理解和参与较以前变得更加重要，而且服务科技创新也成为当代科普的重要任务。反过来说，科普只有与时俱进，才能在科技发展、经济增长、社会进步中获得自身价值和应有地位。因此，当代科普工作不应仅仅将目标定位于知识普及一个方面，而是指向多种不同的任务目标，特别是那些更为复杂或"高级"的目标，如科学意识、科学兴趣、科学态度、对科学的理解等。

事实上，学者们已经对当代科技传播的多样化目标有了比较明确的认识。科普知识事实上可分为作为内核的简化的科学知识，作为中间层的与生产、生活结合的科学知识，以及作为外围层的社会化、人文化甚至时尚化的科学知识。这三者没有明确界限，但总体上体现出从作为表象的科学向作为实践活动的科学过渡，从作为崇高追求的小众的真理探索活动向与经济效益、民族兴衰乃至更好的生存之终极目标相联系的国家行为迈进，从"纯净"的学院科学向内生于社会之中并被社会、文化个性渗透的"生活科学"的更大场域扩充。伯恩斯等学者曾将科学传播的目标概括为"AEIOU"，即对科学的意识（awareness），对科学的愉悦（enjoyment），对科学的兴趣（interest），形成与科学相关的观点或态度（opinion-forming），对科学的理解（understanding）。只不过在目前的科技传播研究和实践领域，研究者、实践者乃至政策制定者更关注的是科技传播的"普及—理解—参与"目标，相对忽视科技传播的服务创新目标，对科技传播促进创新的功能认识不足。

由此，当代科普的目标既要包括帮助公众了解、掌握、运用科学技术，理解科学技术的价值及其局限性，参与社会的科学对话和政策协商（从而发展科学对话机制），也要包括服务创新环境营造、创新文化培育、国家创新体系高质量运行；科技传播应该成为一个包含从科学共同体内的科学交流到面向公众的科技传播等多种形态，从普及科技知识、提高公众科学意识、增进公众理解科学、培育科学和创新文化、促进公众参与科学到服务科技创新等多种目标的广阔领域（图 2.1）。科普事业的这些多样化目标可以被概括成公众目标（如理解科学、科学素养等）和社会目标（如公众参与、服务创新等）两大基本方面，或是被概括成"普及—理解—参与"目标和服务科技创新目标。

总之，任何只包含某种单一目标的理论或模型（如缺失模型、对话模型等）已经无法概括当代科普的基本现实，必须用更宽广的视野来看待当代科普的多样化目标，分析科技和社会发展提出的多样化需求，建构适应时代发展的科普理论体系和实践策略。

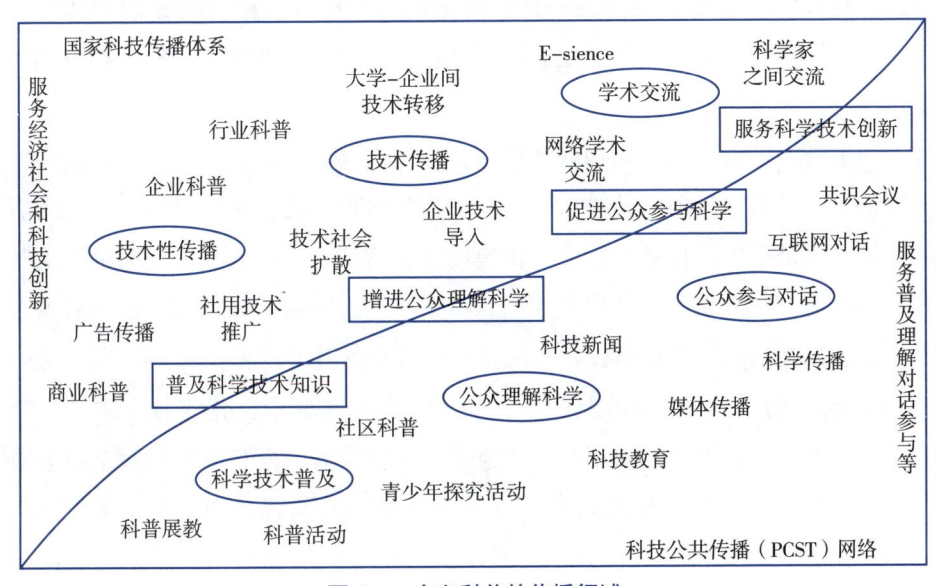

图 2.1　广义科普的传播领域

2. 社会化大科普及其特征

所谓社会化大科普，是就科普的社会属性而言，是对当代科普工作本质或特性的表述。科普的社会化属性是随着科普的进化逐步形成的，是科普历史发展的必然。特别是20世纪末以来，在信息技术革命的影响下，科学技术转化周期日益缩短，纯科学与应用科学之间的界限也日益模糊，这使得科普工作的社会化属性日益凸显。当代科普是一种通过多种方式面向全社会传播科学技术，实现知识的扩散、转移和形态转化，以达到预想的社会、经济、教育和科学文化效果的有目的的科学活动。它具有以下几个明显的社会化特性。

（1）内涵博大。通过科普传播的科学技术，是一个涵盖了基础科学、技术科学、边缘科学以及专业技术体系的科学体系，而科普内容即指这一体系中的成果、方法、思想和精神。随着科学体系自身的不断扩展，科普的内涵正在迅速地扩大和更新，即从单向传播科技知识为主向"四科"并举、全面提高公众科学素养转变。

（2）对象众多。科普是面向全社会，包括拥有不同知识层次、职业、年龄等要素的众多群体。由于每一个社会成员的知识结构和科技素养不尽相同，对科普的具体需求也多种多样。因此，当代科普逐渐走向了专业化、职业化，又与科学传播、科学教育融合为一体，逐渐成为一种庞大的社会建制和知识体系。这一知识体系涉及不同的主客体以及科学共同体内部交流、科学教育和大众科学传播等不同层面。

（3）潜能巨大。科普的功能和作用主要体现在实现知识的扩散、转移和形态转化上，其潜在的能量是难以估价的。当代科普不再仅仅是对科学知识的简单转译，而是与生产生活、社会文化建设等紧密结合，一方面从生存价值上升到发展价值，与创新型国家建设和创新型人才培养联系起来；另一方面从少数人的需求扩展到知识经济时代公民的基本公共服务诉求。

（4）影响广泛。科普涉及经济、社会、教育和科学文化等各个领域，影响广泛而深远。它不仅推动了社会、经济和科技发展，而且影响着每个社会成员的人文精神、价值目标和道德修养乃至整个民族的智慧和文化水平。这些特性，充分表现了科普的社会化本质，说明其范围值和作用值越来越趋向于"大"，即"社会化大科普"。

总之，在多种因素推动之下，科普事业已经成为国家层面上的一项社会化系统工程，一个全社会共同关注、共同参与、共同受益的科普格局已经基本形成。

（三）"互联网＋科普"总体目标的四个层次

当代科普传播在许多方面都呈现出鲜明的分层特征，如传播方式、传播内容、受众对象乃至公众对科技问题的热心程度等。任务目标是当代科普传播分层另一个重要依据，由此可以把科普传播概括为四个基本层次：普及科学技术知识、增进公众理解科学、促进公众参与对话、服务科学技术创新。

1. 普及科学技术知识

无论在哪个时期，"普及科学技术知识"都应该是科普最基础的目标和任务；无论是对普通公众还是对社会来说，"普及科学技术知识"都具有重要的实践价值。对普通公众而言，可以获得最新科学知识，从而更好地适应高度科技化的社会环境。对社会而言，随着科学技术越来越"高度专业化"，它正逐渐"远离"社会和公众，并形成一种相对"独立"的力量，与此同时它又越来越深刻地介入社会发展和公众生活。显然，这一矛盾的解决不仅需要在科学与社会之间建立一种沟通机制，而且需要建立一种平衡机制，使科学与社会之间保持平衡与和谐，这显然又依赖于科学技术知识的广泛传播。

尽管科学技术知识普及与公众对科学的态度、对科学的理解以及与科学对话之间并不存在简单的线性关系，但后者显然越来越依赖前者的进程和效率。广泛而有效的科学技术知识普及有助于提升公众科学素质，有助于促进公众形成对待科学技术及其社会作用的理性态度，并使他们更愿意且有更多能力参与社会的科学事务中来。相关研究证实，教育水平、科技知识储备和科学素养与赞成基础科学研究的态度成正相关，这也是公众理解科学、参与对话的坚实基础。

2. 增进公众理解科学

"增进公众理解科学"的重要性同样也是毋庸置疑的。20世纪80年代以来，公众理解科学成长为一个十分活跃的研究和实践领域，并受到国际社会的广泛关注。公众对科学的理解主要包括科学基本术语和知识、科学方法和科学过程以及科学对个人和社会的影响，当然也包括科学技术的局限性和复杂性，即潜在的风险和不确定性。早在20世纪50年代美国科学促进会主席罗伦·维沃就说过，"缺乏对科学的广泛理解无论对科学还是对公众都是危险的"。研究发现，对转基因等层出不穷的新技术缺乏理解是导致公众非理性态度大量出现的主要原因。提升公众对科学理解的水平依赖科学技术知识的广泛普及，同时也依赖公众对科学技术的认识和思考。引导和鼓励公众通过参与各种形式的科普活动，有助于培养科学的思维方式，提高在某些科学技术政策问题上的判断力，并形成关于科学技术的理性观点，社会由此才能建立更加健康的科学文化和创新文化。

3. 促进公众参与对话

"促进公众参与科学"是科普事业所要承担的另一个重要任务，但直到近些年其重要性才逐渐被认识。进入21世纪以来，除对话模型、民主模型、参与模型等理论颇为流行以外，国际上也尝试了焦点小组、公民评判团、共识会议、利益相关者对话、互联网对话等各种对话模式，从而将科普推进到公众参与科学事务和科学对话的新阶段。公众参与科学有各种不同层次和方式，如科技议题讨论、与科学家交流、参与科技政策协商以及参与"公民科学计划"项目研究等。从本质上讲，公众参与科学是公众理解科学的一个延续，其重要性是与社会对公众科学权利的政治承诺联系在一起的。作为科技资源最终提供者和科技应用后果承担者的公众，不能只作为科学家的忠实听众、科技政策制定的旁观者，公众需要有知情权、话语权甚至参与权和决定权。

4. 服务科学技术创新

"服务科学技术创新"是科普事业应该特别关注的一项任务，在当代社会发展、国家战略、公众需求发生重大变化的情况下，科普要促进公众对科技、经济和社会发展形成科学的认识、理解以及理性的态度，建立科技与社会之间良好的对话机制，激励、促进、引导、规范科技创新，让科技更好地服务于经济社会发展和公众生活质量改善，如"大众创业、万众创新"。此外，科普还可以通过制度建设和机制创新，提升科学共同体、企业、社会组织等机构间科技资源传播的效率和质量，为国家创新体系的高质量运行提供基础性服务。

总之，当代科普事业应该坚持发展导向，通过普及科学技术知识，增进公众理解科学，促进公众参与科学、服务科学技术创新，以及提高公众科学素质，培育科学和创新文化，激励、促进、引导、规范科学技术创新，最终服务并促进经济增长和社会发展。我们要站在时代发展的高度来理解科普事业的基础功能和战略价值，用更为宽广的视野来看待科普传播的多样化形态和多层次任务，推进科普传播实践不断革新。

二、"互联网+"时代科普形态转变

（一）科普信息化定义、动因与价值

信息技术革命和由此产生的虚拟世界正在引发人类社会深刻变革，在此背景下网络科普已成为现代科技传播的重要手段和标志。随着新媒介的迅猛发展，信息传播形式、内容、方法、手段、观念都发生了巨大变化，传播密度、频度、跨度、速度呈几何级数增长。一方面，网络传播使科普内容传播快捷、方便，且形式多姿多彩、生动活泼，使科普展现了"有用、有趣、有理"和"好听、好看、好玩"；另一方面，由于"四科"成果迅速传播和普及，使科普生产过程（传者）、传播过程（媒介）、接受过程（受者）的循环过程大大缩短，这对于提高科普绩效、促进国民素质提高都有不可替代的作用。

1. 科普信息化的内涵与外延

（1）科普信息化的内涵。以"互联网+科普"为显著标志的科普信息化，为传统科普转型升级和创新发展注入了新的动力。所谓信息化，就是指以现代通信、网络、数据库技术为基础，培养、发展智能化工具为代表的新生产力，并使之造福于人类社会的历史过程。而科普信息化，是以数字化、网络化、智能化、大数据、云计算为特征的现代信息技术为手段，开展科学普及工作，提高全民科学素质，实现传统科普工作向现代科普资源数字化、传输网络化、管理自动化、应用个性化、服务精准化的持续转变过程，是信息化带动科普工作理念、模式、路径、方式全面创新的颠覆性变革。

（2）科普信息化的维度。当前科普信息化建设应侧重于利用存量信息资源，通过发挥政府主导力量提高传播效率和质量，并通过技术创新推动传播理

念和模式改革。科普信息化可以细化为三个方面：①目标与手段。科普信息化目标是帮助个体和社群自我完善，主动汲取科学知识、领悟科学精神、增加科学能力、掌握科学理性、尊重科学道德等，加快完成知识社会的转型。科普信息化手段则是借助于现代信息技术，如移动互联网、云计算、物联网、大数据、虚拟现实技术和增强现实技术等。②内容与途径。科普信息化传播的内容需要满足受众个体的独特性，又要符合一般公民所需的通识教育。当前，需要增加科普资源的多样性以帮助受众更有效地捕捉科学知识，完成从显性的知识层面到隐性的精神、思维、道德、理性层面的转变。科普信息化的主要途径是建构具有多元机构、群体参与的运营机制，打造有公信力的科普品牌，以确保传播精准度和时效性。③功能与影响。科普信息化的功能是弥补信息资源发达地区与信息资源贫瘠地区存在的信息鸿沟，消弭地区与地区、人群与人群之间的信息不对称问题，帮助公众从科学文化层面提升自我。科普信息化能够提高国民对科学的认知水平和科学素养，而国民基本素质提高是综合国力提升的基础和主要内容。

2. 科普信息化的社会动因

信息化和经济全球化相互促进，带来信息的爆炸式增长以及传播表达方式的多样性，科普领域形成了向网络转移的趋势，网络科技信息消费者比例日益增加。因此，科普信息化是应用现代信息技术带动科普升级的必然趋势，是引领科普现代化的技术支撑，也是当代社会对科普提出的发展要求。

（1）物质技术基础：从数字化到多媒体。在数字化时代，科普也面临着数字化。学界一般将运用数字化技术作为新手段、新形式、新渠道的科学普及活动称为数字科普，换而言之，数字科普是利用数字技术处理和存储各种图文并茂、声像结合的科技知识，向社会进行广泛传播并实现互动的过程。数字科普包括三种类型：①线上数字科普，包括科普网站、数字博物馆、数字图书馆、网络科普游戏等；②线下数字科普，包括科普音像产品、科普展示、科普电子游戏、手持电子书等；③线上线下相结合的数字科普，目前主要有分布式多媒体科普信息系统、线上发表科普活动信息以及线上线下联动活动形式三种。

随着数字技术的发展，数字科普将逐步超越传统科普成为科普的主流，它具有如下特点和优势：①充分利用数字技术展陈手段，具有更强的表现力和吸引力；②突破时空限制，科普对象平民化；③易于即时互动和情景体验；④便于汇集管理，共享、利用科普资源；⑤广泛聚集科普爱好者，形成科普社交平台；⑥生动地传播科学过程，深层次挖掘科普内涵；⑦有利于按需重组、重构科普项目。

在与数字化并行的另一个视角上，新旧多元融合的媒介体系为科普传播提供了新颖的表现形式和展示空间，媒介融合最直接的表现是新媒体技术尤其是多媒体技术的突破。多媒体技术指利用计算机综合处理文字、声音、图形、图像、动画、视频等多种内容信息，将之数字化，并整合在交互式界面上，使电脑终端能够交互展示不同的媒介形态。这种能够进行交互式工作和网络联结的技术具有多媒体集成性、多功能一体化、互动性、实时性、易扩展性等特点，为科普传播提供了延展性的表达方式、表现手段、发布空间和传播平台。

（2）社会条件：公民社会的培育建设。"公民社会（civil society）是国家和家庭之间的一个中介性的社团领域，这一领域由与国家相分离的组织所占据，这些组织在同国家的关系上享有自主权并由社会成员自愿结合而形成，以保护或增进他们的利益或价值。"一般认为具有组织性、民间性、非营利性、自治性、自愿性等基本特征，终极目标是通过提供公共物品或准公共物品来满足公共需求和实现公共利益。

媒介融合有力地推动了公民社会建设，为公民自觉参与到公共事务中提供了更多的机会和可能。尤其是智能手机的迅速普及，使公民无论线上、线下都能进行有社会意义的交往，可以将虚拟社区和现实社会结合起来并形成联动。目前全国登记注册的社会组织总量超过40万个，已初步形成了门类齐全、层次不同、覆盖广泛的社会组织体系。这些社团将成为个体公民与国家间的缓冲机制，力求在私人领域与公共领域之间建立有效的对话渠道，并发展成为公民表达与交流不可或缺的公共空间。

公民社会的培育促进了科学与社会定位的转变，使科学与社会的互动性更加紧密：一方面，科技的服务功能已在社会各层面得到广泛认同；另一方面，社会对科学的支撑、理解成为科学发展的重要因素。这些都有力地推动科普传播进入"公众参与科学"这一新阶段。而民主模型的提出，正是循序了"公众理解科学"到"公众参与科学"的思想体系转变，使科学共同体与公众的互动关系不同程度地深化和加强——这也正是中国公民社会逐步发育的重要表现，即推动科普信息传播与反馈机制向更灵活、更活跃的方向演变。

（3）传播学意义：受众主体地位的提升。媒介融合使一向由传者控制的媒介成为几乎人人可得、人人可用的工具和平台，如手机从通信工具变成个人信息服务中心，能随时随地进行信息传播、交流与共享。在媒介融合时代，受众主体地位得到前所未有的提高，个人自我实现的潜力被最大限度地挖掘。与此同时，媒介融合也使科普传播主体之间、主体与普通公众之间交流更频繁、更便捷、更自由，传播方式更灵活多样，定制化服务成为可能。

1959年美国学者卡茨首次提出"使用与满足"理论，意在从传统研究"媒介对人们做了什么"转向"人们使用媒介做了什么"，以了解人们使用媒介的动机和目的，将受众从"被动接受者"转向"主动传播者"，受众参与传播的主动性更强、范围更广、平台更大。虽然起初遭到质疑，但随着媒介技术发展和新媒介涌现，该理论在媒介融合时代找到了生存的新空间和理由。传播学家施拉姆"自助餐厅"的比喻如今似乎成了现实。互动性和即时性使受众在科普传播模式中的被动地位大大改变，其参与及反馈的内容和方式将直接和随时影响科普传播的效果，而这在传统媒介时代是很难做到的。

3. 科普信息化的实践价值

（1）科普信息化是国家信息化建设的重要一环。当前，信息技术革命日新月异，信息化和经济全球化相互促进，深刻影响国际政治、经济、文化、社会、军事等领域。习近平总书记在中央网络安全和信息化领导小组第一次会议上指出，网络安全和信息化是事关国家安全和国家发展、事关广大人民群众工作生活的重大战略问题，要从国际国内大势出发，总体布局，统筹各方，创新发展，努力把我国建设成为网络强国。信息化已经融入社会生活方方面面，让科普传播变得高效、快捷和精准，科普信息化成为国家信息化建设的重要组成部分。

（2）科普信息化是提升全民科学素质的关键路径。创新驱动发展的关键是科技创新，基础在全民科学素质。为支撑"两个一百年"、创新驱动发展战略、全面建成小康社会等目标的实现，2020年我国公民具备基本科学素质的比例必须超过10%。要实现2020年公民科学素质建设超常规、跨越式的发展目标，推进科普信息化建设、提升科普公共服务能力是关键路径之一。时任国家副主席李源潮在中国科协八届五次全委会议上要求，"要抓住信息化机遇，把握互联网在人们获取信息中作用越来越重要的趋势，建设好新一代数字科技馆，加快推进科普信息化，让科学知识在网上流行。"

（3）科普信息化是传统科普转型升级的强大动力。传统科普活动受时间、场地、人员等因素限制，传播覆盖面狭窄、参与人次有限、吸引力不够、活动成本也较高。相对而言，通过移动互联、博客、微信、微博等方式的科普传播其成本近乎零，并可以实现从可读到可视、从静态到动态、从一维到多维、从一屏到多屏、从平面媒体到全媒体的融合转变。中国科协与百度同期共同发布的《中国网民科普需求搜索行为报告》中，有关仰望冥王星"胜出"优衣库也绝非偶然，科普信息化真正为科学传播打开了一扇新的窗户。

（二）"互联网＋科普"形态特征演变

1. 信息化科普传播机制

科普信息化时代，传统科普理念与模型已无法解释和指导科普实践。无论是传统科普、公众接受科学还是公众理解科学阶段，其传播模式都属于自上而下式，直到公众参与科学阶段，公众的科学协商功能得到承认后，一部分传播行为才变成自下而上式。在媒介融合时代，这两种传播方式并存、交错出现，成为交叉复合型传播，并趋向循环互动。

德国学者马兹莱克曾提出一种系统传播模式，认为传播过程中存在一个包括社会心理因素在内的各种社会影响力相互作用的"场"，每个主要环节都是这些因素或影响力的集结点。其中影响和制约传者和受众的因素包括自我印象、人格结构、所处的社会群体、社会环境、来自媒介的压力或约束力；影响和制约媒介与信息的因素包括传者对信息内容的选择与加工和受众对媒介内容的接触选择，后者基于受众的社会背景和社会需求。该系统除了传统的传播模式基本元素外，在媒介和受众间增加了两大要素，即来自媒介的压力或约束力和受众心目中的媒介形象。

这种传播模式给予媒介融合新趋势下的科普传播方式演变以很大启发。因为在科普传播过程中，传者（传播主体）、受众（客体）和媒介三者融为一体，有时主体即是客体如科学共同体和公众，有时主体亦是渠道如媒介，任何单一的传播模式都无法满足科普传播的要求。媒介融合带来了传播中心多元化趋势，并相互交叉和互换，因此建立基于循环系统的多元中心对话模式成为趋势。就主体而言，多元主体（科学共同体、政府、媒体、公众、NGO）将进行多方合作，利用不同媒介的整合优势进行科普传播共享，寻求最优传播模式。就客体受众而言，一方面，其对科普传播内容的专业性、定制化提出新的需求，分众化进一步加强；另一方面，对科普传播形态的生动性、交互性、趣味性提出更高要求。与此同时，传者和受众都将受到来自媒介的压力或制约，不同媒介的个性化特征要求传者运用不同传播方式，同时也深刻影响受众对信息的体验方式。科技信息的科学性和专业性既要求传者提高使用媒介的专业化水平，也要求受众的反馈更及时灵活，只有构建"传者—媒介—受众"三维互动模型，才能提高科普传播的效用，实现主体与受众间新形态下的高效对接。

总之，科普信息化不仅体现在技术层面，更重要的是科普理念到行为方式的彻底转变，即从单向、灌输式的科普行为模式，向平等互动、公众参与式的科普行为模式的彻底转变；从单纯依靠专业人员、长周期的科普创作模式，向专业人员与受众结合、实时性的科普创作模式的彻底转变；从方式单调、呆板的科普表达形态，向内容更加丰富、形式生动的科普表达形态的彻底转变；从科普受众泛化、内容同质化的科普服务模式，向受众细分、个性精准推送的科普服务模式的彻底转变；从政府推动、事业运作的科普工作模式，向政策引导、社会参与、市场运作的科普工作模式的彻底转变。

2. 信息化科普传播机制评价

相对于传统科普模式，基于循环互动的信息化科普模式能够适应新时期的社会发展需要，具有诸多显着优势。

（1）新模式的双向交流能够满足受众互动化需求。受众不仅能够对信息进行快速而有效的反馈，而且还能在一定程度上控制传播内容，得益于这种交互性，信息受众可以自行对信息进行整合和重组，赋予传播内容新的概念和定义，从而拉近了信息传播者与受众之间的距离。互动性最大的优势，就是通过互动增进传播对象和科学知识自身间的关系，被传播者能够更好地、更详尽地对科学有全方位的认知。

（2）新时期科普内容的海量化满足受众个性化需求。信息化能够打破时间和空间的限制，人类社会的时空距离大为降低。一方面，随着信息技术发展，任一个体都成为信息传播矩阵当中的一个节点，信息来源更丰富、复杂，且信息与数据的分享与交换成本极低；另一方面，受众利用手机、平板电脑等新媒体移动终端可以即时发送和收听信息，实现信息和数据的分享和交换。具体地说，信息的共享性包含两层含义：①相同的信息可为许多人所共享，且需要对信息进行物质分割；②相同的信息可为不同时期的人共同享有，信息具有"取之不尽、用之不竭"的特性。

（3）传播效果极大提升。当代科学传播作品大部分是可视化的，相对于传统科普模型的文字和语音来说，强烈的视觉感染力和独特的表现方法使之更容易被接受和记忆。在科普传播中，由于科技知识过度专业化，人们很难真正领会和理解，而科普信息化通过高科技手段将复杂、艰涩的科学知识变得真实和生动，有利于调节、充实和刺激人的视觉，在很大程度上提升了科学传播的说服力。

（三）"互联网+科普"形态创新实践

当前，我国正处在实施创新驱动发展战略、全面建成小康社会的关键时期和攻坚阶段，正在由要素驱动、投资驱动转向创新驱动，正在经历一场深刻的体制机制和发展方式的变革。在此背景下，必须通过加强科普信息化建设，借助信息技术和手段大幅快速提升我国科普服务能力，才能有效满足信息时代公众日益增长和不断变化的科普服务需求，才能为实现全民科学素质的快速提升提供强劲动力。

为顺应现代科普的发展趋势和方向，中国科协充分调动各方力量和资源，积极实施"互联网+科普"行动和科普信息化建设专项，开辟了网络科普主战场。2014年12月，中国科协起草印发了《中国科协关于加强科普信息化建设的意见》，确立"强化互联网思维，坚持需求导向，着力借助信息化技术手段，丰富科普内容，创新传播方式，推进机制创新"的工作理念，加强与有关部门协作，探索与互联网企业合作新模式，部署全国各级科协和学会积极参与科普信息化工作。经过努力，中国科学技术协会联合新华网推出"科普中国"新平台，与百度公司共建科普中国百度研究院，引领全国科普信息化建设新潮流。国内其他重点科普网站，像中国数字科技馆、中国科普、中国科普博览、果壳网、科学松鼠会等影响力和传播力不断提升，以及科研院所门户网站的科普频道、国内门户网站的科技频道、各级科协的科普网站等，发挥了网络科普在提升全民科学素质方面的重要作用。

1. 科普信息化建设专项

2014年9月启动科普信息化建设专项申请，随后相继制定专项管理办法等系列规章。2015年专项立项，预算金额为2.1亿元，启动包括网络科普大超市、网络科普互动空间、科普精准推送服务和科普信息化建设运行保障等建设内容，设立科技前沿大师谈、科学原理一点通等20个子项目，通过公开招投标，分别由新华网、腾讯等12家机构承担实施。

（1）"科普中国"导航站项目。2015年9月14日，具有标志性的"科普中国"导航站正式运行。中国科协及科协组织把2015年定为科普信息化建设年。目前，"科普中国"汇聚大批优质原创科普内容，新开通"科技前沿大师谈"等10多个科普频道（栏目）和"科普中国App"等10多个移动端科普应用，实现与62家全国优秀科普网站、20个专栏的链接。各科普频道（栏目）、移动端科普应用开通以来，原创和改编科普视频1000余个、科普图文1万余篇，推送科普头条新闻近100条，开发科普游戏80余款，收获12亿人次（移动端浏览量占80%）的浏览量，由科学素质读本改编的300多部科普动漫受到良好评价；微平台"科学答人""科技名家风采录""科技前沿大师谈"等许多栏目（频道、应用）都深受公众欢迎。部分科普信息化成果在2015年全国科普日活动中展现，受到社会公众的广泛好评。

（2）移动端科普项目。按照时任中共中央政治局委员、国家副主席李源潮同志关于"现在公众在网上""要让科学知识在网上和生活中流行"的要求，中国科协十分重视移动端科普头条推送，瞄准新闻时事，及时组织移动端科普融合创作，及时解读社会热点和科技焦点。2014年9月1日，中国科协试验性地及时开通科普中国微平台，随后开通科普中国APP，建立以新华网和腾讯为主体的科普中国新闻发布主渠道，扶持了李汀科普团队、健康生活管理师团队、郑永春天文科普团队等一批移动端科普融合创作团队。

截至 2015 年 11 月 14 日，共在新华网、腾讯、新浪、百度、今日头条等 29 家网络媒体的新闻客户端发布 100 多篇科普头条，最高单条访问量当天超过 600 万人次，总访问量超过 1 亿人次。科普中国微平台已拥有百万粉丝，阅读、转发和互动达到 6 亿人次。

（3）中国数字科技馆建设项目。通过打造精品原创栏目、强化 O2O（线上线下活动）的虚实互动、探索全新网络运营模式等方式全方位推进中国数字科技馆建设。截至 2015 年 11 月 14 日，注册用户 10 万，比 2014 年增长 70%；微博粉丝 114 万，微博"科学史上的今天"话题阅读数超过 3.2 亿；ALEXA 国内网站排名从 2014 年 2000 多名上升到 200 名左右。目前，从科普网站跃升为集网站、移动端、O2O、科普推送、离线数字服务、远程管理平台等为一体的综合性网络科普服务系统。

2. 创新内容制作模式

在项目推进的同时，秉持开源、众创、分享的理念，实施"互联网＋科普"行动计划，努力推动形成开放协作的科普信息化建设的生动格局。

（1）与有关部门协同推进科普信息化工作。充分发挥全民科学素质纲要实施工作办公室的职能和作用，中国科协会同有关部门积极推进科普信息化工作。国土资源部全面完善国土资源科普基地网站，形成以网络访问服务、场馆多媒体应用服务和移动社交网络服务为主的国土资源特色科普模式。环保部立足信息化，开通"环保科普 365"微信公众号，推动环保科普资源共建共享，集中播放以"向污染宣战"为主题的公益宣传片，播出总时长约 230 万小时，累计点击 5000 万人次。国家卫生计生委开展健康素养促进行动项目，积极推进 12320 卫生热线平台建设，"全国卫生 12320"新浪微博和腾讯微博的影响力与日俱增，12320 卫生热线覆盖人群 9.6 亿。中国气象局努力打造集中国气象频道、气象科普微博群、《中国气象报》《气象知识》杂志于一体的多元化传播平台，共开通各类官方新媒体 1062 个，全国气象新媒体粉丝数超过 2635 万人。

（2）与互联网企业等机构跨界合作。牢固树立"借助为主、自建为辅"的科学传播渠道建设理念，充分调动社会力量参与科普信息化建设。2014年9月，中国科协与百度公司签订《科普信息化建设战略合作框架协议》；为摸清公众科普需求，2015年3月，基于百度大数据，对网民科普需求搜索行为进行挖掘和分析，每季发布《中国网民科普需求搜索行为报告》；2015年7月，举行"科普中国＋百度"成果发布活动，成立科普中国百度科学院。2014年11月，中国科协与新华网签署《科普中国研发与传播基地共建协议》，开通"科技前沿大师谈"等频道（栏目）；2015年9月，为及时跟踪科普舆情，又开通"科普实时探针"。2015年4月，中国科协与腾讯公司签订《"互联网＋科普"战略合作框架协议》，合作开展微信科普辟谣工作。

（3）发挥专业学会和专家的科普优势。为充分发挥学会专家的学科优势，加强对制作和传播科普内容的科学性把关，中国科协组织全国专家为百度百科把关科技词条2万多条，日均浏览60万条。中国科协借助"互联网＋"，全面创新学会科普工作，比如：中国食品学会与电商平台1号店联合打造"食品安全在线消费科普平台"；中国药学会官方微博"药葫芦娃"的"药品安全网络知识竞赛"活动通过央视《新闻直播间》、央视新闻官方微博、《人民日报》《生命时报》等媒体传播，覆盖人群超过1亿人次。此外，中国科协开展了组建科学传播专家团队的工作。中国科协所属学会已经组建了300多个科学传播的专家团队，聚集院士、专家4000多人，其中特聘341位首席传播专家，他们将对相关学科领域进行科学传播，帮助公众解读科学问题，使谣言止于科学。

（4）全国联动，中央机构与地方协同推进科普信息化工作。北京、江苏、浙江等省级科协纷纷联合本地互联网和媒体机构，打造了"蝌蚪五线谱""江苏e科普""科学＋"等知名互联网科学传播品牌。江苏省引进PPP合作模式，与江苏凤凰出版传媒集团各投资2000万元，启动江苏科普云等系列项目和工程；上海市科协搭建全国首家STEM教育平台——上海STEM云中心；黑龙江省科协针对不同人群特点和需求，搭建打造独具特色的龙江科普"一网三平台"；重庆科协官方微信、微博和"重庆Q博士"科普微博的关注粉丝超过10万人，2年间发布科技、科普信息近5000条。

此外，中国科协还充分借助科研教育机构的信息化技术优势和团队，参与科普信息化建设。依托清华大学、北京航空航天大学、北京邮电大学、中国传媒大学等知名高校开展科普信息化建设工作，大力推动大数据、虚拟现实、云计算等现代信息技术在科普中的应用与普及。

第三节 "互联网＋科普"功能演变

一、"互联网＋"时代科普范式转变的动力

（一）科普传播研究范式

1. 科技传播研究的"普及范式"

科技传播研究的"普及范式"是在科学普及、公众理解科学、科学传播研究过程中逐步发展起来的。如前文所述，自 20 世纪下半叶以来，人们对科普的理解有了重要变化，开始强调科学家与公众进行平等对话与交流，在解释和倾听中获得公众的理解和支持；强调要促进公众理解科学的过程、方法及其对社会的影响，提高公众的科学判断力和辨别力，让公众能够参与科技发展与应用问题的讨论。这些变化，标志着科普历经传统科普、公众理解科学两个阶段而进入科学传播阶段。作为科学普及的一种新形态，科学传播是公众理解科学运动的一个扩展和继续，它将传统科普"居高临下的单向传播过程"变成了科学共同体、政府组织、媒体与公众之间的多向互动的交流过程。

但到目前为止，有关科学传播的内涵、外延以及"三阶段论"还存在不少争论，但科学普及、公众理解科学、科学传播三者虽然强调的重点各有不同，都可以统一到"普及范式"之下。因科学技术本身的发展以及科学技术与社会关系的复杂化，当代科学普及在普及内容上有了不断扩展，传播和普及方式有了不断进化，科学家与公众在其中的关系也得到新的调整，它要在促进公众掌握必要的科学技术知识的基础上，通过"普及"科学方法、精神、文化知识，增进公众的科学意识、理解、素养和文化，从而使公众能够参与科技发展与应用的讨论与决策，并通过一系列传播活动和交流对话，促进公众、媒体、政府

和科学从业者之间更有效地互动。与传统的科学普及相比较，这实际上是一种"高级科普"，可以概括到"普及范式"之下。

在科学技术渗透到人类生活各领域的背景下，广泛发展面向公众的科学传播，促进公众更好地理解现代科学，无论对科学技术本身的发展、对整个社会的发展，还是对公众生活质量的改善与提高，都是极其重要的。因而"普及范式"对科技传播研究来说，既是必要的，也是非常重要的。但"普及范式"的科学传播研究强调的是"科学观念"和"科学事实"，突出的是公众对科学的理解以及科学文化的社会传播。从社会发展的角度看，如果科技传播研究仅仅局限于这一个方面，应该说是远远不够的，我们需要另一个重要的研究范式——"创新范式"。

2. 科技传播研究的"创新范式"

科技传播研究的"创新范式"是正在发展中的一个研究范式，这样的研究范式之所以必要并且应该得到发展，与当代社会经济、科技发展特征密切相关。20世纪80年代之后，在科学技术及其广泛应用的推动之下，社会发展进入一个全面创新的时代，进入一个科技创新驱动和主导社会发展的阶段。在不断涌现的科技创新的推动之下，社会迈入一个依赖知识创新与应用的知识经济形态，知识的生产、扩散和应用成为知识经济时代经济增长的基础，由产业界、科学界和政府等组成的互动网络内的知识交流成为决定国家创新体系运行质量的关键。

很显然，在这样一种社会发展背景下，在广泛发展科学传播、提高全民科学素质、培育社会创新文化的同时，我们还需要关注"潜藏于"知识经济发展、国家创新体系运行背后的知识交流与科技传播问题，需要发展一种基于创新理论的科技传播研究。进入21世纪以来，国内学者开始关注科技传播与知识经济、国家创新体系的关系研究。他们认为，在国家创新体系中，科技知识信息的传播扩散具有一种重要的"联络机制"，促进科技知识在不同组织之间的交流与共享，是保障国家创新体系良好运行的内在要素和重要保障。为了促进各类科技机构和传播组织在功能分工的基础上实现有效联合，促进国家创新体系的良性运行，必须建立一种合作互动机制，组成国家科技传播体系。

从目前的情况看，科技传播研究的"创新范式"还是一种处于成长期的研究范式,其基本特点是从较为广义的角度理解科技传播,认为科技传播不仅包括科学传播,也包括技术传播,重视分析科技传播在科技创新活动中的作用;主张基于知识经济、科技创新的背景来理解科技传播的意义和价值,重视对科技传播与知识经济发展、与国家创新体系运行之间关系的探讨。这种研究范式关注社会经济发展的现实需要,从社会现实需要中发掘研究课题,提出了国家科技传播体系、国家科技传播体制、国家科技传播能力建设、国家科技传播政策等相关概念。总之,在社会的创新网络中发现科技传播存在的价值与意义,研究它运行的规律与机制,帮助人们设计更为有效的传播手段,规划更为完善的传播体系,是当代科技传播研究一大基本任务。

(二)科普范式转变的动力因素

1. 技术时代特征和科普范式转变

海德格尔在《世界图像的时代》中提出:近代五种基本现象(科学、机器技术、近代艺术、文化论、弃神)都传到了现代。现代的最基本现象是科学,而根本的现象是技术,技术是近现代属性的根源所在,因而海德格尔把近当代称为"技术时代"。在技术时代,科学的一个明显特征是逐渐远离公众的视野,且难以理解。20 世纪以后,科学高度分化并成为社会建制,科学研究形成了独立的运行机制。一些前沿学科的研究已超越了社会的现实需求,科学和公众间产生了越来越大的距离。与科学远离大众的状况不同,技术愈加贴近人们的生活,技术产品的泛滥导致了技术依赖,离开技术社会将无法正常运行。

在科学技术继续迅猛发展的同时,科技负面效应日渐明显。一个多世纪以来,与科技相伴生的环境污染、生态危机、能源危机愈演愈烈,造成了人类物质资料生产条件和生活环境的恶化,已经严重阻碍了物质文明的进一步发展。在精神文化层面,现代技术使包括人在内的一切事物都失去了自身的独立性、自身的价值和意义,工具理性和工具价值成了人的精神中重要的组成部分。技术文化在全球范围的蔓延,导致了文化多样性的逐渐丧失。同时,高科技带来了许多道德伦理问题。在此背景下,科普事业的使命开始发生变化。

(1)让不同学科的人了解更多学科的一般性或专业性知识,让公众对科学知识有经常性的了解。现代科学学科的高度专业化,使大部分人终其一生都局限在少数的学科领域内，这种情况不利于科学的长远发展。科学技术发展的系统化、综合性趋势，要求人们了解其他更多学科的一般性知识。同时，由于现代科技、生产、社会结构的变化周期越来越短，知识的更新越来越快，单是学校教育已无法适应人们的需要，于是，通过科普使公众对科学知识保持了解、保持终身学习就具有十分重要的作用。

（2）引导公众正确认识和评价科学技术。科学技术作为"一种在历史上起推动作用的革命的力量"，促进了人类社会的进步，提高了人们的生活质量，但并非是解决一切问题的万能钥匙，科学技术所带来的全球性生态危机已经严重威胁着人类的生存和发展，技术异化导致了人类精神文明的危机。公众不能盲目夸大科技的积极作用，走入科学主义和技术崇拜，但也不能夸大科技的负面影响，无视科学技术对人类的利益和价值，陷入反科学思潮的误区。应当认识到科学技术作为人类的一种社会实践活动，是在社会限定的条件下进行的，问题的解决需要科技的继续发展，还需要社会的实践和改革。

（3）致力于研究科学技术和公众间的关系，寻求解决两者之间危机的方法。在技术时代，技术使人变"傻"的同时，也使人变闲、变懒了，技术使人可以远离科学。"科学在很大程度上高高在上地脱离了群众的觉悟，其结果对双方都极为不利。"对此，西方学界采用社会学定量调查、文化模式研究、科技应用场域研究和公众争论研究等方法，提出了一些颇有成效的见解。如科学共同体要建立与公众间平等的对话和交流，让公众理解科学，抵制非科学思潮的蔓延，提升科学在公众中的信任度；要让公众参与科技成果的应用，尤其是重大的科技成果；关系全人类的共同利益，更需要公众的了解、参与和监督；要重视公众的"地方性知识"的作用，要认识到科学及其机构自身的问题等。

2. 中国化的公众理解科学之路

公众理解科学必须与一定的社会形态相适应，在迁移中国的过程中也不例外。这主要是公众理解科学必然受到经济形态、政治体制、文化传统特别是国民素质等多种因素的影响，这是一个相当复杂的、不确定的内生变量相互作用的过程。因此，我们只有与中国国情相结合，才能走上切合现实的公众理解科学之路。

（1）市场经济形态提供了公众理解科学的利益机制。中国确立市场经济体制后，社会生活的内容与形式发生了根本性的变化。人们按照市场经济的规则追求个人利益的最大化成为社会最普遍的现象。由于当代经济发展与科学密不可分的关系促使人们向往与追求科学技术，这就产生了公众理解科学的利益机制，所以市场经济下的公众理解科学本质上是一个追求利益实现的过程。任何公众都可以根据自己的利益需要，充分获知、制作、传播与选择科学信息，执行、实施、完成相关的利益选择。在现代社会，由于不同人群或者个体因为掌握科学知识的差异而导致利益分配的差别的现象越来越突出，这必然产生了推动公众理解科学的利益机制。也使公众接受科学的策略成为社会共识性的利益选择。同时，政府为了推动经济社会的发展，也需要向公众最大限度地传播普及科学技术。这就在推进公众理解科学活动中出现了国家与个人利益关系的一致性。

（2）中国特色的民主政治为公众理解科学提供了强有力的政策动员机制。毫无疑问，中国特色的民主政治为公众理解科学提供了独特的政策动员机制，这就使公众理解科学能够在该机制下不断扩展生存的条件与空间。在封建社会长达两千多年的中国，在科学思想、科学精神的土壤十分薄弱的中国，在唯书、唯上的思想仍然影响到社会方方面面的中国，要推进公众理解科学，只有将其纳入整体性的政策动员机制中，才能在比较短的历史时期内见到较大的成效。2002年，颁布的世界第一部《中华人民共和国科学技术普及法》，充分体现了国家对科普工作的高度重视，标志着科普事业进入法制化发展阶段。2005年，国务院颁布实施了《全科学素质行动计划纲要》；同时，国家科技部会同有关部门研究制定了实施《中华人民共和国科学技术普及法》和《全民科学素质行动计划纲要》的有关配套政策。以上这些符合中国国情的政策动员机制为公众理解科学的生存与发展提供了强大的推动力。

（3）中国文化建设对公众理解科学的推动机制。应该清醒地认识到，中国没有像西方那样具有产生近代科学的文化基础，中国传统文化的主流反映了封建制度下的一种文明，基本上属于社会科学的范畴，而且这种文化发展到了登峰造极的程度。在这样的文化基础上，我们要继承和发扬中国文化兼容并蓄、海纳百川的优良传统，把体现人类公共价值观的科学技术吸收到中国文化中来，使科学技术在中国迅速找到属于自己的文化位置。在这个过程中，我们要总结中国近、现代科技发展中的经验教训，不能只是靠购买先进设备和学习科学知识推进科技进步，更重要的是，要营造有益于迸发科技创新智慧的文化环境和条件，即在中国先进文化的建设中，要更多地注入科学的精神和科学的思想方法，这应当是在中国推进公众理解科学最为重要的文化内容。

（三）科普范式转变的社会价值

公众理解科学和公众参与科学是一项具有划时代意义的世界性课题，对我国正在推进的以提高全民科学素质为宗旨的科普事业有着十分重要的意义。在当代中国，与英国十分相似的是科学已经深入社会生活的各个方面，与此对应的是在现实社会生活中每一项选择与决策中，无不包括公众对科学是否给予正确的理解与实践。因此，公众理解科学在经济、政治与文化方面都产生了并将继续产生着相当深刻的影响。

（1）从经济上看，公众理解科学实际上是技术经济的基础命题。从某种意义来看，从英国发端而后波及西方世界的工业革命之展开过程，就是公众理解并使用科学技术的过程。如果没有公众理解和参与科学，工业革命及其影响下的现代文明的产生与发展是不可想象的。因此，这一过程决不应该理解为只是科学家、科学团体参与的过程，而应该是广大民众理解与使用科学技术而推动社会发展的过程。所以，近代科学产生以后，其真正的意义不仅是对客观世界认识上的提升，也是把科学转化为技术，并且为大众掌握理解的过程。这一点对中国以及其他一些发展中国家具有重要的启示意义。

（2）从政治上看，公众理解科学具有推动民主政治的积极作用。民主化进程推进实际上与民众对科学技术掌握的程度深浅紧密相连，因为在事关社会发展的诸多决策之中，很少或者几乎没有不涉及科学技术的。在这个意义上，公众全面理解科学的内涵，就是公众在公共决策上拥有表达权、参与权、监督权等民主权利。由此看来，公众理解科学是推进民主政治的一种社会运动，当更多的人能够掌握科学知识并参与到国家事务或社会决策中去的时候，科学所具有的民主价值就十分丰富并且具体地展现出来了。所以，英国公众理解科学提出了一个十分重大的民主政治问题，这或许就是公众理解科学的核心价值所在。

（3）从文化上看，公众理解科学扩展并深化了文化的大众根基。对于任何一种文化而言，科学都是其中重要的血脉。而任何一种文化，都必须走向民众，才能产生不竭的生命力。从文化的角度思考公众理解科学，不仅开阔了科学作为文化的大众视野，也丰富了当代文化的科学内涵。可以说，英国提出的公众理解科学是具有里程碑意义的文化事件。

总的来说，无论在英国还是在中国，科学都已经深入社会经济、政治、文化各个层面；公众理解科学不仅能促进经济的快速发展、推动民主政治的进程，而且还能把文化提升到一个新的水平。在这个意义上，公众理解科学其实是促进社会全面进步的一场社会学意义上的创新与改革。

二、科学与公众关系模型分析

培根曾言"知识就是力量"，同时又认为这种力量取决于知识本身被传播的广度和深度。毕竟，公众对科学的认识和理解程度，间接决定了科学技术的发展方向和水平。因此，将传播的理论引入对科学概念的理解，对科学传播概念、传播要素与传播过程进行系统研究，成为我们理解和研究科学传播发展的出发点。

（一）科普与传播的关系演变

1. 将"传播"引入"科学"

"科学传播"作为一个舶来词汇，最早始于17世纪的欧洲。贝尔纳（Bernal）在1939年出版的《科学的社会功能》一书中首次提到"科学传播"并对其进行了相应阐释。贝尔纳指出："科学交流的全盘问题，不仅包括科学家之间的交流问题，还包括向公众交流的问题。"这一观点开始打破人们脑海中科学传播的职业化特性，揭开了科学传播本身就具有的社会化特点。同时，"交流"一词也预示着科学传播并非单向，而同样是一种互动过程。但在实践中，最早的科学传播活动主要是以"传统科普"的形式存在，随后经历了"公众理解科学"阶段并逐渐过渡到"科学传播"形态。因此，对科学传播概念的理解主要从两个方面入手：①引用传播学理念来定义科学传播，根据受众划分传播的层次，即科学共同体内部的传播活动和面向公众的传播（又称"科普"）；②从科学传播自身发展阶段特征上定义，即不同于早期"传统科普"和"公众理解科学"的传播活动。

我们目前所讨论的狭义科学传播更多的是指科学传播层次上的后者，即以公众为主的，通过传播媒介，实现科学与公众的对话交流，并在互动过程中使科学发展更体现公众意识要求的科学传播。但这种科普不同于早期的传统科普，这就要求以发展阶段的特点来定义科学传播，以便将科学传播区别于普通的科普活动。如张晶和尹兆鹏在《科学传播的历史考察：将"传播"引入到"科学"的历程》中指出的，我们所倡导的"科学传播"不仅仅是在传统科普中引进和运用新的传媒工具，而应该首先看成是把"传播"的理念引入对"科学"的理解之中，从"传播"的角度来理解科学、对待科学。用"多元、平等、开放、互动"的"传播"观念来理解科学、对待科学，就是我们倡导的"科学传播"。

2. 大众媒介影响下科学传播的"三个阶段"

从本质上看，科学传播的意义在于实现科学的社会化，因此将"传播"引入科学，是实现科学传播社会化进程的必然要求。但在科学传播活动早期，媒介作用并未得到重视，从"传统科普""公众理解科学"和"科学传播"三个阶段的变化中可以看出，大众媒介通过不断影响科学传播参与者而渗入传播系统，并最终融入"科学—公众"的传播关系中。

（1）传统科普时代：大众媒介被赋予的"小角色"。在早期的传统科普阶段，大众媒介被认为是让科学知识与公众相遇的有利载体，但这种观点并未完全得到科学家的认同。19世纪中期，在国家和政府的推动下，大规模的科学传播活动开始出现，而此时的科学传播主要体现科学与公众两者间的关系，媒体被视为单纯的传播介质，并不会对这种关系造成影响。田松认为，传统科普是建立在科学主义的意识形态背景之上的，这就决定了传统科普是一种自上而下的传播，科学与公众之间的互动关系呈现单向性，"教育导向"成为这一时期传播的主要策略。然而，由于传统科普下传播方式并没有消解科学与公众之间的隔阂，反而进一步塑造了科学的权威性，导致所传播内容与公众实际需求出现偏差。同时，这种与公众的疏离感，阻碍了科学传播的进一步发展，并使"传统科普"形式下的科学在社会发展进程中遭遇被公众边缘化的危险。这些困扰促使人们开始反思以"传统科普"为主的形式继续存在的合理性，由此催生了"公众理解科学"。

（2）公民理解科学阶段："科学—媒介—公众"关系的确立。1985年，英国皇家学会发表了一份名为《公众理解科学》的重要报告，标志着"传统科普"阶段向"公众理解科学"阶段的转变。事实上，真正引发此次转变的是科学家需要公众对其从事的研究有更多的理解和认同，从而获得社会支持与资金帮助。刘华杰指出："英国的《公众理解科学》报告与其说是为了应对潜在的认知危机，不如说是为了应对已有所显现的科技活动所引发的社会危机。"

与"传统科普"不同，"公众理解科学"开始注意到大众媒介对此种变化的潜在作用。对于科学家而言，一是科学传播内容显现出社会化的倾向；二是开始重视媒介对科学知识进行二次解读的作用。同时，公众也在大众媒介的影响下开始主动接触科学，并间接表达对传播内容的态度。由此，科学传播的参与者意识到，科学传播的社会化不仅在于让更多的人接触到科学，更在于让接触到的人理解科学，这才是科学传播的真正价值。大众媒介这种作为传播中介的影响性，使科学传播中各要素关系被正式确立为"科学—媒介—公众"。

（3）"科学传播"阶段：科学传播的媒体化转向。在经历了广义化、系统化和全面化的过程后，科学传播开始从"公众理解科学"阶段迈入"科学传播"阶段。这一新阶段被认为是各行为主体（科学家、政府、媒体、公众）对科学内容及其所具有的精神文化与社会价值的交流探讨，从而形成多向互动的一个复杂过程。为实现这一互动交流，就需要创立更为开放的交流空间，这就促使"科学传播"有了更多的媒体化倾向。在媒介发展特别是互联网的刺激下，大众媒介的传播作用得到了进一步的扩展和延伸，它一方面促使公众对科学传播提出了更多要求，另一方面使科学传播本身为了适应媒介环境变化而对传播方式进行调整。

由于大众媒介的变化和发展，使受众对信息的要求更多的体现为求质不求量，此种观点同样适用于科学传播。随着主体意识的觉醒，公众对科学研究存在的伦理问题和对社会方面影响的质疑日益加剧。相关报告指出："尽管人们对科学有兴趣，但公众对科学的信任在降低。"这就迫使科学放低姿态，努力建立一种基于媒介融合的新的交流和互动方式，以获得公众的认可与支持。因此，"科学传播"阶段的发展必须改变对媒体单纯"中介"身份的看法，从而明确媒体在现阶段对科学传播的影响机制及其程度。而这种作为传播中介的影响性，使科学传播中各要素关系被正式确立为"科学—媒介—公众"。

（二）科学传播机制的变迁与反思

当我们将科学传播发展与大众媒介密切联系时，必然要对媒介环境影响下传播内容、模式等要素变化进行研究和反思。而"如何传播"总是要在"传播什么"的背景下进行的，这就需要首先明确科学传播以怎样的内容为基础来开始这项传播活动。

1."传播什么"：将科学传播内容社会化

一般情况下，人们将科学传播的内容理解为传播科学知识、科学事实、科学数据、科学技术，因此早期传播活动注重对公众进行科技信息普及。但第二次世界大战以后，科学那种"与生俱来"的权威性受到公众质疑。当科学的负面效应开始显现时，便注定它再不能同往常一样，在政府与科学家间早已达成的协议下悄悄进行。相反，如今的科学需要更多地征询公众意见，并努力获取他们的理解与认同。

当科学与公众相遇，不论在何种场合产生这样的关联，都将使科学传播内容逐渐具有社会化特点。因此，当下科学传播内容不再单纯以科学知识、数据和技术手段为主，而是注重科学精神、科学思想、科学方法等文化价值方面的信息。如今，科学传播参与者希望公众在认识科学的正面价值时，同样能辨别出其可能带来的破坏力量。正如科学知识社会学所认为的，这种公众对科学传播内容的影响，归根结底是社会文化要素不可避免地对科学知识建构过程的渗透。科学对社会的从属性，决定了科学家在建构科学知识时必须以社会文化背景为基础，而公众并非是科学知识的被动接受者，他们应该在具体情境中积极参与科学知识以及科学权威的建构。

2."如何传播"：对现有传播模式的分析与反思

在前人研究基础上，我们可以将科学传播过程简单描述为：早期科学传播是科学家通过媒介将信息传播给没有知识的公众，这是一种单向的传播过程，被称为缺失模式；而大众媒介使科学传播以更多互动方式来调动公众参与其中，以增进彼此的认识和了解，这种双向传播方式即大多数研究者所推崇的对话模式。在实践中，正如大多数人所理解的，双向交流的模式正在逐渐取代单向传播，但我们仍需在科学传播这种特定环境下，对大众媒介的传播模式进行归纳、分析,以验证这种"替代"如何发生以及效果如何。

(1)缺失模式。缺失模式又称权威解说模式,主要是基于科学家与公众之间被一条"知识鸿沟"阻隔而提出,这是早期科学传播兴起的动力来源,传统科普目的就在于对这条"知识鸿沟"的填补。20世纪60年代初,英国科学家查尔斯·珀西·斯诺(Charles Percy Snow)在其所著的《两种文化与科学变革》中提出,科学与人文间的联系被一条"缺乏理解的鸿沟"所中断,即科学所具有的高层社会地位逐渐确立,而公众却被置于社会底层,这样一种分隔导致公众无法对科学充分理解。因此,斯诺的理论成为对"缺失模式"的最早阐释。在这种模式指导下,科学家与公众间的"教授"关系确立。

缺失模式的传播结构可以描述为:科学通过科学家借助一定的媒介形式传播给受众。但科学家和公众的位置差异使科学在传播上存在等级化,科学家对公众是否理解接受科学并不在意。由此,自上而下的单向传播方式成为缺失模式的核心特点,也是传统科普阶段主要运用的传播方式。在该模式的指导下,科学普及促使公众科学素养得到提升,使公众对科学的态度变得愈发主动(图2.2)。

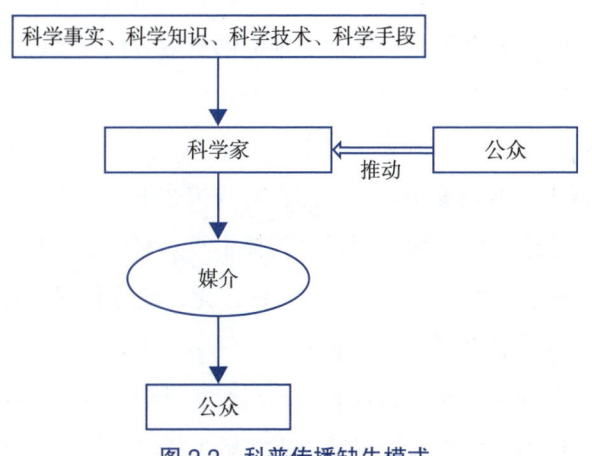

图 2.2 科普传播缺失模式

(2)对话模式。随着时代发展,缺失模式便不再能合理满足科学传播的需要了,于是"公众理解科学"的科学家开始放低姿态与公众接触,并通过媒体尝试了解公众对科学的诉求。在这样的环境下,一种旨在为传播加入交流色彩

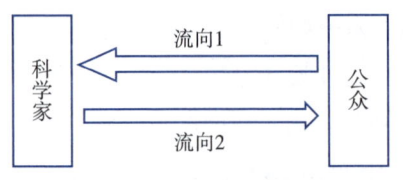

图 2.3　科普传播对话模式

的对话模式开始出现在公众视野。有学者认为这是对缺失模式的完善和替代，因为它意味着科学传播的开放性和自反性，而大众媒介也被认为这样一种对话形式提供了方便的交流渠道（图 2.3）。

根据对话模式的传播特点，可以看出等级化现象逐渐消失，科学家与公众之间保持一种对话交流的关系。对话模式强调科学在科学家和公众之间的不断交流，有时是为了让科学家明白该如何更为有效地传播科学，有时是为了帮助公众就具体科学问题或科技应用进行咨询。这一模式所表现出的传播上的双向特点，为科普过程中可能存在的争议性问题开辟了解决之道，也促使科学家与公众不在专注于传播内容之类的实践性活动，而是更加关注科学传播的影响即"为何传播"。

目前，对话模式被多数人认为是科学传播发展的"万能模式"，这主要是基于人们将这种双向传播模式理解为"对称传播"。但实际上，科学家与公众在科学传播过程中的地位并未实现真正的平等。公众并没有真正参与到科学的活动中来，而只是对科学的结果有咨询和质疑的机会。对话模式在科学家看来，是借助媒体收集公众信息进而劝服他们的有效方法。当然，科学素养是制约公众参与性的首要因素，这仍然需要科普来解决。

（3）参与模式。当人们开始关注如何让公众真正参与到科学传播中来时，也就意味对话模式并不完美和可靠。而在参与模式下，对于科学的探讨不再局限于"科学家—公众"的层面，即科学传播不再是科学取得成果后所进行的信息交流活动。"参与"将科学传播的过程延伸化，使除科学工作者以外的群体能够加入科学产生的整个过程中(图 2.4)。科学不再是由科学家设定和制定议题，其他群体对此同样有参与的权利，这对避免社会发展受科学研究的负面影响起到了把关的作用。就此，德国学者布莱恩·特伦齐认为："参与，即科学交流发生于各种不同的群体之间，理由是所有人都能有所贡献，所有人都与协商和讨论的结果息息相关。"

根据参与模式的特点，新媒体的出现为科学家与公众的相遇空间创造了多种可能，可以使不同群体间对科学的交流发生在同一个场合。交流的模式逐渐

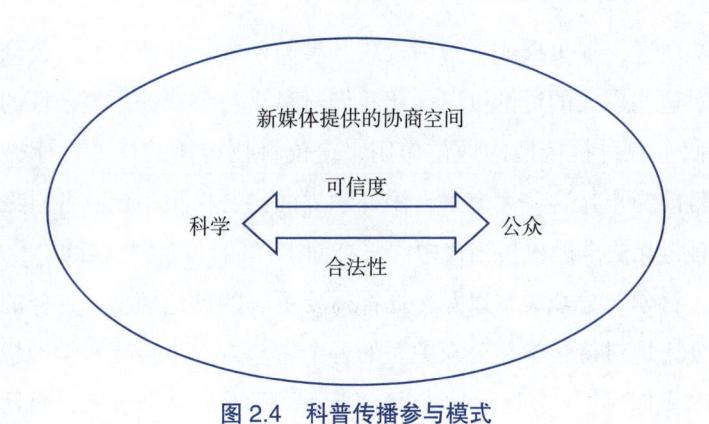

```
        新媒体提供的协商空间
              可信度
    科学  ←――――――→  公众
              合法性
```

图 2.4　科普传播参与模式

扩大到除科学家与公众以外的范围。该模式让科学的生产和传播更具有了民主化的色彩，公众参与科学议题的探讨和设定，是对科学传播本身等级化的修订。如果说对话模式关注的是如何将科学应用于生活，那么参与模式则更加侧重于科学在怎样影响人们的生活，而后者也许是我们不断发展和完善科学传播模式以促进科学传播的最终目的。

参与模式对"对话"的重新定义，使科学传播发展更加与时俱进。但是，这种模式所倡导的参与是一个相对的概念，公众能够参加到科学产生的全部过程必须基于一定的知识基础和媒介手段，这个前提是公众能够更好地为科学发展做贡献而不是盲目添乱。因此，对公众的科普和科学信息的有效传播就显得尤为重要。从这点上看，"模式替代说"并不如一些人之前所预想的那样在实践过程中真正发生。

（三）科普整合模式及多重任务

自 20 世纪下半叶以来，不断增长的国家、社会和公众需求，以及诸多社会组织和群体等多元主体的积极参与，使科普实践变得异常活跃，表现为科普传播形态的多样化以及传播任务的多元化，既有集中于向公众普及科学知识的努力，也有试图影响公众科学态度的实践；既有集中于向公众解释科学的影响和作用的试验，也有尝试吸引公众参与对话讨论的实践等。这些不同的实践形态受到不同需求的影响，也与不同的任务目标相关联，并构成当代科普事业的重要特征。

如上文所述，缺失模式、对话模式、参与模式等涉及科学与公众关系的不同方面，对这些模式的讨论可以深化我们对科学与公众关系复杂性的理解，也可以给我们审视科技传播的地位作用、定位科技传播的任务目标提供重要启示。但到目前为止，这些大多来自国外学界的科普模型不仅有各自无法解决的问题，而且也无法准确概括当代中国复杂而多样的科普传播实践。

无疑，科学与公众关系以及传播都需要更好的理论模型，这样的模型不仅能够更为公正地对待科学与公众关系的各个参与方，不会让科学理想化而使公众成为"魔鬼"，也不会让科学成为"魔鬼"而把公众理想化，而且还能够拥有更好的概括力和解释力，能概括现有的各种科普传播实践类型，并有效整合现有模型中有价值的要素。基于这些诉求，可以为科普传播建立如图2.5所示的整合模式。

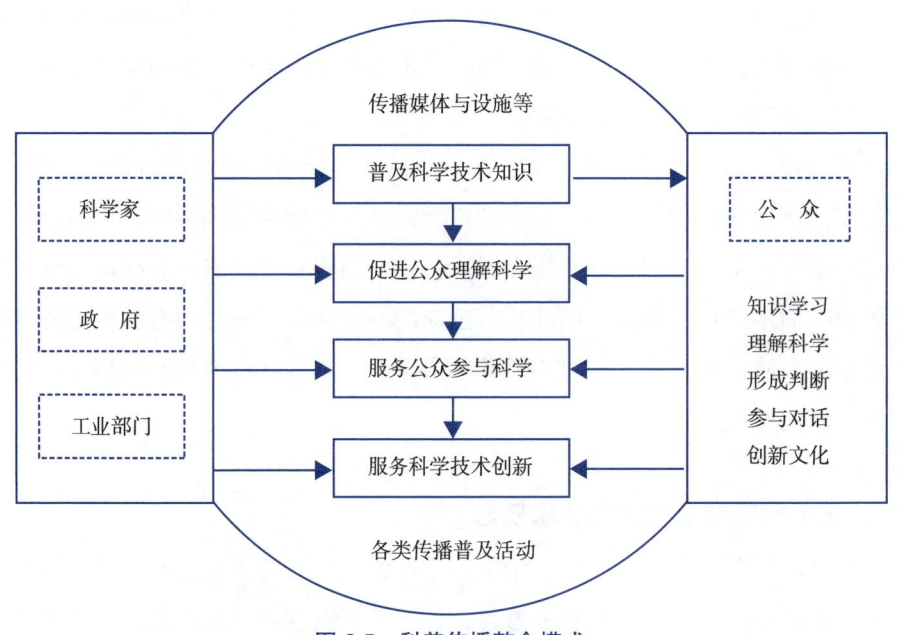

图 2.5　科普传播整合模式

在科技无处不在的当代社会，一方面，科学领域民主机制的健康运行依赖高素质的公众。整合模式承认公众在科技方面处于知识缺失状态，认为科普传播需要向公众普及科技知识。在当代，公众对科技的依赖性不断增加，知识缺失不仅成为一种客观状态，而且这一问题还会变得更加严重。承认公众知识缺失是理解并解决科学与公众关系问题的一个基本点，也是讨论科普传播价值功能的一个基本前提。虽然不能期望公众能像科学家那样拥有丰富的专业知识，但有必要让公众了解基本的科技知识和方法，并能够拥有解决实际问题和参与公共事务的一定能力。因此，科普传播则要在提升公众知识水平、科学素质以及对科学的理解，在帮助公众获取信息、做出判断、形成意见等方面提供服务。另一方面，建立科学与公众的平等关系是解决信任问题的基础，公众参与是解决信任问题的手段。有了这样的平等关系，公众对科学的信任关系才有可能建立起来。建立平等关系、发展科学对话需要科学共同体、政府和工业机构充分尊重公众在科学技术事务上的知情权、话语权和参与权，需要社会建立更加开放、透明的民主决策机制，充分吸收公众的知识、意见和建议，并为公众切实参与科学对话创造条件、提供保障。

随着科学技术越来越强势地介入社会和公众生活，科学技术应用也带来了更多的不确定性和风险，这是造成当代公众对科学技术充满疑虑的基本原因。政府、企业界、科学共同体在某些科学事务上的草率行事，又进一步加剧了公众对科学的不信任。从社会长远发展角度看，给予公众更多的现代科技知识，增加公众对科学的理解，提高公众的科学素质，保障公众对科学事务的充分参与，即便不是解决问题的充分条件，至少也是一个必要的前提。整合模式包含着对科学与公众之间基本关系和科普传播任务目标的基本理解，可以作为分析当代科学与公众关系的有用工具，也可用于指导、规划、设计科普传播的实践活动。

三、"公众参与科学"模式的构建与检验——以果壳网为例

科普类网站为互联网、科学家和公众提供了"协商空间"的具体场所，是科学传播在发展上的一种新举措。诞生于2010年11月的果壳网，是由民间资本设立的一个科普类社区网站。网站创立者嵇晓华博士将其诠释为"一个科学爱好者的网络交流社区"，其创立的目的在于对公众进行知识传播并帮助他们提高知识获取率。网站参与者多是某一领域的学生或研究者，对所从事领域的知识擅长并爱好科技写作。本着让"科技有意思"的理念，果壳网及其创立者们开始尝试拉近公众与科学的距离，试图弥补传统科普过程中的种种不足，而这成为我国互联网时代科学传播进入"公民理解科学"阶段，甚至是在某些方

面迈向新科学传播阶段所做出的一种尝试。针对科学传播的创新尝试必然夹杂着新问题的出现，对果壳网的分析探讨，有助于反思我国科学传播的发展现状，并帮助我们找到适合我国科学传播发展的新路径。

（一）果壳网传播内容转变

作为网络科普社区，果壳网的主要特点表现在其设立的 15 个主题站上。那些名为谣言粉碎机、环球科技观光团、死理性派、健康朝九晚五、谋杀—现场—法医、文艺科学等的小组名称，带着一种对科学的玩味，使科学信息在这些社区中不再显得艰涩难懂，而其中很多对科学问题的探讨也多是来自生活中人们存在的困惑。

1. 从象牙塔到社会化的转变

中国互联网信息中心（CNNIC）根据网络科普用户所关注的知识类型，对其动机做出区分，并划分出四类人群。其中，46.4% 的网络科普用户属于生活需求群，他们的动机在于提高生活质量、健康水平和认知能力，因而生活常识和医学知识是最受网民欢迎的科普知识类型。作为科学的消费者，公众有需要时才去主动寻找科学，这就意味着科学传播的内容必须具有易接触、易理解、与生活契合度高等当代特点。

（1）易接触度。CNNIC 第 39 次调查报告，截至 2016 年 12 月，互联网普及率为 53.2%，我国网民规模达 7.31 亿人，全年共计新增网民 4299 万人。手机网民规模达 6.95 亿人，较 2015 年年底增加 7550 万人。与之相比，手机网络各项指标增长速度全面超越传统网络，使用手机上网人群占比由 2015 年的 90.1% 提升至 95.1%，手机在微博用户及电子商务应用方面也出现较快增长。网络用户增长意味着更多公众可以随时随地接触网络，其中微博、微信等自媒体的使用可以让信息传播更加广泛。中国科普研究所发布的《科普蓝皮书：国家科普能力发展报告（2006—2016）》，截至 2016 年 6 月，果壳网微博粉丝已经达 552 万人，科学松鼠会微博粉丝为 191 万人，相比之下"科普中国"的微博粉丝仅为 102 万人。果壳网开设微博、微信公共号就是力图凭借其效力对网站的内容进行推广和导读。一些最新的内容摘要都会以微博的形式发布并附原文链接，只要用户关注果壳网新浪微博，就会在第一时间接触到这些信息。因此，对科学信息的获取不再因为一些技术手段的不足受到阻碍，如今这种"接触"的关键在于公众是否有意愿获取信息和对果壳网信息的认同度。

（2）易理解性。果壳网最早的一篇文章是2010年5月1日由创意科技编辑萧四无发布于科技评论小组的《技术宅也有浪漫：满是记忆的婚戒》，主要是对这种科技性小创意的介绍。"科技论坛"是果壳网拥有的15个主题站之一，主要介绍具有创意的科学内容和解读抽象的科学理论知识。因此，在内容设置上，果壳网早期的内容仍保留着对纯科学理论的重视。2010年10月后网站的内容开始不再局限于科技理论和新科技的报道，而是增加了更多具有生活化元素的科学信息。果壳网最先开始选择与人们健康相关的内容进行发布，之后一些更具生活气息的主题站和信息开始陆续出现，且内容的趣味性逐渐增强，如"谋杀—现场—法医""心事鉴定小组""性情"等主题站的设立。同时，在标题撰写上尝试运用极具生活化的词语，很少出现科学专业名词，显得生动活泼。在内容组织上，大部分文章采用以事件为开端对其中涉及的科学问题进行分析和解释。此外，以特定事件入手对公众进行科学传播，成为果壳网在内容上的一大特色。事实上，事件科普是对科学抽象性的最好弱化，它增强了科学本身的故事性，降低了公众在理解科学上所需要拥有的知识基础。这一方式成为"公众理解科学"阶段促进公众了解科学的一种有效形式，值得其他科普网站借鉴。

（3）与生活的契合度。从设立的15个主题站名称和传播宗旨上看，果壳网上的主题站涉及了科学的多个层面，包括科学技术、自然、人体、思维、心理以及与艺术、商业、学习等领域，以此来扩大与公众生活的契合度。另一方面，这种社会化进程也表现为对科学传播的议程设置。一般来说，科学传播的动因主要基于两方面：①对新科技（事件）的报道；②就人们对某个事件产生的与科学有关的问题予以分析阐释。果壳网对新科技（事件）的报道主要由"科技评论"和"环球科技观光团"来完成，剩下的13个主题站主要针对人们所存困惑进行分析和解读，这些困惑和问题的获取多来自其设立的"果壳问答"这一环节。而问答形式的确立，意味着公众可以根据自身需要来确定科学传播的内容。

果壳网本身的网络社区性质，决定了大部分内容的生成主要通过与用户对话交流来实现，这一做法能够帮助其在传播内容上实现与公众的心理诉求一致。显然，在公民理解科学阶段，这是帮助传播者深入了解公众需求的一个有效形式，使之在内容的选取和设置上，摆脱以往传播内容与公众生活相关性不高的缺陷，并显著提升了科学被受众接受和喜爱的程度，最终促进科学传播社会价值的实现。

2. 传播内容的可信度

在吸引科学爱好者的同时，果壳网如何确保发布内容的科学性？这应该是当前最值得关注的问题。事实上，果壳网的传播主体并非专业科研工作者，更多的是科学爱好者和普通公众。同时，科普社区的内容多来自讨论，即用户自行生产科学内容，这就导致参与科学探讨的门槛降低。任何人都可以基于已有的社会经验和知识对其他用户的问题予以解答，且这些解答的合理性无法得到验证。

在科学共同体内部，科学内容的产生首先来自科学家对问题的发现和研究，其次通过与同行的探讨来判断研究内容的合理性和存在问题，当一些科学内容涉及与社会存在复杂关系时，还需要通过和政府、社会组织以及公众的协商来决定研究是否继续。这一过程是科学严谨性的重要体现，但果壳网在科学传播的过程中似乎并不能体现这一过程的完整性。朱效民在《试论科学家科普角色的转变及其评估》中针对科学知识的传播建立了一个模型（图2.6）。其中，"科学知识生产者"和"科学知识接受者"存在内部交流，这一内部活动可以看作"同行评议"在科学信息产生前对其科学性的把关。果壳网在科学传播过程正是缺乏了这部分环节，从而影响了传播内容的质量。

科学知识生产者 ←→ 信息1 ←→ 科学知识传播者 ←→ 信息2 ←→ 科学知识接受者

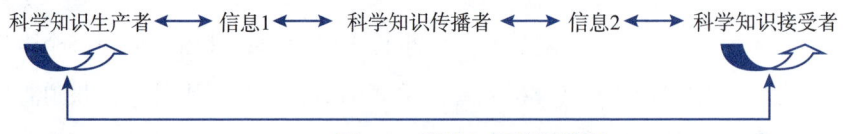

图 2.6　科学知识传播模型

果壳网虽然设立了不同内容的主题站，方便用户对相关问题的讨论，但这种互动交流缺乏必要的指导工作，导致问题的讨论有时会偏离主线，或由于缺乏权威人士的解答而使讨论无果而终。据统计，目前经果壳网认证的果壳达人有 1106 个，他们与普通用户相比在科学问题上有更多的认识和分析能力。但面对以科技、娱乐、生活、人文、学习、官方小组这 7 个类别下的共计 190 个小组每天所产生的大量问题，果壳达人们不太可能全部参与讨论和引导，就容易导致上述问题的出现。

有学者提出，对果壳网内容的考察应该分情况而定，那些小组帖子、问答、果壳达人日志等代表用户个人意见的内容，因为具有社区属性而不应放入对其传播内容的考虑上。但果壳网本身就是一个社区类的科普网站，如果将这些内容排除在分析之外，就失去了其特有的互动性以及对新"科学传播"的尝试价值。因此，果壳网在科学传播上的流行，在于它给了公众参与科学讨论的空间，但在对传播知识、增进与公众的相互理解和娱乐性之间的平衡却显乏力。一些问题的讨论开始在科学的背景下，转而成为一场无意义的娱乐和狂欢，有的甚至开始脱离科学本身。

（二）果壳网传播机制特征

1. 青年小众的"果壳"

受众的分化形成了许许多多受传者群落的"碎片"，传播有效的一个基本前提，就是必须开始特别重视每一细分的个性化族群的特征，以及每一位单一消费者的个性和心理需求。受众知识层次的差异，也决定了科学传播必须实施分众传播。果壳网在创立之初受众定位就非常明确，它立志成为青年人群间科学传播的网站。原因在于青年人群中绝大部分都受过良好的教育，拥有一定的知识基础，或多或少对科学存有一分好奇。因此，这部分人群具有了参与科学传播的前提条件——科学素养。基于这一基础，一方面果壳网在科学传播上大胆采用了社区的形式，以各种主题划分区域，尝试建立新"科学传播"阶段所需的协商空间。另一方面，果壳网以分享科学替代传统科普理念来激发青年人对科学的热情，所采用的也是"时尚""有趣"等一些符合青年心理特质的表现形式，因而被青年群体广为认可。

鉴于果壳网只是民间资本创立的科普网站，缺乏科学权威人士加入，而果壳达人也多是拥有某一领域学科背景的人士，这使得在对科学问题的分析探讨上存在一定局限。由于缺乏科学家和权威人士的引导，讨论变得异常混乱，甚至出现低俗化的倾向。这些都会影响其潜在用户接触意愿和现有受众的忠诚度。当用户逐渐发现其对科学问题的探讨仅限于有趣、时尚而不能真正解决困惑时,其传播的范围变化就会随之缩小,最终演变为一小部分人间的科普活动。基于以上分析,果壳网这种通过建立社区,促进传播主体和受众进行交流互动的做法,并没有真正成为新"科学传播"阶段所期待的"协商空间"。应该说,它更具有"公众理解"科学阶段对话场所的特点。因此,重新审视果壳网在科学传播上采用的传播模式,有助于更全面地认识这一问题。

2. 果壳网受众参与模型的进步与局限

目前,果壳网在传播上主要采用线上、线下两种方式结合的方法。线上主要依托网络传播科学信息,线下则以开展各种以科学为主题活动让科学走近公众。这种形式可以说主要是借鉴了豆瓣网的用户参与模式,即用户可以参与社区中任何话题板块的讨论,也可以根据"同城活动"选择适合自己的线下活动。此种方法,可以最大限度地满足用户的参与度,也是果壳网在互联网时代开展的一种借鉴与尝试。事实上,这种信息传播与组织实践的方式确实能够帮助公众认识科学,对科学产生兴趣。通过虚拟与现实结合来扩展对话空间,成为果壳网传播方式上的一个重要创意和特点(图 2.7)。

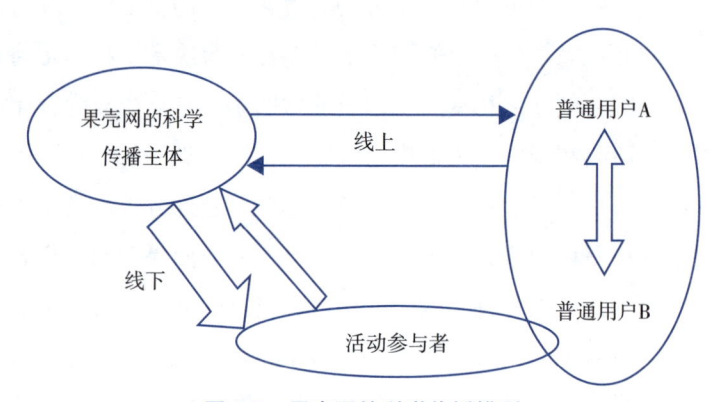

图 2.7 果壳网的科学传播模型

如图 2.7 所示,果壳网将缺失模式和对话模式进行结合,不同场合对应不同传播模式。线下活动有万有青年烩、果壳公开课、科学松鼠会等 7 个不同类别的活动小组,每个组的主要内容就是将科学带入现实生活中去。比如万有青年烩就是一个科学技能分享的活动，它通过内部推荐和公开招募的形式选出6~8位讲者，在活动现场与观众分享自己的技能、知识和经验。这是对缺失模式在实践上的延伸和扩展，毕竟随着大众知识水平和科学素养的不断提高，一部分人拥有科学传播中主体的能力，尽管这种能力还比较有限。

由于果壳网本身的网络媒体特质，大部分科学传播活动是通过线上完成的。尽管果壳网的传播主体与受众间已经建立起了平等对话交流的形式，且后者开始参与到了科学传播内容的议程设置，但由于双方间的交流仍然以科学答疑的形式为主，所以事实上并未形成一个真正的协商环境。换言之，尽管"社区"提供给公众一个共同协商的空间，但现实是由于公众科学性素养水平有限，而讨论又缺乏相应的指导和规范，导致讨论本身的价值不大，甚至偏离了科学的范畴。总之，这也让我们看到了科学传播在我国发展的一个新探索，具有一定的积极意义，但在实际的操作中还没能取得预期效果。

参考文献

［1］任福君，翟杰全. 科学传播与普及概论［M］. 北京：中国科学技术出版社，2012.

［2］任福君，尹霖. 科技传播与普及实践［M］. 北京：中国科学技术出版社，2015.

［3］贝尔纳. 科学的社会功能［M］. 桂林：广西师范大学出版社，2003.

［4］钟琦. 数说科普需求侧［M］. 北京：科学出版社，2016.

［5］周宏仁. 信息化概论［M］. 北京：电子工业出版社，2009.

［6］邬焜. 信息世界的进化［M］. 西安：西北大学出版社，1994.

［7］何可抗，李文光. 教育技术学［M］. 北京：北京师范大学出版社，2002.

［8］马来平. 科技与社会引论［M］. 北京：人民出版社，2001.

［9］王菲. 媒介大融合［M］. 广州：南方日报出版社，2007.

［10］尼葛洛庞帝. 数字化生存［M］. 胡泳，范海燕，译. 海口：海南出版社，1997.

［11］马歇尔·麦克卢汉. 理解媒介：论人的延伸［M］. 何道宽，译. 北京：商务印书馆，2000.

［12］张瑞冬. 科技革命背景下的科学传播受众研究［D］. 乌鲁木齐：新疆大学，2012.

［13］李皋阳. 论网络时代的科技传播机制［D］. 石家庄：河北师范大学，2012.

［14］廖思琦．网络科普传播模式研究［D］．武汉：华中师范大学，2015．

［15］赵明月．互联网时代科学传播的新路径探析［D］．福州：暨南大学，2013．

［16］孙文彬．科学传播的新模式［D］．合肥：中国科学技术大学，2013．

［17］陈昆．科普信息化背景下的科学传播模型研究［D］．长沙：湖南师范大学，2016．

［18］杨辰晓．融媒体时代的科学传播机制研究［D］．郑州：郑州大学，2016．

［19］陈鹏．新媒体环境下的科学传播新格局研究［D］．合肥：中国科学技术大学，2012．

［20］王大鹏，刘小都．科普信息化初探［C］//中国科普研究所．中国科普理论与实践探索：第二十一届全国科普理论研讨会论文集．中国科普研究所，2014．

［21］高钢．物联网和Web3.0：技术革命与社会变革的交叠演进［N］．国际新闻界，2010（2）：68-73．

［22］王卉．五四以后科学主义在中国的兴起［N］．科学时报，2006-06-06．

［23］刘华杰．大科学时代的科普理念［N］．光明日报，2000-11-02．

［24］刘华杰．科学传播的三种模型与三个阶段［J］．科普研究，2009（2）：10-18．

［25］刘华杰．科学传播规律的四个典型模型［J］．科学人文，2007（10）：32-35．

［26］曲彬赫，冷盈盈．新媒体时代的科普信息传播［J］．科协论坛，2011（3）：46-48．

［27］陶柱标．大科学时代呼唤全方位的科普战略［J］．改革与战略，2007（2）：135-136．

［28］刘兵，李正伟．布莱恩·温的公众理解科学理论研究［J］．科学学研究，2003（6）：581-585．

［29］刘为民．试论"科普"的源流发展及其接受主体［J］．科学学研究，2003（1）：75-78．

［30］李正伟，刘兵．公众理解科学的理论研究：约翰·杜兰特的缺失模型［J］．科学对社会的影响，2003（3）：12-15．

［31］翟杰全．科技公共传播：知识普及、科学理解、公众参与［J］．北京理工大学学报（社会科学版），2008（6）：29-32，40．

［32］翟杰全．当代科技传播的任务分层［J］．北京理工大学学报（社会科学版），2013（2）：139-145．

［33］涂子沛．大数据及其成因［J］．科学与社会，2014（1）：14-26．

［34］余胜泉．推进技术与教育的双向融合：《教育信息化十年发展规划（2011—2020年）》解读［J］．中国电化教育，2012（5）：11-12．

［35］荆宁宁，程俊瑜．数据、信息、知识与智慧［J］．情报科学，2005（12）：1786-1790．

[36] 陈磊. 基于现代信息技术的学习革命及理论创新［J］. 理工高教研究, 2002, 21（1）: 12-15.

[37] 刁生富. 论赛博空间中的学习革命［J］. 佛山科学技术学院学报（社会科学版）, 2002（3）: 31-33.

[38] 何道宽. 媒介革命与学习革命: 麦克卢汉媒介理论批评［J］. 深圳大学学报（人文社会科学版）, 2000（5）: 99-106.

[39] 张振虹. 微学习研究: 现状与未来［J］. 中国电化教育, 2013（11）: 12-20.

[40] 崔承耀. 网络生态视角下的数字化学习研究［J］. 中国远程教育, 2014（11）: 33-37.

[41] 潘可礼. 虚拟学习: 赛博空间里的学习革命［J］. 教育与职业, 2008（5）: 41-43.

[42] 赵军, 王丽. 新媒体在科普中的应用及相关问题研究［J］. 科普研究, 2012（7）: 46-51.

[43] 毛建儒, 安先武. 论信息的共享性及其实现的障碍［J］. 理论视野, 2002（3）: 45-46.

[44] 吴国盛. 科学走向传播［J］. 中国科学人, 2004（1）: 10-11.

[45] 胡翼青. 传播学学科地位的再认识［J］. 南京大学学报, 2000（5）: 128-135.

[46] 牛桂芹, 刘兵. 科学传播应用者的局限性及内省性［J］. 自然辩证法通讯, 2013（2）: 92-97, 111, 128.

[47] 高秋芳, 曾国屏. 广义科普知识的划界与分层［J］. 科普研究, 2013（4）: 5-10.

[48] 翟杰全, 杨志坚. 对"科学传播"概念的若干分析［J］. 北京理工大学学报（社会科学版）, 2002, 4（3）: 86-90.

[49] 姜红. 作为"信息"的新闻与作为"科学"的新闻学［J］. 新闻与传播研究, 2006, 13（2）: 27-34.

[50] 田松. 科学的技术到底满足了谁的需求［J］. 博览群书, 2008（7）: 50-53.

[51] 孙梁. 赛博空间的科学哲学思考［J］. 山东农业大学学报（社会科学版）, 2005（1）: 111-114.

[52] 张浩达. 数字时代的科技传播: 数字科普发展研究［J］. 科普研究, 2014（1）: 12-19.

[53] 中国科协科普部. 以科普信息化建设引领科普创新发展［J］. 科技导报, 2016（12）.

[54] 罗晖, 钟琦, 胡俊平, 等. 国外网络科普现状及其借鉴［J］. 科协论坛, 2014（11）: 18-20.

［55］张波. 科普期刊创新发展的三重转向［J］. 中国科技期刊研究，2016（1）：43-47.

［56］高秋芳，曾国屏. 论科普知识的广义化［J］. 自然辩证法研究，2013（10）：62-67.

［57］纪顺俊. 科普信息化的理论与实践探索［J］. 科协论坛，2016（7）：21-23.

［58］杜鹏. 是多维度加大支持，还是加强跨部门整合：基于学科视角的我国科学教育问题分析［J］. 科学与社会，2015（3）：37-46.

［59］黄建锋. 碎片化学习：基于"互联网+"的学习新样式［J］. 教育探索，2016（12）：115-119.

［60］吴彤，李静静，王娜，等. 建国以来我国公民科学素质建设的经验和教训［J］. 自然辩证法研究，2005（4）：53-57.

［61］李志明. 科普的社会责任与实现途径创新研究［J］. 科普研究，2013（1）：13-17.

［62］马来平. 科学文化普及难题及其破解途径［J］. 自然辩证法研究，2013（11）.

［63］董国豪. 技术时代中国科普的使命［J］. 科普研究，2007（2）：10-14.

［64］江晓原. 是拓展科普概念的时候了［J］. 科普研究，2006（2）：52-56.

［65］黄时进. 从传统科普到公众理解科学的哲学背景解读［J］. 自然辩证法研究，2004（3）：106-110.

［66］冯少东，张红兵，黎梅梅. 以科普信息化为抓手让科普服务更加有效：近年来江苏科普信息化探索与实践研究［J］. 科普研究，2016（6）：84-88.

［67］李健民. 对现代化城市的科普理论思考［J］. 科学学研究，2006（3）：37-38.

［68］申振钰. 对中国科普历史研究的思考［J］. 科普研究，2006（5）：3-11.

［69］徐善衍. 关于科普基本特征的一些思考［J］. 科协论坛，2009（9）：19-21.

［70］郑念. 科普的社会责任及实现路径［J］. 科学与社会，2011（4）：79-87.

［71］任福君. 我国科普的新发展和需要深化研究的重要课题［J］. 科普研究，2011（5）：8-17.

［72］沈林兴，刘英. 数字科普是数字化时代科普的主流［J］. 科普研究，2011（2）：66-70.

第三章
"互联网 + 科普"系统结构、机制与模式构建

本章导读

随着科技传播实践模式从"科学普及"扩展到"公众理解科学"进而提升到"公众参与、科学对话"范式，建立更加开放、透明和民主的科学事务决策机制成为科普传播领域的重要议题。在此诉求下，当代科普理念、系统机构、机制与模式都趋于"互联网化"。

学习目标

1. 了解"互联网 + 科普"理念转变、实践基础与构成要素；
2. 理解"互联网 + 科普"系统构成要素及其关系；
3. 理解"互联网 + 科普"系统结构与运行机制；
4. 熟悉"互联网 + 科普"战略内容及其实施策略，并应用于科普实践。

知识地图

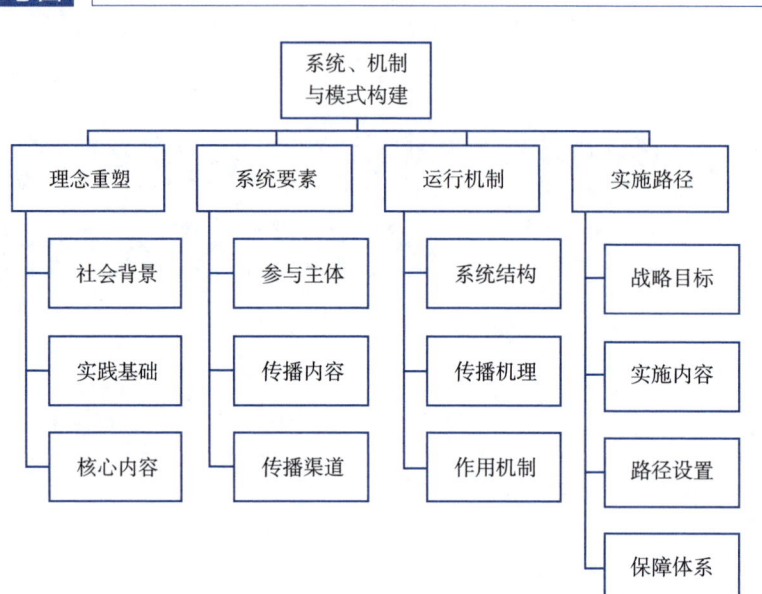

```
                    系统、机制
                   与模式构建
        ┌──────────┬──────┴──────┬──────────┐
     理念重塑      系统要素      运行机制     实施路径
      │            │            │           │
     社会背景      参与主体      系统结构     战略目标
      │            │            │           │
     实践基础      传播内容      传播机理     实施内容
      │            │            │           │
     核心内容      传播渠道      作用机制     路径设置
                               │           │
                               保障体系
```

第一节 "互联网+科普"理念重塑

纵观 19 世纪中叶以来的科技传播发展历史，人们对科学与公众关系领域中基本问题的理解，从"普及"演变到"理解"进而发展到"参与""对话"范畴，呈现出鲜明的扩展性和提升性（而非替代性）。进入 21 世纪之后，建立更加开放、透明和民主的科学事务决策机制成为科普传播领域的重要议题，推进科学对话也被当作解决科学与公众紧张关系的重要手段，科普传播由此被赋予了更重要的社会职责，具有了更多公共事业的属性和特征。相应地，当代科普理念也得以更新，"互联网+科普"理念成为主流。

一、"互联网+科普"理念构建的社会背景

20 世纪以来，科学技术对人类社会的负面作用越来越显著，深刻反映了人与自然、精神与物质的深层矛盾。同时，科学技术渗透到了社会的各个方面，

与人类社会的发展息息相关。科学、技术与社会的关系变得越来越重要。大量学者从 STS 视角对科学、技术与社会的相互关系进行学科间交叉研究，力图认识政治、经济、文化和科学技术的当代特征，以建立与之相适应的科普传播理念。

（一）政治与科普："文化实践"到"政治关注"

从 17 世纪开始，科学大众化展示了科学技术发展带给人类的非凡体验，使科普成为一项基本的文化实践。到 20 世纪，随着科学技术的影响日益深化，科普已经从文化领域扩展到政治和经济领域，开始进入"政治关注"阶段。科学素养成为政治话题的一部分，通过教育等手段提高公众科学素养成为政府重要政策之一。美国、英国、日本等国家纷纷把科普纳入政府政策层面，不断加大对科普的支持力度。我国政府同样重视科普事业，先后出台了一系列相关政策法律法规。从科学技术是第一生产力、科教兴国到科学发展观、以人为本、建设创新型国家等一系列战略政策的提出以及为大力发展文化教育事业、打造全民学习、终身学习机制等，科普迎来了前所未有的发展机遇。但是，和发达国家甚至一些发展中国家相比，我国对科普事业的支持力度还远远不够，需要政府和社会各界加强协调，统筹部署，共同推动全社会科普能力建设。

（二）经济与科普：科学与公众的新型关系重塑

在工业社会中，科学知识控制在相对较少的受过良好教育的精英分子手中，社会经济因素在决定科学知识的分配上所起的作用相对较大，科学知识和支持程度存在正相关。在后工业社会中，科学已经高度渗透到社会中，公众的知识需求是高度专业化的，不再存在一个统一的科普规范。公众一方面希望通过科学获取更多利益，另一方面对科学可能产生的负面效应提高了警惕。这一结论在对欧共体 12 国的研究中得到了部分验证：随着工业化水平和知识水平的提高，科学和公众之间的关系更加难以预测。这就意味着，科技发展不考虑公众舆论是不可取的。换句话说，公众参与对于建立科学和公众之间的信任十分重要。

对中国科普而言，需要完善政府与社会的沟通机制，促进公众理解科学。一是加强国家科技项目的科普工作，及时向公众发布科技成果信息和相关知识；

二是逐步建立健全面向公众的科技信息发布机制，让公众及时了解重大科技项目的实施进程；三是建立公众参与政府科技决策的有效机制，建立通畅的沟通渠道，积极吸纳公众的合理建议，扩大公众知情权和参与能力。

（三）文化与科普：科学文化本土化的特殊使命

科普工作必须考虑特定的社会文化背景，因为民众对科学技术的认知很大程度上取决于文化心理因素。作为一种近现代最基本、最重要的文化现象即"第一类文化"，科学技术文化是中国传统文化中所长期缺乏的。在历经数千年积淀下来的文化中，重实用轻理论、重守成轻创新、重仕途轻学术等思想仍然影响深远，这一独特的文化背景使中国科普面临特殊的使命。一是针对不同层面、不同地区的人开展不同深度的科技传播，强调层次性和步骤性。二是要注重科学态度和科学精神培养，避免公众疏远科学，陷入技术主义，甚至轻易接受伪科学和迷信活动。三是加大科技创新精神的宣传普及，推进国家创新体系建设，体现在三个层面：①提高公众科学文化素质，为创新型人才培养奠定社会基础；②推动科普体制机制创新，包括方式、内容、传播手段、体制创新等，这本身就是国家创新体系的组成部分；③把创新精神作为科普的重要内容，这是建设创新型国家形势下科普工作的重点。

二、"互联网+科普"理念构建的实践基础

近年来，随着科学技术的迅猛发展和广泛应用、科普工作的不断推进以及科普领域中外交流的不断加强，科普手段和形式不断创新，渠道和途径得到拓展，科普研究和学科建设也取得重要突破。这些成就的取得使我们对科普工作的任务目标和社会作用有了新认识和新理解，同时也对科普理念、原则的创新提出了新的时代要求。

（一）当代科普的价值转向

1. 实践"前景传播"，给科普传播戴上"后视镜"

汤书昆教授曾针对"基于当代日新月异而且趋势经常转向的文明特征"提出"前景传播"的概念，其目的是培养有能力面向未来的新生代，"构造一个

紧紧跟踪最新文明进展的信息传播系统，并且使这一传播机制能渗透到广大民众之中，形成以前景分析为轴心，有效把握科技文明前沿的素质构造。"据此，汤书昆教授还提出了前景传播的理论基础、体系设计和实务运作，以使"沸腾的科学创新与有效的科学传播兼容"。这一概念的可取之处在于，它针对过去科技传播重线性历史结构，"从科学与技术的过去开始，分析现在、预测未来"。从这一概念出发，在传播实践中要使"沸腾的科学创新与有效的科学传播兼容"，有效把握科技文明前沿，牢牢把握并形成"动态化伸展向前景阶段的传播进程"。这一科学传播的信息传播系统与进程，具有时间上的持续性、传播范围上的宏观性、传播视域上的前瞻性。前景传播是以提升整体的新时代认同力为目的的，可借用麦克卢汉的"后视镜"概念来形容，"我们透过后视镜看现在，我们倒退走步入未来。""后视镜"传播可以给未来导航，用它可以看清过去和未来，以避免错误和陷阱。作为思想方法的工具，在科学传播中的启示就是前瞻科学的未来，洞悉科学事件与活动的可能影响。

2. 增强全球视角，强化科学传播的人类镜像

作为传播领域的重要范畴——科学传播已成为人类社会传播不可或缺的组成部分，科学传播是与科学组织、国家经济、科技文化等有着密切关系的传播领域和文化现象；它与公众理解科学相关，这使得科学传播关注和研究的范围可以拓宽到政治、经济、社会、技术、文化以及军事等各个方面，成为国家文化软实力的重要组成部分。麦克卢汉在1964年出版的著作《理解媒介：论人的延伸》中曾预言："随着电子媒介的发展，世界将日益成为一个地球村。"当前，传播全球化已成为一种新趋势，"指的是传媒在全球化浪潮影响和推动下，凭借高新通信技术，试图弥合地域和文化差异，在全球范围内向任何潜在目标受众所进行的超时空、跨国界的资讯传播理念和行为"。20世纪末以来，一些发展中国家以较低成本和较少限制的可能性参与到跨国界、跨地域的传播格局中，或多或少地改变了少数发达国家垄断全球传播和舆论的局面，这既给我国科普事业带来了机遇，也提示我们要以全球化的视野来审视科学文化传播。

3. 面向科学公众，加强科学传播的接受力

加强科学传播的接受力，就是要求科学传播重视受众的理解和接受能力，坚持以受众为中心，在传播资源、内容、方式、渠道等方面提高社会适应性，

以减少"信息不对称"带来的传通障碍。就实践而言，首先，要分析科学传播对象在不同层次、不同阶层之间的文化差异，在选择传播内容时，体现出鲜明的对象化特性；其次，要针对受众的认识水平与科学信息的理解程度，进行适当的背景介绍与"信息诠释"，降低受众理解与接受的费力程度；再次，要针对受众在接触科学知识与事件过程中的意义渴求心理作适当的评价，这是因为公众对科学研究的过去的承续与未来可能的影响茫然无知。此外，还应该照顾公众对于科学研究在国际间的比较心理。鉴于科学研究具有人类普遍价值，经常报道其他国家的科学发展以及国外公众对于其本国科学进展的心理认识，有利于提升国民的视野与心理适应能力。

（二）科普理念的突破与提升

考察我国近些年来的科普发展和变化，最引人注目的当属科普观念和理念的提升，既表现为对当代科普发展阶段的新认识和科普价值的新理解，也体现在科普目标、方针原则、内容、手段、形式、渠道、途径等方面的理论和思维创新。

1. 对科普发展的新认识

自 20 世纪 90 年代以来，随着科普研究和国内外交流的不断深化，基于我国国情和社会需求，积极学习、借鉴和融合国际先进理念，促进我国科普事业全面发展已成为一种趋势和特征。近年来，我国科普工作已经突破传统科普理念并发展到"大科普"阶段，即包含了新含义和新内容的"现代科普"。同时，科普事业在目标、内容和模式等方面实现了重大转型，公众在科学技术方面的知情权和参与权也受到关注和重视。这一转变既符合我国当前国情的现实需要，也符合当代国际科技传播实践多样化、任务分层化的基本趋势。

2. 对科普价值的新理解

我国经济社会发展从整体上看仍然处于发展中阶段，公民科学素质水平与发达国家相比差距甚大，劳动适龄人口科学素质整体上仍然不高，地区之间、城乡之间、不同群体之间差异明显。基于这一国情，广泛普及科技知识、增强公民获取和运用科技知识的能力以及提高全民科学素质，具有多方面的重要作用和现实意义。事实上，我国对于科普工作社会价值的认识也在不断提升之中，自中共十七大以来，我国科普工作已被提高到与科学技术创新同等重要的位置，习近平总书记在中国科协九大上重申，科普工作事关经济增长、科技进步和社会发展的全局，是科技创新、素质教育和文化建设的重要环节，是国家基础建设和基础教育的重要组成部分，是一项意义深远的宏大社会工程和意义重大的战略性任务。

3. 科普工作的新变化

近年来，科普领域一系列重要变化都体现了科普理念的变革与提升。首先，各级管理部门出台了一系列科普政策法规，优化了科普大环境。随着《全民科学素质行动计划纲要》的全面实施，我国已经确立了政府推动、全民参与、提升素质、促进和谐的公民科学素质建设工作方针，明确了落实科学发展观、以人为本、公平普惠等重要原则；其次，强化了发挥政府主导作用、调动社会力量共同参与的工作机制，在工作内容上强调保护生态、节约资源、改善环境等先进观念和知识，在提升未成年人、农村农民、城镇居民、领导干部和公务员等重点群体的科学素质方面做了诸多扎扎实实的工作；再次，在促进科普投入增加、科普资源建设、科普能力提升、科普形式和手段创新等方面取得重要进展，大联合、大协作的社会化科普工作机制正在形成，"大科普"观念和格局正在形成。

（三）"大科普"理念及其特征

我国科普事业走过60多年的历程，并进入了"大科普"阶段，这里的"大科普"是相对于传统科普而言的。与传统科普相比，"大科普"的"大"基本上体现在以下几个方面。

（1）"大目标"。如果说传统科普研究的目标主要着眼于提高国民的科学文化素养的话，现在已经越来越凸现出经济发展目标、生活健康目标、精神文化目标、民主参政目标，直至国家长远战略目标等。无疑，当代科普理论研究目标的多元化正是为了适应当代社会发展从宏观到微观对科普的多层次需求和期望。

（2）"大主体"。如果说传统科普的主体主要是指科技工作者的话，现在科学社会一体化的时代背景下，科普理论研究的主体大大扩展了。除科技工作者外，明显地还包括大众传媒、教育机构、政府部门、企业、社会团体，甚至公众本身等。

（3）"大投入"。如果说传统科普研究的经费投入主要来自政府的话，今天围绕"大目标"的科普经费投入则是国家政府行为、社会公益责任以及市场价值导向的综合行为。"大投入"不仅体现在科普研究经费投入量与以往不可同日而语，更重要的是体现在经费投入渠道从单一走向多元。

（4）"大协作"。如果说传统科普研究的协作更多强调的是行业纵向协调的话，今天的科普研究则由于主体众多、目标多元而更加需要强调全国一盘棋式的横向、整体协作与沟通，任何单一部门和机构的单打独斗、单兵突进都将越来越难以适应未来发展趋势。

总之，创新科普理念，需要树立"大科普时代"的理念，要善于调动全社会各种力量关心科普工作发展，参与科学文化建设，实施大联合，开展大科普。

三、"互联网＋科普"理念构建的核心内容

理念决定思路，思路决定出路。实施科普信息化战略，绝不是喊口号、搞群众运动那么简单，而是要推动从体制机制、内容形式、服务理念到运作模式、评价维度标准等全方位的行动和改变，即从技术、理念到行为的彻底革命。但是，科普信息化之根本在于科普人的"信息化"，由此科普信息化建设者必须具备以下基本理念。

（一）逻辑起点——互联网理念

科普信息化遵循互联网精神和思维，与传统科普的"干部思维"格格不入，而科普"逆干部思维"的实质和核心就是强化科普工作的"互联网思维"。进入信息化社会，互联网思维已经成为科普信息化和"互联网＋科普"的逻辑起点。

在"互联网＋"时代、创新2.0时代、DT时代、工业4.0时代，必须秉承互联网思维，即开放、平权、协作、分享。具体而言，众创、分享、人人可创造、获取、使用和分享的平权网状突破了传统的"金字塔式"、科层制社会架构和机制，权力集中在平民"草根"或普通阶层；"草根"平民创造和参与活力的激活，形成对现实社会的颠覆性、反叛性、反中心性、逆控制性；网络虚拟

世界遵循的思维，包括万物皆有联系（关联思维）、去中心化（平权思维）、以客户为中心（人本思维）等。

基于以上分析，现代科普人必须具备互联网思维：①开放精神。它不仅体现在物理时空的开放，更体现在人们思维空间的开放。不同地域、教育背景、职业的人都可以就某一科学话题展开讨论，这种碰撞将极大地拓展受众思维边界。②平权精神。网络是一个平等的世界，不涉及权力、财富、身份、地位、容貌等要素，任何人都必须放弃现实中的属性和标签，以平等身份融入网络世界。③协作精神。在兴趣激发、协作互动的网络世界，每一个受众既是信息发布者、传播者也是接受者，必须构建一个完善的协作机制。④分享精神。分享精神是互联网科普发展的原动力，且能够在最大程度上提升科普传播的效率和质量。

（二）统筹协同——连接器理念

科普信息化建设是一个开放度很大、协调性很强的庞大系统工程，涉及的面宽，影响的因素多，参与的主题多、要求高，如"科普中国＋内容＋云＋网＋端＋线下活动"的科普信息化体系。对于这种系统工程，科协组织没有能力独立完成，也没有必要自己去完成。因此，必须按照科普社会化原则，发挥科普信息化建设的"连接器"作用，通过社会发动、地域安排、统筹协调来调动整个社会资源。

在协同社会方面，科普信息化建设必须采取"众创、众包、众扶、众筹、分享"的社会动员建设模式。科普众创，即汇众智，开展科普创作；科普众包，即汇众力，参与科普项目建设；科普众扶，即汇众能，助科普创意创作创业；科普众筹，即汇众资，促科普发展；科普分享，即聚所有，共分享。在政策引导方面，要采取"两级建设、四级应用"的建设模式。实行国家和省级建设为主，国家、省级、地（市）级、县级及县级以下共同应用的"两级建设、四级应用"模式，政府引导、多方参与、开放包容，最大化动员社会各方力量参与科普信息化建设。此外，要在协同社会和内部安排的基础上，做好科普信息化建设的全面统筹协调。坚持系统考虑，迭代建设，做好与各地各部门、需求与供给、内容与形式、内容与渠道、作品与传播、事业与产业等连接。

（三）开放分享——朋友圈理念

科普信息化建设需要一定条件，如人力、顶层设计、内容生产能力以及必要的基础设施和投入条件等。在创造条件的过程中，须牢固树立做第一、焦点化、迭代化等建设思维。①科普的第一思维。互联网科普的生存法则同样是"赢家通吃"，即只能做第一而不能是同质化科普的第二或第三。在信息化建设中，必须定位科普传播的焦点需求，找到成为科普第一的路径；②科普的焦点思维。做好科普工作的顶层设计和焦点战略，聚焦一个科普传播的细分需求，把每一个细分领域都做到极致；③迭代化思维。实践证明，科普信息化规划很难像传统科普那样制定中长期目标，这是因为信息技术和互联网环境发展太过于迅速。因此，面对科普信息化的快速迭代，只要制定一个发展方向就够了，要采取边开枪、边瞄准的有效办法。

（四）需求导向——获得感理念

进入信息化社会，科普受众高度细分，传统"撒大网"的做法已经不能适应现实形势，科普信息化必须实现由"捕鱼思维"向"钓鱼思维"转变，让公众有获得感和认同感。具体的思路和做法包括：①科普的产品化思维。通过技术手段及时发现科普需求，聚焦科普需求，精细产品分类，优先需求排序，精确产品定位，精准满足需求。换言之，科普供给要与消费者心智认知相匹配，与公众的认知相匹配；要做好产品、传播和客户体验，坚持"有知""有趣""有料""有用"原则。②科普的原住民思维。"90后"属于网络原住民，一是其信息来源渠道多元化，思维方式和价值观更加立体、包容和开放；二是解构权威，不愿别人主宰自己的生活和学习；三是技术生存，即善于利用网络工具解决一切问题。总之，懂得"90后"，才能真正懂得"互联网＋科普"如何展开。③科普的碎片化思维。移动互联网加剧受众获取科普信息的碎片化，包括时间、地点、内容等方面。因此，科普要通过全渠道覆盖公众更多的碎片时间，并在碎片时间窗口提供能够打动受众的有效内容。④科普的"粉丝"思维。传统科普传播"得渠道，得天下"，在移动互联网时代，科普传播则是"得'粉丝'者，得天下"。

（五）优势互补——长板策略理念

杰里米·里夫金在《零边际成本社会》中提出，数字化经济中社会资本和金融资本同样重要，使用权胜过所有权，合作压倒竞争，"交换价值"被"共享价值"取代。由此，零边际成本、协同共享将主导人类生产发展的经济模式。同理，传统科普依据"木桶理论"，强调弥补自身短板，一切从零开始，一切都自己建。但在信息社会，"木桶理论"已经失去原有效用，取而代之的是"长板原理"。对于科普信息化而言，只需要有一块足够长的长板以及一个有完整意识的管理者，就可以通过合作、购买等方式补齐自身短板。

从科普建设系统化角度看，科协组织在口碑、号召力、组织科普内容创作和生产、科学性把关等方面拥有绝对优势，但在互联网思维、传播渠道和平台、用户数据积累和洞察等诸多方面存在短板。由此，科协组织必须采取"开源开放、品牌引领、营造生态、内容为王、借助渠道"的长板策略，整合拥有互联网思维、强大传播渠道和平台、网络用户众多、口碑俱佳等互联网机构的资源，在顶层设计和整体构思之下推动科普信息化战略。

在《中国科协科普发展规划（2016—2020年）》中，已经提出建设完善"科普中国＋内容＋云＋网＋端＋线下活动"的科普信息化体系的蓝图。在该体系建设中，科协组织主要集中在"科普中国"、科普内容生产、线下科普活动等方面，而科普中国服务云、科普中国传播渠道、科普中国落地应用端等建设都将采取合作和借助的方式来完成。实践证明，进入"互联网＋科普"时代，科普信息化建设必须依托于差异化的跨界合作，而同质化的强强合作必然以失败而终。

第二节 "互联网＋科普"系统构成要素

对于科普现象研究，需要从基本构成要素和复杂系统这两个方面开始。首先要明确科普的基本构成要素有哪些，其间的基本关系如何；然后分析作为复杂现象的科普到底受到哪些内外因素的影响，这些因素会对传播效果产生怎样的作用。通过借鉴传播学等学科理论进行定性与定量、案例与模型研究，为科普实践提供理论指导。

一、科普传播系统的基本构成

所谓"系统"，一般被规定为"有组织的和被组织化的全体"或"以规则的相互作用又相互依存的形式结合着的对象的集合，实质上是泛指由一定数量相互关系的因素所组成的相对稳定的统一体"。科普传播系统是由一些独立的要素组成的集合，这些独立的要素之间以某种方式相互关联与相互作用，以实现科技信息资源的交流与共享。所谓科普传播机制，就是指科普传播作为一个系统存在的前提下，基于其内部结构要素之间以及同外部环境诸因素之间的有机关联性，从而形成一定模式的因果联系和运转状况，包括传播模式、目标体系、要素功能、效果与反馈及其互动关系等。

从本质意义上说，科普传播系统是一种局限于传播科技知识的信息传播系统，其传播内容似乎更具"纯粹性"和"单义性"，传播的目标关注于促进人们对科技知识的学习、理解和应用等方面。以现代通信技术和计算机技术为基础发展起来的互联网出现之后，科普传播打破了传统的"一对一"和"一对多"的单向传播模式，逐渐形成了"多对多"的互动性网络科技传播格局，呈现出参与主体多元化、受众对象细分化、传播内容分层化、传播渠道多样化、传播手段现代化、传播形态丰富化、任务目标和社会功能高级化等特征，信息传递的层级障碍和失真比率在逐步降低。此外，当代科普已经和其他传播现象一样变得复杂多样，涉及科学知识、科学方法、科学思想、科学精神以及科学的社会作用、科学发展政策等多方面内容，涉及科技写作、科技出版、科技新闻以及科学交流、科学教育、科学普及等多个领域，涉及服务公众获取知识、理解科学以及提高公众科学素质、科学意识等多种目标，发展出了利用科学教育和培训、科普或文化设施、传统媒体和新媒体、群众性科普活动等多样化的传播渠道。

但无论类型、形态、机制多么复杂，科普传播系统都包含4个基本构成要素：传播者、受众、传播内容和传播渠道。国内科技传播研究者经常用传播学经典的"五W模式"来研究和理解科技传播现象，认为科技传播包括传播者、受众、内容、渠道、效果等 5 个基本要素。传播效果是所有传播研究都高度关注的一个关键问题，但传播效果是传播过程发生的结果，从发生学意义上看，它不是传播发生的必备要素。因此，在描述科普基本构成时，一般不把传播效果视为科普的基本要素，而是把"四要素模型"看成描述科普基本构成最简单的一个模型。图 3.1 显示了科普传播系统运动的基本模式。

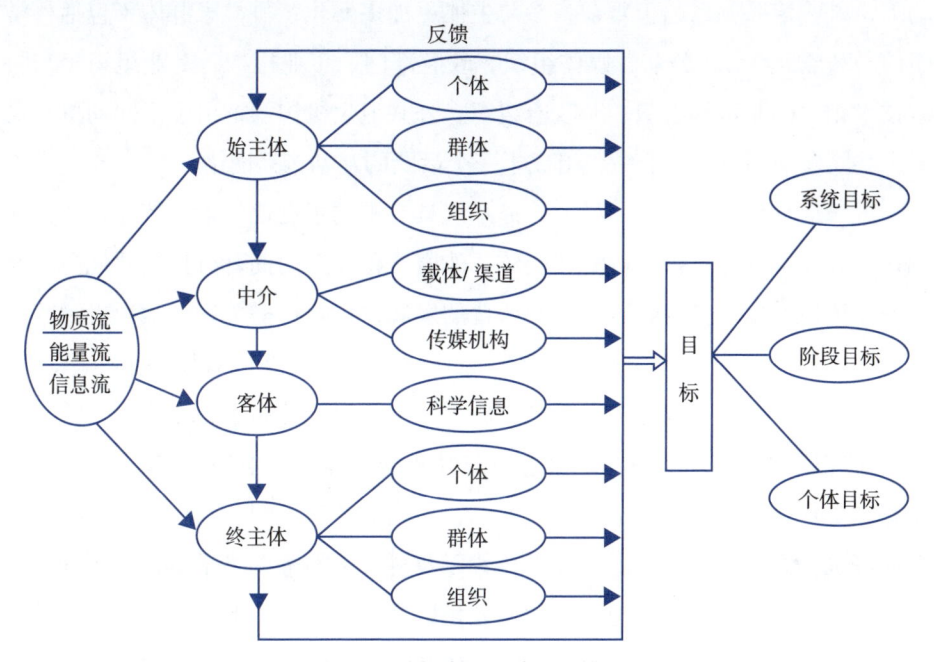

图 3.1 科普传播系统运动模式

二、科普参与主体

科普活动参与主体包括传播者和受众两大基本范畴，经历了一个从个体到群体，再到组织的发展历程。近代科技革命之前，科普活动参与者主要是以个人身份进入传播系统，传播者和受众角色也比较明确。自 19 世纪开始，随着近代科学家群体的形成，科学家、工程师、发明家共同参与到科普中，群体特征逐渐显现。20 世纪以后，随着科学技术高度职业化、制度化和建制化，科普活动参与者带有了更强的组织背景，专业化组织机构成为科普的主要组织者和参与者。

（一）科普的多元主体

在相当长的历史时期内，科学家群体一直是科普的主力军。但在进入20世纪之后，职业竞争程度提高以及科技专业化带来的科普难度增加这两方面的压力迫使科学家群体慢慢退居科普"幕后"。与此同时，大众媒体、政府部门和企业机构开始介入科普领域，并承担越来越多的任务。由此，在科技革命推动下，科普传播关系趋于复杂，参与主体更加多元化，科学家群体（包括科学团体与科学组织）、公众、媒体组织、政府部门、工业机构、专业组织（与科学技术相关的非营利组织、非政府组织、公共卫生机构等）出于不同动机与需要，共同参与到科普事业中，组成了一个活跃的互动传播网络。

进入信息化社会以后，科普传播系统具有不同于近代的诸多特征，主要体现在三方面：首先，虽然科学共同体、政府、企业部门拥有科技资源优势，经常处于传播者位置，但随着互联网科普的发展，科普传播关系和微观机制变得更为复杂，更具有博弈色彩。其次，当代科普参与者在微观层面上也呈现了多样化特点，比如非职业化倾向愈加明显。除了广泛分布于企业机构、科学团体、研究机构、媒体组织、专业组织、科技场馆等机构中的大量职业化人员，还有数量众多、规模巨大的非职业人群，包括非政府组织、高校、医院、科技企业等机构人员，他们活跃在线下科普以及科普网站等网络平台，并起到越来越显著的作用。再次，参与主体的多元化以及互动网络的形成使当代科普越来越具有"自服务"特点，参与主体既是传播参与者，也是传播受益者，都能作为受众从中获得有益的信息和知识。随着信息技术的广泛应用，公众也可以通过网站、微博、微信等新媒体平台参与传播，从而成为科技传播链中的重要一环。在此背景下，所有参与主体实际上都是平等的。

（二）公众的群体分层

在科普信息化背景下，科普传播关系已经发生了根本性变化，社会公众不仅在许多情况下与传统传播者（如科学家）处于一种事实上的平等对话关系，而且出于各种动机主动参与科技事务，成为科普传播的重要主体。因此，在坚持"主体多元论"的同时，当代科普还需要多关注"公众主体论"理念。

传统缺失模式往往把所有公众都视为对科学缺乏了解的外行，即将公众群体视为整齐均一的同质群体，但对话模式和参与模式认为公众群体是异质多样的、存在着差异化特征和需求的。英国皇家学会在《公众理解科学》中将公众群体细分为追求个人满足与幸福的私人个体、作为民主社会成员履行公民职责的个体公民、从事技术及半技术性职业的人群、从事中层管理工作和专职性工作及商务活动的人士、在社会中负责制定政策或做出决策的人员5个群体。米勒等学者依据阿尔蒙德提出的"热心公众模型"建立了科学素质研究的"公众分层模型"，该模型认为科学技术政策形成过程中涉及5个群体：决策者、政策领导者、热心公众、感兴趣公众、一般公众。相关学者认为，尽管科技政策的形成几乎与选举完全无关，但在任何一种政治体制下，科技政策决策都有可能受到感兴趣的那些公民的影响，因为热心公众关心和介入科技政策讨论，必然会给公共政策出台产生一定压力。反过来，热心公众也是科普活动的热心参与者和科普事业的积极支持者。

（三）科普传播"第三方"

在任一科普系统模型中，传播媒体、科普设施、专业组织都属于"第三方"，主要扮演传播者的角色。其中，传播媒体、科普设施因为掌控传播手段而在科普体系中占据特殊位置，而各类专业组织也因为其特殊运作机制而备受重视。

传播媒体本质作用是在科学和公众之间架起信息沟通桥梁，但随着媒体逐渐走向科普前沿，逐渐成为科学与公众关系中各参与方互动、交流、对话不可或缺的中介、渠道和平台。同时，随着自身地位的不断上升，其主动性、目的性和自主性也越来越强，不再仅仅将自己定位于"转述"科技知识，而是有了"独立人格"和特定的态度，有时甚至会通过议程设置功能对政府、科学家、公众等其他主体施加特定影响。另外，基于传播效果和利益需要，媒体经常会对科学进行有意识的"误读"或"歪曲"。

自然博物馆、科学技术馆、天文馆等科普设施在科普传播中一直发挥着极为重要的作用，成为公众参与科普活动的主要场所。随着当代科普基础设施的体系化发展，出现了各种形态多样、功能各异的现代化设施，以科技类博物馆最具代表性。进入20世纪以后，科技类博物馆在世界范围内蓬勃发展，不仅数量急剧增加，而且门类繁多，出现了大量通信、地质、化工、航空、航天、铁路等各种专业博物馆。与强调收藏、研究、陈列、展示的早期博物馆不同，当代科技类博物馆更强调科普教育功能，以促进公众学习、启发公众思考、激发公众兴趣、提高公众科学探索意识与能力为基本理念。借助于信息化技术，科技类博物馆经常组织各类特色专题展览、互动式科学展示、热点话题讨论、兴趣活动小组、科学课程培训、科学技术讲座、科学技术竞赛等线上和线下科普活动。特别是新兴起的"科学中心"，更加强调通过实践性、体验性、参与式科学探究项目来促进公众对科学的体验与理解。

专业组织主要指与科学技术关系密切的、采用专业化运行方式的社会组织，特别是非营利组织（NPO）、非政府组织（NGO）以及公共卫生机构、文化教育机构等。非营利组织、非政府组织具有民间性、非营利性、志愿性、公益性等特点，在当代社会的公共事务和公共管理领域扮演着重要角色，被认为是当代社会结构中政府部门、私营部门之外的"第三部门"和"第三种力量"。非营利组织、非政府组织涉及的领域相当广泛，如环境保护、社会救济、医疗卫生、文化教育、科学研究、技术推广、社区发展等。这一类组织在从事公益性活动时，通常都需要动员各种社会力量参与，因而非常重视科普传播和品牌宣传。

（四）主客体关系复杂化

在传统科普系统中，在主体与客体之间是"授"与"受"的关系，是一种单向的线性关系。而当代科普模式下，主体呈现多元化趋势，除科学家群体外，专职科普工作者、企业及公共机构的科技传播人员都加入进来；客体也不再限于非科学人员，还扩展到科学共同体内部成员。这种主客体范围的扩大化和相互渗透必然引起科普传播主客体关系的复杂化。刘华杰曾认为，科普传播系统是一个动态反馈系统，行为主体自身及主客体之间都有反馈关系（图3.2）。在这一观点中，科学传播系统的主体结构是平面化的网络结构。当然，实践中的科普传播远比图示更为复杂，因为在这个动态反馈系统中科普传播内容是无法静态独立存在的，必须与传播机制及传播活动结合在一起。由此可知，现代科普主客体之间关系已非单向的线性关系，而是一种动态的网状结构关系。

图 3.2 科普传播系统关系

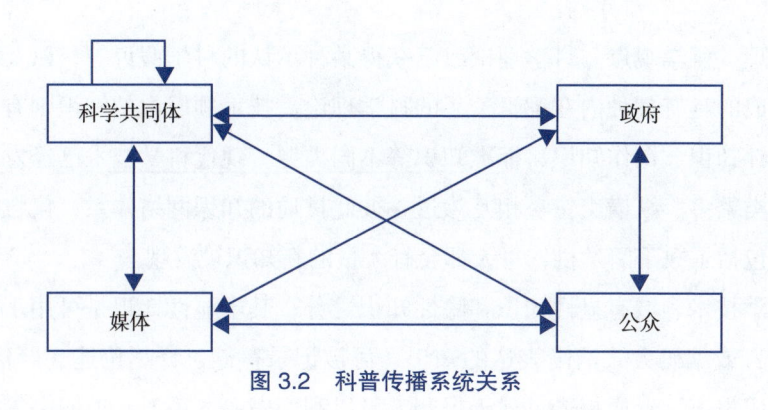

三、科普传播内容

在唯科学主义影响下，传统科普排斥除自然科学之外的其他科学门类，"科学之为自然理论的体系，之为实际真理的系统，在原则上仅有一种，就是自然科学"。同时，功利主义科普观强调科学的工具价值、技术价值和功利价值，只是从工具或技术的角度来理解科学，却不关心或很少关心科学目的是否合理，忽视科学的人文价值；只宣扬"科学万能"之善，而忽略其潜在的或现实的"恶"。相对来说，现代科普内容有了很大扩展：从自然科学扩大到"对自然界的系统考察以及对从此考察得来的知识的实际应用"；从重视科技知识传播延伸到对科学方法、科学思维和科学精神的弘扬；从单纯重视科技之"善"演变为全面对待科学技术的社会作用。从提升公众科学素质的角度来说，更有意义的一个分类方法是将传播内容区分为科技知识、科学方法、科学思想、科学精神、科技与社会发展等。

（一）科技知识

科技知识主要指科学技术领域的知识和基础信息（如科学数据等）。科学被定义为关于自然、社会和思维规律的系统知识（或知识体系）；技术被定义为反映在发明、设计、管理、服务中的系统知识，可用于制造某种产品、实施某个工艺或提供某项服务。科学技术的知识性决定了科学技术具有可传播性。

科学领域中的知识有不同表现形式，如科学数据、科学概念、科学事实、科学定理、科学观点、科学理论或已获得某种承认的科学假说等，以及在此基础上形成的具有某种内在逻辑关系的科学理论。技术领域内的知识则有原理知识、设计知识、操作知识、标准知识等不同类型。现代科学技术已经发展成为一个门类繁多、纵横交错、相互渗透、彼此贯通的知识网络体系，仅自然科学一类就包括了数千门学科，每天都会有大量的新知识被发现。

科学技术领域有显性知识和隐性知识之分，其中显性知识是可用正式和规范的语言或编码方式清晰表达的知识，可被记录存储、详尽论述、严格定义，可以写成报道、形成报告、载于报刊，可以利用书籍、手册、说明书等各种载体正式、方便地在人们之间传递、交流和共享；隐性知识是难以用文字语言清晰表达、具有高度个性化特征的知识。隐性知识源于个人经验或组织习惯，存在于个人头脑和组织行为中，表现为个人经验、技能技巧、技术诀窍等。由于隐性知识难传递、难模仿、难复制，传统科普更加注重显性知识的传播，但当代科普逐渐重视隐性知识传递，如科技类博物馆的交互式、参与式、体验性展览就可以对公众的意识、兴趣、体验以及隐性知识产生作用。

（二）科学方法

科学方法是服务于科学技术研究的基本工具，是发现、导引、规范科技知识的基本手段，是比科技知识更高级的科学技术要素。因此，对科学知识与理论的理解和掌握并不能替代对科学方法的理解和掌握。对科学方法的理解和掌握，有助于更好地理解知识，从而更好地理解科学技术本身，提高科学判断力和运用科学的能力。

随着科学技术不断向纵深化、专门化发展，科学研究对科学方法的依赖性越来越强，新的研究方法不断被发展出来，目前已形成一个庞大的方法体系。如在自然科学领域，既有大量通用性较强的一般方法，如观察法、实验法、计量法、调查法、模型法、统计法、系统论、控制论等方法。对科学方法的准确掌握和精准运用是科学研究人员应该具有的基本技能和基础素质，而公众掌握科学方法对于理解科学结论以及运用方法解决实际生活问题有很大的益处。卡尔·萨根就曾说过，如果我们不向公众说明严格的科学研究方法，人们又怎么能够分辨出什么是科学、什么是伪科学呢？

(三)科学思想

科学思想不同于具体知识和具体方法,它是蕴藏于知识和方法背后的关于研究对象的总体性看法及相应的思想观念。科学思想通常有两种存在状态:①未及清晰提炼和表达的隐性状态,是科学家在科学研究中实际应用但未得到清晰化的思想观念;②经由科学家本人或他人加以提炼并予以清晰表达的显性状态。

科学思想的提炼与总结要依赖对科学知识、理论和方法的概括和提升,反过来能够指导后续的科学研究实践,是比具体的知识、理论、方法"更高级"的科学技术要素。相对于具体知识理论,科学思想更适于科普传播,因为科学思想在表达和传播时通常可以不需要太多的专业语言,因而也更容易为公众所理解。"对公民要求过多的具体知识是不切实际的,但是他们对思想性的东西,还是可以理解和把握的。"而且从某种意义上说,科学思想比具体知识有更高的概括层次,公众对科学思想的理解与掌握更有利于公众把握科学的本质与精神,提升内在的科学素质和辨别能力。

(四)科学精神

科学精神一直是科学技术发展的内在动力和科学实践的范式,它凝聚着当代人类智慧、品质、意志、理想以及世界观、价值观。科学精神也是一种社会力量,它所揭示的自然界和社会的真、善、美,是反对愚昧落后、封建迷信的有力武器。

科学精神内涵极其丰富,其最基本的内涵包括求真精神、理性精神、批判精神、平等精神和协作精神。①求真精神。这种超越现实利害以追求真理的纯粹求知精神,是科学共同体知性主体精神的显现,是科学精神的深层次本质结构。②理性精神。即尊重公理和逻辑的精神,强调知性的逻辑起点的概念、判断和推理的逻辑思维程序。③批判精神。即一切服从于经验的事实的裁判,一切根据实际效果来判断。④平等精神。科学共同体所有的人在理性知识的发现和拥有方面具有精神上的平等权利。⑤协作精神。大科学结束了科学的英雄时代,面对科学发展的集体化大趋势,协作精神在科学共同体内已成为重要的道德价值准则。

科学精神是基于近代科学技术发展而产生的、具有普遍性的科学规范，不仅要求科学家遵守，也要求全体社会成员学习、理解和掌握，并能在科学精神的指导下观察和处理各种问题。从根本上来说，正是因为科学精神、科技伦理的缺失导致了科研态度扭曲、创造热情枯竭、道德素质低劣。

（五）科学技术与社会

科学技术本身属于社会大系统的一部分，既受到其他系统的影响也影响其他系统。因此，科普传播还要高度重视科学技术与社会关系这类"外部要素"，有助于公众更好地理解科学技术发展历程、规律及其在社会中的作用。首先，了解科学技术的发展历史、发展现状与特点、未来趋势以及重大科技事件和关键人物，有助于公众对科学技术及其发展历程的整体认识；其次，帮助公众认识科学技术与经济、政治、文化、教育等诸多社会因素的互动关系，了解科学技术在解决资源、生态、环境、社会问题中的重要作用，了解科学技术对个人生活、产业进步、经济增长的影响及其影响方式；最后，帮助公众了解国家的科学技术发展战略和基本政策及其可能产生的社会影响，了解重要科技领域的发展状况、进展以及可能产生的意义和后果，这些努力能够使公众逐渐具备参与科学协商和对话的能力。总之，对科学技术与社会的关注和重视，有助于帮助公众形成对待科学技术的理性态度和基本观点，客观评价科学技术的作用和后果，这对于提高公众科学素质和参与科学协商的实践能力等具有极为重要的价值和意义。

四、科普传播渠道

（一）传统科普传播渠道

根据是否具有公共性特征这一标准，科普传播渠道大致可分为两类：前一类包括利用科学教育、大众媒体、基础设施以及群众性科普活动；后一类则包括公众群体内利用人际交流途径实现的科普。

科学教育是当代科普最重要的渠道之一，对提升国民科学素养极为关键。作为社会教育体系一个基本组成部分，科学教育拥有包括正规和非正规教育在内的庞大体系，通过系统性的知识传授，能够使受教育者获得某一领域比较系统的知识以及研究方法、科学思想等。鉴于科学教育在公众科学素质方面的特殊价值，各国都特别强调学校科学教育改革，如美国"2061"计划。同时，各国也在不断加强对校外科学教育活动的支持力度，通过科学中心、科学博物馆等设施开展面向公众的"探究性"科学项目。

进入信息化社会以后，媒体传播在科普传播体系中的地位日益提升。报刊、电台、电视等传统大众媒体本身就是影响公众科学素质水平的重要渠道，近年来发展迅速的新媒体在科普传播方面的作用更加明显。在《全民科学素质行动计划纲要》中，"大众传媒科技传播能力建设工程"就与"科学教育与培训基础工程""科普资源开发与共享工程""科普基础设施工程"一起被列为全民科学素质行动四大基础工程。

从发达国家科普实践经验看，包括科技类博物馆、青少年科普教育基地在内的科普设施同样在科普方面发挥着不可替代的重要作用。社会公众通过参观各种科技馆、博物馆、天文馆、展览馆可以了解许多有价值的科学技术信息，学习大量有用的科技知识，并能够通过获取知识、体验科学增加对科学技术的理解。基于科普基础设施的科普具有更加灵活多样的特点，可以通过实物标本展示、专题科技展览、互动性的科学演示、探究性研究项目等多种形式和手段传播普及科学技术。

由政府部门、科学机构、科学团体组织的群众性科普活动也是传播普及科学技术的一个重要渠道，特别是面向社会的大型科普活动历来受到各国政府和科技界的高度重视。例如，科技周就被世界各国政府和科技界视为进行科普教育的有效方式之一，许多国家都有这类科技周、科学节活动。我国政府部门同样也对这类群众性科普活动给予高度重视，不仅组织有科技活动周、全国科普日、科技下乡等大型科普活动，各地政府、科学机构、科学团体也结合自身的特点开展各具特色的科普活动。

（二）网络科普传播渠道

限于经济、科技发展水平和科普观念，传统科普在传播手段方面是有限的。贝尔纳指出："对科学理解的基础在于改革教育，不过几乎同样重要的是要使成年人有机会理解科学今天所起的作用,以及了解这种作用对人类生活可能产生什么影响。传播这种知识的自然媒介是报纸、无线电和电影院。此外,可以通过书本和实际参加科学工作而建立更为牢固的联系。"而现代科普在传播手段方面有了明显变化:不仅传统传播手段得到了改进,而且吸纳新的传播媒介以扩大传播范围。尤为重要的是,人们通过媒体可实现互动,初步实现了"公众理解科学"到"公众参与科学"的转变。吴国盛指出:"在公众科学传播即狭义的科学传播领域,媒体作为科学和公众之间的界面,起着异乎寻常的作用。过去的科学普及重视了科普创作、科技场馆和农村推广技术,但没有考虑到媒体的作用。无论从有效传播的角度看还是从促进互动的角度看,媒体都是中心和枢纽。"

在面向公众的科学传播活动中,传统理论则认为传播方向是单向和不可逆的,即从政府和科学信息生产者经由媒体传播给普通公众,传受关系表现为从上到下、从专业到非专业。进入互联网时代,科学共同体、科学爱好者等组成新的参与主体,并获得迅捷、不受时空限制的互动交流渠道。在新媒体背景下,科学传播的传者和受者界限逐渐模糊,科学信息流单向传递与信息反馈同时进行。博客、论坛、微博等自媒体平台门槛低、交互性强,既提升了普通公众的话语权,为普通公众参与科学传播提供了渠道,也使得双向传播得以实现。此外,在自媒体环境下,科学传播的传受关系不再稳定,传受双方的身份可能随时发生变化,即科学信息的传播方向可能随时发生变化。

为了达到有效的公共对话的目的,更广泛意义上的科学共同体开展了多种形式的科学传播活动。借助社会化媒介,科学传播各个主体之间的互动可以在不同场所和空间中进行。

(1)网络空间。数字化媒体已经改变了科学传播的社会化活动。他们扩展了无数渠道,以便科学家、媒体从业者、其他利益相关者以及公众传播科学信息。除了传统的BBS和门户网站,Web2.0时代的专业社区、兴趣社区甚至视频网站都正成为共享科学知识的场所,人们通过博客和维基、视频共享网站合作创造、讨论相关主题。而不断涌现的新的互动媒介,如微博、微信等在科学传播上的碎片化、去中心化、交互性对有效传播科学、破除谣言有着重要应用和研究价值。

（2）科学咖啡屋。科学咖啡屋是一种线下社会化媒介。科学咖啡屋于1997年发源于英国和法国，其特点在于科学议题的讨论和质疑是以一种开放式的对话情境中进行的，主要讨论的也是科学研究带来的后果以及应该如何开展科学活动，于2005年引入中国。

（3）共识会议。共识会议也是一种典型的线下社会互动场景，于20世纪80年代中期在丹麦诞生，它使公众与科学共同体、政府之间就科学技术问题建立平等对话关系成为可能。2008年，北京召开了以"转基因食品"为议题的第一次试行性的共识会议。刘兵认为，一方面，"共识"的形成不是统一意见，而是对公众意见的凝练和提升；另一方面，应尊重并强调持有不同视角和立场的公众的"非共识"意见。

（4）科学博物馆与网络博物馆。科学博物馆是传统科普的一种重要方式，近年来在中国得到广泛发展。科技馆传播在面向公众的科学传播中有新的内涵和要求，强调展览空间和展品的设计需要由受众的角度出发，基于受众的情感体验和心理诉求，目的是传播科学知识和激发兴趣与教育。博物馆结合社会化媒介的一个重要应用是网络博物馆，国内外许多先进博物馆在网络化技术应用方面进行了较多尝试。网络博物馆主要传播科学知识、科学理论、科学研究过程、科学工作心得、科学研究之社会意义等类型内容，此外，国内基于智能移动终端的博物馆APP应用也得到较多推广。相对而言，国内科技类博物馆网站在传播方式和内容丰富程度上与国外还有较大差距。

第三节 "互联网+科普"系统结构与运行机制

根据系统论观点，结构是要素的组织和结合方式。科普传播系统是一种基于人们相互作用、有关机构发挥作用和服从于一定社会准则的社会体系，具有整体性、高度有序等特征。科普传播系统的整体性在于，它是一个互相联系、紧密结合、共同作用的统一的有机整体，而非各种手段和渠道的简单相加。换言之，取消任何一个环节或子系统，都将影响整体传播效果。

一、科普传播系统结构与特性

在全球化、信息化时代，科学共同体运作、知识生产和信息传播模式都发生了巨大变革，国内外科普研究呈现差异化融合发展态势，在此背景下，科普传播同时面临着技术、理念、模式和功能转变的机遇和挑战。

近年来，随着国际科学传播研究与实践的两大主流传统趋于合流，相互间不断加强合作与渗透，也带动了国内科普研究的扩展和整合，国内外相互合作和借鉴融合的趋势日益明显。与此相对应，科学传播的内涵结构和运行机制也实现了相应的整合。科学传播的内涵具有多阶性即多层次性，正如刘华杰在《整合两大传统》中指出：一阶科学传播是指对科学事实、科学进展、科技知识的传播；二阶科学传播是指对与科学技术有关的思想和文化的传播，包括科学方法、科学本质、科学精神、科学思想、科学对个人和社会的影响等。强调二阶科学传播，这与我国《全国公民科学素质行动计划纲要》的"四科"（弘扬科学精神、传播科学思想、倡导科学方法、普及科学知识）的要求是一致的。传统科普偏向于一阶科学传播，而公众理解科学更注重二阶科学传播，这无疑是一种进步。2000 年，英国上议院发布的《科学与社会》报告指出"政府与科学共同体都需要从公众理解科学的旧模式转向一个公众参与科学以及科学家与公众之间合理对话的新模式"。我国 2006 年发布的《全国公民科学素质行动计划纲要》中除了"四科"的要求，也明确指出应该"具有一定的应用它们处理实际问题、参与公共事务的能力"，即所谓的"两能力"。

研究认为，科学传播不仅需要一阶和二阶科学传播，以达到"四科"的要求，还应通过三阶传播进一步实现"两能力"提升。这里所谓的三阶科学传播是指实践层面上的公众参与科学，它不仅包括普遍意义公众参与科学对话和决策，还包含公众主动使用科学满足自身精神需求和处理实际问题。三阶科学传播是真正实现公众科学传播主体和科学决策主体的现实途径，也是从传统科学普及走向现代科学普惠的高级阶段。综上所述，随着科学传播内涵的不断发展与完善，逐步构成了一个适应当代科普需求的系统结构（图 3.3）。

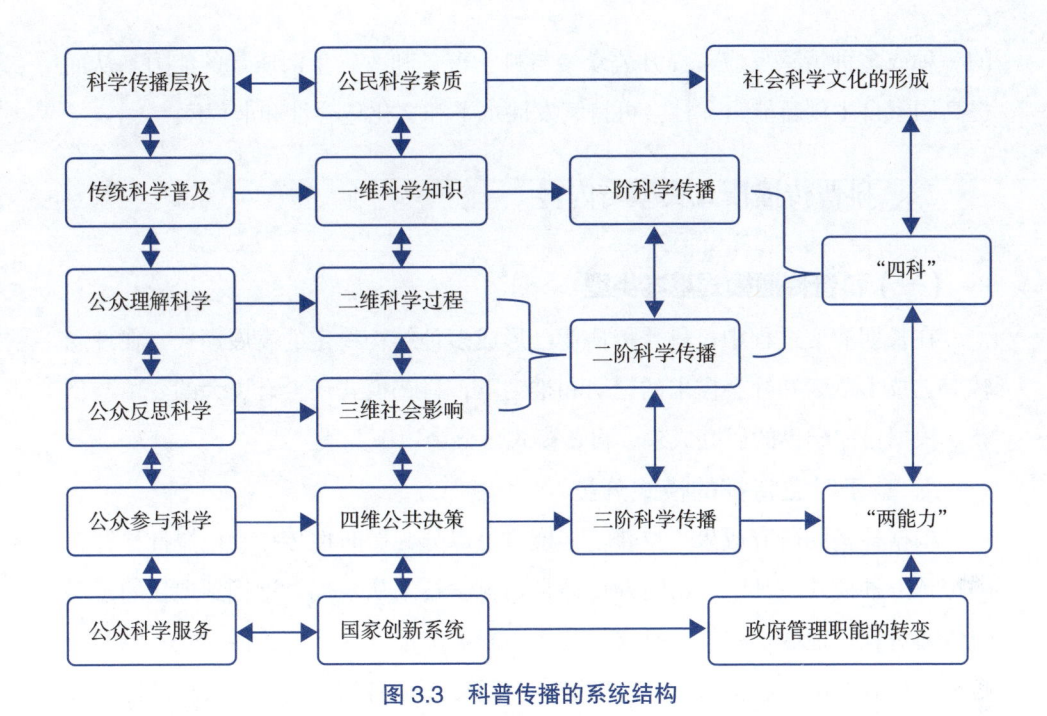

第三章 "互联网＋科普"系统结构、机制与模式构建

图 3.3　科普传播的系统结构

根据中国科学技术大学孙文彬博士的梳理和研究，科学传播内涵体系包括了传统科学普及（科学知识与技术）、公众理解科学（科学方法与过程）、公众反思科学（科学的社会影响）、公众参与科学（科学的民主决策）及公共科学服务（科学的服务体系）逐步递进的五个层面。它们对应于公民科学素质的多维结构：其中知识维度对应一阶科学传播，过程维度和影响维度对应二阶科学传播，一阶与二阶科学传播共同满足"四科"的要求。我们补充了三阶科学传播的实践维度，对应公众参与科学的层面和"两能力"的要求，是对当代科学传播与公民科学素质的完善，也是科学传播从理论走向实践的尝试，并且将公民科学素质与国家创新系统有机地结合起来。总之，科学传播是在新型知识生产的社会背景下，由政策推动和公众参与的知识共享、文化交流及社会协商过程。它包括学术交流、科技教育、科学普及、技术推广和科技咨询等五个部分。它具有提高公民科学素质、营造科学文化、推动知识经济、促进民主决策、完善国家创新体系五大社会功能。它是将科学共同体"精英知识"和"可靠知识"转变为社会"公共知识"和"稳健知识"的有效手段。它通过恰当的方法、媒介、活动和对话提高公民科学素质为直接目标，以期引发公众对科学

的一种或多种情感反应，提升公众参与科学事务和改善生活质量的能力。从而提高国家自主创新能力、社会可持续发展水平和文化包容性和谐程度。

二、科普传播模式类型与内容

（一）科普传播模式基本类型

在长期演变过程中，科普传播业已形成多种结构稳定的发展模式。在理念转变、技术革新和社会需求的牵引和推动下，科普模式还会有更大的变革与创新。根据目前学界的研究成果，科普模式可分为以下几类。

1. 基于时空特征的模式分类

根据林坚的研究成果，科普基本模式可以分为历时性传播、地域推移和空间跨越三种模式。其中，历时性传播是指科学技术从古代、近代到现代的发展与传播进程；地域推移模式是科学技术不断突破地理界限的传播方式；空间跨越模式指利用电子、信息技术等突破了空间传播障碍的一种传播模式。这一分类方法依据的是传播跨越时间和空间的机制和特征，因为所有传播现象都遵循这一原理，科普也不例外。

实际上，任何科技传播都会涉及时间和空间两个方面，故而又可分为历时性传播、跨空间传播两种基本模式。若没有历时性传播的有效支撑，科技成果无法传承和积累，也无法为知识创新提供前置基础。跨空间传播又有两种方式：①相对即时性跨空间传播，即近代之前依靠地域推移实现逐步跨越的传播方式；②即时性跨空间传播，即利用电子和信息技术实现的跨空间传播。随着近现代科技发展，特别是当代互联网等信息技术发展，人类已经从根本上解决了信息传播的跨越时空难题，使整个地球变成了一个"村落"。

2. 基于传播载体的模式分类

从传播载体的角度，大致可分为以人、以物、以媒体为载体三种模式。所谓以人为载体，即依赖掌握科技知识和技能的人（传播者）进行传授和传播，如古代社会的师传徒受、口口相传以及人口迁徙等方式；以物为载体就是利用某种实物作为知识和信息载体，实现知识和信息的扩散与传递，如博物馆展览、科普体验活动、科技贸易等；以媒体为载体最为常见，通常所指的媒介包括纸质媒介（如图书、期刊、报纸等）、电子媒介（如广播、电视等）、网络媒介（基于互联网的各种新媒体）等。相对于前两种模式，以媒体为载体的模式在传播效率、范围和效果等方面更具优势。

3. 基于流程特性的模式分类

依据传播流程特性，科普模式还可以分为扩散式、交流式、参与式等。其中，扩散式传播是最为常见的一种模式，其传播者和受众的角色相对固定，信息流动方向也相对单一，但具有扩散性强、传播范围广、传播速度快、倍增效应强等优势，如媒体科普传播；交流式传播是科技知识和信息在传播者和受众之间双向流动的人际传播模式，由于传授双方可以随时互换角色且交流较为深入，故互动性和传播效果都较佳；参与式传播则指公众通过参与科学过程获得某种体验或知识理解的传播模式，如体验型科普展览、共识会议等形式。

4. 基于综合属性的模式分类

随着科普研究和实践的深入，学界开始使用"线性"和"非线性"标准来区分科学传播模式，一般认为自上而下单向传播的传统科普属于线性传播模式，而强调多元、平等、开放、互动、民主和对话的现当代科普则属于非线性传播模式。相应的，学者们提出了两大类模型：一类是线性模式，如约翰·杜兰特（John Durant）总结的缺失模式、斯蒂文·夏平（Steven Shapn）总结的权威解说模式等；另一类是非线性模式，普通公众可以与科学家以平等身份进行对话，从而形成交流、合作的传受新关系。与传统线性模式相比，当代科普传播在传播形式上有了重大变化，近年来广泛讨论的对话（民主）模式就是其典型代表。当然，从当代科普实践看，线性模式和非线性模式是并存的，它们之间并非是严格的替代关系。

（二）科普传播的结构与模型

为了更好地研究科普现象，传播学家引进了模型方法和传播模式的概念，旨在通过简化复杂现象清晰把握内在结构、系统功能和要素间逻辑关系。传播学史上出现过许多不同的传播模型，包括揭示传播结构与过程的传播模型、强调互动与系统特点的传播模型等不同类别，这些都为研究科普传播提供了重要依据和参考。

1. 结构与过程模型

传播学史上最为著名的结构与过程模型是拉斯韦尔"五W模式",最初形成于 1939—1940 年,但直到 1948 年才正式发表。拉斯韦尔提出,传播现象包括 5 个基本要素:谁(who)、说什么(say what)、对谁说(to whom)、通过什么渠道(through which channel)、有什么效果(with what effect)。英国传播学家 D. 麦奎尔按照一定的结构顺序对这 5 个要素进行排列,便形成著名的"五W模式"(图 3.4)。该模式简明而清晰地概括了传播过程的 5 个基本成分:传播主体、传播内容、传播渠道、传播对象和传播效果。

"五W模式"是传播学史上第一个结构模型,首次从结构上对纷繁复杂而难以解释清楚的传播活动进行了分析,为理解传播现象和传播过程提供了重要理论依据,其最重要的价值:①明确了传播现象的基本要素;②对复杂传播现象进行了结构性解剖。因此,该模式不仅具有开创性意义,为传播学形成奠定了重要基础,而且是传播学最早和最基本的一个研究范式,为传播学区分控制研究、内容分析、媒介分析、受众分析、效果分析奠定了基础,至今仍有很强的现实指导意义(图 3.5)。

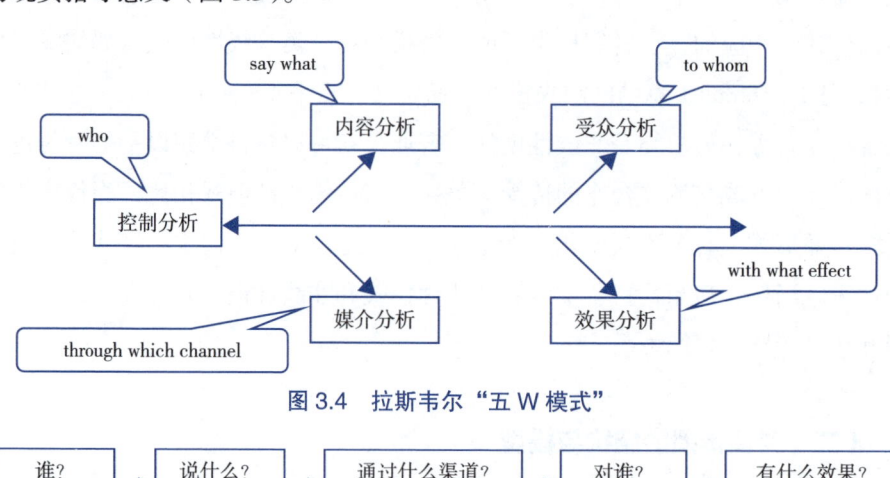

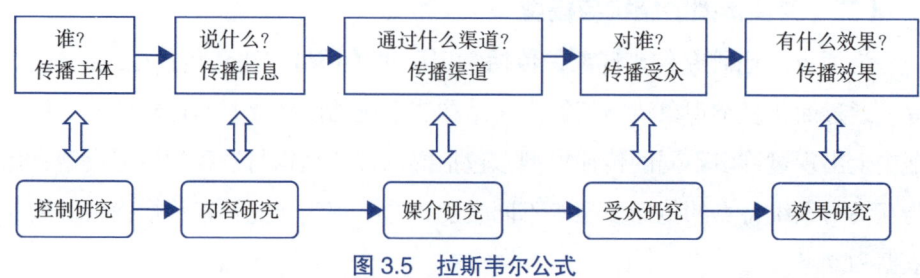

图 3.4 拉斯韦尔"五W模式"

图 3.5 拉斯韦尔公式

可以与"五W模式"相提并论的另一个结构与过程模型是香农（Claude Shannon）和韦弗（Warren Weaver）提出的"香农—韦弗模式"（图3.6）。1948年，香农和韦弗基于信息传输研究发表了《通信的数学理论》，提出了描述信息传输过程的一个模型。在这个模型中，信息传输被描述为一种线性的单向过程，包括信息源、发射器、信道、接收器、信息接受者（信宿）以及噪声（源于噪源）等基本因素。

实际上，"香农—韦弗模式"是为描述信息传输过程而提出的一个模型，但因信息传输与传播过程的特殊关系，这一模式在传播学领域也得到广泛应用，成为传播学研究经常引用的著名传播模式之一。"香农—韦弗模式"的重要价值在于注意到了信息与信号之间的转换问题，并引入了"噪声"的概念。"噪声"可能来源于机器本身，也可能来自外界环境，对正常的信息传递会造成干扰。这些看法对人们认识传播现象有重要的启示：传播效果受到复杂因素的影响，使用的传播符号（如语言、文字等）是否适当、信息表达是否准确、信息与信号之间的转换编码是否正确，都会直接影响到传播效果。

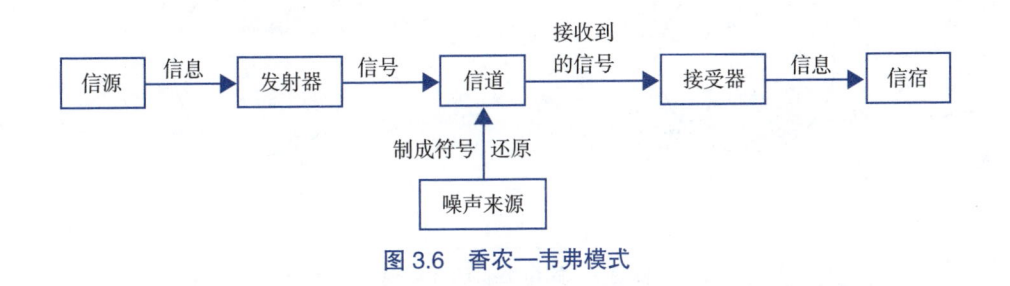

图3.6 香农—韦弗模式

2. 互动与系统模型

除结构与过程模型外，还有一类重要模型即互动与系统模型，核心在于其关注传播过程中的互动性和系统性。其中，比较有代表性的包括施拉姆提出的循环互动模式、赖利夫妇提出的系统模式、马莱兹克提出的系统模式等。

（1）施拉姆循环互动模式。施拉姆（Schramm）被尊称为"传播学之父"，他在1954年发表的《传播是怎样运行的》中以奥斯古德（C. E. Osgood）的观点为基础，提出了循环互动模式（图3.7）。与拉斯韦尔和香农提出的线性模式不同，施拉姆提出的循环互动模式强调了传播过程的循环性和互动性，强调了传受双方的相互转化；模式中甚至没有固定的传播者和受传者，传受双方都是传播行为主体，通过信息的传与收处于"你来我往"的相互作用之中。该模式的重点不在于解析传播渠道中的要素与环节，而在于解析传受双方的角色与功能，参加传播过程的每一方会在不同阶段扮演编码者（执行符号化和传达功能）、译码者（执行接收和符号解读功能）、释码者（执行意义解释功能）的角色。

施拉姆的循环互动模式强调了传播过程的互动性，也注意到了传播参与者的多重角色，但这一模式更适合于描述那些传受双方平等交流的传播现象（如面对面交流），而且也没有深入到社会系统的层面分析传受双方的角色。为弥补这一缺陷，后来的传播学家将传播过程置于社会大系统中进行分析，提出了强调传播过程系统性特点的系统模式。

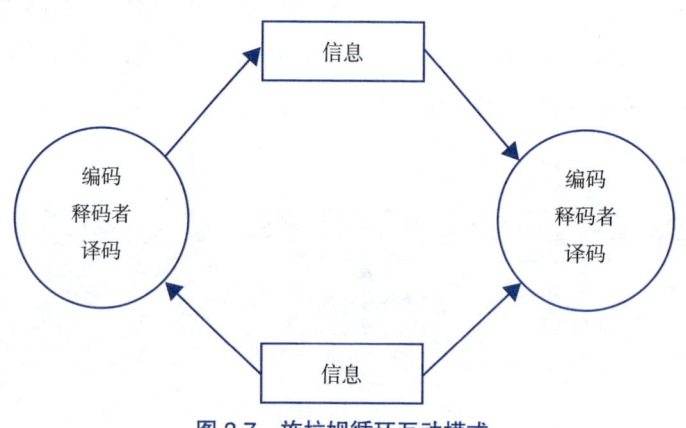

图 3.7　施拉姆循环互动模式

（2）赖利夫妇系统模式。美国学者赖利夫妇于 1959 年提出了"系统模式"，认为任何传播过程都表现为一种系统活动，多重结构是社会传播系统的本质特点；传播活动的参与者双方都是一个个体系统，每个个体系统各有自己的内在活动（即人内传播）；某个个体系统与其他个体系统相互连接形成人际传播，个体系统并不是孤立的，而是分属于不同的群体系统（可形成群体传播）；群体系统运行又是在更大的社会结构和总体社会系统中进行的，与社会的政治、经济、文化、意识形态的大环境保持着相互作用的关系。因此，以报刊、广播、电视为主体的大众传播，也不外乎是现代社会传播系统中的一种。

很显然，赖利夫妇提出的系统模式（图3.8）将包括大众传播在内的各种传播类型都整合到了一个模型中。从中可以看到，社会传播系统的各种微观、中观和宏观类型，既有相对的独立性又与其他系统处于普遍联系和相互作用之中；每一种传播活动和过程，除受到其内部机制的制约之外，还受到外部环境的广泛影响；这种结构的多重性和联系的广泛性体现了社会传播是一个复杂的综合系统。相比较而言，线性模式和循环模式关注的都是传播系统内部的微观结构，并没有将传播放到社会系统的大环境中加以考察，也没有发现传播现象与社会系统之间的复杂关系。

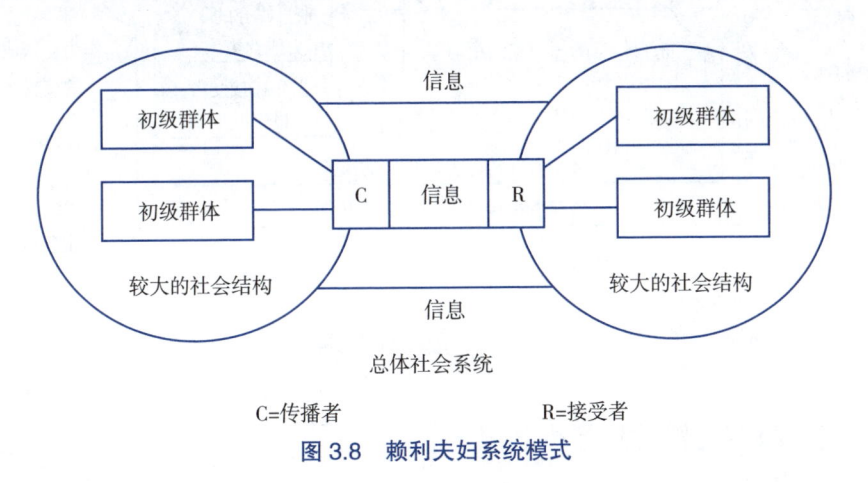

图3.8 赖利夫妇系统模式

（3）马莱兹克系统模式。德国学者马莱兹克也提出了一个系统传播模式（图3.9），认为传播过程中存在一个包括社会心理因素在内的各种社会影响力相互作用的"场"，其中每个主要环节都是这些因素或影响力的集结点，具体包括：①影响和制约传播者的因素，包括传播者的自我印象、传播者的人格结构、传播者的人员群体、传播者的社会环境、传播者所处的组织、媒介内容的公共性所产生的约束力、来自信息本身以及媒介性质的压力或约束力等。②影响和制约受传者的因素，包括受传者的自我印象、受传者的人格结构、受传者所处的受众群体即社会环境、信息内容的效果或影响、来自媒介的约束力等。③影响和制约媒介与信息的因素，主要包括两方面，一是传播者对信息内容的选择和加工，这也是许多因素起作用的结果；二是受传者对媒介内容的接触选择，是基于受传者本身的社会背景和社会需求做出的，而且受传者对媒介的印象也起作用。这一系统模式说明：社会传播是一个复杂的过程，必须对涉及其过程的各种因素和影响力予以全面的、系统的分析。

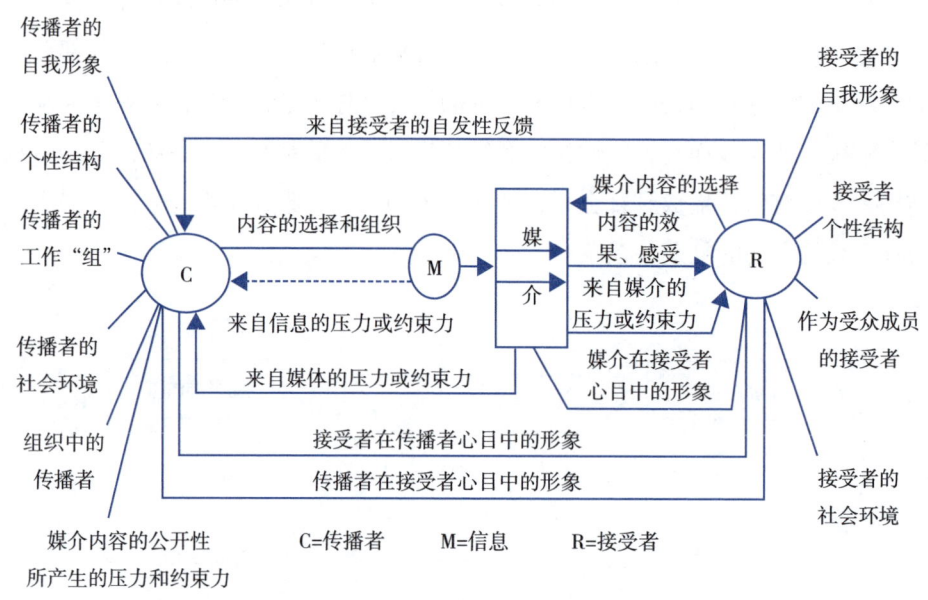

图 3.9 马莱兹克系统模式

三、科普传播的运行机制

（一）科普传播内在机理分析

1. 科普传播的内在机理

科普传播是传播活动的一种特殊形式，既具有传播活动的一般共性，也具有自身的特殊性。就传播学来说，传播者、传播途径与受众是不可或缺的基本要素，三者协同推进、良性互动，是传播活动得以展开的基础。

在科普传播系统中，传播者是传播活动的发起者，负责传播内容选取与加工、渠道和方式选择，处于主导地位。受众是科普传播活动的另一主体，传统观点认为公众处于被动、被作用的位置，但从 20 世纪 70 年代公众理解科学运动起这一状况开始转变，受众不再是被动接受科普内容的客体，而是演变为主动参与科普传播实践的主体，受众能动性在影响科普传播成效方面发挥了不可替代的作用。作为科普传播活动的二元主体，传播者与受众构成了传播体系的两极，在现代信息环境下能够实现有条件的角色互换，而传播途径则连接着传播者与受众，扮演着纽带或桥梁角色。近代以来科普传播的途径日趋多样、不断扩展，不同的传播途径具有不同的传播特点与传播效果。传播途径的多元化是科技和社会发展的必然产物，它一方面使传播者选择方便、快捷、高效的传播方式成为可能，另一方面也使受众获取科普内容的方式更加多元。

在现代科技革命推动下，传统科普传播活动发生了重大变化。①科普传播的专业化分工日趋明显，出现了专门化的传播者队伍、传播途径和特定时空条件下的受众；②受众的主动性进一步增强，能够积极主动地搜寻和获取科技内容；③信息技术发展使科普传播呈现出多层次、全方位、多媒体的立体推进态势等。

2. 科普传播的障碍分析

科技传播是一个多环节的复杂过程，可以简化为一个简单的系统结构。图 3.10 表明：多重结构或等级层次结构是传播系统的本质特点，具体表现为：传播者和受众都可以被看作一个个体传播系统，这些个体系统各有自己的内在活动，即人内传播；个体系统与他个体系统相互连接，形成人际传播；个体系统又分属于不同的群体系统，形成群体传播；群体系统的运行又是在更大的社会结构和总体社会系统中进行的，与政治、经济、文化等社会环境存在着复杂的相互作用。

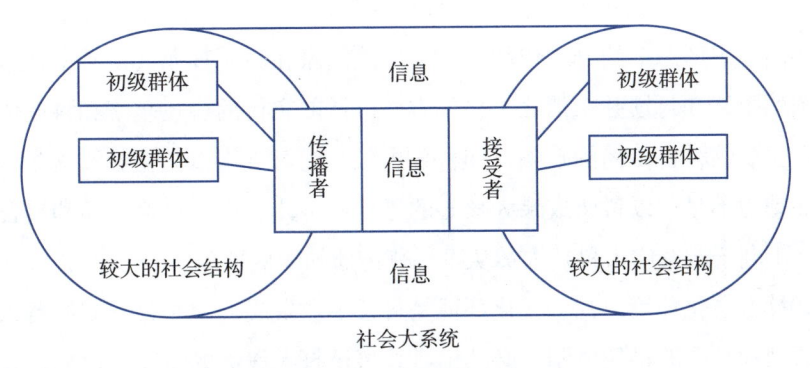

图 3.10　科普传播结构

作为传播活动的一种特殊形式，科普传播活动既会受到传播系统内部因素与机制的制约，也会受到外部环境和条件的深刻影响。分析科普传播的现实障碍，是提高科技传播效率的基础。

（1）科普传播的内部机制障碍。

①从传播者角度来看，担任大规模科普传播任务的主要是职业化的科技新闻工作者、科技翻译工作者、科技期刊编辑、记者等，但他们在知识结构上的欠缺以及与科技界的沟通不畅，制约了科技信息的传播效率。此外，受各种非技术因素干扰，科普传播者往往优先选择那些能给自身带来经济、社会或新闻效应的科技成果，而忽视科技成果的学术价值和社会效益，许多科技内容难以得到有效传播。

②限于科学素养总体不高等因素，受众对有效信息的选择、理解和接受能力有限，也为伪科学、虚假科技信息、迷信活动提供了一定的市场空间。同时，受众总体素质不高也会影响他们对科技政策的理解程度以及参与科学公共事务协商的积极性和能力。

③从传播途径来看，传统媒体存在单项传播、互动性不强等缺陷，而新媒体虽然传播效率较高、互动性强且信息量大，但由于缺少"把关人"机制，导致科普信息不够规范，存在虚假信息乃至伪科学等，增加了受众甄别科技信息真假的难度。此外，受信息化水平限制，边远贫穷地区获取科技信息难，传播效率和质量难以保证。

（2）科普传播的外部环境障碍。

①政治环境。目前影响我国科普传播的制约因素主要包括两方面：一方面，各国意识形态上的分歧依然存在，一些国家在高科技尤其是军事技术领域对我国的限制和封锁并未消除。另一方面，目前实行的科技政策和科技体制尚存在不少制约科普传播的缺陷，如科普出版、经营机构市场化导致这些机构科普传播动力不足；以科研成果为核心的考核评价体制排斥科普作品和科普传播行为，不利于激发广大科技人员从事科普传播的积极性等。

②社会文化环境。社会文化环境是科技事业发展的土壤，它制约着人们的科技活动和社会的科技体制，必然给科普传播打上深深的烙印。比如，传播者选择传播何种科技信息、以何种方式传播，以及受众选择接受何种科技内容、以何种方式获取时，都自觉不自觉地会受到文化传统的影响。当前，无论是在科研活动中，还是在科普传播中，急功近利倾向都尤为明显，缺少健全、长效

的科普传播机制。

③经济体制。在计划经济体制下，科普传播活动属于社会公益事业，政府通过设立新闻、出版、图书馆、科技情报所、学术会议等专门机构，形成了多级多层次的科普传播网络体系，建立了科普传播的社会运行机制。在市场经济体制下，科普传播商业化趋势和程度不断加深，易导致科普传播活动畸形化。目前，科普传播新机制尚未完全建立起来，政府也缺乏相应的科技传播政策引导。此外，我国科技管理体制中很少有单列的科普传播经费，这就严重制约了科研人员的科普传播活动。

（二）科普传播系统机制构成

科普传播是一个完整、有机的系统，系统内部各要素之间相互联系、相互作用的关联性构成了内部机制；同时，科普传播系统是社会大系统中的一个子系统，这决定了它无法摆脱社会大系统的制约。由此，科普传播系统势必会与社会大系统中的其他系统保持相互联系、相互影响和相互制约的有机关联性，从而构成其外部机制。

1. 科普传播的内部机制

所谓科普传播内部机制，指的是把科普传播作为一个独立的系统，由其内部结构特殊性所形成的固有机理和功能，亦即由特殊结构及其结构之间的特殊关联形成的运行机制，是其之所以能作为系统独立运行的内在根据。综合来看，科普传播内部机制主要表现在以下几个方面。

（1）信息自选择机制。在信息化环境下，科技信息容量正在呈几何指数增长，对这些信息进行判断、筛选和加工就成为传播者首先要解决的问题。在这一过程中，传播者不但要对众多原始信息进行一系列的筛选、判断或淘汰，而且还要对新产生的信息进行优化控制，从而使信息以最优化的程度满足受众的需求。

在科技信息的选择过程中，传播者总会以自我背景和机构、个人需要作为参考，或有所侧重或有所曲解，以便使接收的信息同自己固有的背景信息能协调一致，因此是一个心理运动过程。一般而言，传播者对信息的反应是由其情感和兴趣爱好决定的，受众在接收外界某种信息时也是如此。选择性接收信息是人们的一种本能倾向，这是信息选择过程中的情感机制使然，也就是通常意义上的"萝卜青菜各有所爱"。此外，在对信息的选择上，传播主体永远占据主动权，人们会根据各自不同的需求、不同的情感、不同的兴趣等选择对自己最有价值的信息，并储存在大脑之中。因此，在信息传播过程中，人们对信息的选择有着较大的主观性和随意性。

（2）系统自组织机制。自组织是事物自主地从无序走向宏观有序的演化过程，本质上是指"系统以内部的矛盾为根据，以外部环境为条件，不受特定外来干预的自发的运动"。根据这一原理，科普传播系统自组织是指系统内部各结构要素之间通过相互作用，实现从无序走向有序的运动过程，这一过程需要满足三个基本条件。

①开放性。开放性是系统自组织的必要条件，只有外部环境向系统内部输入的物质能量达到最低开放度时，系统才能自组织；反之则不然。信息技术时代，科普传播系统开放性日益凸显，一方面各类网络平台为受众提供了一个广泛参与和交流的平台；另一方面科普传播活动在网络环境下变得更加大众化和草根化，任何机构和个体都可以参与其中。

②非线性。非线性要求系统内部各结构要素之间的相互作用不是简单的线性叠加，而是相互制约和影响，从而产生更大的功能和效应。对科普传播而言，构成传播系统的主体、渠道和客体三个要素间的相互制约、相互作用，使得各要素协同形成新的整体效应。

③系统的"涨落"。"涨落是有序之源"，是系统内部或外部一个随机性的小小扰动，是系统自组织的动力因素。科普传播系统是一个结构复杂的综合体，因此，形成"涨落"的因素也不尽相同：①"内涨落"，这是由系统内部因素引起的涨落形式，如科普传播结构和资源配置的变化；②"外涨落"，这是由系统外部的环境引起的涨落形式，如政府加大科技资金投入。科普传播系统的"涨落"有一定的随机性，它能通过非线性相干在一定程度上改变系统各要素之间的关系而完成自组织过程。

（3）系统自控制机制。作为一个开放系统，科普传播不可避免地遇到外在环境干扰，这就需要科普传播系统的自控制机制来调节抵御外在环境的干扰。科普传播系统的自控制机制指的是该系统依赖于自身的内部机制，排除外在环境的干扰，最终实现其预定传播目标的能力，包括两个方面：①预前自控能力，即基于排干扰经验的积淀（"记忆"）和运行，对未来干扰的预测而形成的机制，即"防患于未然"的抗干扰能力；②随即自控能力，是系统在运行过程中随时根据反馈信息，检查并修正由外来干扰引起的运行偏差，以保证预定目标最终实现的能力。这两种自控能力往往是彼此融合、相互补充的。

2. 科普传播的外部机制

科普传播外部机制主要是指科普传播系统同外部的系统和要素的有机关联性所构成的机制，会因不同外部因素而表现出不尽相同的形式。科普传播的外部机制本身是相当复杂的，这涉及其类型、性质与程度等要素。

（1）外部机制的基本类型。

①目标机制。该目标指的是人们期望每次科普传播活动结束时能实现某种预期的效果，可能是传播活动中本来就蕴含着的，也可能是活动开始时作为期望值而确立的。互联网的发展带来的科普传播主体的多元化和传播过程的交互化，使得科普传播系统运行的目标越来越复杂，具有多向性、级次性等特征，前者指不同主体有不同的诉求和目标，后者则取决于不同科普传播主体自身利益与价值取向的差异性。

②功能机制。互联网的开放性与交互性决定了科普传播系统离不开与其他社会系统的碰撞、摩擦与协调，并融汇在社会大系统中借助网络平台发挥其特有的功能。这种功能性的外部机制，突出的表现为调节功能，即相同性质的各系统之间互相补充、互相借助。

③时空机制。时空机制主要表现在科普传播活动发生的迟早、传播的速度快慢、传播的效果是否明显以及波及和影响范围广狭等，与系统内部各个结构要素和外部环境都有密切关系。数字化信息社会的本质就在于保持时间和空间的距离为零，使因距离带来的摩擦系数尽可能降低，即"非摩擦经济""零距离"等。

④效应机制。这是就科普传播活动的目标预定值和实现值而言的。如果科普传播活动达到了预期的传播效果，实现了预期的传播目标，这就说明其目标预定值与目标实现值相当，即为正效应；反之，即为负效应。许多事实表明，

科普传播内部机制的优化程度，关系着其传播效应的正与负。

（2）外部机制的性质与程度。科普传播系统同社会中不同系统的关系而形成的机制有着不同的性质和程度。一方面，从外部机制的性质来说，如果科普传播系统与社会大系统同属于一个时代而形成的外部机制，往往会推动科普传播的发展，会对科普传播活动起到一定的促进作用，我们把这称为积极的外部机制。另一方面，从外部机制的程度来看，科普传播的外部机制在程度上有强弱之分。历史表明，外部环境中各因素当时在社会中的地位和能量决定了外部机制的强弱程度。也就是说，科普传播的外部机制既是全方位的，又是有重点的。当然，科普传播外部机制的性质和程度并非是一成不变的，是以时间、地点和条件为转移的。在不同时间、地点和条件下，是否存在联系、积极还是消极以及影响力强度等，都是不同的。

（三）科普传播系统作用机制

网络环境下的科普传播系统是一个开放的系统，充满着生机和活力，其传播过程遵循一定的规律和流程。

1. 网络时代科普传播系统要素的作用机制

（1）动力传递机制。科普传播的动力来源于科学技术本身的发展需求以及各个传播主体对科技理念、科技知识、科技精神的需求。在网络时代，科普传播的主体和受体的边界愈加模糊，谁是传者谁是受者难以分清，任何人都在不断地进行着角色转换。由此，每个主体从事科普传播活动的动力因素及其传递机制也就不尽相同了。①政府。政府的作用是通过制定政策和法律法规来规范科普传播机制的高效运行，如果政策法规符合科普传播机制运行规律，就会相互促进，否则就会形成相互制约。②科技社团和群众组织。科技社团作为科普传播的社会化主力有利于提高科技信息传播的效率，但只有做好科普传播活动才能得到社会认可和支持，由此得到政府财政支持和社会资助。③科技开发和科技产品公司。为适应市场竞争需要，科技企业必须对高端科学技术进行普及和推广，以实现盈利或品牌影响力提升，这是其从事科普传播活动的动力。总之，以上科普传播主体借助新兴技术平台，把科普传播活动推上了更高层次，逐渐形成科普传播的动力传递机制，其流程如图 3.11 所示。

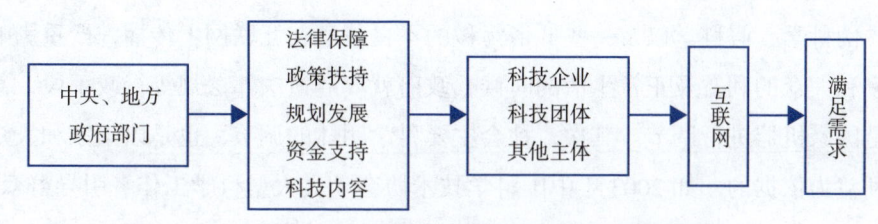

第三章 "互联网+科普"系统结构、机制与模式构建

```
中央、地方     法律保障
政府部门  →   政策扶持    →   科技企业      →   互   →   满
              规划发展        科技团体          联       足
              资金支持        其他主体          网       需
              科技内容                                   求
```

图 3.11 网络时代科学传播的动力传递机制

当然，实践中的动力传递机制并非如图 3.11 所标示的那样简单，仅有法律法规保障和资金的支持未必能够奏效，这个链条实际上应该是双向性的。此外，图中所示的传递过程只是针对有组织的群体来说的，对于某个个体而言并不一定需要这些动力传递，而是遵循信息流动的自然规律。因为个体与社会之间本身存在着一种知识上的"势差"，这种"势差"本身所具备的运动"势能"会将信息从多向少、从有向无的方向快速流动。

（2）效果反馈机制。反馈是实现协调和控制的重要手段。科普传播系统通过反馈，一方面维护系统内部的静态平衡；另一方面调节内部与环境之间的动态平衡。科普传播效果如何在某种意义上是影响科普传播机制能否正常运行的关键因素。

如图 3.12 所示，从微观上说，如果传播的科技信息晦涩难懂，或者难以满足受众需求，受众就会对该信息采取敬而远之的态度，而传播者如果不能因此及时调整策略，就会被受众和市场所抛弃。从宏观上说，如果反馈线路阻塞，会影响传播主体对国家政策的执行，科技成果转化为生产力的效率就会趋低。

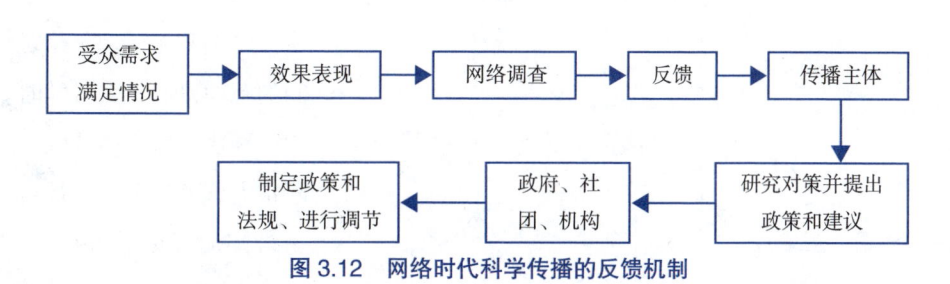

```
受众需求   →  效果表现  →  网络调查  →  反馈  →  传播主体
满足情况                                            ↓
制定政策和  ←  政府、社  ←  研究对策并提出
法规、进行调节   团、机构    政策和建议
```

图 3.12 网络时代科学传播的反馈机制

（3）调节改善机制。在网络时代，政府机关、学术团体、科协组织乃至个体科技爱好者都广泛参与到科普传播活动中，他们在科普传播调节功能发挥方面处于不同的层次（图 3.13）。

首先，科普传播活动要与国家和民族的利益相符合。比如，当一些歪理邪说、伪科学、假科学以及一些低俗污秽的不良信息在互联网上传播，严重影响国家和大众的利益及正常生活的时候，政府就要通过法律法规等行政手段，甚至是国家机器进行调节。其次，社会主要科学团体的调节，也是以国家和大众的利益为依据的。如 2003 年中国科学技术协会动员大量科学工作者引导群众，以避免"非典"引起社会更大的恐慌。最后，各个传播主体和受众自身的调节。即传播者根据受众态度及时改变传播的内容和传播方式等，而受众也会根据某个传播者的传播方式和内容做出是否更换媒介的决定。

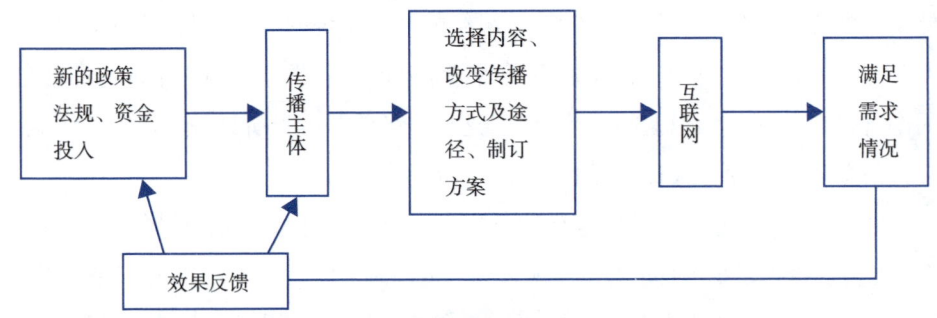

图 3.13 网络时代科学传播的调节与改善机制

2. 网络时代科普传播系统要素的互动机制

基于网络的科普传播系统是一个自组织的开放系统，其系统内部各要素之间存在这样或那样的关系，势必会产生这样或那样互动形式，科普传播机制的整个运行过程实际上就是在其系统内部各要素之间的互动中完成的，具体有以下几个类型：

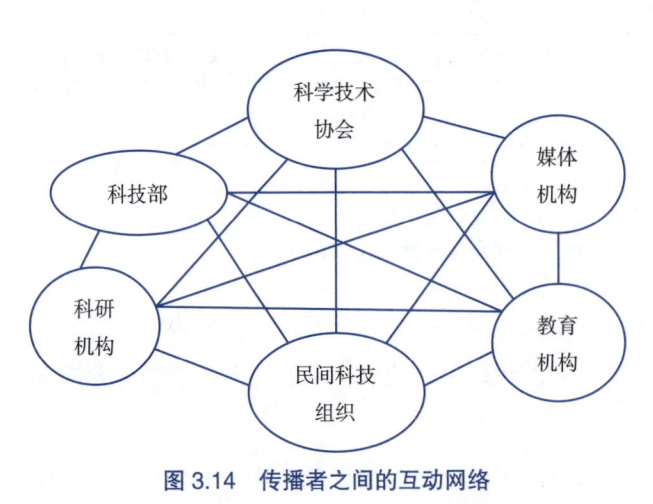

（1）科普传播者之间的互动机制。大科学时代，科普传播主体范围不断扩大，各种类型的社会力量都加入传播者行列，不但包括各种教育科研机构以及各种民间科技组织，还包括大众传媒，甚至包括政府机构及其管理人员等。如图 3.14 所示，

图 3.14 传播者之间的互动网络

传播者之间的互动关系表现为：科学共同体内部同行、普通科研工作者、各民间科协类组织成员之间都要进行交流，这种互动交流能够有效促进科普传播活动完成。

（2）科普传播者与受众之间的互动机制。科普传播者与受众之间的互动始终贯穿于科普传播的全过程，它不是一个线性单向模式，而是一个复杂的社会互动过程，在社会因素与心理因素的持续性作用下，形成了一个复杂的、互动的传播系统。而互联网特性使两者处于一种对等或平等关系，相互间的互动性更加凸显。

（3）受众群体间的互动机制。"受众"是科技信息传播的对象，分布在不同的职业领域和地域，当前"受众"的范围也在呈不断扩大趋势。虽然受众是一个相对松散的群体，其科技素质、文化程度良莠不齐，但受众群体之间很容易形成有效的、多层次的互动网络，其互动与示范效应如图3.15所示。

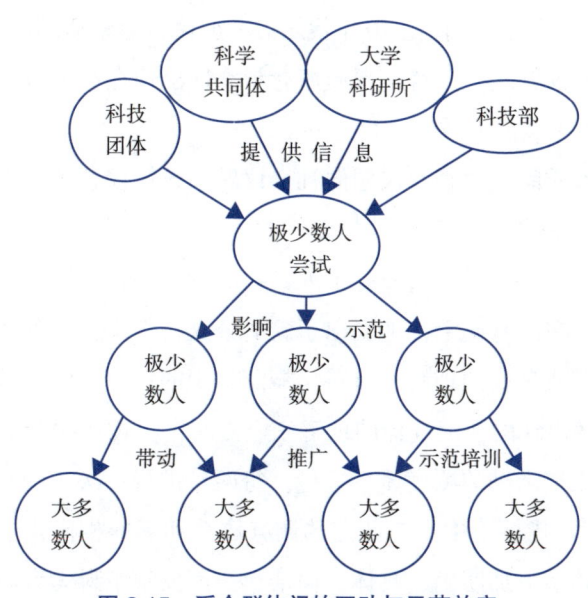

图 3.15　受众群体间的互动与示范效应

第四节 "互联网+科普"战略及其实施路径

一、"互联网+科普"战略目标设定

(一)公民素质建设的国际经验

随着新科技革命的全面爆发,科技创新成为经济社会发展基本动力以及综合国力竞争的核心,公民科学素质问题由此成为世界各国共同关注的重要议题。20世纪80年代以后,以英国和美国为代表的发达国家围绕公民科学素养问题制定了许多政策,将之纳入国家科技发展战略。"科学素质"概念最早出自美国教育家科南特于1952年发表的《科学通识教育》,之后的讨论也大多与科学教育相关联,但在20世纪70年代之后,公民科学素质问题逐渐成为政府、学者共同关注的议题之一,科学素质概念频繁地出现在有关科学教育改革、科技发展政策的学术文献和政府文件之中。

伴随科学素质问题由教育议题向社会议题、政策议题的转变,许多国家开展了制度化的公民科学态度和科学素质调查工作。1979年,米勒对科学素质进行了重新定义,认为科学素质是个人具备阅读、理解以及表达对科学事务观点的一种能力。在此基础上,他提出了新的公众科学素质测度体系,内容包括公众对科学规范或过程的理解、对科学概念知识的理解、对科学技术作用于社会的影响及伴随出现的政策选择的理解三个方面[1]。从1980年开始,美国公众科学素质调查依据米勒的测度体系进行,每两年进行一次,调查结果被收录在《美国科学与工程指标》中。与此前的调查体系和标准相比,米勒的科学素质定义及其测度体系更加明确、具体、简洁,全面反映了科学素质的本质及其要

---

[1] 米勒后来(1998年)将其总结为:公众应具有足以理解报纸和杂志上各种不同观点的基本的科学概念词汇量;公众应具有对科学探究的过程和本质的理解;公众应具有对科学技术对个人和社会的影响有一定程度的理解。

求，不仅成为美国公众科学素质调查的理论基础和执行标准，在世界范围内也产生了广泛影响。目前许多国家和地区的公众科学素质调查基本上都是以米勒的三维体系为基础的。欧盟也是较早开展公民科学调查和科学素质测量的地区。1989年在米勒和杜兰特的指导下进行了欧盟范围内的第一次广泛调查。1989年之后，欧盟公民科学素质调查仍以米勒体系为基础，但调查内容也在不断扩展，包括了公众对科学信息的获取、科学兴趣和知识水平、对科学与技术价值的认识、对科学和科学家的信任水平、转基因食品问题、公众对欧洲科学研究的了解和认识等内容。英国、日本、印度、巴西等国对公民科学素质调查同样也给予高度重视，基本上以米勒体系为主或者结合国情对其进行适当修改。

20世纪下半叶以来，随着现代科技革命的爆发，科技和经济社会发展的关系更加紧密且错综复杂，公众对科技发展的态度也在不断变化，并开始影响到各国科技政策和科学共同体的运作体制。在此背景下，鉴于公众科学态度和公众科学素质问题的重要性，世界许多国家都推出加强公民科学素质建设的政策和举措，即通过科普传播促进公众理解科学。1985年，美国相关机构提出了"2061计划"，并发布一系列重要报告，其中《面向全体美国人的科学》提出了成人科学素质的基本目标。从基本特征上看，"2061计划"旨在通过推进学校科学教育改革、强化科学课程的作用来提升公民科学素质的一个计划，反映了美国公民科学素质建设工作的特色。同年，英国皇家学会发表了著名的《公众理解科学》报告，呼吁正规教育、大众媒体、工业组织、科学共同体共同努力，促进公众更好地理解科学技术，包括利用各种公众理解科学活动（包括科学竞赛、实验项目、科技周活动等），激发公众（特别是学生）的科学兴趣，提升公众对科学技术的理解。围绕此报告，英国还推出了一系列措施，旨在加强公民科学素养建设，以提高公众理解科学的水平。

综上所述，尽管在具体措施上存在一定差异，但世界各国针对公民素质建设的目标大体上是一致的，就是提升公众科学素质，促进公众理解科学。就基本策略而言，大致分为两个方面：一方面是加强基础教育阶段的科学课程改革，发挥科学课程的基础作用；另一方面是加强社会的科普建设，通过开展丰富多彩的科普活动和公众理解科学实践，增加公众对科学的理解，促使公众积极参与科技领域的公共议题讨论。总之，正规科学教育对全民科学素质提升具有基础功能和作用,而终身教育理念之下的科普传播是科学教育之外的有效补充和重要渠道。

(二)以公民科学素质建设为中心的目标设定

随着公民科学素质建设受到国际社会的普遍重视,提升公民科学素质、增进公众理解科学和科普之间形成了目的与手段的基本关系。从国际社会对科学素质的理解来看,科学素质包括公众对科学概念和知识、科学方法和过程、科学技术对社会的作用和影响的理解,与公众理解科学在内容和要求上是一致的。公众科学素质、公众理解科学涵盖了科普工作所要达成的重要目标,因此,公民科学素质建设可以成为推进当代科普事业的重要抓手,而在信息化技术革命背景下,也成为"互联网+科普"战略的重要目标。《中国科协科普发展规划(2016—2020年)》提出了未来五年公民科学素质建设的目标任务:到2020年,建成适应全面小康社会和创新型国家、以科普信息化为核心、普惠共享的现代科普体系,科普的国家自信力、社会感召力、公众吸引力显著提升,实现科普转型升级。以青少年、农民、城镇劳动者、领导干部和公务员等重点人群科学素质行动带动全民科学素质整体水平持续提升,我国公民具备科学素质比例超过10%,达到创新型国家水平。

当前,我国正处在实施创新驱动发展战略、全面建成小康社会的关键时期和攻坚阶段,正在由要素驱动、投资驱动转向创新驱动,正在经历一场深刻的体制机制和发展方式的变革。在此背景下,《中国科协关于加强科普信息化建设的意见》指出,要抓住机遇,全面深入实施《全民科学素质行动计划纲要(2006—2010—2020年)》,坚持需求导向,强化互联网思维,在公民科学素质跨越提升进程中,充分发挥科普信息化的支撑和引领作用。该意见强调,科普信息化是实现全民科学素质跨越提升的强力引擎。这是因为创新驱动发展的关键是科技创新,基础在全民科学素质。要支撑"两个一百年"、创新驱动发展战略、全面建成小康社会等目标的实现,到2020年我国公民具备基本科学素质的比例必须超过10%。要实现公民科学素质建设的这个发展目标,任务十分艰巨,必须通过加强科普信息化建设,借助信息技术和手段大幅快速提升我国科普服务能力,才能有效满足信息时代公众日益增长和不断变化的科普服务需求，才能为实现全民科学素质快速提升提供强劲动力。

二、"互联网＋科普"战略实施内容与路径

（一）"互联网＋科普"创新工程的具体内容

《中国科协科普发展规划（2016—2020年）》提出，要以《全民科学素质行动计划纲要》实施为主线，以科普信息化为核心，以科技创新为导向，开启传统科普创新与科普信息化"双引擎"，全面创新科普理念和服务模式。在具体措施方面，提出要着力实施"互联网＋科普"建设等六大重点工程，推动公民科学素质建设水平显著提升。

1. 提升"科普中国"示范性和影响力

更加广泛汇聚各方力量共同打造"科普中国"，不断提升品牌的口碑和影响力。充分发挥品牌的统领作用，推动科普领域牢固树立精品意识和质量意识，引导建设众创、众筹、众包、众扶、分享的科普生态，打造科普开源发展新格局。充分发挥"科普中国"和科协组织的影响力，进一步把政府与市场、需求与生产、内容与渠道、事业与产业有效连接起来，实现科普的倍增效应。

2. 深入实施科普信息化建设专项

按照"2015年搭建框架、初见成效，2016年完善提升、效果凸显，2017年体系完善、持续运行，2018年后常态高效运营"的目标，迭代建设内容丰富、形式多样、方便实用的网络科普大超市，迭代建设公众与公众、公众与网站、网站与网站、线上与线下等的网络科普互动空间，不断提升科普精准推送服务品质和水平，建立完善科普信息化运行保障机制。到2020年，保持专项经费稳定投入，实现15家以上主流门户网站开设科普栏目（频道），开发运行30个以上科普中国系列APP和微信订阅号，各频道PC端和移动端年总计浏览量100亿人次以上，其中移动端年浏览量70亿人次以上。

3. 提升优质科普内容供给能力

聚焦公众需求，采用新闻导入、好奇心驱使、科学解读等形式，创新科普内容表达方式，优化科普内容的科学性审核把关，建立完善专家审核和公众纠错相结合的科学传播内容把关机制。到2020年，把科普中国打造成最权威、

最具影响力的科普平台。形成机构、专家和公众共同参与，各地、各部门、各类机构协同联动的科普信息生产和分享的生动局面，科学性、趣味性、体验性和精彩度大幅提升。

4. 拓展科普信息传播渠道

充分利用和借助现有传播渠道，拓宽网络特别是移动互联网的科学传播渠道。发挥好互联网企业等专业机构的主体作用。积极组织和动员传统科普渠道与新媒体深度融合，与服务运营商、设备制造商的深度合作，拓展科学传播领域和空间。到2020年实现公民通过互联网有效获取科技信息的比例达到70%以上；城镇社区、学校的科普信息到达率90%以上，乡村社区的科普信息到达率70%以上。

5. 实施科普信息化落地普惠行动

创新科普的精准化服务模式，依托大数据、云计算等信息技术手段，采集和挖掘公众的科普需求数据，洞察和感知公众科普需求，定向、精准地将科普信息资源送达目标人群，推动科普信息在社区、学校、农村等的落地应用。加大对老少边穷地区及青少年等重点人群的科普信息服务定制化推送。强化移动端科普推送，支持移动端科普融合创作，推送科普头条新闻。

6. 建设科普中国服务云平台

以提升科普服务效能为核心，以科普信息汇聚生产与有效利用为目标，立足现有基础条件，迭代建设科普中国服务云和科普中国门户网。推动科普大数据开发开放，实现科普信息汇聚、数据分析挖掘、应用服务、即时获取、精准推送、决策支持，创新科普产品和服务，提高科普投入效率和科普信息资源的高效利用。到2020年建成能全面支撑科普信息化服务的科普中国服务云平台，实现PB级的优质科普信息资源的快速生产与汇聚，实现为亿级科普受众的科普资源获取和推送服务能力。

（二）"互联网＋科普"创新工程的实施路径

1. 聚焦科普需求，丰富科普内容

运用现代信息化手段，可使科普内容更加丰富、形象、生动，满足不同受众的多样化、个性化的需求，使科普更具观赏性、趣味性和感染力。要把满足公众

的科普需求和创新驱动发展对科普的需求作为主要任务，借助大数据技术和平台建立公众科普需求报告发布制度。充分发挥科学传播专家团队作用，借助先进信息技术手段，围绕公众关注的卫生健康、食品安全、低碳生活、心理关怀、应急避险、生态环境、反对愚昧迷信等热点和焦点问题，大力普及科学知识。

2. 创新科普表达和传播形式

科普创作、科普创意是实现科普表达的基本方式，要结合区域特点，充分发挥各方面力量的作用，顺应信息社会科学传播视频化、移动化、社交化、游戏化等发展趋势，综合运用图文、动漫、音视频、游戏、虚拟现实等多种形式，实现科普从可读到可视、从静态到动态、从一维到多维、从一屏到多屏、从平面媒体到全媒体的融合转变。强化科普与艺术、人文融合，充分运用群众喜闻乐见的电影、动漫等形式，充分运用形象化、人格化、故事化、情感化等创作方法，增强科普作品的吸引力。充分动员科普专业机构、科技社团、科研机构、教育机构、企业、网络科学传播意见领袖等生产和上传科普信息资源，推出更多有知有趣有用的科普精品。

3. 运用多元化手段拓宽科学传播渠道

牢固树立借助为主、自建为辅的科学传播渠道建设理念，充分利用和借助现有传播渠道开展科学传播。加强与互联网企业等专业机构的合作，充分发挥中国数字科技馆等科普网站的作用，拓宽网络特别是移动互联网科学传播渠道，运用微博、微信、社交网络等开展科学传播，让科学知识在网上流行。加强与电视台、广播电台等大众传媒机构的合作，充分发挥广播、电视等现有覆盖面广、影响力大的传统信息传播渠道作用，建设科普栏目，传播科普内容。积极推动与车站、地铁、机场、电影院线等公共服务场所以及移动服务运营商、移动设备制造商的合作，将科普游戏、科普移动客户端、科普视频等优质科普内容作为公益性的增值服务提供给公众。

4. 强化科普信息精准推送服务

依托大数据、云计算等技术手段，采集和挖掘公众需求数据，做好科普需求跟踪分析，针对本地区、本渠道科普受众群体的需求，通过科普电子读本定向分发、手机推送、电视推送、广播推送、电影院线推送、多媒体视窗推送等定制性传播方式，定向、精准地将科普文章、科普视频、科普微电影、科普动漫等科普信息资源送达目标人群，满足公众对科普信息的个性化需求。

5. 充分运用市场机制创新科普运营模式

有效利用市场机制和网络优势，充分利用社会力量和社会资源开展科普创作和传播，是科普运营模式的重大创新。要充分发挥市场配置资源的决定性作用，依托社会各方力量，创新和探索建立政府与社会资本合作、互利共赢、良性互动、持续发展的科普服务产品供给新模式。大力推动实施科普信息化建设工程，充分依托现有企业和社会机构，借助现有信息服务平台，统筹协调各方力量，融合配置社会资源，建立完善科普信息服务平台和服务机制，细分科普对象，提供精准的科普服务产品，泛在满足公众多样性、个性化获取科普信息的要求，引导和牵动我国科普信息化建设水平的快速提升。

6. 通过集成创新推动信息化与传统科普深度融合

促进信息化与传统科普活动紧密结合，大力推动信息技术和手段在科普中的广泛深入应用，积极探索融合创新模式。借助或打造科普活动在线平台，通过二维码等方式引导公众便捷参与，设置科普活动自媒体公众账号，开展微博、微信提问、微视直播、现场访谈、线上互动等活动，促进科普活动线上线下结合。积极组织和动员科技类博物馆、科普大篷车、科普教育基地、科普服务站等利用现有科普信息平台获取优质资源，加强线上资源的线下应用，丰富科普内容和形式；同时，推动和支持运用虚拟现实、全息仿真等信息技术手段，实现在线虚拟漫游和互动体验，把科普活动搬上网络。积极推动传统科普媒体与新兴媒体在内容、渠道、平台、经营、管理等方面的深度融合，实现包括纸质出版、互联网平台、手机平台、手持阅读器等终端在内的多渠道全媒体传播。

三、"互联网+科普"战略的保障体系建设

从国际发达国家的经验和我国近年来的实践看，美国"2061计划"或我国"全民科学素质行动计划"这一类国家政策，已经成为有效整合各种社会科普力量、引导科普发展的"龙头"抓手。与此同时，作为一项社会公共事业，科普还需要国家、政府或社会提供足够的人力、财力、物力支持，因此应加强宏观资源要素方面的科普资源、渠道和人才队伍建设，为"互联网+科普"战略提供基础保障。

（一）科普政策体系建设

科普政策是国家权力机关、执政党乃至地方政府为促进科普事业发展、活跃科普局面、推进科普工作而出台的各种相关政策，包括国家机关、政府部门以及地方政府发布、出台的与科普工作相关的法律、规定、意见、条例等。尽管由于不同国家在社会制度和决策体制上存在差异，科普政策的制定与出台、表达科普政策的形式和手段会有所不同，但都会利用科普政策这种手段，明确科普工作的地位和体制，区分政府和社会的不同职责，确立科普事业的目标和战略，确定科普工作的任务和计划，引导科普资源的合理配置，促进对科普事业的投入，完善科普基础设施的建设，规范科普活动的组织等。

为推动我国科普事业的发展，我国近些年来先后出台了一系列重要的科普政策法规，中共中央、国务院于 1994 年发布了《关于加强科学技术普及工作的若干意见》，全国人大于 2002 年颁布了《中华人民共和国科学技术普及法》，国务院于 2006 年颁布实施了《全民科学素质行动计划纲要》，形成了目前我国科普政策法规体系的核心。在这三部政策法规的指导下，国家相关机关、政府有关部门、各级地方政府将科普工作纳入本部门、本地区的工作计划，出台了一系列配套的科普条例与政策。党和国家领导人在历次召开的国家科学技术大会、两院院士大会等相关会议上也就科普工作做出明确指示。因此，从科普政策体系构建的角度看，我国目前已经初步形成一个以《中华人民共和国科学技术普及法》为基础，以加大科普投入、完善科普设施、培养科普人才等配套措施为实施手段，以促进各行业、各地区科普工作发展为目标，包括国家、部门、地方三个层次的科普政策体系，推动了我国各项科普工作的开展，为科普事业提供了良好的政策支持。

（二）科普基础设施建设

如前所述，从功能和属性上看，科技类博物馆、专业科普场馆等科普设施是面向社会和公众开放，承载、展示、传递科普知识，服务科普工作的公共设施。科普设施通过组织和开展科普活动，为社会和公众提供相应科普服务，公众则通过这些设施，学习和理解科学技术内容。加强科普设施建设，有助于提升科普"物力"资源的保障支撑能力，扩展科学技术传播普及的渠道。

科技发达国家都非常重视对各类科普设施的建设，政府不仅投入巨资保障科技场馆的建设和运行，而且通过政策手段激励社会各界支持这类场馆建设，涌现出了许多闻名世界的博物馆，如英国伦敦科学博物馆、美国航空航天博物馆、法国巴黎发现宫等。近年来，我国也高度重视科技场馆建设，先后出台了《科学技术馆建设标准》（建设部、国家发展改革委员会，2007年）、《科普基础设施发展规划（2008—2010—2015）》（国家发展改革委员会、科学技术部等，2008年）等重要文件，各地陆续兴建了一批高水平科学技术场馆。同时，我国还加大了对科普基地和基层科普设施的建设力度，目前全国已获得各级认定与命名的科普教育基地达2万余个，覆盖了现代农业、气象、交通、航天、地质、消防等领域。

基层科普设施是面向基层地区和公众开展科普展示和科普活动的场馆、场所或设施，大致可分为固定科普设施和流动科普设施两类。固定科普设施包括街道、社区和乡镇的科普活动站、科普学校、科普惠农服务站、科普宣传栏、科普画廊等；流动科普设施主要包括科普大篷车、科普放映车、科普宣传车、科普列车等。基层科普设施遍布城乡各地、活跃于城镇农村，适合我国国情需要，在基层科普中发挥了重要作用。

（三）科普传播渠道建设

科普传播渠道是科学技术内容通达受众对象的通道和途径。传统科普主要依靠媒体宣传、通俗科普读物、群众性科普活动等手段，当代科普在此基础上发展出了基于教育和培训的科技传播、利用科普或文化设施的科技传播、运用传播媒体（包括传统媒体和新媒体）的科技传播、形式多样的公众科普活动等渠道。整体而言，当代科普渠道建设呈现出多样化、立体化、多媒体特征，各种更具效率的传播新途径和传播新形态不断涌现，并在科普传播中发挥越来越重要的作用。

从具体实践看，在科技教育与培训领域，素质教育导向的科学教育内容和教育项目受到广泛关注，远程教育、终身教育、职业培训的各种形式在提高公众知识方面也发挥了重要作用；科普设施的科技传播除了常规的科普展览和科普活动外，开发了多种具有交互、沉浸、体验等特点的新展教形式；各种传播媒体在传统新闻报道、知识普及形式之外，也在积极利用信息技术手段发展新的传播形式，科教纪录片、网络科普、科普微博等已成为颇受欢迎的科普传播形态；在公众科普活动方面，科技活动周、实验室开放、科学咖啡馆等活动在许多国家也已成为公众参与科普的新形式。

国内外科学传播和科学素质研究表明，科学教育是提升公民科学素质的基础手段，对公众科学素质水平有直接的影响，受教育程度越高的公众群体具备科学素质的比例越高；大众媒体是当代公众最常接触的信息传播渠道之一，对公众获取信息、形成意见产生重要影响，互联网的普及以及各种新媒体的出现又极大地提高了这种影响力；科普设施拥有重要的平台功能，依托科普设施可以开展各种形式的科普活动，特别是其中的科普展览可以将科学技术生动形象地展示给公众，从而对公众产生独特的影响；公众科普活动在近些年来更是变得丰富多彩，从影响广泛的科技活动周，到社区组织的健康咨询，各种形式不一而足。

综上所述，各类具有鲜明特征和优势的科普渠道，在提升公众科学素质方面都发挥了重要作用。而利用多样化渠道、传播多样化内容、满足公众多样化需求、达成多样化目标已成为当代科普发展的基本特征。随着信息化技术发展，传播渠道（特别是网络传播渠道）建设受到各国政府部门和社会各界的普遍重视，如美国利用"2061计划"推进科学教育改革。我国《全民科学素质计划行动纲要》将科技教育与培训、大众媒体传播能力、科普设施建设列为重要内容，就是要加强科普渠道建设。

（四）科普内容资源建设

广义的科普资源包括科普政策环境、人力、财力、物力、内容等资源。狭义的科普资源指的是科普实践过程中所需要的资源要素及组合，主要包括科普实践活动中与科普内容、媒介相关的资源要素及其组合。政策文件和学术文献中提及的"科普资源"，一般指狭义上的科普资源。科普资源具有复杂的形态和表现形式，仅就媒介资源而言，就有实物类媒介资源（如展品、实物、模型、装置等）、印刷类媒介资源（如图书、报刊、挂图等）、电子声像类媒介资源（如影视作品、网络作品等）等。

当代科技知识体系的任何一个构成元素、科技发展的任何一个进展信息以及科技政策等层面的任何内容都可以成为科技传播内容，都具有特定的传播价值和作用。但科技信息和内容只有在转化为科普内容并通过专业化加工、诠释之后，才能更好地传输给公众，方便公众接收和理解。因此，在任何时期和任何国家，科普内容和媒介资源建设都属于科普建设最基础的组成部分，否则就难以实现科技信息在社会和公众中的有效扩散。换言之，一个国家的科普能力集中体现在利用丰富的资源向公众提供科普产品和服务的综合实力。

近年来，发达国家都非常重视科普资源建设工作，政府倾力资助科普资源开发工作，科研机构、教育机构、媒体、科普设施等社会组织也都非常重视科普形式和资源建设创新，如科技类博物馆发展了各种互动性展览，教育机构组织开展了青少年科学探究项目，科教纪录片成为电视科普的重要手段，互联网上出现各种数字化科普资源，科研机构也在积极把科研成果转化为科普内容资源。总之，当代科普资源建设非常活跃，出现了更多互动性、体验性、数字化等科普资源新形态，科普的科学性、艺术性、趣味性也实现了更好的融合。

（五）科普人才队伍建设

人才战略是一切战略得以实现的保障和基础，科普传播自然也不例外。科普人才队伍建设属于科普人力资源建设的重要组成部分，是科普事业发展的基本保证。科普事业的良好发展、科普工作的有效开展，离不开科普人才的强力支撑。

从我国科普事业发展及相关实践看，可将"科普人才"界定为：具备科学素质和科普专业技能，为科普事业创造价值、做出贡献的专门人才，包括积极投身于科普创作与设计、科普研究与开发、科普活动策划与组织以及在科普场馆、科普传媒、科普产业等领域做出贡献的各类人才。科普人才在身份属性上可能是专职的，也可能是兼职的、业余的。

科普是需要专业技能的一个专门领域，发达国家都非常重视对科普人才的培养，建立了相对比较完整的人才培养体系。除此之外，美国、英国等也都非常重视对理工科学生进行科技传播教育，通过开设选修、辅修课程，让这些未来的科技工作者掌握传播技能。我国近些年来也开始有计划、有组织地加强科普人才培养工作。2012年，教育部就与中国科协联合启动了高层次科普专门人才培养的试点工作，选择清华大学等十所高校（6+4）和中国科技馆等机构，建立了"科普教育"方向的硕士专业学位研究生培养基地。

参考文献

[1] 任福君，翟杰全. 科学传播与普及概论［M］. 北京：中国科学技术出版社，2012.

[2] 任福君，尹霖. 科技传播与普及实践［M］. 北京：中国科学技术出版社，2015.

[3] 钟琦. 数说科普需求侧［M］. 北京：科学出版社，2016.

[4] 翟杰全. 让科技跨越时空：科技传播与科技传播学［M］. 北京：北京理工大学出版社，2002.

[5] 任福君. 中国科普基础设施发展报告（2009）［M］. 北京：社会科学文献出版社，2010.

[6] 任福君. 中国科普基础设施发展报告（2012—2013）［M］. 北京：中国科学技术出版社，2013.

[7] 任福君. 中国公民科学素质报告（第一辑）［M］. 北京：科学普及出版社，2010.

[8] 任福君. 中国公民科学素质报告（第二辑）［M］. 北京：科学普及出版社，2011.

[9] 科学技术普及概论编写组. 科学技术普及概论［M］. 北京：科学普及出版社，2002.

[10] 希拉贾撒诺夫. 科学技术论手册［M］. 盛晓明，译. 北京：北京理工大学出版社，2004.

[11] 周宏仁. 信息化概论［M］. 北京：电子工业出版社，2009.

[12] 张瑞冬. 科技革命背景下的科学传播受众研究［D］. 乌鲁木齐：新疆大学，2012.

[13] 李皋阳. 论网络时代的科技传播机制［D］. 石家庄：河北师范大学，2012.

[14] 廖思琦. 网络科普传播模式研究［D］. 武汉：华中师范大学，2015.

[15] 赵明月. 互联网时代科学传播的新路径探析［D］. 福州：暨南大学，2013.

[16] 孙文彬. 科学传播的新模式［D］. 合肥：中国科学技术大学，2013.

[17] 陈昆. 科普信息化背景下的科学传播模型研究［D］. 长沙：湖南师范大学，2016.

[18] 陈鹏. 新媒体环境下的科学传播新格局研究［D］. 合肥：中国科学技术大学，2012.

[19] 杨辰晓. 融媒体时代的科学传播机制研究［D］. 郑州：郑州大学，2016.

[20] 中国科协科学技术普及部. 科普中国信息化体系建设［J］. 科技导报，2016（12）：22-28.

[21] 涂慧，张广霞. 新媒体时代科普工作原则：基于CAS理论视角［J］. 绿色科技，2015（3）：292-295.

[22] 刘新芳. 当代中国科普观的历史演进［J］. 安徽史学，2009（4）：89-94.

[23] 董国豪. STS视角下的科普理念［J］. 绵阳师范学院学报，2012，31（1）：144-148.

[24] 江峻任. 科普的系统化[J]. 科技情报开发与经济, 2004, 14（4）: 152-153.

[25] 杜志刚, 孙钰. 面向公众的科学传播研究: 一个综述[J]. 中国科技论坛, 2014（3）: 118-123.

[26] 谢菊. 以大科普理念构建大科普管理体制[J]. 科学咨询, 2009（5）: 8.

[27] 孙梁. 赛博空间的科学哲学思考[J]. 山东农业大学学报（社会科学版）, 2005（1）: 111-114.

[28] 关峻. "互联网+"下全新科普模式研究[J]. 中国科技论坛, 2016（4）: 96-101.

[29] 吕强. 由"互联网+"引发的"科普+"的思考[J]. 科协论坛, 2017（4）: 31-33.

[30] 何郁冰. 从系统论的角度论科学传播[J]. 系统辩证学学报, 2004（3）: 89-92.

[31] 田小庆, 王伯鲁. 科技传播障碍及其对策分析[J]. 西南交通大学学报（社会科学版）, 2007（1）: 54-58.

[32] 翟杰全. 科技公共传播: 知识普及、科学理解、公众参与[J]. 北京理工大学学报（社会科学版）, 2008（6）: 29-32.

[33] 刘华杰. 科学传播的四个典型模型[J]. 博览群书, 2007（10）: 32-35.

[34] 张婷. 科学传播学的基本结构[J]. 声屏世界, 2009（8）: 17-18.

[35] 张礼建, 何巧艺. 论科普传播内容与传播方式的关系[J]. 高等建筑教育, 2013, 22（2）: 139-142.

[36] 王章豹. 科普体系建设论纲[J]. 合肥工业大学学报（社会科学版）, 1999（4）: 45-48.

[37] 汤书昆. 当代媒介融合新趋势与科技传播模式的演化[J]. 理论月刊, 2009（12）: 5-10.

[38] 谭筱玲. 现代传媒背景下的科技传播: 困境与对策[J]. 成都大学学报（社科版）, 2010（1）: 43-44.

[39] 赖茂生. 新形势新环境下的科学传播[J]. 中国科技奖励, 2012（12）: 70-71.

[40] 刘相法. 移动时代面向公众的科学传播方式的创新及其影响[J]. 科普研究, 2013, 8（3）: 25-30.

[41] 翟杰全. 科技传播事业建设与发展机制研究[J]. 科学学研究, 2002, 20（2）: 167-171.

[42] 罗希, 郭健全, 魏景赋. 社交媒体时代科普信息传播的困境与突破[J]. 科普研究, 2012（6）: 5-10.

[43] 徐善衍, 雷润琴. 试论公众理解科学在中国的理解与实践[J]. 科普研究, 2008（3）: 9-13.

［44］黄时进. 受众主体性的嬗变：媒体变革对科学传播受众的影响［J］. 新闻界，2007（5）：58-59.

［45］耿倩. 如何在融媒体时代探索"精准科普"之路［J］. 科技传播，2016（23）：115，117.

［46］陶春. 基于知识生产新模式的科普与新媒体协同发展研究［J］. 湖北行政学院学报，2013（1）：47-50.

［47］张广霞，涂慧. 新媒体环境下科普平台的构建：基于双边市场理论视角［J］. 绿色科技，2015（3）：289-291.

［48］尹章池，刘成璐. 论三网融合下的科普传播及其发展对策［J］. 东南传播，2011（6）：96-98.

［49］曾静平，郭琳. 新媒体背景下的科普传播对策研究［J］. 现代传播，2013（1）：115-117.

［50］杨霜. 危机事件中的科学传播与民意：基于"互媒体性"视点的考察与分析［J］. 新闻大学，2013（6）：83-90.

［51］侯强，刘兵. 科学传播的媒体转向［J］. 科学对社会的影响，2003（4）：45-49.

［52］朱鸿军，季诚浩. 扩散、参与和生产：科学传播范式的演进——以果壳网为例［J］. 传媒，2015（23）：70-73.

［53］林坚. 科技传播的结构和模式探析［J］. 科学技术与辩证法，2001（4）：49-53，56.

［54］杨文志. 科普信息化建设新思维和新理念［J］. 科技导报，2016（12）：14-17.

［55］侯强，刘兵. 科学传播的媒体转向［J］. 科学对社会的影响，2003（4）：45-49.

［56］尹霖，张平淡. 科普资源的概念和内涵［J］. 科普研究，2007（5）：34-41.

［57］Ren Fujun, Li Xiuju, Zhang Huiliang, et al. Progression of Chinese Students' Creative Imagination from Elementary Through High School［J］. International Journal of Science Education, 2012, 34（13）：2043-2059.

［58］冯小素，潘正权. 科技传播的整体解决方案［J］. 科学学研究，2005（2）：24-28.

［59］翟杰全，张丛丛. 科技传播研究："普及范式"和"创新范式"［J］. 北京理工大学学报（社会科学版），2008（1）：9-11，29.

［60］高秋芳，曾国屏. 广义科普知识的划界与分层［J］. 科普研究，2013（4）：5-10.

［61］吴国盛. 科学走向传播［J］. 中国科学人，2004（1）：10-11.

［62］汪中才. 基于互联网思维的农村科普工作新思路［J］. 中外企业家，2015（31）：192-

193.

［63］朱才毅．全媒体时代科普宣传的探索与实践：以广州科普联盟为例［J］．中国新通信，2017（3）：63-65.

［64］王勇．事件科普营销模式探究［J］．科普研究，2013（2）：26-30.

［65］赵军，王丽．关于微时代科普模式创新的思考［J］．科普实践，2015（4）：91-96.

［66］王颖．探索传播模式提升科普效果："科学松鼠会"的科普模式及启示［J］．科协论坛，2014（12）．

［67］林坚．科技传播的结构和模式探析［J］．科学技术与辩证法，2001（4）：49-53，56.

［68］李士．科普服务发展与新模式研究［J］．科普研究，2009（1）：42-45.

［69］孔庆华，曲彬赫．现代科普传播模式的创新与发展［J］．科技传播，2010（4）：100-102.

［70］王国华，刘炼，王雅蕾，等．自媒体视域下的科学传播模式研究［J］．情报杂志，2014（3）：88-92，117.

第四章
"互联网+科普"政策与管理体系构建

> **本章导读**

科普政策体系构建不仅为科普事业发展提供了重要的法律、政策、制度保障，也在全社会范围内营造了良好的科普环境和氛围。在"互联网+"框架下，应进一步健全科普政策体系、组织管理体系和人才保障体系，为国家科普能力建设提供政策、制度和人才保障。

> **学习目标**

1. 了解"互联网+科普"政策体系的构成、功能及其演进；
2. 理解"互联网+科普"管理体系构成和演变，掌握技术进步、组织变革与政府管理制度创新的内在关系和实施路径；
3. 了解"互联网+科普"人才队伍现状、行业需求以及培养策略。

知识地图

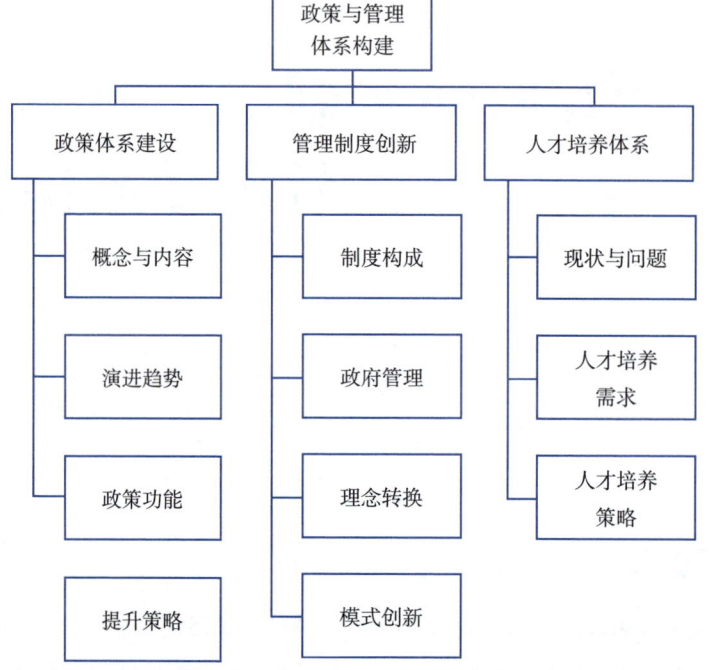

```
                    政策与管理
                    体系构建
         ┌─────────────┼─────────────┐
      政策体系建设     管理制度创新     人才培养体系
         │             │             │
      概念与内容       制度构成       现状与问题
         │             │             │
      演进趋势         政府管理       人才培养
                                     需求
         │             │             │
      政策功能         理念转换       人才培养
                                     策略
         │             │
      提升策略         模式创新
```

第一节 "互联网+科普"政策体系建设

近年来，面向社会公众的科普传播所存在的一些问题引起了社会的关注，政府出台了《全民科学素质行动计划纲要》，国家中长期科技发展规划也提出要"加强国家科普能力建设"。但在构建国家科普传播体系、发挥科普传播创新功能方面，还缺乏比较系统的理论研究和实践思路，一些亟待解决的问题也没有得到根本性解决。因此，要在深入分析知识经济发展和国家创新体系运行需求的基础上，通过相关理论研究建立面向创新的科普传播理论，并提出促进科普传播全面发展的政策建议。

一、科普政策概念与体系构成

（一）科普政策的概念与价值

科普政策是指由政策的制定主体各级立法机关和政府颁布的政策性文件，主要包括法律、法规、条例、通知、意见、重要领导人的讲话等形式。作为科技政策的组成部分，科普政策具有公共政策的一般属性，也是科普政策环境资源的核心部分。广义程度上，科普政策可以理解为是一种路线、方针、条例、目标、措施或准则等，是国家行政机关、政党或其他社会利益团体为推动科普事业而采取的策略和方法。

构建国家科普传播体系、提高国家科普传播能力、完善科普传播的发展机制，是知识经济时代推进创新型国家建设、提高科技竞争力的一项基础工程。在推进科普事业全面发展过程中，加强政策引导和制度建设，对于整合现有科普资源，强化科普传播能力建设，提升公民科学素养等具有重要价值，具体体现在三方面。

首先，科普传播能力是一个国家整合和配置其科技知识资源、扩散和转移其科技成果的一种基本能力，体现为有效传播科学技术知识和广泛扩散科学技术成果的实际效能。国家科普传播能力的强弱决定着一个国家能否有效促进科学技术知识的外部化、社会化、共享化，能否在整个社会范围内有效扩散和分配科技信息资源，并促进科学技术知识向应用领域的转移和转化，因而是促进经济持续增长与社会健康发展的一种基础保障能力。

其次，科普传播能力发展状况受多种复杂因素的直接影响，既与先进传播技术在科普传播领域的普及程度、社会对科普传播的支持力度有关，也与国家范围内各类相关组织机构参与科普传播的活跃程度以及科普传播组织机构的实际传播能力有关。政府可以利用政策手段，促进科技中介机构、科学传播专业团体、科技媒体等传播力量的发展，推动科普传播技术的广泛应用和科普传播产业体系的建立，引导高校、科研机构、企业积极参与科普传播活动，组成一个基于科学技术知识生产与应用的社会互动网络，形成一个高效运行的国家科普传播体系。

最后，采取政策措施促进国家科普传播能力的不断提高和国家科普传播体系的高效运行，可以大大促进对现有科学技术信息资源的有效汇集与整合，促进科学技术知识向社会生产领域的转移和扩散，这对于解决长期存在的科技与经济脱节的问题，充分发挥科学技术支撑经济增长的作用，以及提高整个国家的科技与经济竞争力、推进自主创新和建设创新型国家都具有非同寻常的重要意义。

总之，通过制定一系列科普政策，有利于创造并优化利于科普事业发展的社会环境，有利于加快实施"互联网＋科普"战略，提高公众理解科学和公众参与公共政策机制的能力，促进国家科技创新战略实施。

（二）科普传播政策体系构成

科普政策在内容上主要包括国家机关、地方各级政府以及政府部门为促进科普事业发展和利用科普来推动经济、社会、文化发展而制定的法律法规、方针目标、实施途径、战略规划、计划安排、行动指南、措施安排等。通过了解详细的科普政策内容，可以明确科普事业发展的目标与任务、加快推进科普管理机制改革、引导和优化科普资源、规范科普工作和科普活动，全面提高科普工作水平与公众科学素养。

我国科普政策体系从层次上进行划分，可分为全国性的、部委的、地方性的等（图4.1）。图中"专门科普政策"是指专门针对科普制定的政策。"相关科普政策"是指一些与科普有关的法规、条例、纲要等，这一点在《国家中长期科学和技术发展规划纲要》中有体现。

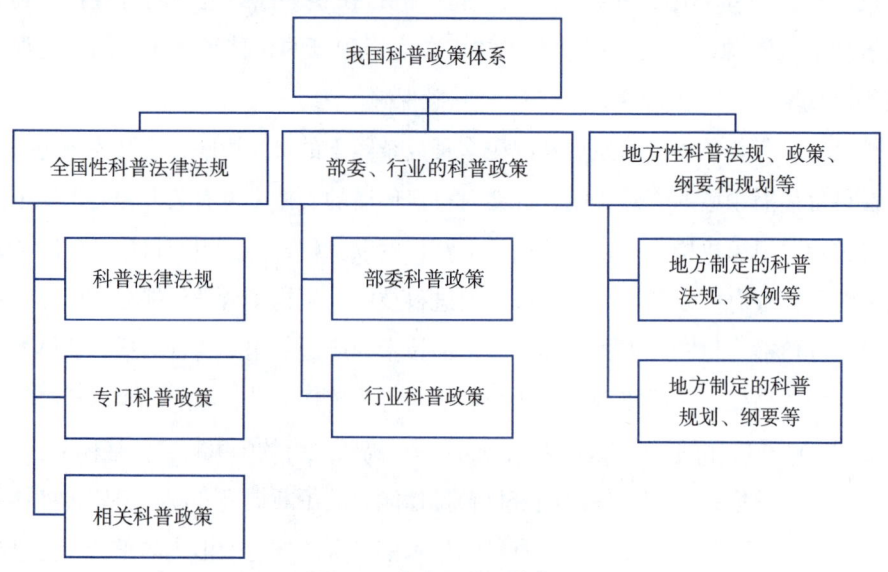

图 4.1 我国科普政策体系

就政策体系构成而言，基于信息化社会发展需要，科普政策体系至少包括科普公共传播政策、科普传播产业化政策、科普传播技术发展政策等组成部分。

（1）科普公共传播政策。科学技术的飞速发展及其广泛应用背景下，建立有效的科技公共传播政策，整合一切可能的社会资源，加强面向公众的科学普及，提高公众的科学素养，保障公众对科学事务的充分参与，对科技与社会发展都有极其重要的意义。自 20 世纪七八十年代开始，发达国家颁布了一系列激励科学家、社会机构、大众媒体参与科普传播的政策与措施。我国出台的《全民科学素质行动计划纲要》，根据具体国情提出了针对不同社会群体的四大科学素质行动计划，确定了科学教育与培训、科普资源开发与共享、大众传媒科普传播能力建设、科普基础设施等重点工程。这些政策成为科普公共传播政策体系的制度基础和主要内容。

（2）科普传播产业化政策。从国际传播产业、知识产业快速发展的现实看，服务于产学研知识交流的大量科普传播业务，有产业化发展的良好基础、条件和空间，可以有效利用市场机制，通过相应的政策促进，实现产业化发展和市场化运作。科普传播的产业化发展依赖于建立完善的管理制度、产业政策和市场机制，具体包括：通过加强知识产权制度改革、强化知识产权保护，建立科学技术生产、传播、应用相关各方的利益保障机制，规范技术市场秩序和技术交易行为；给予从事情报服务、技术交易、专利代理、科技咨询与服务的科技服务机构和中介机构以特殊的支持政策，促进科普传播产业组织的发展。科普传播产业发展政策应立足于建立一个良好的产业发展环境和市场发展机制，促进科普传播产业的快速发展。

（3）科普传播技术发展政策。现代信息技术使知识传播实现了高速化、便捷化、数字化和网络化，大大提高了信息的传播速度与效率，但面对科技信息分散化和巨量化以及科技需求多样化、广泛化的背景，传播技术发展还需要解决知识传播有序化和针对性等问题。因此，科普传播技术政策要立足于当代信息技术发展，通过实施"互联网＋科普"战略，促进科普网络与平台建设，通过有效整合现有科技信息资源，促进科技知识在全社会范围内共享和扩散；同时要在把握传播技术发展趋势和社会需求基础上，确定传播技术研究与应用的战略方向，并通过选择关键技术和重点推进措施，促进传播技术跨越式发展，占领传播技术与应用制高点。

二、我国科普政策体系及其演变趋势

20世纪90年代以来，我国科普政策开始走向了体系化建设之路，国家和社会高度重视科普工作以及我国科普事业的发展，更加明确了科普工作的任务与目标，制定并颁布了一系列有关科普工作的政策法规，有力地推动了我国科普事业的健康发展。

（一）现有科普政策体系

1. 科普法规与政策概况

《中华人民共和国宪法》第二十条规定："国家发展自然科学和社会科学，普及科学技术知识，奖励科学研究成果和技术发明创造。"从而在国家根本法中确立了科普工作的地位，围绕这一法规，国家在相应的法律、法规及方针政策中对科普做了全面规定，这些法规和政策一般以决定、规定、通知、意见、手册、规章制度、条例等形式体现出来。

为了提高公民的科学素质、促进科学进步，在1993年颁布的《中华人民共和国科学技术进步法》第六条中规定："国家普及科学技术知识，提高全体公民的科学文化水平。"从而确立了科普在科技进步中的重要地位。

1994年12月5日中共中央、国务院发布了《关于加强科学技术普及工作的若干意见》，对科普工作的战略意义、加强科普工作的领导、科普的对象和内容及改革科普工作运行机制等根本性问题做出明确规定，这是我国有关科普工作的第一个全面规范性文件。

1995年，中共中央、国务院发布的《关于加速科学技术进步的决定》再次强调应加强科普工作，"用科学战胜迷信、愚昧和贫穷"，把人们的生产、生活导入科学、文明的轨道。

1996年4月，为了贯彻落实《中共中央关于加强科学技术普及工作的若干意见》，建立了由国家科学技术委员会、中共中央宣传部、中国科学技术协会、国家计划委员会、国家教育委员会、财政部、广播电影电视部、中国科学院、全国总工会、共青团中央、中华全国妇女联合会组成的科普联席会议制度，加强了对全国科普工作的组织领导和协调。

1999年2月9日，科学技术部、中共中央宣传部、中国科学技术协会、教育部、国家计划委员会、财政部、国家税务总局、广播电影电视部、国家新闻出版总署9部委联合制定了《2000—2005年科普工作纲要》。

2002年6月，九届全国人大常委会第二十八次会议审议通过了《中华人民共和国科学技术普及法》。《中华人民共和国科学技术普及法》的颁布实施为我国科普工作提供了法律保障，也推动科普工作向纵深发展。之后，相关部门先后出台一系列相关政策文件。2003年4月，中国科学技术协会、国家发展和改革委员会、科学技术部、财政部、建设部联合出台了《关于加强科技馆等科普设施建设的若干意见》；2003年8月，中共中央宣传部、中国科学技术协会等7部委联合发出了《关于进一步加强科普宣传工作的通知》；2004年4月，国土资源部、科学技术部联合提出《国土资源科学技术普及行动纲要》（2004—2010年）；2004年10月，文化部、中国科学技术协会等12部委发布了《关于公益性文化设施向未成年人免费开放的实施意见》；2004年12月，修订后的《国家科学技术奖励条例实施细则》正式把科普工作成果列入国家科学技术进步奖奖励范围。2005年年底，国务院颁布《中长期科技规划纲要》，"提高全民族科学文化素质，营造有利于科技创新的社会环境"被列为纲要实施的重要政策和保障措施之一，明确提出实施全民科学素质行动计划、加强国家科普能力建设、建立科普事业的良性运行机制。

2006年3月20日，国务院向全社会发布、实施《全民科学素质行动计划纲要》，这是中华人民共和国成立以来制定的第一部提高全民科学素质的纲领性文件，也是贯彻执行《中华人民共和国科学技术普及法》和实施《国家中长期科学和技术发展规划纲要（2006—2020年）》的一项重大举措。《全民科学素质行动计划纲要》提出，到2020年我国公民科学素质水平将达到世界主要发达国家21世纪初的水平。届时，我国科普事业长足发展，形成比较完善的公民科学素质建设的组织实施、基础设施、条件保障、监测评估等体系，公民科学素质在整体上有大幅度的提高。《全民科学素质行动计划纲要》的颁布、实施标志着我国科普事业迈入了新的历史时期。

近年来，中央有关部委，各级政府及其有关部门也以规划、制度、纲要、决定、意见、通知等方式制定了一系列科普法规和政策。

2.《中华人民共和国科学技术普及法》

在我国几十年来科普工作政策实践基础上，特别是有了地方科普立法的经验，2002年6月通过的《中华人民共和国科学技术普及法》是符合我国国情制定的一部重要法律。这部法律的出台，对于实施科教兴国和可持续发展战略，加强科普工作，提高全民的科学文化素质，推动经济发展和社会进步具有重要意义。该项法律全文不到3000字，共有6章、34条，分为总则、组织管理、社会责任、保障措施、法律责任、附则，对立法的宗旨、适用范围、科普内容和活动方式、科普的性质和原则、政府及其科技行政部门和科协的职责、社会各方面的责任、科普的保障措施和法律责任等都做出了规定。尽管条文和文字不多，但法律涉及面广，内涵丰富，结构合理，定位准确，表述严谨。

3.《全民科学素质行动计划纲要》

《全民科学素质行动计划纲要》共约1万字，分为前言、方针和目标、主要行动、基础工程、保障条件、组织实施6个部分。主要内容包括：①公民科学素质建设是坚持走中国特色的自主创新道路、建设创新型国家的一项基础性社会工程，是政府引导实施、全民广泛参与的社会行动。全民科学素质行动计划旨在全面推动公民科学素质建设，实现到21世纪中叶成年公民具备基本科学素质的长远目标。②充分发挥政府主导作用，充分调动全社会力量共同参与，大力加强公民科学素质建设，促进经济社会和人的全面发展，为提升自主创新能力和综合国力、全面建设小康社会和实现现代化建设第三步战略目标打下雄厚的人力资源基础。③通过实施全民科学素质行动计划，到2020年形成比较完善的公民科学素质建设的组织实施、基础设施、条件保障、监测评估等体系，公民科学素质在整体上有大幅度的提高，达到世界主要发达国家21世纪初的水平。④实施未成年人、农民、城镇劳动人口、领导干部和公务员科学素质行动。配合上述行动计划，重点实施科学教育与培训、科普资源开发与共享、大众传媒科普传播能力建设和科普基础设施建设四大基础工程。⑤围绕公民科学素质建设最关键、最具基础性的问题，促进科学发展观在全社会的树立和落实，以重点人群科学素质行动带动全民科学素质的整体提高，使公民提高自身科学素质的机会与途径明显增多。⑥《全民科学素质行动计划纲要》还就政策法规、经费投入、队伍建设、组织领导、监测评估等方面提出了具体措施和意见。

总之，实施全民科学素质行动计划，就是要使公民了解必要的科学技术知识，掌握基本的科学方法，树立科学思想，弘扬科学精神，并且具备一定的利用它们处理实际问题和参与公共事务的能力。

（二）科普政策发展趋势

目前，我国科普政策已经初步形成了相对完整的体系化框架，并成为国家科技政策的重要组成部分，国家相关机关、政府有关部门、各级地方政府也将科普工作纳入本部门、本地区的发展规划和工作计划。一系列科普政策的出台和制度的建立不仅为科普事业发展提供了重要的法律、政策、制度保障，也在全社会范围内营造了良好的环境和氛围。

但从总体上看，我国科普政策体系还不够健全和完善，需要继续推进去行政化改革和科普社会化机制建设，充分调动社会各界积极性，广泛发展科普NGO 和 NPO 组织，推进科普工作管理模式的创新与改革，使科普工作能够更好地适应时代发展和社会要求。未来我国科普政策的发展趋势将有以下几点：

（1）提高科普政策的针对性、具体性和明确性。我国不同地区科普事业发展情况差距较大，存在城市科普资源优于农村，沿海发达城市发展快于西部偏僻地区等不均衡现象。因此，当务之急是建立健全符合各地客观实际情况的科普政策，从本质上推动当地科普事业的发展、提高当地居民的科学素养水平。

（2）促进科普决策过程科学化与民主化。在构建和谐社会背景下，要更加重视决策的科学化与民主化。科普工作旨在提高公众理解科学的能力，提高公众参与科普政策制定、公共决策的能力。科普政策的民主化发展更好地促进了这一目标的实现。

（3）实施科普政策制定的全过程监测和评估。科普政策制定包括问题提出、政策形成、政策执行、政策评估、政策调整、政策终止、政策延续等环节，每个环节都必须高度重视，都要进行监测与事后评估，只有这样才能确保政策的适用性和有效性。

未来我国科普政策将更加关注科普基础设施建设、科普税收优惠政策、公众对科普设施的利用情况、科普经费投入状况、科普资源情况、科普产业发展状况、科普工作者、科普能力建设等领域。作为一种公益性活动，科普事业不仅是一项巨大的社会系统工程，也是政府、社会和公众的共同责任，需要形成一个以各级政府为主导，多元主体间互相协调、相互协作的工作机制。

三、科普政策功能研究

（一）科普政策的基本功能

法律和政策是政府行动的基础。法规具有国家意志的属性，由国家司法部门依法强制执行。而政策只是具有指导性、行政规范性，主要通过新闻媒体和行政手段、人的觉悟和理解力去实施和执行。在推动发展科普事业发展方面，要综合运用科普政策和法律手段，只有形成两者合力才能有效推进科普发展。

制定科普法规与政策既是基于科学技术的重要性，也是适应科普发展规律的根本要求。科普是实施科教兴国战略、建设创新型国家的社会基础工程，制定科普政策法规不仅要为这一重大工程提供法律依据和制度保障，还必须反映三大科普基本规律的要求，为开展科普工作创造良好的社会环境。一方面，科普法律可以为科普工作提供法律依据，如我国《中华人民共和国科学技术普及法》对科普的基本内容、方式、行政组织管理、职能定位、任务、社会责任、经费投入、设施管理、税收优惠、捐赠、奖励、法律责任等都做了法律规定。科普基本内容是普及科学技术知识、倡导科学方法、传播科学思想、弘扬科学精神、树立科学道德的活动；开展科普工作应当采取人们乐于理解、接受、参与的方式；科普工作是社会公益事业，可享受针对公益性活动制定的优惠政策；各级人民政府是执法主体，各级政府科技行政部门通过制定规划、政策和督促检查，履行必要的职能；科协是科普的主要社会力量等。这样使科普工作有章可循、有法可依，以保持科普工作的良好秩序，促进科普事业的健康发展。另一方面，政策扶持和法律法规保障，可以为各地开展科普工作创造良好的社会环境，有利于科普工作的开展。科普政策和法规把科普纳入国家政策和法规支持的范围，可以消除科普在国家政策和法律方面的障碍，促进各级政府有足够的理由重视和支持科普。科普政策和法规规定了各方面的责任，可以促使政府各部门、社会团体及有关社会组织把科普纳入自己的职责范畴，从而理所当然地参与和支持科普工作。

（二）中华人民共和国成立后科普政策功能演变

自鸦片战争始，科学就被视为实现民族复兴政治理想的工具，与意识形态联系紧密。"师夷长技以制夷"就被许多社会精英倚重为实现救国梦想的手段，此后在一批庚款留学生的推动下"科学救国"论渐成社会主流思潮。五四运动对"赛先生"的推崇更是使知识分子重视科学改造社会与建构现代国家功能。

1949年中华人民共和国成立后延续该传统，在政治上需要科学家支持，在经济建设上需要科技支持。1942年毛泽东在延安文艺座谈会上的讲话中强调文艺的阶级性，将"普及"与"提高"并列为文艺工作的两大任务。文艺领域的这两大任务后在科学领域推广，一方面提出"人民科学观"，以着力促进科技在意识形态上与共产主义主流意识形态相融合以服务于新政权。朱德1949年在中华全国自然科学工作者代表会议筹备会上做题为《科学转向人民》的讲话，明确提出"以往的科学是给封建官僚服务，今后的科学是给人民大众服务。"另一方面表现为将以"普及"为目的的科普与以"提高"为目标的科技进步并列，"如同车之两轮、鸟之两翼"，1950年8月专门成立中华全国科学技术普及协会。为强化科学服务于马克思主义意识形态的功能，中共中央1953年4月针对科普工作发出《关于加强党对科普协会领导的通知》指示，提出"科学知识的宣传，不但对人民群众唯物主义世界观的形成和迷信保守思想的破除有其重要作用，而且在今后国家大规模建设时期中，劳动人民学习科学技术的要求将日益增长，群众性的科学普及工作必将有更大的发展。因此，科普工作是有意义的，应当引起党的重视，党应当建立对于各地科普协会的领导。"借此，科普被赋予两个基本功能，即"意识形态建设的工具"与"为经济建设服务"。

"科学知识的宣传对于共产主义世界观的建立有极大的作用"，"科普宣传既是科普工作的重要内容，也是宣传思想工作的重要组成部分"。为强化科普"意识形态建设的工具"功能，1949年在政务院文化部下专门设立科学普及局。科普服务于政治宣传，据原中国科协普及工作部部长章道义先生回忆："中央决定在全国各大城市开展中苏友好月宣传，我们就积极宣传苏联的科技和建设成就；在抗美援朝过程中开展反对细菌战和核讹诈，我们就大力普及卫生防疫知识和原子弹防御知识；取缔一贯道等反对会道门，我们就加强破除迷信宣传。"1999年政府取缔"法轮功"后，科普也成为揭批"法轮功"的重要手段。全国人大常委会副委员长、中国科协主席周光召在深入揭批"法轮功"座谈会上指出："法轮功"在全国造成这么大的危害，向科技界提出了许多值得反思的问题，比较突出的是一要加强科普，二要在科技界提倡学一点哲学。

"为经济建设服务"，根据经济发展的阶段目标确定科普的具体任务。如《中华人民共和国科学技术普及法》第一条规定：为了实施科教兴国战略和可持续发展战略，加强科学技术普及工作，提高公民的科学文化素质，推动经济发展和社会进步，根据宪法和有关法律，制定本法。经济发展面临模式转型背景下，全民科学素质工作领导小组会议2006年提出"各成员单位紧密围绕'节约能源'年度主题积极开展工作，各地区、各部门把公民科学素质建设纳入经济社会发展全局"；2010年要求"发挥科技支撑作用、保持经济平稳较快发展，对全民科学素质工作提出了新的要求；落实节能减排目标、实现科学发展，对全民科学素质工作提出了新的任务"。

（三）当前科普政策的功能分析

中国科普政策衍生于主流意识形态，中国科普自1949年以来已历经1956—1966年、1978—1984年、2006年至今三次高潮；1967—1977年、1985—2001年两次低潮。比较兴衰的原因可以发现，科普政策制定和执行过程中强调"为经济建设服务"功能，"意识形态建设"功能则被相对弱化。

当政府重视经济建设时科普往往容易得到政府支持。如1956年中共八大确定党的中心工作是"集中力量发展社会生产力，实现国家工业化，逐步满足人民日益增长的物质和文化需要"。为此提出"向科学进军"以支持第二个五年计划实施，中国科普随之迎来十年繁荣期。1978年党的中心工作重新转移到经济建设上，因"科学技术是生产力"而迎来"科学的春天"，随之再次迎来科普十年兴盛。2006年国家《国民经济和社会发展第十一个五年规划纲要》颁布，明确建设创新型国家目标，国务院同年即发布《全民科学素质行动计划纲要（2006—2010—2020年）》。科普将"服务经济建设为第一要务"的思想在科学技术部、中共中央宣传部、国家发展和改革委员会等八部委联合发出的《关于加强国家科普能力建设的若干意见》中尤为明显："加强国家科普能力建设，提高公民科学素质是增强自主创新能力的重要基础，是推进创新型国家建设的重要保障。"

当政府对经济建设工作的重视程度弱化，经济体制改革遇阻时，科普工作往往也有所忽视。

在经济建设成为执政党的中心工作，社会资源以此为核心配置的公共政策环境下，当科普陷入低潮时也多通过密切与经济建设工作的关系来获取支持。如1994年中共中央与国务院《关于加强科学技术普及工作的若干意见》提出："放开放活一大批基层科普组织和机构，引导它们面向市场，按市场经济规律运行，开展多种形式的有偿服务"，在科普中"深入贯彻'稳住一头，放开一片'的科技体制改革的方针"。1996年中共中央宣传部、国家科学技术委员会、中国科学技术协会《关于加强科普宣传工作的通知》则强调科普对"科教兴国"与"可持续发展"战略的作用，"要紧密结合社会主义现代化建设和改革开放的伟大实践"。

然而，意识形态演化机理与经济发展规律存在较大差别，"服务经济建设"的作用并不能替代"意识形态建设"功能。科普的意识形态建设作用之一在于塑造行政者、技术专家、社会公众可共享的知识语境，为在政策制定中求共识，在政策执行中规避和化解利益冲突，在政策价值选择上达成谅解与妥协创造认识条件。以经济增长为单一政策目标，将科普的功能定位于经济政策的辅助工具的做法，容易将利益攸关方之间的价值妥协过程变成单方政策宣讲。公共政策难以对社会公众的质疑做出有效回应，难以形成政策共识，以至出现政策制定者与实施者在科普中自说自话、自言自语的局面。简言之，科普"意识形态建设"功能弱化会阻碍政策共识的形成。

四、科普政策效应提升策略

中华人民共和国成立以来颁布的一系列科普政策，促进了我国科普事业的快速发展，也激发起公众参与科普事业的热情，并显著提升了公众科学素养水平。但目前仍存在一些问题，如政策效应还有待进一步提升，不少政策还存在操作性差、执行力弱、配套制度建设不到位的问题，甚至有些还仅停留在"政策呼吁"的层面，需要出台相应的实施细则，加强配套制度建设，强化科普政策的执行和落实，建立并完善的监督执行机制。

（一）健全科普政策体系

健全和完善科普政策体系是实现科普政策目标、繁荣科普事业、加速科普发展进程的根本要求。①建立科普投入的保障机制。强化科普工作的"去行政化"改革，建立一个政府、社会团体、民间集体、个人共同协作的科普体制，完善科普投入的保障机制。因此，政府应更多利用政策手段，通过制定相关配套政策，激励和调动社会力量和资源参与科普事业。②制定科普类的捐赠政策。倡导社会团体、个人通过捐赠财物、兴建科普场所等方式支持科普事业发展，政府应对捐赠者、投资者依法给予税收优惠。鼓励通过设立非营利性科普机构途径促进科普事业发展，扩大科普政策宣传途径，完善科普机构的运行和管理体制。③健全相关的科普奖励政策。管理部门要及时表彰、奖励表现优异、对科普事业发展有突出贡献的组织和个人，并在资金投入、岗位设置、职称评审、薪酬待遇等方面予以倾斜。

（二）加强科普政策宣传

《中华人民共和国科学技术普及法》指出："各级人民政府领导科普工作，应将科普工作纳入国民经济和社会发展计划，为开展科普工作创造良好的环境和条件。"政府部门应从提高国民科学文化素质的高度加大对科普政策的宣传，加强对有关部门的领导、督促和检查，采取多种方式发挥各方面优势，使科普政策和精神深入广大公众之中。各类媒体要充分重视对科普政策的宣传。传统媒体中报纸和期刊可通过科普专栏和专版、电视和广播电台可通过开设科普栏目和转播科普节目等加大对科普和科普政策的宣传；新媒体要发挥各自优势，综合性互联网特别是科普网站应开辟专门区域介绍科普政策或上传相关视频，利用网络论坛、博客、BBS、手机报、微博等宣传科普政策，通过手持移动电视、户外LED和楼宇电视等展播有关科普政策的广告或节目。在科技馆、博物馆、图书馆、文化馆等场所加大对科普政策的宣传，通过科普画廊、宣传栏或橱窗、设科普和科普政策专栏等宣传科普政策。优化科普政策法规的传播和反馈渠道，使科普政策法规宣传更及时和准确。

（三）重视科普政策执行

当前，我国科普事业迎来最好的发展机遇，公民科学素质建设应受到全社会高度重视，应抓住机遇，切实加强科普政策法规的有效实施。首先，各级科协组织和工作人员要认真学习、深刻领会科普政策法规的主要精神，制定好科普政策法规的执行计划，确定政策执行人员和组织机构并做好相应准备。其次，加强对政策执行人员的领导、教育和督促，政策执行人员要全面、准确理解科普政策的内容和精神，遵照忠实、民主、法制等原则执行科普政策法规。再次，为更好执行落实科普政策法规，对某些科普政策可先进行政策实验，在小范围内试行，根据实验结果及时进行改进，取得足够经验后再全面铺开。对于一些重大的科普政策法规，应根据具体情况制订实施方案、细则和办法，以使科普政策法规在实际执行中更加有的放矢。最后，应加强对科普政策法规执行的检查、总结和监控，建立健全、明确的奖惩机制，并切实落实。此外，要建立健全社会参与机制，发挥社会组织和公民积极性，使其在科普政策法规执行和监督等方面发挥应有作用。

（四）构建政策评估机制

政府部门要重视对科普政策法规的监测和评估，并确定有关人员和机构具体负责。对科普政策法规进行多内容评估，如科普政策法规的需求评估、政策执行状况和过程评估、政策效果和效益评估、影响评估等，以了解科普政策法规制定和执行中的有关信息和各种问题。确定多元监测评估主体，可委托专门的咨询或评价机构进行，也可进行自评估，还要重视媒体和公众的评估，以保证评估的客观性、公正性和全面性。确立客观、公正和全面的科普政策法规评估标准，采取多种评估方法，特别注意采用定性与定量相结合的评估方法，使评估更具科学性。重视科普政策法规监测评估的结果和结论，有关部门对评估情况应进行认真研究，以利于今后更好地制定和执行科普政策法规。政策评估需在了解多种情况和资料的基础上进行,有关部门应公开有关信息资料并在经费上给予一定的支持。

(五)推进科普产业发展

《中华人民共和国科学技术普及法》总则第 6 条规定"社会团体兴办科普事业,国家表示大力支持,并规定可以按照市场机制来兴办"。《全民科学素质行动计划纲要》在"大众传媒科技传播能力建设工程"中也明确了"制定相关优惠政策和规范,重视市场建设和科普文化产业发展"的措施。2010 年 2 月,国务院领导在《全民科学素质行动计划纲要》实施效果汇报会上更是明确要求,经营性科普产业的政策扶持力度要加强,公益性科普事业与经营性科普产业并举的体制要建立,多元化兴办科普产业的措施要实现。当前,科普界对推动科普产业发展已经有了统一意见,需要进一步完善公益性科普事业和经营性科普产共同发展的体制机制。①要坚持政府引导与市场调节相协调、整体推进与重点突破相结合、社会效益与经济效益相统一等原则;②根据科普产业本身的发展特征和公众多样化的科普需求,制定科普产业促进政策,规范市场秩序和规则,引导科普企业建立自我发展的经营机制和社会效益与经济效益相统一的经营目标;③对科普产业布局要以发展新兴科普产业业态、培育龙头企业为突破口,科学规划、统筹安排、立足长远、科学发展、全面推进。

第二节 "互联网+科普"组织管理机制建设

一、科普管理体系构建

作为一项关系国家战略和民生发展的社会公益性事业,科普需要多个层面上的管理与规范。科普管理是科普系统的基本组成部分,也是体现科普综合实力的重要指标。因此,各级科协、科普机构和社会组织要严格遵循科普发展的基本规律,把握"互联网+科普"的发展趋势和要求,借鉴运用系统理论、现代管理学理论、创新理论等方面的知识，不断创新科普管理方式和方法。

（一）科普管理体制

1. 科普管理体制及其功能

作为一种体制的确立，须具备组织规范化、社会角色的出现、专门职业的形成。科普管理体制就是对参与或需要参与到科普过程中的人和组织进行角色分工、职责规范、制度安排。科普管理就是科普的决策计划、组织领导、资源配置、指导沟通、监督控制的过程，所以科普管理体制主要行使以下管理功能：

（1）立章建制。实施科普立章和确定科普发展目标，制定有关规章和政策，保证科普有序、健康、持续发展。

（2）规划计划。制订规划和计划，设计出实现目标的具体方法、步骤、措施，预测可能遇到的困难、障碍、意外情况及相应对策，确定完成任务的时间、标准、分工、责任和奖惩等。

（3）组织领导。进行科普组织结构和机构的设计、配备人力资源和职能、处理人员与职权的关系。明确各自的职务、职权、职责，理顺关系，各司其职，各尽所能。

（4）协调沟通。进行沟通联络，采取激励措施。沟通就是信息、意见、观点、思想、情感、愿望的传递与交流，以增进彼此之间的了解、理解、信任和支持，消除矛盾和冲突，增强凝聚力。

（5）监督控制。进行现场、反馈、预算、程序等有效控制。依据科普决策目标、计划进行全面检查、督促和引导；实施预算控制和项目预算，保持社会公众对科普的总需求与总供给的动态平衡；实施非预算控制和程序控制，保持科普的有序进行；实施有效的评价和激励，调动社会、部门之间，单位、个人支持和参与的积极性。同时，及时对执行过程中发生的各种偏离现象及时采取有效措施予以纠正。

2. 我国科普管理体制

我国科普管理体制和运行机制是随着国家对科普工作认识的不断深化和逐步重视的过程而确立起来的，其基本状况可描述为：各级政府领导科普工作，行使宏观管理职权，国务院科技部门负责制定规划、政策和督促检查，科协组织开展群众性、社会性、经常性的科普活动，社会各方面广泛参与科普活动。目前，科普管理体制有以下特征。

（1）建立了科普联席会议制度，初步形成了协调管理机制。这一机制是在政府部门及社会团体之间建立的一种协调会商制度，以对调动部门资源、联合各方力量共同推动科普活动（如全国科普工作会议、开展科技周等）起较大的作用，为各级政府协调管理科普事务提供了平台。

（2）我国科普工作已经纳入国家国民经济和社会发展规划，一系列指导全社会开展科普活动的政策文件相继制定。特别是《全民科学素质行动计划纲要》和《关于加强国家科普能力建设的若干意见》等一系列政策文件的发布，使增强科学普及能力、提高公民科学素质成为国家战略层面上的一项基础性社会工程和战略性任务。

（3）科普的社会参与面不断扩大，初步形成了社会化的科普管理和运行机制。科协是科普工作的规划、领导和协调部门，工会、共青团和妇联等组织成为科普工作开展的中坚力量，社会各界如科研机构、学校、新闻媒体和企业等逐渐成为科普事业发展的主要力量。

（二）科普宏观管理

科普宏观管理是指政府制定科普规划和政策，实施政策引导，提供服务和督促检查等活动，本质上是一种战略性管理。按照战略管理理念和思路，政府科普宏观管理的一般内容和步骤包括以下七个方面：

1. 科普发展趋势研判

科普有其发展的内在规律和变化趋势，科普管理部门要密切关注科技发展对社会、公众生产生活的影响，以及科普理念、科普方式、科普主体以及科普与社会关系上呈现的具体特征。

2. 科普发展环境研究

这一范畴的内容包括政府法律法规对科普的影响，科技发展对科普的影响，经济社会发展对科普的需求变化，公民科学素质提升的具体要求和内容演变，公众科学素养状况等。

3. 科普现状和资源状况调研

具体内容包括科普工作基础和传统、科普基础设施状况、科普传播能力、科普创作能力、科普队伍状况、科研机构的科普积极性以及青少年科技教育状况等。

4. 科普目标和宗旨评估

在科普环境、现状和资源状况分析的基础上，明确科普工作的优势、劣势、机会和困难，对科普目标、思路和路径进行评估和相应修正。

5. 科普战略制定

科普战略规划方案是在战略目标和战略思想指导下的行动方案，主要内容和步骤有：①科普内容甄选与确认；②科普任务确认与分解；③科普能力建设方案拟订；④科普政策法律建设方案设计；⑤科普工作重点选择与部署。

6. 科普战略实施方案设计

对科普资源来源和供给方式做出计划，对科普人员的培养做出安排，对科普运行机制进行设计和创新，以及对科普活动组织进行设计等。

7. 科普效果评估

主要针对科普发展规划实施的效果进行评估，以便及时对科普工作目标、方式和方法进行调整。

（三）科普项目管理

鉴于科普的复杂性和系统性，需要在微观层面采用项目运作方式进行全流程管理，以确保项目能够取得预期效果。

1. 科普项目管理的概念

项目是指在一定目标设计和资源约束下，为创造独特性的产品或服务而进行的一次性努力。项目管理就是通过统筹安排资源、人员、时间、流程等，实现项目预期目标，满足项目各方面的既定需求。科普项目管理就是为实现科普工作目标，按照科普自身运行规律和项目管理的要求，对科普工作要素进行合理配置、协调、控制的过程。实行项目管理制，有利于科普工作开展的制度化、规范化，避免行政化倾向对科普工作的负面影响，有利于最广泛地吸纳社会资源从事科普活动，增强社会科普组织的能力和实力。

2. 科普项目管理要素与周期

（1）科普项目管理要素。科普项目管理一般有6个要素。①工作范围。范围管理是用以保证科普项目包含且只包含所有需要完成的工作，包括范围定义、范围核实、范围控制等。②项目进度。即定义科普项目有哪些活动，将活动排序，估计活动历时，再制订进度计划和进行计划控制。③成本控制。为保障发生成本不超过预算而开展的资源计划、成本估算、预算编制和预算控制等管理活动。④质量管理。即确定项目应当采用哪些科普质量指标，以及如何达到。⑤组织管理。其主要任务就是确定和分派项目角色、责任和报告关系。⑥目的管理。确保项目符合政府发展战略和政策要求，并通过需求分析明确公众要求，以使公众满意。

（2）科普项目管理周期。一个完整的项目都会经历启动、计划、实施和收尾等过程，这一先后衔接的四个阶段称为项目"生命期"。科普项目的生命期也可分为4个阶段。①项目启动阶段。分析机会、识别科普项目的需求问题、提出需求建议书和立项建议、制定方案策略、进行项目可行性分析、项目评估。②项目计划阶段。制订正式方案，并提出立项申请：项目背景描述、目标确定、范围定义、工作分解及排序、进度安排、制订资源计划、费用估算和预算、科普效果保障等。③项目实施阶段。落实项目方案，实现项目目标，包括计划执行和控制两个环节。④项目收尾阶段。包括范围核实、行政扫尾、合同结尾三个方面。

（四）科普团队建设

团队是通过其成员的共同努力产生积极的协同作用，为实现共同目标而偏重于进行自我管理的人员集合，不是多人简单组合在一起的群体。科普项目团队是由科普项目成员组成的，为完成特定的科普任务而集合的多功能团队，成员一般来自政府、科技部门、高校、社会组织等不同部门，包括政府科普管理部门人员、科技专家、科普专家、教育专家、科普志愿者以及公众代表等。高效的科普项目团队应该具有以下特征：

（1）明确的共同目标。团队的成员均要明确理解、认同科普项目的目标及其重要性，正是该目标使全体成员聚会在一起并激发团队勇于奉献，努力完成项目目标。

（2）高素质的团队成员。高绩效的团队必须由能够完成科普项目目标任务所需的各种知识和技能的专业人员组成。他们具有奉献科普的精神，具有优势互补、相互帮助、先义后利、勇于承担责任等优秀的思想品德，并能很好合作。

（3）相互信任。成员相互间的高度信任是高绩效团队必须具备的要素。但信任是有条件而且容易被破坏的，需要组织精心地培育和维护，营造相互信任的氛围。

（4）良好的沟通。成员间应运用先进的通信网络及时沟通，另外，沟通要富有成效，成员要广泛听取他人的意见，及时做好反馈。

（5）优秀的项目经理。项目经理是科普项目的直接负责人，项目的核心和灵魂。项目能否顺利完成与项目经理的能力水平直接相关。科普项目应注意选择好项目经理。

（6）外部支持。科普项目实施过程中，应努力争取有关部门、相关专家和社会公众的指导、帮助、理解与支持。

此外，科普项目有效运作主要依靠科技专家、科普作家和公关协调人员等三类技能型成员，其他的设计、质量保证、财务等人员可根据需要酌情配置。科普项目团队角色，一般分团队发起人、项目分析师、项目管理者、科技专家、科普作家、团队促进者、团队协调员和团队记录员等。根据科普项目的任务、规模，可设立不同角色，并确定其具体职责。

二、技术进步、组织变革与政府管理制度创新

纵观人类社会历史，从农业社会、工业社会再到信息社会，每一次关键技术的出现与普及，无一不会引发政府组织的变革和重构。20世纪90年代以来信息技术和互联网经济的飞速发展，在引发社会经济运行方式变革的同时，也对政府组织的变革与重构产生了推动作用。从内生需求看，在工业社会背景下架构的政府组织必须及时完成变革，才能够适应信息社会运行方式，从而更好地发挥公共服务职能。从技术的角度看，信息技术与互联网领域的不断创新，也为政府组织变革与重构提供了新技术和新思路。

（一）"互联网+"时代组织特点和效能

信息技术与互联网的发展，首先在互联网领域引发了一系列的组织变革。

纵观组织变革，无一不和互联网倡导的开放、透明、分享，公正、公开、公平的理念环环相扣，同时也显露出互联网扁平化、分布式的网状结构。

1. 组织结构：个性化 + 网状化

以网络视角看现代组织机构，它面对的实际上有三张正在形成中的"网"：消费者的个性化需求，正在相互连接成一个动态的需求之网；组织间的协作也走向了协同网的形态；单个组织的内部结构，被倒逼着要从过去那种以（每个部门和岗位）节点职能为核心的、层级制的金字塔结构，转变为一种以（满足消费者个性化需求）流程为核心的、网状的结构。因此，只有实现了这种结构上的转换与提升，组织才能有效实现自身内部联网，以及组织与消费者之间的联网，才能真正有效地感知、捕捉、响应和满足消费者的个性化需求。

2. 外显结构：大平台 + 小前端

任何组织机构都面临纵向控制 / 横向协同或集权控制 / 分权创新的难题，而互联网和云计算为这一难题提供了新思路和新方法，即以后端坚实的云平台（管理或服务平台 + 业务平台）去支持前端的灵活创新，并以"内部多个小前端"去实现与"外部多种个性化需求"的有效对接。这种"大平台 + 小前端"结构为很多组织变革提供了"原型"结构，表现为分布式、自动自发、自治和参与式治理等，如苹果 AppStore、淘宝网络零售平台等。

3. 内在结构：组织网状化

"大平台 + 小前端"是一种外在的、显性的静态结构，隐性的、内在的动态结构则是组织的"动态网状化"。以海尔为例，为满足互联网时代个性化的需求，海尔把 8 万多名员工转变为自动自发的 2000 多个自主经营体，将组织结构从"正三角"颠覆为"倒三角"；继之以进一步扁平化为节点闭环的动态网状组织。每个节点，在海尔的变革中，都是一个开放的接口，连接着用户资源与海尔平台上的全球资源。

4. 组织过程：自组织化

通常认为，商业组织的组织方式有两种主要形态："公司"这种组织方式依赖于看得见的科层制，需要支付的是内部管理成本；"市场"这种组织方式依赖于看不见的价格机制，付出的是外部的交易成本。"公司化"曾是 19 世纪末 20 世纪初的一场商业运动，公司由此成为社会结构和市场竞争的主要元素，个人必须通过公司才能更好地参与市场价值的创造和交换。在"互联网+"时代，"公司"占据市场主导地位的格局已开始受到冲击，这源于互联网让跨越企业边界的大规模协作成为可能。

5. 组织边界：开放化

虽然互联网让组织内部的管理成本和外部交易成本都有所下降，但后者的下降速度却远快于前者。这种内外下降速度的不一致，带来了一个重要结果："公司"这种组织方式的效率大打折扣了，"公司"与"市场"之间的那堵"墙"也因此松动了。从价值链的视角来看，研发、设计、制造等很多商业环节，都出现了一种突破企业边界、展开社会化协作的大趋势，如宝洁公司吸引150万名企业外人员参与产品研发，这正是研发环节的开放。从企业与消费者的关系来看，此前的模式是由企业向消费者单向地交付价值，而在C2B模式下，价值将由消费者与企业共同创造，如消费者的点评、参与设计、个性化定制等。

（二）协同治理：政府管理创新方向

基于信息经济特征以及映射在互联网组织结构的转变趋势，为了适应信息社会运行方式，政府作为社会共治的重要主体，其组织形态可能会产生显著变化。

1. 政府组织架构：从金字塔形和树状结构向扁平化转变

随着信息技术发展，信息传递大大提速，简化了行政运作环节和程序，必将减少组织管理层次。政府组织形态也将由传统的金字塔形和树状结构向扁平化的网状结构转变，并且灵活性、有机性和适应性更强。这种扁平化的网络型组织结构强调信息共享、权力分散，重视横向沟通与协作，并把知识与目标联系起来，注重人力资源开发。同时，信息技术使执行层与决策层能够直接沟通，不仅有助于提高信息传递速度和效率，还可优化行政组织结构，降低行政运作成本，提高行政效能。

2. 政府组织权利体系：从中心化向网状分布式转变

数据将成为核心生产力，信息即意味着权力。互联网崇尚的跨界、去中心化，使得信息不再沿着官僚制等级链进行单项传递，处于网络任何一个节点的网民都有机会获得等量信息。网络及其无中心化趋势打破了传统社会的信息垄断格局，使社会控制由传统的"命令—控制"方式演变为对话和协商的关系，普通公众因此获得了从政府内转移出的部分权力。这种新的政府管理方式体现了分权与民主特质。

3. 政府组织规模：从不断扩大到逐渐缩小

由于绝大多数政府职能借助于信息技术便可以实现，在客观上大幅缩小了政府组织规模。在实践中，电子政务迅速发展催生了公共行政的流程再造、信息共享和协同办公，从而要求建立一种扁平的、弹性的、无缝隙的政府组织形态。为实现这一目标，必须大力推进政府机构改革，削减被信息技术所代替的政府机构，发展政府机构跨部门的合作，提升政府的整体能力，建构一种简约的顺应网络时代要求的政府组织模式。

4. 政府组织人员个体：趋于专家化

伴随着当代 IT 消费化浪潮——平板电脑、智能手机以及云计算、大数据等技术的广泛应用，社会组织和政府部门人员的 IT 化、信息化、知识化正在加速实现。在"互联网+"时代，这一趋势和现实将使社会生产、生活更加个性化、柔性化。与此同时，也对政府管理部门人员提出了更加严苛的要求，即必须不断努力，成为某个领域的专家型官员。

三、"互联网+"与科普管理模式创新

以数字化为核心的"互联网+"，其实质是以数字世界的逻辑与原理改造物理世界并寻找新的融合，形成人联、物联、人物互联的格局，其间新的产业形态与商业模式将层出不穷，并将深刻改变物理世界的存在秩序、人们的工作学习与生活方式，其对政府的考验在于如何通过管理组织、体系和服务创新，促进监管思维、服务切入点和服务手段等方面的相应变革，加快构建一个有利于"互联网+科普"发展的社会环境。

（一）"互联网+"：政府管理模式创新动力

"互联网+"呼唤政务创新。现阶段，科普事业发展需要政府提升整个社会的信息化水平，运用互联网思维助推科普组织和机构实现信息化转型。实际上，随着我国互联网与电子商务的快速发展和不断创新，其全新的理念和方式

不断挑战传统产业的运营模式，带来一系列变革的力量。这种创新和发展积累到一定程度，必然倒逼相应的政府治理和监管做出调整，这对科普事业发展同样具有重要意义。

当前，中国社会转型的规模之大、速度之快和程度之深是史无前例的。新型工业化、城镇化、信息化、农业现代化"四化"交织，政治、经济、文化、社会、生态建设同步推进，都考验着政府应对矛盾与问题的能力。以往建设和发展出现了问题，我们往往是用增量的办法缓解资源紧张，用集中的运动式治理弥补常规治理的失灵。这些思路都没有突破既有框架，难免陷入"头痛医头、脚痛医脚"的怪圈，这种模式可称为"第一序改变"。而"互联网+"寻求的是"第二序改变"，它改变的是问题的解决框架，即通过数据化、物联化、智能化搭建一个智慧平台，使有限的资源得到最为合理的配置，使失控的状态变得可控、可预测，使难解的问题迎刃而解。

（二）确立"互联网+"服务监管新思维

面对"互联网+"发展趋势，政府应顺势而为，在监管思维、服务切入点和服务手段等方面做出相应创新，增加政策、制度和服务供给，积极推动当代科普走上信息化发展之路。

（1）在互联网和大数据时代，要充分利用互联网思维促进科普发展，借鉴电子商务生态系统发展的理念和经验，如平等、分享、透明、众包、系统治理等，推动科普管理模式创新。科普公共治理体系的构建意味着由政府绝对权威转变为国家与社会组织、私人机构和公民个人的合作，由自上而下的权力运行方向转变为上下互动的管理过程，通过合作、协商、伙伴关系、确立认同和共同的目标等方式实施对科普传播的管理。

（2）在管理体制构建方面，应建立治理协调机制，明确政府、科协组织与第三方社会机构三方治理主体各自的权限范围，理顺相互关系，平衡治理权重，调整合作模式。在这一过程中，政府要发挥关键性的作用，而政府放权于社会的程度、政府如何调整与引导治理三方，都在很大程度上决定了治理协调机制能否完备有效。

（3）通过大数据、云计算等技术服务科普发展，善于用互联网感知群众需求。一方面，利用信息化技术牢牢把握科技发展态势变化、科普业态变化以及要素空间布局变等，根据各时期、各地区科普发展特点，推动城乡空间科普资源布局优化，实现重组流程、优化布局的网络效果；另一方面，利用互联网的便利性，做到服务、监管的高效率与社会公众个性化主动参与的"两手抓"，致力于实践"互联网+"时代的群众观：与受众互动零距离、全流程受众参与。

（三）创造"互联网+科普"发展新环境

构建"互联网+科普"所需要的社会环境，既是政府"认识、适应、引领"信息化科普的切入点，又是政府作为新技术使用者和传播者的重要内容。①以"互联网+"转型为诉求，从组织架构、资源整合、运行模式、人员素质等方面推动传统科普机构提高信息化水平，跳出"网络工具论"思维定式，确立科技改变科普的战略理念，主动为新的科普形态引航护航。②以智慧城市建设为抓手，加快实施"互联网+科普"战略，通过完善基础设施提升政府数据整合能力，推动科学教育与培训、科普资源开发与共享、大众传媒科普传播能力建设和科普基础设施等基础工程的数字化建设，为科普传播提供全面、坚实的基础支撑。③以平台竞争和催生新文明的大视野与大使命，以职能与管理创新为契机，构建基于信息化的科普发展生态系统，创造区域科普创新环境。抓住基础设施、产业链、人才、技术这四个科普发展的关键要素，填补目前存在的短板。同时，着力构建学习型政府与新领导力，提升、拓展科普事业新领导力建设的力度与路径。

第三节 "互联网+科普"人才培养体系建设

推进科普事业科学发展，科普工作的组织和实践者——科普工作者队伍是关键，一定程度上决定着科普方式、内容是否为公众所接受，决定着科普活动能否确有实效、发挥出应有作用，决定着科普事业能否与时俱进发展。当前，我国科普人才队伍仍然存在着数量严重不足、整体水平亟待提高等问题，这已成为制约我国科普事业发展和公民科学素质建设的瓶颈。因此，要采取多种方式，培育出一支掌握一定的自然学科规律与知识，掌握一定的教育心理学、社会学等学科规律与知识，了解社会公众心理动态与科普活动组织方法和规律，具有一定实践经验的科普工作者队伍。

一、科普人才定义与内容

（一）信息化科普人才内涵界定

郑念研究员认为，科普人才是从事科普事业或专业性工作的、具有一定专门知识的劳动者；科普人才不仅具有一定的专业知识，还要具有把这些知识通过一定的方法、渠道和形式向公众进行传播普及的能力，或者具有协调管理科普工作的能力。科普人才主要包括：科普管理队伍、专兼职科普创作队伍（包括科普展品设计者）、大众媒体科技记者和编辑队伍、科技场馆和技术示范推广机构的从业者、科普教育和研究队伍、科普志愿者队伍，基于科普统计的需要，将"科普人才"分为科普专职人员、科普工作联络员、科普信息管理员、科普创作人员、专家级科普兼职人员、大学生科普志愿者、普通科普志愿者、科技新闻工作者、其他等九类。在中国科协 2010 年发布的《科普人才规划纲要》中，将"科普人才"定义为"是指具备一定科学素质和科普专业技能、从事科普实践并进行创造性劳动、做出积极贡献的劳动者"，包括农村科普人才队伍、城镇社区科普人才队伍、企业科普人才队伍、青少年科技辅导员队伍、科普志愿者队伍、高端和专门科普人才队伍等六方面。而《科普人才规划纲要》则把科普人才分为科普创作与设计、科普研究与开发、科普传媒、科普产业经营、科普活动策划与组织等类别。

（二）信息化科普人才素质要求

由于科普具有公益性、全民性、经常性、社会性等特点，科普人员也具有区别于其他人才的特殊属性。一般认为，科普人才必须具备：①知识性或科学性，也就是必须向公众传播科学、进步的知识；②专才和通才结合，即科普人才既要是某个领域的专家，也要善于把这个领域的知识通过策划、创作、展览、展示、艺术化等手段向公众传播，因此要具备管理、营销、策划等专业技能；③判断力和整合力，既能够了解世界科技发展动向，又能够了解国家发展趋势，超前判断国家的需求和发展需要；④科学精神，既敢于坚持真理，"不惟书、不惟上、只惟实"；拥有开拓创新、探索进取、团结协作和开放包容的精神特质。

进入21世纪以来，信息技术革命的爆发为我国科普信息化提供了新的契机和强大的推动力，同时也对科普人才需求和培养提出新的更高的要求。在信息化背景下，科普人才应该具备至少以下三类基本素养：

（1）新媒体科普运营技能。即利用数字技术和网络技术，通过互联网及移动互联网等传播渠道，以电脑、手机及其他数字终端进行信息传播的媒体形态。具体而言，要求能够充分认识并利用新媒体特性，能使用微信、微博、微视、APP、网站等互联网工具，善于分析数据、监测舆情、设计用户体验及互动等；有良好的编辑功底，兼具内容选题及产品策划，并善于组织线上线下活动等；对社会热点快速反应，及时有效甄别虚假信息，善于运营科学家与科普专家等精英资源，准确及时把握话语权及网络舆论导向。

（2）科普内容转化能力。即能够根据现有条件、资源和科普教育活动的具体特点，开发设计出不同类型的教材，并能够熟练掌握实验制作方，能够把概念、知识点等转化为教学实验器材和课件。具体可分解为：①知识的碎片化能力，能创作出适合移动互联网传播的片段化、连续性、活泼语境的内容；②公众导向型的创作能力，能从公众关注角度找到科普热点，从而引导科学传播的舆论导向；③多媒体融合形式的创新能力，能在文字、图片、微视频、动画、交互页面等各种多媒体形式下切换创作，让内容形式更加多样、丰富。

（3）创造性思维素养。新媒体传播速度之快，要求新媒体人才必须具有较高的专业素质，能够在短时间内完成新闻信息制作、把关与传播。新媒体人才的"专"主要体现在能够把新闻传播理论与新媒体技术进行完美的结合，创造出有价值的科普作品。科学传播的创造性思维素养，需要具备适应传播渠道变化，从以前的单一渠道到多渠道；适应媒体整合形式的变化，从富媒体到全媒体；具备"口碑传播"的策划能力，在整合营销传播时代，通过优质科学内容的口碑传播，能极大程度影响公众的态度和行为，对提高组织信息传播能力和效能起着重要的作用。

总之，信息化科普人才既要具备某一学科的专业知识，要掌握教育学、心理学、博物馆学和艺术学等方面的专业知识，还要掌握新闻写作、信息传播、活动组织等方面的实践能力，属于全面性、专业化、知识型人才。

二、科普人才现状与存在的问题

（一）科普人才发展存在的问题及原因

1. 科普人才队伍存在的主要问题

整体上看，虽然我国科普事业发展迅速，人才队伍数量庞大，但还存在行政化严重、专业化程度不足等严峻问题，主要表现在六个方面：

（1）科普创作人才极度缺乏。科普创作是科普工作的源头，只有创作大量群众喜闻乐见的科普作品，才能不断满足公众日益增长的需求。但目前科普创作人才群体不论是数量还是整体素质都令人担忧。根据科技部统计数据，科普创作人员占科普从业人员的比例为 4.3%，全国从事专职科普创作的人员不足 9000 人且老龄化严重，导致科普作品尤其是新媒体作品数量少、质量差，已经严重制约科普传播效果的提升。

（2）专业技术人员比例偏低，高素质人才偏少。根据科技部的调查统计，虽然科普人才队伍非常，但真正从事科普工作的人员数量只有 162.35 万人，每万人中有专兼职科普人员 12.3 人。其中，专职科普人员 19.99 万人，每万人中仅有科普专职人员 1.5 人。专业性科普场所和机构的问题更加严峻，以人才状况较好的科技馆为例，高级专业技术人员只占工作人员总数的 5.6%，约有 2/3 的科技馆缺乏高级专业技术人员。这种情况直接导致科普活动缺乏创新，缺乏艺术性和感染力，设施缺乏、陈旧以及各种形式主义。

（3）专业技术人员中缺少复合型人才。即使是现有比例较少的专业型科普人才，也普遍存在学科单一、知识结构不健全、缺乏复合型能力等问题，这种情况在一些科普场馆中表现得尤为突出。科技类博物馆的展示教育，不仅涉及相关学科的科技知识和展览设计，而且涉及科技进步与社会发展的关系、人与自然的关系，需要有较高的视野和人文情怀，运用伦理学、教育学、心理学、传播学、美学等技术和原理，了解公众和市场的需求，还须掌握策划选题、编写脚本、提炼主题思想、构建故事线（知识链）及公关策划、市场营销等方面的技巧。而这类复合型人才正是当前各科技类博物馆所普遍缺乏的。

（4）体制机制制约导致人才未能发挥作用。在事业单位体制下，"干好干坏一个样，多干少干一个样，干与不干一个样"的弊端仍然普遍存在，大多数科协组织和科技场馆缺乏改革主动性，"等、靠、要"思想严重，很多单位甚至是外行领导内行。在缺乏创新、进取的氛围中，即使一些专业人才想发挥特长，为事业做贡献，也难以如愿。此外，科普系统人财物仍然由上级单位统管，科普机构本身没有机动权，难以通过奖惩措施鼓励优秀人才成长，导致人才难以成长、难以留住以及难以发挥应有作用的现象。

2. 存在问题原因分析

目前，我国科普人才发展过程中存在的诸多问题，主要有科普人才培养体制、管理体制、使用机制、评价体制等方面的原因。

（1）人才培养体制上存在制度缺陷。我国现行高等教育体系没有为科普类专业人才的培养设置对口专业，而相关专业所培养的毕业生难以适应科普工作的实际需要。虽然，少数院校设置了科普传播学、科技哲学等研究生课程，但现有文科类毕业生普遍缺乏科技知识，现有研究生课程设置与科普实际工作仍有较大差距，缺乏科普实践训练。

（2）科普系统内部的人才调控机制与在职培训体系尚未形成。除现行高等教育体系一直难以满足科普人才需求，科普系统内部也未形成健全、有效的在职培训体系，科普从业人员长期得不到专业训练和业务能力提升。同时，由于基础理论研究、教学体系建设等方面的滞后，一些零星的科普业务培训班也存在教材陈旧过时，培训不全面、不系统，甚至不科学、不专业等问题。

（3）科普人才管理体制落后。目前，传统事业单位用人机制还在不同程度地影响着科普事业单位的发展，在人才的使用、管理、薪酬、奖惩、选拔、晋升职称等方面还存在着"重学历、轻业绩""大锅饭""论资排辈"的现象，未能形成激发从业人员积极性、主动性、创造性和鼓励优秀人才脱颖而出的竞争激励机制，同时也就难以形成从业人员主动学习业务、踊跃探讨学术、不断提高专业水平的环境氛围。这不仅阻碍了优秀人才的产生，也影响了科普人才队伍的总体质量。

（4）科普基础理论建设薄弱。目前科普理论研究的专业机构很少，仅有中国科普研究所、中国科学院科学传播研究所等，导致科普基础理论的研究严重滞后，既难以满足科普实际工作的需要，也难以满足科普人才教育和培训对教材的需求。许多从业者对于科普相关的基本理论、基本概念存在模糊认识，甚至保留着某些陈旧或错误的观念。

（二）科普人才培养体系建设的瓶颈

构建健全完善的人才培养体系是一项涉及政府、高校和社会相关机构与组织的复杂系统工程，受诸多因素的制约，我国科普人才培养体系建设仍面临一些亟待突破的瓶颈。

1. 学科专业瓶颈

学科专业是人才培养的基础和前提，不同的学科群直接影响着人才知识体系的建构、规定着人才能力和素质的培养取向、决定着人才创新和发展的未来。从我国科普人才的培养现状看，科普人才培养体系的专业学科基础十分薄弱，突出表现三个方面：

（1）在我国教育部1998年颁布的《普通高等学校本科专业目录》中，科普传播与普及尚未成为我国高等学历教育独立的本科专业，这就意味着我国的高等院校在正规的全日制本科招生中不能以科普专业招生。

（2）涉及科普传播的本科教育初步展开，但专业定位尚不明确。当前，部分高校已经开始探索与科普传播相关的本科教育，如中国科学技术大学的"科普传播与科技政策系"、中国农业大学的"媒体传播系"以及复旦大学的"科普传播与科技决策"专业等。此外，还有少数具有师范教育基础的高校在教育学专业基础上设置了科学教育或科技教育方向。但是，这些与科普传播相关的本科教育目前仍处于起步阶段，在学科专业基础上还没有实现多学科深入有机融合，以传播学、哲学、教育学等作为教育方向的学科专业基础也使得科普专业教育很难聚焦，难以做到基础宽厚扎实、培养目标集中和深入，反映出科普方向的本科教育专业定位尚不明确。

（3）科普的研究生教育在我国高校已经初步展开，但专业基础薄弱。受上述科普本科教育学科专业基础的制约，我国的科普研究生教育专业学科基础也十分薄弱。在我国的研究生教育中，没有独立的科普专业一级学科点和二级学科专业。目前，我国国内相关高校及中国科学院研究生院开展的科普方向的硕士研究生教育均是把科学传播作为专业方向设在科学技术哲学、新闻学和传播学、教育学等几个二级专业下。这种状况表明，我国科普方向硕士研究生教育的学科专业体系亟待完善，学科基础有待巩固。

2. 师资队伍瓶颈

师资队伍是科普人才培养体系建设的关键。没有一支稳定的、高水平的师资队伍，科普人才体系的建设也无从谈起。这就需要在科普人才培养体系的建设过程中，通过建立健全教师培养、培训体系，以灵活、多样、适用的方式，培养科普人才教学骨干、学术带头人，造就一批科普教学名师和学科领军人才。由于受上述科普教育学科基础的制约，科普人才师资队伍已经成为科普人才培养体系建设的重要瓶颈。一方面，作为一个学科和专业的科学教育或科技教育的师资培养非常薄弱。尽管我国有师范教育基础的高校已经开始探索科学教育或科技教育的师资培养，但这种探索还未规范化、学科化和制度化，这是导致科普人才师资培养薄弱的关键因素。另一方面，现有科普传播专业方向的教师多是从相关学科的理论教学转向从事科普教学的，主要是一直在大学任教的哲学、科技史、传播学理论、新闻写作、新闻史、新媒体技术等职业教师，往往以理论教学见长，缺乏相应的科普实践经验，难以支撑科普人才培养体系建设。

3. 培养基地瓶颈

培养基地是科普人才培养体系的重要组成部分，良好的科普人才培养基地的建立可以形成以学科为依托，以专业为载体，以产学研、馆校结合等为途径，合作培养实用科普人才的机制，同时还可以通过科普人才培养基地开展科普人才培养的相关项目探索。《科普人才规划》对科普人才培养基地建设给予了高度重视，明确强调：根据培养各类科普人才的需要，依托高校、研发机构、大型科普场馆等建设一批科普人才培养、实践基地；采取联合协作、多方投入、共建共享的方式，建立和完善科普人才培养培训体系。在高端科普人才培养基地建设方面，《科普人才规划》提出要加强高端科普人才培养基地建设；

支持和鼓励高等院校、科研院所、科普组织、企业与相关机构建设高端科普人才培训、实践基地。

对照上述要求，我国科普人才培养基地建设严重滞后，主要表现在三方面：①以学科和专业为基础的科普人才培养基地尚未真正建立起来。《科普人才规划》实施试点虽然已经启动，中国科学技术协会分别在中国科学技术大学、东南大学、东北大学、华东理工大学、天津师范大学等高校实施了培训试点项目，但尚未形成相应的学科专业基础，也没有很好地与所在高校的学科专业有机融合，而仅仅是一个人才培训的试点项目，这样很难形成持续有效的以学科专业为基础的人才培养基地。②人才培养基地缺乏持续有效的投入保障。人才培养基地的建设既需要一定的物质投入，也需要一定的学科建设、专业建设投入，更需要人才培养基地的学术、实践投入等，而这些均需要有专项的经费持续投入才能有效开展，而在《科普人才规划》实施中，这种专项经费尚未建立，经费的持续投入难以获得保障。③现有科普人才培养基地建设亟待深入和发展。现有高校科普人才培养试点单位已经开展了很多工作。例如，作为试点单位之一的中国科学技术大学已经与中国科普研究所合作，联合招收了科普传播与普及专业的专业硕士，启动了课程建设、教材开发等相关的工作。但从总体上看，支撑试点基地培养体系建设的一些主要环节，如实践教学和案例教学的素材库和案例库的建立、招生规模问题等仍有待进一步加强。

4. 机制创新瓶颈

科普人才培养体系建设中的机制创新需要政府推动和社会各界的配合，需要在全社会营造有利于优秀人才脱颖而出的环境，需要各级政府制定和完善政策法规体系，需要各级政府职能部门和社会各界加强协作。然而，在现有的科普人才培养体系运行中，相关机制亟待创新。

（1）招生、培养机制。我国的高校是严格按照教育部的专业目录进行招生、培养学生的，而科普目前还没有作为一个独立学科进入教育部的专业目录。因此，科普教育目前在中国更多地表现在专业方向上，不利于其发展、成熟以及持续健康运行，亟须创新现有科普教育招生、培养机制，改变现有的科普传播与普及教育的尴尬境地。

（2）多边协同机制。科普作为一个正逐步成熟的多学科交叉的新兴学科，它的教育和人才培养需要多个学科的协作和融合，而目前中国高校系科设置以及事业单位管理体制造成了各学科之间相对孤立，不利于跨学科的科普教育发展。而且科普教育是一个实践性很强的学科，需要业界与学校紧密结合。国外有些高校直接聘请业界知名人士主持设立相关专业，或者在教师队伍中既有理论研究型教师，也包含具有一定从业经验的教师，两者采取不同的考评体系，而这在中国高校现行管理体制下很难实现。

三、科普人才培养需求与策略

（一）科普人才培养需求

加强科普人才的培养和科普队伍建设，不仅是科普事业发展和科普人才自身发展的需要，也是建设创新型国家和人才强国的需要。

1. 国家战略对科普人才的需要

近年来，我国政府先后提出了科教兴国、人才强国、可持续发展战略和建设资源节约型社会、环境友好型社会、创新型国家的目标。大量创新型科技人才的涌现，大批科技创新成果的产生及推广应用，在全社会树立科学的资源观、环境观和生态观，实现人与自然和谐的可持续发展，都需要亿万具备较高科学素质的人才作为基础。而国民科学素质的提高，需要科普事业的稳定发展以及大量科普人才的长期努力才能实现。总之，国家战略对科普提出了更强劲的需求，急需培养大量的科普人才作为支撑。

2. 社会发展对科普人才的需求

目前，我国正处于经济社会转型期，对人的素质提出了更高的要求，也给广大科普工作者提出了新的要求：①通过科普工作，不断提高公众科学文化素质，为创新发展注入新的活力；②培养大批创新型人才和高素质劳动者，为提高生产力和物质基础水平服务；③在全社会传播科学价值观、道德观和创新意识，加速先进文化的形成与普及，为加快和谐社会建设提供精神支撑服务；④为推动建设"民主法治、公平正义、诚信友爱、充满活力、安定有序、人与自然和谐相处"的和谐社会做出应有贡献。

3. 公众科学素质提升对科普人才的需求

我国正处于从初步小康迈向全面小康的阶段，公众需要提高自身科学素质，增强个人全面发展能力，进而成为现代公民。在信息和知识型社会中，仅靠正规学校教育已无法充分满足人们对于提高自身科学素质的需求。科普人才作为非正规的科学教育人员，应发挥科普教育内容实用灵活、教育方式简便多样的特点，满足不同层次公众学习、了解科技的需求，使科普场所成为公众接受终身教育的场所；发挥科普展教方式灵活多样、形象生动、互动参与等特点，激发青少年的科学兴趣与爱好，培养他们的动手能力，启迪创新意识和科学观念，激发更多的青少年参与到科学探索和研究的事业中，为科学技术本身的发展培养接班人；同时还应发挥科学教育资源丰富和擅长营造学习情境的特点，为在校学生接受多样化的素质教育提供服务。

4. 科普事业发展对人才的需求

科普人才是科普事业发展的出发点和落脚点，任何事业离开人的作用都是不可想象的。科普人才的培养是科普事业发展的基础，只有"加强自身建设"，才能做好"三个服务"甚至更多服务。目前，我国科普事业迎来了良好的发展机遇，也对科普人才提出新的更高需求。

（1）科普设施资源发展对人才队伍的需求。《全民科学素质行动计划纲要（2006—2010—2020年）》以及《科普基础设施发展规划（2008—2010—2015年）》都对科普基础设施建设进行了总体规划，提出了总体的建设目标。在这种形势下，科技馆、其他科技类博物馆和科普教育基地的专业人员缺口将是十分巨大的。根据《科学技术馆建设标准》中关于科技馆建设规模与人员编制的指标，可以预测出每座大中型科技馆需专业技术人员75～100人。目前我国其他类型科技博物馆虽然尚无建设规模和人员编制的标准，但也可参考《科学技术馆建设标准》的指标对专业技术人员的需求量进行估算。加上现有科技类博物馆专业技术人员的缺口需要填补，再加上正常的人员退休、调动与补充，预计到未来每年需新增专业技术人员6000人以上。

（2）科普产品资源开发对人才队伍的需求。科普产品资源包括科普展览、科普音像、科普动漫、科普报告、科普图书、科普活动、科普展品、科普研究资料、科普基地、科普大篷车、科普挂图、科普图片等。从本质上说，科普就是科学地开发、合理地利用这些科普资源，使之发挥效果，为提高公众科学素质服务。而科普人才或人力资源则是科普资源中最活跃的因素，是活的科普资源，也是最重要的资源，因为其他各种资源都需要科普人才来加以开发和利用。随着其他设施型的科普资源的发展，对科普产品资源提出了越来越多、越来越高的需求，这就要求培养大量的科普专业人才，以保证科普事业的可持续发展。

（二）科普人才培养策略

在未来的科普人才发展和培养过程中，应坚持正规教育与培训提高相结合，激励与引导相结合，战略布局与局部提升相结合；在进行调查研究和科学规划的基础上，系统地培养和开发科普人才，提高科普人才队伍的素质和质量，以满足各方面对科普工作和科普人才的要求。

1. 正规教育与在职培训相结合，培养专业型科普人才

目前，在正规教育和继续教育两个渠道，我国科普人才的培养在基地、师资、教材等方面的基础都很薄弱，组织管理和人才培养模式还远远不成熟，应大力加强科普人才培养的教育资源和能力建设。

（1）在现有高校中加强科普相关专业建设。正规教育体系是培养科普工作职业化、专业化队伍，提高未来的科技人才科普素质和技能的重要渠道。我国高校科普传播等科普相关专业的开设还处于起步阶段，应在一些重点大学和师范院校设立学科体系、教学方法、培养方案等各方面都比较成熟的多层次、多方向的科普相关专业教育；在自然科学专业学生中，增设科普传播专业选修课程。鉴于高校毕业生就业难现状，在鼓励高校开设科普相关专业的同时，其课程设置、人才培养方向应该与科普实际需求相结合，最好是进行定向、定量培养，避免毕业即失业的情况。同时，注意避免重数量轻质量、重学位轻能力，以及类型单一、结构不合理等现象，避免造成科普人才培养资源浪费。

（2）加强科普教育专兼职师资队伍建设。在师资建设方面，正规教育和继续教育两个渠道都应该兼顾理论性和实践性，既要有理论水平较高的专业教师，也要有科普专业的研究人员，以及科普工作实践中经验丰富的科普管理人员。在教学模式上，应该注重案例教学，增加科普人才的实践能力、创新能

力，避免从理论到理论的空对空的教育方式。实践中，可以把一部分课程放到科技馆、科普基地、大型展览的现场等地方进行实地教学；也可以请学生设计各种科普活动模式，然后请科普专家进行评价、纠正等形式的教学方式。这样培养出来的人才将更具实用价值和创新能力。

（3）建设多种类型的科普人才教学和培训基地。要保证科普人才培养制度化、规范化运行，需要建设一批与人才培养类型方式相适应的长期、稳定的教学和培训基地。可以在有条件的高校、专门培训机构、科技场馆、科技传媒机构等机构中，设置科普人才培养、教学和培训基地，逐步建立多渠道、多层次、多类型的科普人才培养网络。具体来说，①通过调研，针对科普人才的需求和缺乏程度，进行科学规划和合理布局；②依据需求强烈程度，按照科普创作人才、科普基础设施运行、科普管理、理论研究、活动组织策划等顺序，解决急需人才的培养问题。

2. 鼓励与引导相结合，促进优秀人才脱颖而出

我国有将近 200 万的科普从业人员以及 2000 多万的协会会员，其中潜在大量优秀人才，如何鼓励和引导他们积极参与科普事业，并在科普工作中创造性地开展科普工作，既是今后科普事业发展的重点，也是难点和突破口。根据以往的实践经验，应通过制定相关政策，建立健全人才选拔和使用机制，促进优秀人才脱颖而出。具体措施包括：①制定相关政策，规定各类基金的课题承担者，必须运用一定比例的经费进行课题成果的传播、推广和普及，以最大限度地发挥研究成果的社会作用；②在职称评定和聘任、干部提拔等方面制定倾斜政策，鼓励科研人员从事科普和科普传播；③在成果出版方面，建议有关部门对科普类图书出版设立基金，进行资助，使科普图书采取低定价策略，以扩大发行量、扩大受益面；④在加大培养专业人才力度的同时，建立鼓励科普创作人才成长的长效机制，鼓励业余时间的科普创作，在作品出版上给予政策和资金支持。

3. 战略布局与局部提升相结合，培养未来型科普人才

对于涉及国家长治久安、战略发展需要的一些领域，要具有战略眼光，从国家需要的角度来培养和使用人才。尽快采取相关措施，通过重点培养科普事业发展急需的人才，提升现有人员的综合能力，解决以下发展瓶颈：①科普创

作包括图书、展品、声像、动漫、影视等方面的创作人才的培养。这是科普的源头，只有源头有活水，才能使科普之渠常新、常清。②缺乏科普理论和实践的研究人员。长期以来，我国科普工作重实践、轻理论的现象比较严重，以至于大量丰富的科普实践形式未能从理论上得到提升，从而不能实现从实践到理论，反过来指导实践，并进一步实现理论和实践创新的螺旋式发展；以至于科普的各种活动仍然停留在工业化时代的各种科普形式，不能及时实现创新，也制约了科普效果的发挥；以至于至今尚无科普理论体系和相应的科普人才培养制度。

4. 建立科普人才评价体系，促进高质量的科普人才成长

科普人才评价体系包括两方面的工作，即对培养工作的评价和对人才本身的评价。①制定培训质量评估指标体系，建立评估制度要加强对培训机构的办学质量的监督检查，建立科普人才培训的评估体系。首先，应根据各种类型的科普人才培训目标、任务、内容等制定相应的质量评估指标体系，以及各种类型的培训的质量评估办法，逐步建立各类型培训质量评估制度。其次，应按照评估制度加强对参训人员的考核。这既是对科普人才培养的促进激励，也是对培养工作的结果进行评价。最后，对科普人才培养工作的评价，不仅要对培训的行为过程进行评价，更要对其成果，也就是参加培训的人员的专业素质和能力进行合理的考核。经考核合格者，发给相应级别的培训证书。②建立科普人才质量评估体系。一方面，通过建立人才质量评估体系，及时发现优秀科普人才，通过工作环境、工资待遇、成果出版等方面的支持，鼓励其成长成才。对于做出重要贡献的科普人才，要进行不同级别的奖励，并与工资待遇挂钩。另一方面，建立科普职称评定制度，鼓励不同层次科普人才的成长，同时，构建多层次、结构合理的科普人才网络。

参考文献

[1] 任福君，翟杰全. 科学传播与普及概论 [M]. 北京：中国科学技术出版社，2012.

[2] 任福君，尹霖. 科普传播与普及实践 [M]. 北京：中国科学技术出版社，2015.

[3] 钟琦. 数说科普需求侧 [M]. 北京：科学出版社，2016.

[4] 阿里研究院. 互联网+未来空间无限[M]. 北京：人民出版社，2016.

[5] 杨正洪. 智慧城市：大数据、物联网和云计算之应用[M]. 北京：清华大学出版社，2014.

[6] 周孟璞，松鹰. 科普学[M]. 成都：四川科学技术出版社，2008.

[7] 贾英杰. 科普理论与政策研究初探[M]. 成都：四川科学技术出版社，2016.

[8] 全民科学素质纲要实施办公室. 中国科普研究所全民科学素质行动发展报告（2006—2010）[M]. 北京：科学普及出版社，2011.

[9] 科学技术普及概论编写组. 科学技术普及概论[M]. 北京：科学普及出版社，2002.

[10] 任福君. 中国科普基础设施发展报告（2012—2013）[M]. 北京：中国科学技术出版社，2013.

[11] 全民科学素质纲要实施办公室，中国科普研究所. 2012全民科学素质行动计划纲要年报：中国科普报告[M]. 北京：科学普及出版社，2013.

[12] 曹乐艳. 我国科普政策问题研究[D]. 西安：长安大学，2013.

[13] 孙文彬. 科学传播的新模式[D]. 合肥：中国科学技术大学，2013.

[14] 赵明月. 互联网时代科学传播的新路径探析[D]. 福州：暨南大学，2013.

[15] 李皋阳. 论网络时代的科普传播机制[D]. 石家庄：河北师范大学，2012.

[16] 高悦. 科协在推进科普体系建设中的问题及对策研究[D]. 长春：吉林大学，2013.

[17] 廖思琦. 网络科普传播模式研究[D]. 武汉：华中师范大学，2015.

[18] 郑念. 科普资源开发的几个理论问题[N]. 大众科技报，2010-08-10.

[19] 朱效民. 30年来的中国科普政策与科普研究[J]. 中国科技论坛，2008（12）：9-13.

[20] 陈套. 我国科普体系建设的政府规制与社会协同[J]. 科普研究，2015（1）：49-55.

[21] 王永伟. "科普硕士"培养现状与对策分析[J]. 科技管理研究，2016（22）：41-45.

[22] 翟杰全. 科普传播政策、框架与目标[J]. 北京理工大学学报（社会科学版），2009（2）：10-12.

[23] 任福君. 加强科普资源建设，提高全民科学素质[J]. 科技中国，2006（10）：46-47.

[24] 郑念. 我国科普人才队伍存在的问题及对策研究[J]. 科普研究，2009（2）：19-29.

[25] 任福君. 科普人才培养体系建设面临的主要问题及对策[J]. 科普研究，2012（1）：11-18.

[26] 陈佳. 科普工作组织保障机制建设浅析[J]. 中国科技信息，2014（2）：178-179.

[27] 侯琦婧. 浅析科普信息化人才能力需求[J]. 科技创新导报，2015（18）：231.

［28］李燕祥. 科普人才培养机制与模式探讨［J］. 科协论坛，2013（11）：33-34.

［29］贾英杰. 创新型城市建设中科普政策探讨：以成都为例［J］. 中国西部科技，2015（6）：114-115，126.

［30］王海波. 我国气象科普政策法规现状研究及对策分析［J］. 科技管理研究，2015（8）：25-29.

［31］陶春. 社会力量多主体协同开展科普事业机制研究［J］. 科普研究，2012（6）：35-39，51.

［32］裴世兰. 我国科普政策的概况、问题和发展对策［J］. 科普研究，2012（4）：41-48.

［33］杨铭铎. 科协组织的特征及工作方法之我见：以科普工作为例［J］. 科协论坛，2012（3）.

第五章
"互联网+科普"资源开发与共享机制构建

本章导读

《全民科学素质行动计划纲要》确立了"四大基础工程",并将其作为未来科普资源建设的主要任务。因此,应在系统分析当代科普需求基础上,全面评估现有资源规模、结构、质量等,通过制定发展规划、加强体系建设、完善开发与共享机制等措施加快"互联网+科普"资源建设进度。

学习目标

1. 了解当代科普资源开发与利用现状;
2. 了解新媒体科普传播的功能、特征与影响;
3. 掌握"互联网+科普"资源平台建设的目标、内容与路径。

知识地图

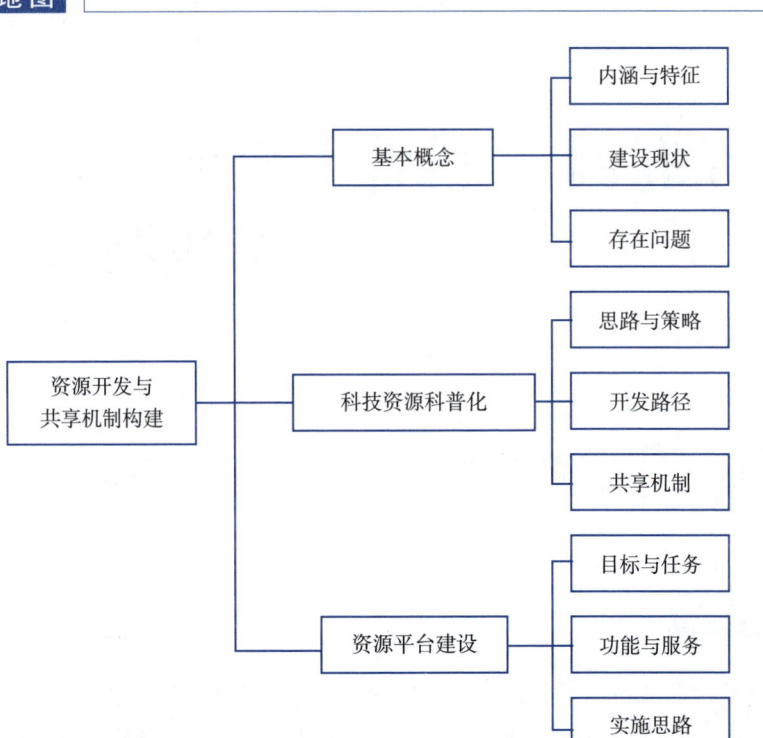

```
                                    ┌── 内涵与特征
                        ┌── 基本概念 ──┼── 建设现状
                        │            └── 存在问题
                        │
                        │                ┌── 思路与策略
资源开发与共享机制构建 ──┼── 科技资源科普化 ──┼── 开发路径
                        │                └── 共享机制
                        │
                        │                ┌── 目标与任务
                        └── 资源平台建设 ──┼── 功能与服务
                                         └── 实施思路
```

第一节　科普资源开发与利用现状

　　科普资源是科学知识、科学方法、科学思想以及科学精神传播和弘扬的物质承载者，也是科普能力建设的基础和载体，没有足够丰富和体系化的资源作为基础和支撑，科普体系不可能拥有强大能力，也难以为全民科学素质建设提供强大推动力。随着我国《中长期科技规划纲要》和《全民科学素质行动计划纲要》的颁布实施，科普资源和能力建设被提升到国家战略的高度。

一、科普资源的内涵、外延及特征

（一）科普资源的内涵与外延界定

"科普资源"这一名词的解释一度十分混乱，其定义和分类方式很多，最多时可达十余种，每个定义的外延和内涵均有不同。综合学界各种定义，本研究从广义（科普事业）和狭义（科普活动）两个视角来对科普资源进行定义。从广义上来说，科普资源是科普社会实践和科普事业发展中所需要的一切有用物质，包括政策资源、人力资源、财力资源、物力资源、信息资源、内容资源、组织制度及其要素等。狭义的科普资源指科普活动、科普实践过程中所需要的要素及组合资源，如人力资源、资金资源、载体、产品、活动、信息等，其内涵包括科普项目或活动中所涉及的媒介和科普内容。通常意义上的科普资源往往是指狭义的科普资源，是开展科学技术传播与普及工作必不可少的物质条件，其数量和质量（包括品种的多样性、内容的科学性、形式的趣味性等）在很大程度上影响着科普活动、科普设施和科普传媒的效果或者功能。

科普资源包含多元化要素形态，拥有相当复杂的构成体系，因此对科普资源也存在多样化的分类方法。任福君研究员曾将科普资源概括为科普能力资源、科普内容或产品资源两大类。其中，科普能力资源主要包括政策环境、人力、财力、物力、组织和媒介等，是科普事业发展的基础条件；科普内容或产品资源主要包括场馆与基地类、传媒与信息类、活动类科普资源。依据这种基本理解，"我国科普资源调查"课题组提出了科普资源的概念框架及相互关系。科普资源包括科普能力资源、产品资源、活动资源三大类。其中，能力资源是科普事业发展的基础条件，包括政策、人力、财力、物力、媒介等支撑性条件；产品资源包括承载科普内容的各种载体形式（产品和作品）；活动资源则包括各种服务科技教育、传播、普及工作的各类实践活动。中国科普研究所发布的科普蓝皮书《中国科普基础设施发展报告（2009）》曾提出另一个科普资源分类方法，将科普资源分为制度类、投入类、产品类、设施类、活动类、信息类、媒体类七大类。

从推进当代科普事业角度看，科普资源应包括科普内容与载体资源、传播渠道资源、保障条件资源三大基本类别。其中，科普内容与载体资源是呈现在科普工作、科普实践、科普活动中的科学技术内容要素以及表达和承载这些内容的作品或产品要素等；传播渠道资源包括被用来传播普及科学技术内容的各种渠道及媒介要素；保障条件资源则包括政策环境、人力、财力、物力（如各种科普基础设施资源等）等各种基础性的支撑要素。这几大类资源共同构成当代科普的资源体系。从提升科普能力的角度看，内容资源、渠道资源、设施资源和科普能力的关系更为直接，特别是以下这几类资源要素对提升科普能力起着基础性作用：①面向公众开放的各类科普场馆、设施和基地；②展示科学技术内容的科普展览及其展品；③公众可以参与的各类科学探究或体验性活动项目；④大众媒体、互联网、出版机构面向公众传播普及科学技术知识和信息的各类作品；⑤各种传播普及科学技术内容的数字化、电子音像类资源；⑥面向公众组织开展的科普报告、科技讲座等各类活动；⑦以文字、图像等形式解说科普内容的科普图片/挂图等。

基于以上分析，根据资源要素本身在科普中的功能属性、表现特点以及满足公众科普需求、科普工作需求方面的实际作用，科普资源的概念框架及相互关系如图 5.1 所示。

（二）"互联网＋科普"资源与特征

1. 相关概念和技术

（1）数字化科普资源。数字化科普资源是指以数字信号在互联网上进行传输的一种虚拟形态的科普信息，主要包括文本、图形图像、动漫画、视频、音频、视音频、文献、网页、报告、博览馆、虚拟博物馆、科普专栏、体验馆、资源库等类型，而非数字化物理实体主要包括图片（含挂图）、文物、标本、模型、展品（互动、静态）等类型。数字化科普资源的生成主要有两种渠道：一是将传统科普资源转化为数字形式；二是开发新型数字科普资源。

（2）元数据。元数据（metadata）通俗理解为关于数据的数据（data about data），也可以理解为信息资源的卡片或标签，其本质是抽象的数据。具体来

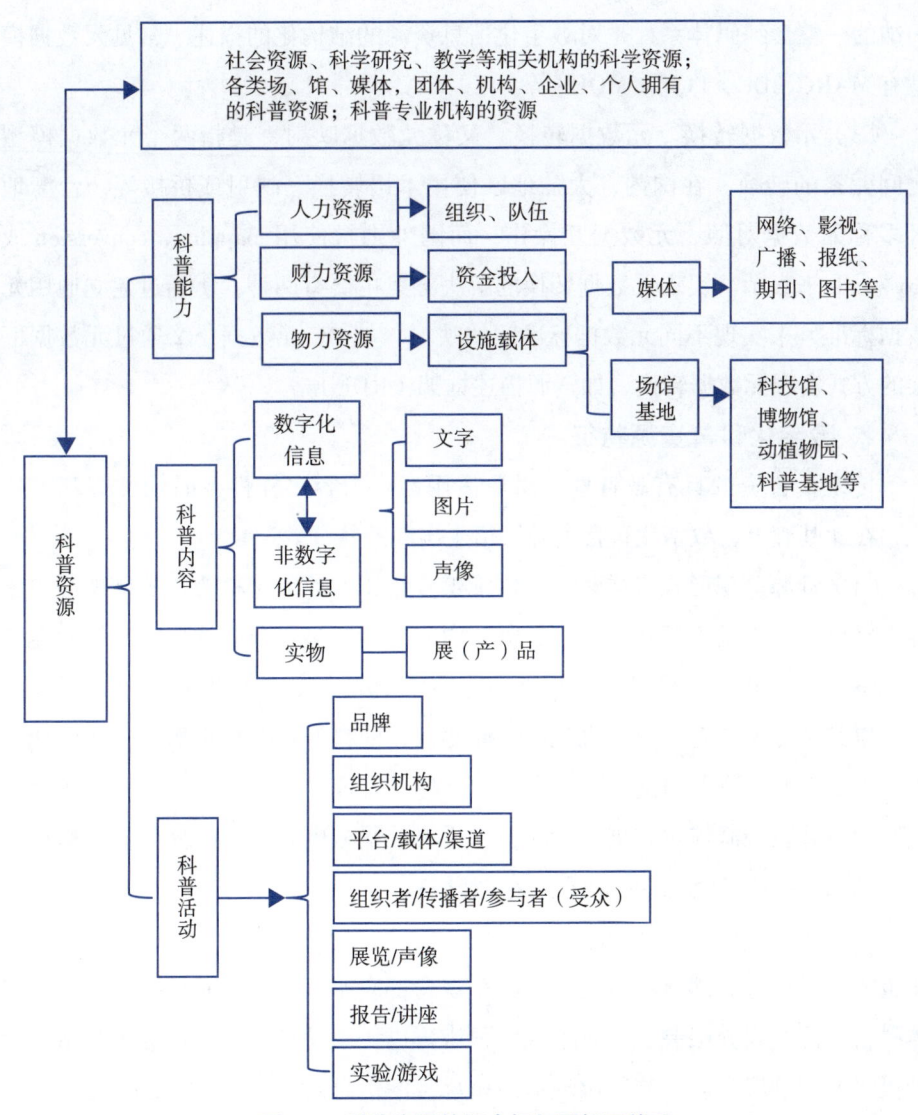

图 5.1　科普资源的概念框架及相互关系

讲，它可以用于描述和规定数据集的内容、作用、获取方式、相互关系等特征以及相应的数据操作等，是信息共享与交换的前提和基础。在许多专业领域，元数据有着相应的具体定义和应用。就信息领域而言，元数据是一种用于描述数字化信息资源，特别是网络信息资源的基本特征及其相互关系，从而确保这些数字化的信息资源能够被计算机及其网络系统自动分辨、解析、提取和分析归纳的一整套编码体系，是对数字化信息资源的结构化的描述。常见元数据模型有 MARC、DC、LOM、MODS 等。

（3）元数据转换。元数据转换，又称元数据映射，是指两个元数据模型之间元素的转换。在国内，大陆地区使用术语转换、映射或桥接等，台湾地区多称元数据对照、元数据互操作；而国外则常使用 mapping、conversion 或 crosswalk 来表示。实现元数据转换的解决方案主要有两种：①通过建立通用元数据标准，来实现不同元数据标准间的映射，如 DC 元数据；②通过元数据框架的方式实现元数据转换，如资源描述框架（RDF）。

2. 数字化科普资源特征

传统科普资源具有教育性、对象适用性、内容多样性及时代性等基本特征，在此基础上，数字化科普资源又衍生出新的特征。

（1）资源呈现形式多样化。与传统媒介相比，数字化科普资源呈现形式更加多样化，不论是资源建设技术、资源内容建设还是媒介载体形式，都发生了巨大变化。尤其是全息投影、4D 影院、虚拟博物馆、体验游戏等虚拟现实技术，以其全方位、立体感、直观性与便捷性，使科普资源呈现形式更加生动活泼、多姿多彩，科普由此变得"有用、有趣、有理"和"好听、好看、好玩"。数字化科普资源载体也扩展到计算机、手机、平板电脑、音乐播放器、移动硬盘、邮箱、网络硬盘等便携式移动存储设备。

（2）更新速度快。在信息爆炸时代，信息更新换代周期越来越短，科普工作也需与时俱进，即从内容更替到科普观念都应始终保持与时代接轨。传统实体科普资源受媒介限制，一旦生成就很难再进行改动；另外，从资源开始建设到投入使用这段时间，往往出现资源所承载的信息已经过时的问题，造成资源信息贬值和浪费。而数字化科普资源的动态性很好地解决了这一难题，使人们能够及时获取科学发现和技术发明的新成果，了解和掌握科技发展的最新动态。

（3）易于传播、共享速度快。网络技术广泛应用使信息获取渠道更加多样、资源获取更加便捷，这无疑为科普资源的共建共享提供了极大的便利。网络科普传播的密度、频度、速度呈几何级增长，使科普资源病毒式传播方式迅速被需要的群体感知和获取，促使科普内容生产、传播、接收的周期大大缩短,这对提高科普传播效率、促进国民素质提高,都有显著的推动作用。

(4)投入成本小,产出效率大。传统实体资源常常因保存限制、地域限制等问题,可重复利用性相对较低。经过多媒体技术处理后的数字化科普资源不易丢失和损坏,具有低成本、易保存、可共享、循环快等优点,使资源可重复利用率大大提高,优秀科普资源共享更加便捷,同时又大大降低了资源建设与维护所耗费的物力、人力和财力。此外,数字压缩技术使得复制处理后的科普资源体积小、便于携带,这为追求智能化和便捷化的公众提供了极大便利。

二、科普资源建设现状

(一)科普资源建设基本状况

随着科普事业向更高层次发展,国家和各级管理部门对科普资源建设越来越重视,《全民科学素质行动计划纲要》将"科学教育与培训、科普资源开发与共享、大众传媒科技传播能力、科普基础设施"作为重点基础工程,并将其作为今后一段时期我国科普工作的主要任务。根据规划,国家科普资源开发共享工程设定有鼓励原创、推动转化、加强集成、建立平台、发展产业等五大目标,由国家自然科学基金委员会、中国科学技术协会、科技部、教育部、中国科学院等多个部委分工负责,并要求资源运作方式从条块管理向多层次开发转变,低技术共享向高技术合作转变。

对于科普资源建设问题,需要系统分析当代经济社会、科学技术、科普事业发展提出的资源需求,全面评估现有资源的数量规模、结构分布、质量水平,考察资源的数量规模能否满足科普工作需要,科普资源要素在不同地区、学科等方面的分布是否均衡,整体的质量水平能否有助于促进公众科学素质的提升,从而为制订科普资源建设规划、加强资源体系建设、建立资源建设的有效机制提供依据。在政府主导阶段,我国科普资源开发模式总体上呈现出"内容共建+资源共享"的基本特征。内容建设方面,科普人才培养、科普图书、期刊创作和基础设施建设是政府科普部门的主要经营方向,展品资源则主要依靠委托开发或直接购买等方式。

就宏观视角而言，我国科普资源状况总体较好，尤其是在科普政策环境方面取得了长足进步。近20年来，各级管理部门先后出台了《中华人民共和国科学技术普及法》《关于加强科学技术普及工作的若干意见》《全民科学素质行动计划纲要》等一系列法规和政策文件，科技部、中国科学技术协会、中国科学院等相关部门和单位以及各级地方政府也都非常重视科普及工作，并将之纳入本部门、本单位和本地区的中长期发展规划。相比之下，人力资源、组织资源、财力资源还不能完全支撑科普发展的实际需要。科普从业人员近年来在数量规模方面有了较大增长，但相对于科普发展和社会需求仍然不足，管理、策划、创作、设计等人才体系尚未形成，尤其是优秀创作与设计人才相当缺乏。组织机构发展方面，除科协系统建立的覆盖全国的科普组织体系，还出现了大量社会性科普组织，但拥有大量科普资源的高等院校、科研机构、科技型企业参与科普的积极性和力度还远远不够。科普经费投入方面，呈现总体不足、地区分布不均衡、社会资金投入较少等特征，亟待予以改善。

从微观层面看，科普内容、作品、产品、渠道等建设也普遍存在结构性、不平衡以及总量不足等问题。①科普内容和媒介资源尽管具有数量大、分布广、种类多等特征，但质量水平总体不高，高水平科普作品和创新型资源产品开发严重不足；②科普公共产品的有效供给严重不足，科普内容资源在地区分布、学科分布上也极不平衡，资源配置上存在着城乡之间、人群之间严重失衡；③条块分割现象依然存在，资源开发重复建设问题严重，资源集成和共享程度不够，许多科普资源开发都是出于应急性活动需要，重复利用率较低。

我国当前的科普资源开发状况体现了深层次上理念的相对落后和体制机制的不完善。一方面，受各种因素限制，科普基础理论研究还不够系统深入，对科普事业发展的指导作用没有充分体现，导致科普实践经验化特征明显，对科普资源的作用机制及资源系统化开发建设的认识不足；另一方面，科普工作社会化机制建设滞后，高等院校、科研院所、科技企业等机构的科技资源没有得到有效转化和应用，大量通过改造可用于科普工作的场所、设备资源等也没有及时转化为科普资源。这些问题的存在不仅直接制约了科普资源建设合力的形成，而且直接影响到资源要素的创新和水平提升。

（二）科普内容资源建设进展

1. 我国科普内容资源建设现状

科普内容资源建设旨在为科普工作提供能够满足受众需要的内容以及用来承载和传达这些内容的媒介和载体，其表现形式包括印刷作品、音像制品、影视作品、动漫作品、数字化产品，也可以是实物、标本、模型、装置、挂图等。科普内容资源建设在科普资源体系建设中处于基础地位，"科普资源开发与共享工程"的目的就是通过科普内容资源建设，为科普发展提供内容支持。

就科普作品本身而言，它具有多样化特征，在技术、内容和表现形式上可以不拘一格，如科学技术的内容要素都可以成为科普内容，但在实践中也要充分考虑科普工作和受众的具体需求和喜好，要采用适当的方法、技术手段和载体。鉴于当前社会发展和公众需求变化，围绕节能减排、生态环保、卫生健康及航天、纳米等科技领域的科普作品更受市场欢迎，而使用通俗化方法解释科技知识和原理、科学方法和思想、科学精神和科学技术作用的作品或产品则更符合当代科普发展的趋势和需求。

在科普内容资源建设过程中，科普作品创作、科普产品开发、科普资源共建共享激励机制建设是三个核心问题。首先，科普内容资源建设需要同时解决数量种类和质量水平的问题，既要提供足够数量、种类丰富的作品，也要通过提升质量形成较强的吸引力和影响力，以确保传播效果。高质量的科普作品取决于"内外"两个方面："外"要保证可读性、可视性，产品制作要精良；"内"则要保证有较强的教育性、启发性和提升性。其次，要通过政策引导、专项支持、资源整合等措施，采用市场化、社会化思维，依托现有科技场馆、科普媒体、高校和企业等机构，构建科普内容资源开发平台和机制，加强对选题、创作、开发、发行、推广等环节的把控，切实提高科普内容资源开发速度和质量，多出作品、出好作品。最后，要建立和完善激励科普作品和产品创作研发、整合集成、共建共享的机制，吸引社会各界专业人士积极参与科普创作和研发工作，调动科普创作人员创作科普作品的积极性，提高各类科技专家参与科普产品研发的热情，促进科普组织和科技机构共建共享科普资源，为科普内容资源建设工作提供内在的动力和活力。

经过长期努力和积累，我国已经储备了相当规模的科普作品和产品资源，涌现了不少受到公众认可的优秀作品。但从总体上看，我国科普内容资源建设仍然在科普资源体系建设中属于相当薄弱的环节，存在数量规模仍然不足，资源有效供给不足，质量水平有待提高等亟待解决的问题，总体上还不能很好地满足科普事业快速发展和公众日益增长的科普需求。为解决这一制约我国科普事业发展的瓶颈问题，应从政策供给、制度建设、技术提升、信息共享和产业运作机制等方面着手，尽快加强顶层设计和系统规划，切实提升繁荣科普创作的支持力度和持久效应。

2. "科普资源开发与共享工程"及其实施成效

针对我国科普公共产品有效供给不足、质量水平不高以及共建共享方面存在的问题，全民科学素质行动计划提出要建设"科普资源开发与共享工程"，旨在通过建立和完善激励机制，引导、鼓励和支持科普产品和信息资源的开发，促进原创性科普作品创作；同时，鼓励并吸引更多社会力量参与科普资源的开发，建立科学技术研究与开发成果及时转化为科学教育、传播与普及资源的机制，推动科普、科技、教育、传媒界的有效合作，建立全国科普信息资源共享和交流平台，集成国内外科普信息资源，扩大科普信息资源的共享范围，推进科普资源共建共享机制建设。

2006年年底，中国科学技术协会、科技部会同教育部、农业部、国家广播电视总局、中国科学院、中国工程院、国家自然科学基金委员会等共同研究制定了《科普资源开发与共享工程实施方案》，提出了实施科普资源开发与共享工程的任务和目标。经过十多年的努力，"科普资源开发与共享工程"取得了明显进展和成效，科普内容资源开发质量和水平有所提高。相关部门和各地区也探索了科普内容资源共建共享机制建设，建立了一些重要的资源共建共享服务平台，促使我国科普内容资源开发建设开始迈上规范化、制度化、社会化的发展轨道。

（1）形成了科普资源建设中的一些重要规范和要求。2007年中国科学技术协会颁布《科普资源质量与规格要求》，对较为常用的图片、挂图、平面展览、图书、音像制品、动漫作品、讲座、展品、活动资源包等提出了质量及规格要求。为引导社会力量参与科普资源建设，统筹指导各部门、各地区的科普资源建设工作，中国科学技术协会在2007—2010年连续4年发布《科普资源开发指南》，明确了科普资源开发的基本原则、内容形式、支持方式，提出资源开发要有利于数字化、体现特色、鼓励创新、注重共享、服务民生、尊重和保护知识产权，结合四大人群的需求和国家的大政方针以及《全民科学素质行动计划纲要》年度工作主题和社会重大事件等要求，同时也探索了资助、表彰、收购、征集、定向委托以及计划指导等支持资源建设的方式和手段。

（2）探索了繁荣科普创作的激励机制。科普作品创作和产品研发是科普内容资源建设的基础，激发社会各方的积极性是科普内容资源建设的关键。为了激发社会参与热情，培育一批优秀科普创作者、科普创作团队、科普创作基地，中国科协近年来实施了繁荣科普创作资助计划，资助科普图书、影视作品、动漫作品、展品、主题展览、科技创新成果科普素材等创作成果。经国家科学技术奖励工作办公室批准，中国科学技术协会还于2008年设立了"中国科普作家协会优秀科普作品奖"，在全国范围内评选奖励优秀科普作品。中国科普作家协会在2007年还开展了"科普作品网络推介"活动，展示优秀科普作品，引导优秀作品创作。许多省市科协也开展了类似的工作。

（3）推进了科普资源的集成整合。从"十一五"开始，中国科学技术协会积极引导科普产品和信息资源的开发集成，利用已有的科普资源素材集成开发了一大批科普挂图、图书、音像等科普资源。利用互联网技术，加强数字资源建设，也成为近些年来科普资源开发、集成、共享的突出亮点之一。网络科普是互联网时代科普的重要途径和平台，加强网络科普资源建设有利于推动科普内容资源的数字化和现有资源的集成整合。目前，我国已由政府投入、中国科学技术协会牵头建成了中国数字科技馆，汇集了极为丰富的图片、动漫、音像、报告、展品等数字化科普资源。

（4）强化了科普资源共享的机制和服务平台建设。2008年，中国科学技术协会设立中国科协科普资源共建共享工作办公室，制定了《中国科协科普资源共建共享工作方案（2008—2010年）》，提出要建设科普出版物配送服务平台、广播电视科普节目服务平台、科普活动服务平台、科普展览资源共享服务平台、互联网科普服务平台等5个科普资源共建共享服务平台。经过近几年来的不断推进，已经基本上建立了一个覆盖广泛的科普资源物流网络系统，能够便捷快速地将各类科普资源送达基层。广播电视科普节目服务平台、科普活动服务平台、科普展览资源共享服务平台、互联网科普服务平台也取得重要进展，在服务科普工作方面发挥了重要作用。

3. 存在的问题及解决思路

在"科普资源开发与共享工程"的推动下，我国科普内容资源建设取得了重要进展，各部门和各地区采取了一些推进措施，促进科普资源的开发、整合、集成，强化科普资源服务平台建设；同时也强化了激励科普资源开发以及科普资源共建共享的机制建设，为科普工作提供了重要支撑，制度化、规范化、社会化的建设模式初步显现出来。但到目前为止，科普资源匮乏问题还没有得到彻底解决，要从提高科普原创力、科技资源科普化、推进共建共享等方面入手，进一步提升科普资源建设水平。

（1）提高科普原创能力是资源建设中的核心问题之一，需要通过激励机制建设、人才队伍培养，调动社会各界参与科普资源建设的热情，鼓励和扶持大批科普工作者和科技人员，培育和壮大更多科普创作团队和基地。显然，这是一项长期、复杂、系统的社会工程，既需要激励机制的建设和鼓励政策的引导，也需要创作和研发人员自身不断提升创作理念和技术水平。

（2）推动存量科技资源科普化是未来科普资源建设中的一个亟待解决的问题，也是推动科普资源建设的一个重要动力。对于现有科技资源，包括科研成果、科研设备、科研机构和基地、科技研究人员等，都可以通过恰当形式和渠道转化为适合科普工作需求的资源。此外，基于市场机制和市场手段的科普产业发展有助于科普资源的开发和转化，能够弥补国家公益科普行为的不足。所谓科普产业，即以提供科普产品和科普服务为基本业务的产业，业务范围包括科普教育、咨询、培训、旅游、休闲、娱乐等多个方面。

（3）应加快推进共建共享机制建设进程，搭建利于信息沟通、资源流动的公共服务平台，以解决社会科普资源分散以及利用率不高的问题。所谓科普资源共建共享，指科普资源不同主体之间合作开发科普资源、共享资源建设成果，有助于不同资源主体之间整合现有资源要素，发挥各自资源优势，形成基于协同开发机制的多方共赢局面；也有助于提高科普资源的利用效率，降低资源开发成本，提高科普公共服务水平。

（三）我国科普渠道资源建设

科普建设渠道包括科学教育、媒体科技传播、科普基础设施传播、群众性科普活动等。《全民科学素质行动计划纲要》在决定建设"科普资源开发与共享工程"的同时，还提出实施与科普渠道资源建设密切相关的"科学教育与培训基础工程""大众传媒科技传播能力建设工程"和"科普基础设施工程"。这些工程的实施可以为科普渠道提供强有力的渠道支撑，从而提高科普传播的整体能力。

1. "科学教育与培训基础工程"及其实施成效

相对于其他渠道，科学技术教育拥有鲜明的特点和优势，是公众科学素质建设的主阵地和主渠道，对公众科学素质水平有直接的影响。在学校科学教育之外，针对公众群体的各种科学技术培训就成为继续提升公众知识水平和科学素质的重要手段和途径。

（1）"科学教育与培训基础工程"的基本内容。中华人民共和国成立以来，我国在科学教育方面取得了长足进步，但从提升公民科学素质的角度看，还存在许多亟待解决的问题。如科学课程和教材对激发学生探究科学关注不够，服务能力培养和素质教育的设施不足，社会力量介入科学教育的程度比较有限等。为此，"科学教育与培训基础工程"提出三项重点任务：①加强教师队伍建设，培养一支专兼结合、结构合理、素质优良、胜任各类科学教育与培训任务的教师队伍；②加强教材建设，改革教学方法，形成适应不同对象需求、满足科学教育与培训要求的教材教法；③加强教学基础设施建设，充分利用现有的教育培训场所和基地，配备必要的教学仪器和设备，为开展科学教育与培训提供基础条件支持。同时，规划中还提出8项有针对性的重点措施，如建立科技界和教育界合作推动科学教育发展的有效机制，加强科学教育与培训志愿者队伍建设，更新科学课程内容，提高教材质量，改进教学方法，重点培养创新意识和实践能力等。

"科学教育与培训基础工程"涉及了科学教育与培训的教师、教材、教法、教学设施，学校正规科学教育、非正规教育、科技培训，科学教育与培训的教学质量、素质提升、能力培养、合作机制建设等多个方面的重要工作。《全民科学素质行动计划纲要》颁布实施之后，"科学教育与培训基础工程"的牵头部门和责任单位共同制定了《科学教育与培训基础工程实施方案》，按照《全民科学素质行动计划纲要》提出的任务要求，对"科学教育与培训基础工程"的实施进行了全面部署。经过近几年的实施，推进了基础阶段的科学教育改革和面向重点人群的科技培训工作在科学教育与培训的教师培训、教材建设、教学改革、基础设施建设等方面也取得了明显成效。

（2）"科学教育与培训基础工程"的实施成效。我国基础教育阶段的科学教育自进入 21 世纪就迈出了逐步改革的步伐，在编制科学教育课程新教材、改革科学教育方式方法等方面取得了重要进展。科学教育中设置了必修的综合实践环节，内容包括了信息技术教育、研究性学习、社区服务与社会实践、劳动与技术教育，强调利用实践环节增强学生的探究和创新意识、学习科学研究的方法、发展综合运用知识的能力。

在科学教育与培训教师队伍建设方面，教育部和中国科协等部门加大了科学教师的培训工作。教育部鼓励师范院校设置涵盖理、化、生等领域的综合性科学教育专业，培养具有宽广视野、较高水平、较强能力的科学教育教师。自 2006 年起，教育部也组织实施了"高中课改实验省骨干教师培训""农村义务教育学校教师远程培训""边境民族地区中小学骨干教师培训""中小学教师科学素质与课程实施能力发展"等教师培训项目，重点培训教师的教学实践能力和探究教学能力。

中国科学技术协会所属中国青少年科技辅导员协会以及地方科协近些年来也加大对科技辅导员的培训工作，利用集中培训、讲师团巡回培训、科技教育专家辅导团等形式培训了数万名科技辅导员。中国科学技术协会和地方科协还利用研修、培训、夏令营等多种形式，组织青少年辅导员、校外活动中心辅导员进行培训，活动规模达到每年数千次，培训人数达到数十万。

在科学教育与培训基础设施建设方面，教育部以及各地教育主管部门也按照"科学教育与培训基础工程"的要求,加大了基础设施建设力度。如教育部启动了"促进中小学科学教育网络资源建设""中小学科学教育实验条件建设示范工程""一流科普资源进校园、进社区"等项目,加强科学教育与培训基础设施建设。

在针对青少年的课外教育方面,教育部和中国科学技术协会等部门近些年来通过项目推进的方式,组织了许多非正规教育项目,如"科学教育特色学校建设""社区校外青少年非正规教育项目""求知计划"等项目。在面向各类重点人群的科技培训方面,教育部、人力资源和社会保障部、中国科学技术协会、全国总工会等许多部门围绕未成年人群体、农村劳动人口、城镇劳动人口等重点群体开展了多种形式和多种类型的科技教育与培训工作。

2. "大众传媒科技传播能力建设工程"及其实施成效

大众媒体在面向公众的信息传播方面拥有许多特殊优势,因而成为当代公众最常接触的传播渠道之一,在当代科技传播领域同样也扮演着关键性角色。

(1)"大众传媒科技传播能力建设工程"的目标任务。改革开放以来,大众媒体和新媒体公众科普方面也做了许多卓有成效的工作,但还存在传播能力不强、质量不高、传播力度不够等问题,大众媒体科技传播对公众的吸引力整体上还不强,科技传播功能远未得到充分发挥。基于此现状,"大众传媒科技传播能力建设工程"提出三项主要目标和任务:①加大各类媒体的科技传播力度,大幅度增加电视台和广播电台科技节目的播出时间、各类科普出版物的品种和发行量、综合性报纸科技专栏的数目和版面、科普网站和门户网站的科技专栏等;②打造科技传播媒体品牌,提高电视科技频道、专栏的制作传播质量,培育一批读者量大、知名度高的综合性报纸科技专栏、专版和科普图书、报刊、音像制品、电子出版物,形成一批在业内有一定规模和影响力的科普出版机构;③发挥互联网等新型媒体的科技传播功能,培育、扶持若干对网民有较强吸引力的品牌科普网站和虚拟博物馆、科技馆。与此同时,还提出了鼓励支持一批电视科技栏目进一步提高质量,择优扶持若干知名科普网站;制定优惠政策和相关规范推动科普文化产业发展等若干具体措施。

（2）"大众传媒科技传播能力建设工程"的实施成效。《全民科学素质行动计划纲要》颁布实施后，中宣部、教育部、科技部、农业部、国家新闻出版广电总局、中国科学技术协会等相关部门，共同制定了《大众传媒科技传播能力建设工程实施方案》，明确了具体任务和具体措施，大众媒体也积极加强自身科技传播工作的力度、质量、品牌建设。经过十多年的发展，大众传媒科技传播能力有所提高，质量水平提升、品牌精品建设取得一定成效。

首先，中宣部、国家新闻出版广电总局协调指导电视、广播、报纸、网络等各级各类媒体，加大了科学技术尤其是对节约资源、保护生态、改善环境、安全生产、应急避险、健康生活知识的宣传报道力度。国家新闻出版广电总局鼓励各级电台、电视台有计划地开办科教频道、栏目和节目，并增加科普节目的播出时间和频率。在电视媒体领域，推出了《科技博览》《对话科学》《走近科学》《地理中国》等一批高质量科技节目，形成了一个覆盖广泛的电视科技传播体系，制作技术和制作水平不断提高，电视媒体的科技传播能力在总体上不断提高；在印刷媒体领域，已经建立了一个包括中央级、地方级、专业报（行业报）在内的科技类报纸体系，围绕科学技术发展、行业技术进步、公众日常生活，尤其是热点问题（如气候变化、节能减排等）、重大自然灾害（如地震、冻雨等）以及与科学技术有关的食品安全、公共卫生突发事件等方面进行了大量的科学传播和教育工作，产生了较为广泛的传播效果。

其次，近些年来，国家以及有关部门还利用奖励政策、税收优惠等手段支持和引导科普组织、大众媒体的科普能力建设，如"国家科技进步奖"将科普作品纳入社会公益类项目奖励范围；国家科学技术奖励工作办公室2008年还批准设立了目前我国唯一的全国性科普作品奖项"中国科普作家协会优秀科普作品奖"。国家新闻出版广电总局的"中国电影华表奖"、中国电影家协会的"中国电影金鸡奖"，近些年来也将科学教育影片纳入评奖范围。

再次，为了推进和深化科学家与媒体之间的交流对话，中国科学技术协会自2011年起开展了"科学家与媒体面对面"的活动，探索科学家与媒体对话的机制建设。"科学家与媒体面对面"活动旨在充分发挥科学共同体、全国学会和大众媒体的作用，结合社会热点、焦点开展科普，建立科学家与大众媒体广泛沟通的渠道。"科学家与媒体面对面"活动每次都会围绕重大科学事件或公众关心的热点问题确定一个主题，邀请该领域 2～4 位专家与媒体人士面对面交流。自 2011 年以来，"科学家与媒体面对面"活动已经先后围绕科学面对流感、食品安全、清洁核能源、雾霾、转基因技术等主题组织了数十次活动。

最后，在我国大众传媒科技传播能力建设工作中，另外两个突出的亮点是媒体应急科普能力的提高和新型媒体科技传播的增长。近年来，国内外出现了一系列与科学技术有关的重大热点事件和热点问题，我国媒体积极围绕这些热点事件和热点问题及时进行了有针对性的报道，媒体应急科普能力和意识都在不断增强，在服务公众了解相关科技知识、认识热点事件、理解热点问题方面发挥了很好的科普作用。同时，围绕这些重大热点事件和热点问题组织相关的科学技术报道，也极大地提升了媒体科技传播的能力，取得了良好的科普效果。此外，随着传播新技术的不断发展和普及性应用，新媒体近年来发展迅速，新的传播形态也不断涌现，基于新媒体和新形态的科技传播正在成为科技传播的新渠道。

3."科普基础设施工程"与科技传播设施渠道建设

科普基础设施本身也是一种重要的科普平台，涉及科普"物力"资源和渠道，也是科学技术通达公众的重要中介和通道。因此，建设足够数量的高水平科普基础设施，既可以为科普提供有力的资源支撑，也能够广泛开展各种科普活动。

（1）科普基础设施的功能与优势。科普基础设施一般包括科技类博物馆、科普教育基地、基层科普设施等类别，广义上的科普基础设施还包括基于互联网的各种网络科普设施。与其他渠道相比，科普设施拥有自身的鲜明特点和特有优势，尤以科技类博物馆的科普展览最为典型。科普展览利用标本、化石、实物、模型、装置等知识载体，通过展览、展示、演示、实验等手段，普及科学技术知识，解释科学技术原理，具有生动形象、浅显易懂等优势和特点。在信息化技术的支撑下，当代科普设施更强调利用交互式展览、科学探究活动等手段，通过增加公众和科学的互动性来增强公众对科学的个体体验，在感受、体验和理解科学现象或科学原理方面具有其他渠道不可比拟的优势。以现代科技馆和科学中心为例，这些平台强调和倡导观众亲自动手、互动参与的先进理念，集科学技术普及、传播、教育、理解、探究、休闲多功能于一体，让观众参与其中、寓教于乐，成为"快乐科普"的重要场所，在公民科学素质提升中扮演了非常重要的角色。但是，相对于经济社会发展和公众科普需求而言，我国科普设施总体上还存在着总量规模不足、区域布局不均衡、展教功能没有得到充分发挥等问题。规模性的科技类博物馆主要集中在经济和科技较为发达的地区，许多科技类博物馆存在科普资源不足、展教理念比较落后、展示技术手段相对落后、展示内容偏重于知识普及、配套科普活动缺乏以及"重展轻教"等现象，整体上对公众的吸引力和影响力还不强，科普功能还有待大幅提高。

（2）我国近年来科普设施传播渠道建设。近年来，在《全民科学素质行动计划纲要》科普基础设施工程的推动下，我国科普基础设施不仅在数量规模上有了较大增长，而且在科普服务能力方面也有所提高。

一方面，科技类博物馆展教资源得到扩充，展品展项进一步丰富，接待能力与实际参观人数显著提升。科技馆在展教理念上发生了重要转变，积极探索强调互动参与，促进公众主动发现、探索学习的现代科普教育模式，设计制作了许多观众可以动手操作的互动式装置和模型，以更加动态的方式反映科学原理和技术应用，观众可以通过动手操作观察和体验科学的过程。近年来，各地科技馆都围绕《全民科学素质行动计划纲要》确立的工作主题以及社会热点和突发事件，开展了"节能减排""保护环境""科技奥运""月球探测""地震科普"等系列主题科普展览。

另一方面，科技类博物馆科普活动日益丰富，除了开设常规的展示展览和临时性专题展览，还积极利用科技培训、科普报告、专家讲座、科普影视片放映、青少年科学探究性活动等形式，面向公众开展科普教育活动。在"科技馆活动进校园"项目的推动下，各地科技馆结合学校科学课程和实践活动，与学校建立协作关系，吸引在校学生积极参与研究性学习。此外，其他类型的科普设施也结合自身优势特点，开展有特色的科普教育活动，增加了公众接触和体验科学的机会和渠道，促进了公众对科学技术知识的学习。作为流动性设施的科普大篷车，利用车载科普展品、科普资源，深入学校、社区、农村，直接送达公众群体。

当前,科普设施建设正面临如何实现由规模增长向提升功能方向转变的时刻。要在持续加大科普设施建设力度、完善科普设施"国家体系"、建立科普设施发展长效机制的基础上,更加关注作为传播渠道的功能建设,从政策和经费投入方面引导科普设施强化运行和功能建设,提升科普设施的科普服务能力。同时,科普设施自身也需要提升和变革科普理念,充分利用现有资源,丰富科普展教内容,提高展教水平,开发和引进更多高互动性和体验型的展示项目;积极发挥设施的平台功能,开展多种形式的科普教育活动;积极开展面向各类公众群体的"推广"和"营销"活动,吸引更多观众对科普设施加以利用。

总之,科普事业的发展、科技传播与能力的提升涉及多个重要方面,既需要有丰富的科普内容资源的支撑,也需要有传播渠道的强有力支撑。全民科学素质行动计划对四大基础工程的立项和推进,体现了我国公民科学素质建设对科普内容资源和渠道资源建设的高度重视。随着这四大基础工程的持续实施并取得重要进展,我国的科普传播能力将跃升到一个新的台阶。

三、科普资源开发存在的问题

随着我国科普资源建设工作不断完善,科普资源的数量和质量有了很大提高,但科普资源地区差异大、学科内容分布不平衡、目标群体不清晰、重复性建设和资源利用率不高等矛盾也越来越突出,与社会公众日益增长的科普需求不相适应。整体上,我国科普资源建设面临"资源相对较少,优质资源更少,不能满足社会多元化的需求"和"社会资源未能有效整合,效益未能充分发挥"等不足,这在很大程度上制约了科普资源公共服务能力的提升。

(1)科普资源总量相对不足,分布不够合理。我国科普资源地域的分布不够均衡,呈现东、中、西部的落差,城乡差异也大。从结构上看,科普资源基本呈现一种倒金字塔分布,首都、省会城市科普资源最多、最丰富,越到基层,科普资源越少。整体上看,与当地经济、科技发展水平差距正相关。根据2010年中国科协科普部对四川、新疆、广东、辽宁、上海、山西6省(自治区、直辖市)297个县市科协的调查,257个县市的存量科普资源无法满足公众的现实需求。

（2）信息资源、产品资源同质化，原创性低，缺乏开发深度。科普信息和产品资源同质化制约了科普事业的持续发展，并且降低了公众参与科普的兴趣和热情。展品仿制是同质化的外在表现，而其根本原因是内容原创性低。其原因在于：①具备专业能力进行高水平科普创作的科学家和科普作家数量较少；②有技术能力进行科普产品设计、研发和制作的科普企业少；③在科普产品研发的过程中，由于社会参与不足，未能形成科普产品深度开发的产业链条。一部优秀的科普作品凝结着科学、文学、艺术等专业智慧，需要来自科学、文学和艺术领域的合作；一件优秀的科技展品，同样需要结合科学、艺术审美，需要工业设计、研发、制造多种技术支持；科普场馆的展览和主题设计，也需要结合科学史、科技哲学和最新技术发展趋势的科学传播理念。总之，科普资源的深度开发需要来自社会多个领域的投入与合作。

（3）科普资源结构不合理。从科普人力资源的行业分布来看，科普展教和活动领域的专业人才多，科普创作领域的专业人才少。从科普信息资源形态看，图书和传统音像制品较多，图片、视频、动漫、游戏、软件等数字化内容较少。从展品反映的科技内涵看，表现一般性的科技原理和科学知识内容较多，表现最新技术发展、生活方式以及科技与社会的关系的内容较少。这种结构的失调限制了科学技术在地域和人群中的流动效果，并且客观上造成了科普资源的同质化，制约着科普资源开发水平。

（4）科普资源利用效率及效益未能充分发挥。目前，我国科普资源来源渠道较为单一，传统渠道的科普资源大多由于内容陈旧、模式单一，不能激发公众的科普热情。相反，拥有先进技术及丰富科教资源的高等院校、国家科技基础设施平台、科研院所等机构，在科普资源共建共享方面热情不高，投入不足，造成了大量科技与教育资源浪费和设备闲置。具体问题体现在：①科普资源分散，整合效率低。由于各部门、系统和行业各自为政，信息交流和沟通不畅，科普资源总体上处于条块分割和大量闲置状态；②科普资源重复建设，科普内容和方式缺乏创新。由于缺乏共建共享机制，造成大量科普资源重复建设现象。根据中国数字科技馆项目的调查数据，教育部系统拥有的平面展览资源占调查资源总量的70.58%、中国科学技术协会占15.46%、中国科学院占

11.9%、其他单位占 2.06%，该调查共收到 62 家单位填报的 1714 件（套）科技馆展品，重复展品共 496 件（套），重复率为 29%。

第二节 科技资源科普化及其共享机制构建

一、科技资源科普化

（一）科技资源科普化的定义

任福君、翟杰全认为，科技资源主要指科技事业发展的政策环境、人力、财力、物力、组织及信息等要素和已取得的成果与产品的总和，分为硬件要素与软件要素，前者指自然科技资源、科研设施与设备等，后者则指科研人员、科技成果及其转化、科技信息网络、交流合作等。周寄中认为，科技资源是科技活动的物质基础，它是创造科技成果，推动整个经济和社会发展的要素的集合，包括科技人力资源、科技财力资源、科技物力资源、科技信息资源及科技组织资源等。总之，科技资源是丰富科普资源、加强科普能力建设、推动科普事业发展的最重要的途径之一。

在科技进步与社会发展日益密切的背景下，加快科技资源科普化既是公众理解科学、提高公众科学素质的需要，也是科技事业自身发展的需要。所谓科技资源科普化，就是将科技资源转化为科普资源的过程。这一过程是科技资源功能和作用的拓展与延伸，是其应用范围的扩大，并不影响其本质属性，但是却在很大程度上实现了科普资源的扩展和科普能力的提高。换言之，科普资源科普化的实质就是拓展和延伸科技资源的功能，扩大科技资源的应用范围，把丰富的科技资源转化为丰富的科普资源，更好地服务于公众科普活动。因此，我国政府也出台了一些政策和措施，如 2006 年科技部等七部门联合发布的《关于科研机构和大学向社会开放开展科普活动的若干意见》，2007 年科技部等八部门联合发布的《关于加强国家科普能力的若干意见》等，对科技资源转化为科普资源都做了很多部署和安排。总之，加快科技资源科普化，是发掘科普资源，加强国家科普能力建设的有效途径。

（二）科技资源科普化的必要性

科技资源是科学研究和技术创新过程中所涉及的各种知识、实验器材、实验物品，甚至是自然界中真实存在的一些现象。由于这种科技资源的专业性较强，很多资源虽然是探索的工具，但如果没有通过科普化，一般公众仍然难以理解、使用、了解这些资源，更谈不上用这些资源去进行探索、研究。科技资源与科普资源在很大程度上是交叉的，但许多科技资源一般需要有本专业背景和素养的人才能使用，一般公众难以理解。从现实看，科普内容虽然来自科学技术领域，尤其是科技研究不断地为科普提供新的视野和新内容，但科技研究所产生的知识和涉及的资源也只能作为科普的原材料，需要通过多层次、多流程加工，才能作为科普的产品资源。因此科技资源需要进行一定的加工才能作为科普资源，这种加工以及使之易于被公众理解的过程就是科技资源科普化的过程。

从科技资源转化机制来看，科普知识是科技知识的一种独特表达方式，其关键是要采取公众易于理解、接受、参与的方式向社会公众传播。要使科技领域的知识为普通公众所理解和接受，需要通过科技资源分解和知识再加工，也就是科普创作的过程，其实质上是一种知识的再生产和转化，以便使大多数公众能够在较浅显的层次上接受、理解科技知识以及其中所蕴含的科学方法和科学精神。因此，科技资源科普化既是公众理解科学、提高公众科学素质的需要，也是科技事业自身发展的需要，因为科技发展需要得到公众的支持，而要得到公众的理解和支持，就需要让公众了解自己所从事研究的意义。科技资源科普化的过程，也是科技事业发展与公众的互动过程。

（三）科技资源科普化的思路与策略

对科普而言，虽然当前我国科技资源相当丰富，但大部分处于闲置状态，如何实现科技资源科普化是一个十分复杂的课题，其基本思路和策略包括：

（1）建立健全政策法规体系。由于关系诸多主体和利益关系，科技资源科普化必然是一个长期过程，需要政策护航和制度保障。建议通过法律形式明确科技资源科普化的目标、要求和相关准则，在充分调查研究的基础上，早日出台有关科技资源科普化方面的具可操作性的文件；加大落实《关于加强国家科普能力建设的若干意见》《科普基础设施发展规划》等文件的执行力度；通过科技发展规划等相关文件明确科技资源科普化要求，设立科技资源科普化专项基金，同时加大各类科技投入中已有的科普化资金的比重。此外，应尽快建立科技人员参与科普工作的切实可行的有效激励机制，逐渐建立起组织和动员全社会参与的科普资源开发和转化体系。

（2）加强调查研究和理论研究工作，为科技资源科普化提供理论基础、政策依据和决策参考。开展对科技资源的基础理论、科技资源配置和区域科技资源、科技资源政策、平台建设和具体措施等方面问题的研究；定期开展对科技资源和科普资源的专项调查研究工作，掌握我国现有科技资源和科普资源的类型、分布、质量、保存形式等基本情况，对现有科技资源和科普资源进行动态管理，为实现科技资源科普化提供基础保障和科学依据；开展对科普资源的需求调查研究，有的放矢地开展科技资源科普化工作；系统总结发达国家科技资源科普化路径和规律，针对我国实际情况进行本土化研究，探索我国科技资源的科普化状况、方式、途径、手段、工作机制等。

（3）搭建资源共享平台，实现科技资源利用最大化。科技资源共享是科技资源科普化的基础步骤，最终目标是"最大限度地利用资源，提高资源的使用效率"，其基本内容包括：①明确科技资源的公共服务性和有偿使用性；②通过构建共享和开放机制提高科技资源利用效率；③通过制度创新引导尽可能多的科研主体来参与科技资源共享和转化；④通过分步骤、分级、分类转化逐渐实现科技资源的科普化。中国科学技术协会在科普资源共建共享方面已经做了很多卓有成效的工作，比如以中国数字科技馆为基础资源网络平台，联合有关部门建设中国科普资源共建共享联合体，并取得了显著进展。

总之，要在政府推动和全社会的共同参与下，切实采取有力措施，早日形成"政府主导、社会参与、共同建设、共同分享"的科技资源科普化新局面。

二、科普资源共建共享机制构建

（一）科普资源共建共享的定义、目标和途径

1. 科普资源共建共享的定义

科普资源共建共享的概念是近年来随着我国科普工作实践不断发展的需要而产生的。2006年9月，为贯彻落实《全民科学素质行动计划纲要》，中国科学技术协会、科学技术部会同有关部门共同研究制定了《科普资源开发与共享工程实施方案》，科普资源开发与共享工作拉开序幕。在随后的工作实践中，"科普资源开发与共享"逐渐演变为"科普资源共建共享"的概念，并正式出现于2008年6月《中国科协科普资源共建共享工作方案（2008—2010年）》中。莫扬教授认为，科普资源共享是指科普资源拥有主体（包括机构及个人）之间，通过建立各种合作、协作、协调关系，利用各种技术、方法和途径，开展包括共同揭示、共同建设在内的共同利用资源的一切活动，最大限度地满足科普工作者和社会公众对于科普资源的需求。

科普资源共建共享概念的提出，有三个方面的原因。一是长期以来，科普工作是一项公益性的社会事业，受利益机制的约束并没有受到应有的重视，科普资源不足，科普工作成效不高。二是在条块分割管理之下，跨系统、跨行业的科普资源开发和利用方面的政令往往并不通畅，要解决相关问题，系统间建立更有效的组织协调机制非常必要。三是政府财政对科普投入不足，急需社会各方面以灵活多样的方式参与科普资源的开发，增加科普事业建设和发展的投入。

2. 科普资源共建共享体系构建的内容

（1）以科普资源数字平台为技术支撑。科普资源数字平台是最高效的物质和信息系统表现形式，是共享的前提和技术支撑。该数字平台作为一个综合平台，应该具有几个功能：①科普资源征集、评选功能；②汇总科普资源目录，提供科普资源查询、检索功能；③各类科普信息的发布和交流功能；④科普资源配置和配送服务功能。

（2）以共享机制为共享服务体系核心。真正的共享服务体系建设不单单是建立一个数字化平台，制度体系是服务体系建设和运作的核心，人们往往太过

关注物质和信息系统（数据库和网站），而忽略了制度体系。科普资源共享机制主要由动力投入机制、协调管理机制、汇交协作机制、共享服务机制、评价激励机制构成。

（3）充实共享服务内涵，完善科普资源服务体系。科普资源服务体系应以科普资源数字平台为依托，以完善的制度体系为保障，建立起科普资源服务平台；在共享服务平台上，进一步充实科普资源服务内涵，提升科普资源服务范围，为政府部门、社会组织和基层提供全面的科普资源服务。这些服务内容包括：①科普资源信息服务；②科普资源数字化服务；③科普展览服务；④科普资源配置和配送服务；⑤科普人力资源培训服务。

3. 科普资源共建共享体系构建的基本途径

科普资源共建共享的核心，是众多科普资源拥有者参与的对科普资源共同建设和相互提供利用的一种机制，而协作化、产业化、国际化、数字化等是实现这种机制的方式和途径，它们的具体含义分析如下。

（1）协作化。科普资源协作化是指为使区域内各种科普资源得到有效配置，创造更大的效益，多家科普机构通过一定的方针政策联合起来，最终使各组织单位达成一种"一盘棋"的局面，共同向更大范围的社会公众提供科普产品和服务的一种方式。由于受经费、人才和技术设备的制约，一些科普相关部门曾一度陷入"心有余而力不足"的困境。因此，科普部门间开展上下协作和横向联合，走合作化之路是加快科普事业发展必然要求。

（2）产业化。科普资源产业化就是以科普产品和服务的市场需求为导向，以科普中心、行业协会或科普合作经济组织为依托，以提高经济效益为目标，通过将科普产品和服务的设计、制作、销售和售后服务等诸环节联结为一个完整的产业系统，从而实现科普资源产供销一体化的生产经营组织形式。产业化是科普资源协作化的一种高级化形式，它用市场化的方式提供科普资源和服务，有利于提高科普资源配置效率，并在保证满足社会需要的前提下，取得一定的经济效益，是科普资源开发建设更为可持续发展的方式。

（3）国际化。科普资源国际化就是指用国际视野来把握、发展和传播科普思想、方式、内容等与科普有关的诸多方面，建立一种跨越民族文化和国界的科普体系，通过国际间的交流合作，实现科普资源在各国间合理流动。科普资源国际化是顺应经济全球化和区域经济一体化的潮流，有利于我国科普事业借鉴、吸收和消化国外科普在内容、形式、开展活动等方面的先进经验与做法，改变我国落后的科普理念、生产方式和管理方式。

（4）数字化。科普资源数字化是指借助于信息技术、计算机技术、数字化技术、多媒体技术等现代高新技术对各式各样的科普资源信息进行组织和管理，使之集成化、有序化和便利化的过程，极大地提高了科普资源的可传播性和可共享性。此外，科普资源的数字化技术可以缓解科普场所、科普媒体等的开放和传播压力，实现科普资源的可持续发展和便利共享。

总之，科普资源共建共享的实质是，协作化方式集成了各方的各种优势科普资源要素，产业化方式优化配置了各种科普资源要素，国际化方式学习、利用和借鉴了国外的科普资源和经验，数字化方式使科普资源的共享性和利用的便利性极大提高。共建共享的结果，增加了全社会科普资源的总量，优化了科普资源结构，提升了科普资源的品质，增强区域的科普能力，推动科普实效的提高和科普事业的向前发展。

4. 科普资源共建共享绩效的逻辑模型

根据前述对科普资源共建共享概念的理解，提出了科普资源共建共享绩效的逻辑模型（图 5.2），其基本含义表现在以下两个方面：一方面，科普资源共

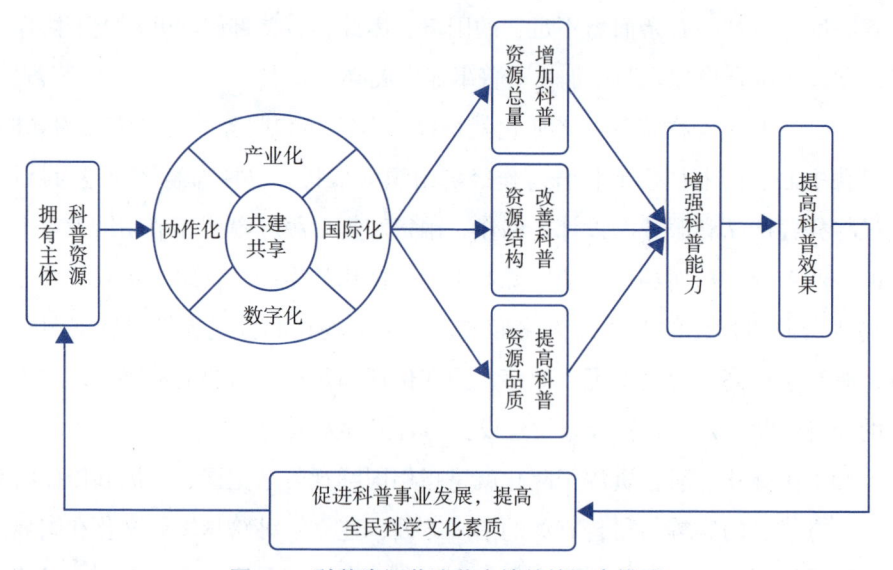

图 5.2 科普资源共建共享绩效的概念模型

建共享的直接目的是增加科普资源的总量，改善科普资源结构，提高科普资源的品质，即增强了区域科普能力，最终目标是提高科普效果，推进科普事业发展，提高全社会公民的科学文化素养；另一方面，科普资源共建共享的方式和途径是科普资源开发建设和利用的协作化、产业化、国际化、数字化，它们是科普资源开发和利用的具体机制或模式，也是科普资源共建共享含义的具体体现。根据以上对科普资源共建共享绩效含义的认识，我们认为，对科普资源共建共享绩效的评价，主要就是对科普资源共建共享水平的绩效、增强科普能力的绩效以及提高科普效果的绩效等的评价。

（二）我国科普资源共建共享实践的主要问题

1. 社会共享意愿低，整合社会资源乏力

我国科普资源大多仍集中于科协系统内部和相关科普机构，共建共享也仅仅局限于科协系统的上下协作层面，横向联合相对较少，未能将社会资源整合进来，全社会范围内的共建共享协作机制尚未建立。科普资源共建共享涉及的单位众多，科普工作在各单位的地位不尽一致，因此，各单位的利益诉求不一致，导致一些单位共享意愿不强烈。即使在科协系统内部，在现有的评价体系下，科普资源共享的内在驱动力也不足。整体来说，在我国现行体制及科普工作环境下，科普资源共享意愿不强，这也是推进科普资源共享工作的难点。

2. 科普资源共建共享制度体系建设不完善

科普资源共建共享体系是指一个能全部支持科普资源共建、共享、应用与服务以及运营管理的资源建设体系。科普资源共建共享体系主要包括三大要素：以共建共享机制为核心的一系列制度体系、物质与信息系统、服务于系统建设和运行的专业化人才队伍。作为顶层设计的以资源共建共享机制为主要特征的制度体系是科普资源共建共享体系赖以存在的灵魂。制度体系除共建共享及服务制度外，也包括建设过程中的标准、规范，如共享资源质量标准、网络接口标准等，这对于保障建设工作的运作十分重要。我国科普资源共建共享制度体系建设滞后，这是科普资源共建共享工作推进的瓶颈。

3. 科普资源共建共享实践思路及认识上存在误区

妨碍科普资源共建共享制度体系建设的因素除了理论研究的不到位外，也

有实践思路的模糊及误区。首先，很多科普实践工作者在科普资源共建共享相关概念、要素、条件、原则、机制等方面还没有达到高度共识，甚至有很多的错误认识，如将科普机构资源共享与面向公众的共享混为一谈。其次，存在一味追求建设规模的趋势，而对于在实践中摸索的某些规模小、效益高的共享模式推广不够，似乎建立一个像中国数字科技馆那样的大平台，共建共享机制就健全了。最后，建设工作过于依赖资金投入。事实上，资源共享是建设一种协作协调关系，核心动力在于资源拥有者之间的双赢需求，而不仅仅是资金投入。

4. 信息服务平台建设滞后

共享的前提是共知，信息资源的集成在科普资源共享中发挥着基础性的作用。科普资源建设和服务过程中必然涉及信息的交互，只有将海量的科普资源信息归集和整理后呈现在公众和科普工作者面前，各取所需，才能促进共建共享各方沟通，才能协调、顺畅、科学地推进各方工作，才能提高科普资源使用效率和服务公众的能力。当前，科普资源服务环节主要侧重于实物资源、数字化资源的服务，忽视了信息实际上也是一种资源，其集成和服务对科普资源建设工作更具基础性的作用。因此，应加强信息服务平台（科普资源公共服务门户）建设，以提供资源发现、使用、分享途径。

（三）完善科普资源共建共享机制的对策建议

1. 建立管理协调与集成整合相结合的机制

建立健全科普资源的管理协调机制，必须继续坚持和完善"国务院领导、各部门分工负责、联合协作"的工作机制，进一步明确各地政府的领导责任和分管领导牵头负责的工作体制，落实中国科学技术协会行使全民科学素质工作领导小组的具体职责，确保科普资源共建共享工作的顺利推进。具体包括：①结合实际，制定落实《中华人民共和国科学技术普及法》和《全民科学素质行动计划纲要》的实施细则，将科普资源共建共享的责任具体化、数量化和可操作化；②由中国科学技术协会牵头制定科普资源共建共享工作规划和实施方案，并将意见和建议上升为国家意志和政府规定，列入对各部门工作的考核和评价之中；③建立多层次的管理协调机构即共建共享合作委员会，各管理协调机构按管理权限协调跨系统、地域之间及地域内部不同主体的利益关系，提高科普资源共享调控能力；④建立健全科普资源的集成整合机制，围绕人才资源、资金投入、设施资源、传媒资源等制定具体操作细则。

2. 推行利益共享与成本分摊相结合的机制

利益平衡机制是使一个经济系统保持长久生命力的源泉。科普资源共建共享应该遵循"谁贡献谁受益"原则，形成一个投入、贡献与所获利益平衡的机制，调动各成员单位参与科普资源共建共享的积极性。为此，要理清不同共享主体的利益诉求，针对不同特点采取不同正激励形式，保证利益共享。只有建立运行成本分摊机制，实现了合理的成本分摊，各共享主体的共建、共享合作才能受到激励，科普资源共享联盟才会持续发展。因此必须通过制定相应法规或根据国家有关法律明晰科普资源的产权主体，解决科技条件资源的归属问题，确立科技条件资源的共享地位以及成本分摊责任，形成成本分摊机制。按照兼顾效率与公益性，通过公平的成本分担制度来实现科普资源共建共享的协调有序运行。

3. 健全绩效考核与共享监管相结合的机制

对共建共享项目、共建共享过程、共建共享结果进行考核、监管及评价，是实现科普资源共建共享目标的基本保障，也是科普资源共建共享机制创新的一个重要方面。①建立科普资源共建共享监测评估指标体系。依据评估指标体系对共建共享项目、共建共享过程、共建共享结果进行考核、监管及评价。②建立中国公众科学素养监测网，完善对中国公众科学素养监测工作及对科普工作的评价。通过监测网开展监测活动，及时掌握公众科学素养和科普能力建设的状况。同时，通过监测网吸收社会、媒体和公众对科普工作的评价与监督。③大力开展科普奖励活动，激发科普人员的工作热情。可以通过设立奖项，表彰先进，调动科研院所、大专院校、企业等参与科普工作的积极性；也可以对优秀的科普资源给予一定奖励和推荐。

4. 构建开发、转化与更新、维护相结合的机制

①建立科普开发激励机制，继续实施科普资助项目，调动科普人员进行科普资源开发的积极性。科普资源开发应根据科普需求来进行，采用委托开发、通过资助和奖励促进开发、通过大赛促进开发等形式，吸引有关全国学会、社会组织、企事业单位等参与科普资源开发工作。②充分挖掘科普资源

存量，以开放科普资源来推动科普资源建设。对于已形成的优质科普资源，采用购买的方式实现资源集成，也可以有计划地引进国外优质的科普资源，通过消化吸收和再创作，提高我国科普资源开发水平。③对优秀的科普资源给予一定奖励和推荐，继续加大优秀科普创作专项经费支持，在社会奖励中增加科普作品奖励比例和数量。④全社会范围内树立科学普及与科技研究同等重要的观念。

5. 完善政府引导与市场运作相结合的机制

①充分发挥中央和地方政府财政投入的主导作用，在政府财政预算中建立科普经费专项，保证国家科普经费的稳定投入。同时制订相应政策充分调动高等院校、科研院所、中介机构、行业协会、企业等方面的积极性，鼓励和引导社会资金参与科普资源共建共享系统工程建设、管理和运营。②在国家大型科技项目计划中，增加科普研究项目种类和数量，引导和资助我国开展科普研究，提高我国科普理论研究和应用开发水平，从而保证公益性科普事业的快速发展。③在追求社会效益为主的公益性科普事业与追求经济效益为主的经营性科普产业之间积极寻找结合点，并建立两者间相互促进和发展的机制。大力发展经营性科普产业的同时，落实公益事业社会捐赠法律法规，鼓励社会各界对科普产业的捐赠和投入。

第三节 "互联网+科普"资源平台建设

一、"互联网+科普"资源建设的目标及其实施路线

（一）科普资源建设的目标与任务

根据任福君、翟杰全等人的研究，科普资源建设和能力建设关系密切，宏观科普资源涉及科普事业的整体保障能力，微观科普资源要素与科普能力之间则属于"一体两面"，其基本状况及丰富程度决定科普体系的基本潜力。国务

院发布的《国家中长期科学和技术发展规划纲要》明确提出加强国家科普能力建设、建立科普事业的良性运行机制。《全民科学素质行动计划纲要》提出的"四大基础工程"也与科普资源建设、能力建设密切相关。这两个"纲要"颁布实施后，科学技术部、中宣部、国家发展和改革委员会、教育部、财政部、中国科协等八部委于2007年联合发布了《关于加强国家科普能力建设的若干意见》，专门就科普能力建设工作做出全面部署。

《关于加强国家科普能力建设的若干意见》中，国家科普能力建设是建设创新型国家的一项重大基础性、战略性任务，是全面推进科普工作的重要着力点。随着我国创新型国家战略目标的提出，公众的科普需求大幅增加，提升公众科学素质的任务更加艰巨，科普能力建设薄弱的问题更加突出。基于此，意见指出，新时期国家科普能力建设的目标是，围绕增强自主创新能力、建设创新型国家、构建社会主义和谐社会的实际需求，立足现有基础，坚持政府引导与全社会参与、公益性与市场机制相结合的原则，形成一个比较完备的公众科学教育和传播体系，创作出一批适合不同人群需要的优秀科普作品，造就一支高素质的专兼职科普人才队伍，构建一个有效运行的科普工作组织网络，建设一批功能健全的科普基础设施和科普教育基地，营造一个激励全社会广泛参与科普事业发展的社会环境，推动我国科普能力不断增强，促进公民科学素质不断提高。

该意见除了强调加强对科普工作的领导和协调、加大科普投入、完善科普奖励政策、加强国家科普基地建设、建立国家科普能力建设监测和评估体系、加强科普理论研究、加强科普资源共享等保障措施外，还详细提出了"十一五"期间国家科普能力建设的六项主要任务：①繁荣科普创作，鼓励基础性、原创性研究开发，大力提高我国科普作品的原创能力；②加强公众科技传播体系和科普基础设施建设，加大大众媒体的科技传播力度，建立更加广泛的科技传播渠道；③完善中小学科学教育体系，积极开展多种形式的未成年人科普活动和课外科技活动，提高科学教育水平；④完善政府与社会的沟通机制，建立公众参与政府科技决策的有效机制，提高决策透明度，促进公众理解科学；⑤动员社会各界力量，加强示范引导，形成地方和部门联动、集中性和经常性活动相结合的长效机制，提高科普工作的社会动员能力；⑥采用专兼职相结合的方式，建设高素质的科普人才队伍。

《关于加强国家科普能力建设的若干意见》强调了国家科普能力建设的重要性，指明了国家科普能力建设的基本方向，在内容上涵盖了科普内容资源、渠道资源、设施资源建设等多个重要方面，涉及国家科普能力建设的一系列核心工作，对今后和未来国家科普能力建设具有指导意义，对我国科普资源建设和能力建设将产生重要的促进作用。

（二）新时期科普资源的开发路线

科普资源开发是对各类科普资源进行运作，以提高其利用价值或实现新的利用方式的过程，涉及对知识、技术、人力的重新整合，其本质是科普传播体系的重要组成部分。一方面，公众获取信息的方式和科普需求趋于多元化，向科普资源开发提出了新的挑战；另一方面，社会和技术变革也在科普信息化、社会化等方面为科普资源开发提供了新的思路和渠道。

（1）构建多专业科普体系，为科普资源开发提供制度和组织保障。传统科普专业体系建设中，往往根据知识层面的"专业"来划分，忽略了科普工作的跨行业属性；在人才培养方面，往往重视面向科普展教活动的专业人才培养，而忽略了科普的"前端"——科普创作和原创性科普产品设计、开发环节的专业人才的组织和培养。在当前形势下，为持续提升科普资源开发的效率、规模和水平，需要整合多个专业的人才和资源，构建基于专业化"科普专业共同体"，形成成熟、高效的跨专业、跨领域科普资源集中开发团队，加强科普资源开发的全流程协作。

（2）科普信息化是增强科普资源流动、优化科普资源配置的技术通路。互联网是天然的信息共享平台，信息资源是科普资源共享的核心内容，信息技术为科普知识"众包"（crowd sourcing）提供了便捷的通路。利用移动互联网技术，能够对各类科普信息进行整合、筛选和评议，鼓励公众参与科普创作、知识共享和科技议题讨论，并在此过程中深入跟踪了解公众的多样化科普需求。在信息化的科普工作平台上，各类资源可以冲破地域和人群的界限，提升科普资源配置的公平和均衡程度。从具体实践来看，要搭建基于移动互联网络的权威性科普信息众包平台，为政府部门、科学共同体、大众媒体、非政府组织、企业与技术联盟、自媒体和一般公众设计专用入口，提供多元个性化的科普公共服务。

（3）科普社会化是突破科普资源同质化和结构失调局面，促进科普资源开发多元化深度发展的必经之路。对政府部门而言，科普的根本目标在于提升科技治理水平，这要求对科学技术的社会价值进行综合性的关注、认知和理解——公民科学素质内涵的重要方面。因此，科普资源开发需要来自科学界、企业界、非政府组织、一般公众等多种社会主体的介入。一方面，这些主体对科学技术持有不同的视角和立场，有利于改善科普资源同质化和结构失调的现状；另一方面，这些主体拥有不同的专业知识和技能，通过竞争与合作，可以形成科普资源的多元化、多层次开发链条。因此，要建立科普产品开发创新平台，鼓励跨专业、跨领域的团队合作，以项目招标的方式向全社会征集、遴选优秀的科普产品设计、开发、创作或制作方案。

（4）公益科普与私有领域的高效合作应成为科普资源的长期开发模式。当代科普对于专业技术的依赖程度正在增加，但公益性科普属性与技术的自主性、专有性及其商业属性在某种程度上是冲突的。科普与技术的关联集中表现在两个方面：①在表现形式上，科普产品创作和制作依赖于创新的技术实现；②在表现内容上，通过科普产品可以有效展示新型技术的社会应用。因此，必须在两方面加强公益科普与私有技术领域的高效合作，一方面引导技术创新企业开发原创性科普产品，另一方面就特定科普产品向其征集最新的技术创意和解决方案。由此，要扶持小微科普企业，加强与创新型小微企业的技术合作，探索科普技术领域的高效率、高技术公私合作模式，将科普技术创新纳入国家科技创新体系。

（三）新时期科普资源的开发策略

近年来，中国科普事业得到蓬勃发展，全民科学文化素质显著提高，但是也逐步暴露出服务模式单一、成本偏高、覆盖面小、公众参与度低等问题，传统科普服务难以满足公众日益增长的科学文化需求。在生产要素的规模驱动力减弱、创新成为驱动发展新引擎的新常态下，信息技术为解决公共服务供给总量不足、供给不平衡和供给效率低等难题，实现社会治理和公共服务现代化提供了良好契机。中国科学技术协会以科普信息化建设为抓手，采取一系列创新举措推动科普服务供给模式创新，特别是2015年启动了"科普中国＋百度"战略合作，探索大数据时代科普公共服务的智慧化供给模式，实现了公共部门、企业与社会力量的合作供给，在公共服务供给侧与需求侧之间架起一座桥梁，向公众提供精准化、个性化、均等化的科普公共服务。

1. 政策引导：公共服务智慧化供给的顶层设计

公共服务智慧化供给的逻辑起点是政府政策对公共服务的制度设计和项目规划发挥导向性作用。国务院《促进大数据发展行动纲要》明确要求，围绕服务型政府建设，利用大数据洞察民生需求、优化资源配置、丰富服务内容、拓展服务渠道、扩大服务范围、提高服务质量，促进形成公平普惠、便捷高效的民生服务体系，不断满足人民群众日益增长的个性化、多样化需求。中国科学技术协会《关于加强科普信息化建设的意见》中提出，强化互联网思维、坚持需求导向、借助大数据建立公众科普需求报告发布制度。通过科普信息化服务创新实现从单向度、灌输式、同质化的科普服务向平等互动、公众参与、受众细分、精准推送的科普服务新模式转变。此后，中国科学技术协会又发布《科普信息化建设专项管理办法（暂行）》，明确科普信息化主要采取政府购买服务方式，积极探索政府和社会资本合作，建立"政社合作、风险共担、互利共赢"的科普公共服务供给新模式，重点建设网络科普大超市、网络科普互动空间、科普精准推送服务等项目。国务院的指导意见、中国科学技术协会的具体政策为利用互联网和大数据改进公共服务确定了明确的发展方向与目标。

2. 需求感知：在公共服务供给侧与需求侧之间架起桥梁

科技变革的日新月异、外部环境的日趋复杂，使依赖直觉判断与主观经验的传统公共服务供给模式面临供给与需求错位的潜在风险。"科普中国＋百度"开创的公共服务智慧化供给模式，借助大数据技术将公众需求多维度多层次细化和分析，从而能够精确感知公众需求、精准提供科普服务。当前，通过互联网搜索获取科学文化知识是越来越多公众获得科普信息的主要来源之一。为及时准确了解网民真实的科普需求，提升科普产品设计的科学性，中国科学技术协会与百度公司从2015年起每季度发布《中国网民科普需求搜索行为报告》，着重分析中国网民的科普搜索行为特点、科普主题搜索份额、科普搜索人群的年龄、地域、性别等结构特征。基于网民科普需求的搜索行为分析，每期报告还对近期的科普工作重点提出了意见建议，例如针对公众关注的热点问题，百度和中国科协联合在百度知道、百度百科等产品中推出相应的专题，科普效果大大提升。总之，在大数据技术指引下对公众科普需求的感知与分析，开创性地将需求感知嵌入公共服务供给过程中，可以有效弥合公共服务供给侧与需求侧之间的断裂，为政府决策提供科学合理的依据。

3. **平台构建：互联网平台推动公共服务创新驱动转型升级**

在大数据时代，尽管传统科普场馆、科普书籍等实体供给方式仍将发挥其作用，但基于移动互联网建立的虚拟化供给平台将大大提升公共服务的数量与质量。大数据平台将数量巨大、来源分散、格式众多的结构化、半结构化与非结构化数据进行统一采集、存储、加工与整合，并通过数据挖掘与统计分析进行创新性开发与利用，最终借助虚拟现实等可视化技术呈现出极具创新性的科普产品。"科普中国＋百度"战略合作依托百度公司技术平台优势，广泛收集与科普相关的互联网用户行为数据，百度百科及文库数据、地图及实景数据，经过百度科学大脑的分析、计算及预测，将科普信息化创新项目与运作较为成熟的百度指数平台、百度搜索平台、百度地图平台、百度百科平台有机结合构筑智慧化科普服务平台，构建智慧化科普服务项目集群，综合图文、视频、虚拟现实等形式，在PC端和移动客户端向公众呈现多元化的创新服务。从连接到升级，再到重塑，逐步实现从单向到互动、从可读到可视、从一维到多维、从平面媒体到全媒体的科普服务变革。

4. **合作生产：众包生产开创大众智慧集聚共享新模式**

在国务院《关于加快构建大众创业万众创新支撑平台的指导意见》中指出，众包就是"借助互联网等手段，将传统由特定企业和机构完成的任务向自愿参与的所有企业和个人进行分工，最大限度利用大众力量，以更高的效率、更低的成本满足生产及生活服务需求"。智慧化公共服务的合作生产过程，就是众包的典型实践。"科普中国＋百度"提供的智慧化科普服务，包括公共部门、企业、社会组织、专家与公众等多元主体的参与。首先，中国科学技术协会凭借其组织和专业优势，在产品设计、项目推进、效果评估上发挥关键作用，同时为创新项目提供公共资金，协调调动科协自身和下属学会、科普基地的资源。其次，百度公司凭借在搜索引擎、大数据、人工智能等方面的技术和平台优势，打造满足公众需求的科普平台和科普产品。再次，中国科协所属学会的专家为智慧科普提供智力支持，目前已有14家学会的560名专家参与，建立了2万余个权威的百度科学百科词条。最后，公众不再仅仅是科普服务的消费者，同时也在智慧化科普的产品设计、评估与优化中也承担重要角色。例如，已有500多万公众参与编写了超过1300万个百度百科词条。总之，公共服务的智慧化供给，用众包的方式实现了知识内容的创造、更新和汇集，形成了大众智慧集聚共享新模式。

5. 服务供给：公共服务供给迈向个性化、精准化与均等化时代

2015年年底的中央经济工作会议指出，公共服务"要更多面向特定人口、具体人口""防止平均数掩盖大多数"，可谓切中了传统公共服务供给模式的要害。智慧化的公共服务通过基于大数据的公众需求匹配技术、智能优化技术，确定最优的服务组合和资源组合方式，将服务与资源进行关联绑定，为公众提供精准化、个性化、均等化的服务。"科普中国+百度"战略合作通过多元主体的合作生产向公众提供"科学大观园""百度科学百科"等个性化、精准化与均等化的智慧科普产品与服务。"科学大观园"是在百度地图平台上标注科普基地，通过引入顶尖拍摄团队构建真实场景，结合精准的位置和导航信息，真实模拟场景内外行走浏览，实现全景虚拟漫游"百度科学百科"是基于百度百科平台的科普专业化词条，在保证词条专业性准确性的可实现线上与线下的互动，线下参观时扫描展品附近的二维码可即时连接权威词条内容，无须人工讲解便可了解展品详情。未来，百度还将打造全球最大的中文众创、众享科普开源生态社区"科普天下"。"科普天下"以用户需求为核心，通过大数据分析技术个性化连接用户与知识、用户与专家，聚集自动智能系统、专家、公众三方合力解答用户问题，用户可通过语音、图像等自然的方式进行科普问答和交互。无论身处何方，只要连入移动互联网就可以超越时间、空间的局限享有均等的科普服务。

6. 大数据助力新常态下的公共服务供给侧改革

在个人日益成为主角的"全球化3.0"时代，以数字治理和协同治理为

代表的新一波公共管理变革浪潮正席卷全球，与之相辅相成的是，运用大数据提升政府公共服务能力也是方兴未艾。国务院《促进大数据发展行动纲要》明确指出，要"打造精准治理、多方协作的社会治理新模式""构建以人为本、惠及全民的民生服务新体系"，并要求推进一系列公共服务大数据工程，加快民生服务的普惠化。然而，与西方国家具有精确的数目字管理传统不同的是，我国数据意识相对薄弱，对于大数据、智慧政府及公共数据开放的认识和创新应用理念与发达国家相比尚有差距，对"互联网+"时代的资源分享与跨界合作还不适应。在要素驱动力日益减弱的中国经济新常态下，要增加公共服务供给，必须创新公共服务供给方式。创新公共服务供给方式，基础是观念转变，要建立公共数据开放意识和互联网思维；前提是政策引领，要加快落实国务院一系列政策部署，推进互联网与政府公共服务体系的深度融合；关键是多方协同，要创新网络化公共服务模式，搭建公共部门、企业与社会力量的协调联动、合作供给机制，要择优选择项目合作伙伴，合理确定合作双方的权利与义务；保障是公民参与，要充分感知和吸纳公众的差别化需求。

总之，利用大数据对公众需求全面感知、迅速反应与积极吸纳，改变了"出现问题—逻辑判断—提出方案"的传统公共服务供给模式，开启了"搜集数据—量化分析—关系建立—提出方案"的智慧化公共服务供给模式。可以预见，在大数据、云计算与人工智能技术的助力下，更多的公共服务供给创新将会不断涌现，必将更多、更公平地惠及全体人民。

二、"互联网+科普"资源平台建设的目标与内容

（一）"互联网+科普"资源平台建设的目标

近年来，公共事业信息化浪潮席卷全国。科技、教育、媒体等多个行业都开始了以信息化为核心的管理和服务模式的深刻变革。2015年以来，国务院先后发布了《国务院关于积极推进"互联网+"行动的指导意见》《促进大数据发展行动纲要》，提出要实施国家大数据战略，推进数据资源开放共享，探索大数据与传统产业协同发展的新业态。2016年发布的《全民科学素质行动计划纲

要实施方案（2016—2020年）》明确提出要实施"互联网＋科普"行动并建设"科普中国"服务云，《中国科协科普发展规划（2016—2020年）》也将"科普中国"服务云建设列为2016年的科普工作重点之一。

在科普信息化未来的发展中，"云服务"将成为一类非常重要的科普服务形态。科普云的建设和发展有利于全面整合各类科普资源、用户、接口和数据，提供面向全互联网的全媒体、跨平台的内容生产和传播服务。借助于人工智能、大数据、云计算、信息聚合、动态网页等关键技术，科普云可以有效应对互联网传播规则和文化的挑战，并扮演重要角色：①作为科普资源中心。基于账号认证制度，邀请微信、头条等平台上的自媒体团队入驻科普云。通过信息聚合等技术，从各类科普网站、自媒体和移动APP上获取、整合和索引各类科普资源。②作为科普内容源中心。以合作和授权方式，通过应用程序接口技术，借助自媒体账号的传播资源进行科普内容的二次分发和传播，或者通过云服务提供内容素材，鼓励内容团队进行再创作和深度开发。③作为科普用户中心。基于科普云账号注册或第三方账号授权制度，吸引微信、微博等社交媒体用户成为科普云用户。基于积分、排序等用户指标制度，借助动态网页和应用程序接口技术，鼓励用户原创内容，刺激浏览、评论、分享、转发等社交行为，促进云平台上的科普内容向用户关系网络的深度传播。④作为数据化运营中心。存储来自云平台的科普资源、自媒体和用户的各项数据，借助大数据挖掘技术，建立标签化管理体系，为云平台上的科普用户提供个性化内容和自媒体账号推荐服务，为云平台的内容合作账号提供转发内容和开发素材推荐服务。

（二）"互联网＋科普"资源平台的技术路线

从信息、技术、文化和社会层面解读，发生于载体、场景、参与层面的三种信息化趋势中蕴含了一系列彼此关联和持续演化的特征（表5.1），正是这些特征集中勾勒了科普信息化的时代语境。一方面，信息和技术层面的信息化引发了内容和媒介转变，为科普供给侧服务提供了难得的机会；另一方面，文化和社会层面的信息化引发了需求和行为转变，为科普需求侧管理带来了全新挑战。

表 5.1　科普信息化的时代语境

信息化		服务：新内容、新媒介		管理：新需求、新行为	
科普要素	传播要素	信息特征	技术特征	文化特征	社会特征
载体形态	信息内容	高密度 多感官 沉浸式	数字化 多媒体 虚拟化	集约 立体感知 情境化	高语境 低编码 用户体验
需求场景	传播环境	泛在主动	移动化 跨媒介 智能化	媒介依赖 效率 个性化	以信息为中心 碎片化 多元化
参与机制	交流方式	互动 共享差异化	网络化 动态交互 标签化	平等 自生产内容 社交传播	去中心化 小组/圈子 用户社区

应用于科普信息化的信息技术可分为三类：①改善信息生产、存储和流通的数字化、多媒体和虚拟化技术，将科普的载体形态转化为易用的媒介类型，使科普信息有效触及用户；②改善信息可读性和交互性的移动化、跨媒介和智能化技术，将科普的需求场景还原为具体的行为模式，使科普信息有效匹配用户需求；③更好地连接人与信息的网络化、动态网页和标签化技术，将科普的参与机制融入用户关系网络，使科普信息有效附着于用户习惯。在信息化的初始阶段，这些技术建构了以信息为中心的社会，重新定义了人与信息的关系。借助信息传播技术，作用于感官的媒介——数据、动画、声音、图文、屏幕、窗口、界面、颜色、图标、穿戴、按钮——消解了面向固定渠道的载体形态，社交化的行为——问答、转发、分享、评论、弹幕、点赞、打赏——取代了条件预设的需求场景，而规则化的参与机制——任务、订阅、关注、人气、等级、积分、排序、特权、红包——进一步内化为社交传播和关系网络的一部分。信息化语境下的科普服务必须容纳以上这些新的传播要素，将其转变为管理和运营的焦点指标，从而降低用户获取和传播科普信息的成本，增加用户访问和使用科普内容的机会，以及增强科普社区的用户黏度和活跃度。而这些目标的实现尚有赖于科普信息化发展中的技术深耕。

科普信息化的技术视角意味着用一种全新的眼光来解读科普信息的传播过

程。互联网从根本上改变了我们对于"载体""需求""参与"等常见概念的理解。一方面，技术导致了媒介的极大丰富，渠道无处不在，信息唾手可得；另一方面，需求变得更为隐晦和个性化，因碎片化的行为而充满变数。这使得传播策略更加注重对用户的追逐，意味着传播的重心后移。确切地说，载体、需求和参与被信息传播技术重构为围绕用户的一系列媒介、行为和关系，传播的焦点落在内容与用户的有效交互，科普的功能实现决定于用户在传播中的实际角色，决定于科普的意图能否内化为用户的行为意图。

因此，对于科普信息化而言，通过图 5.3 所示的三种技术路线来建构通往用户"心头、眼前、身边和指尖"的"行动伴侣"，是科普服务落地的关键。这意味着利用各类信息传播技术，制作面向用户体验的更具魅力的媒介，把握用户固有行为中的潜在机会；培育更多的科普核心用户，建立更活跃的科普社区；以及适应互联网的社交传播规则，让科普的社区文化扎根于用户的关系网络。

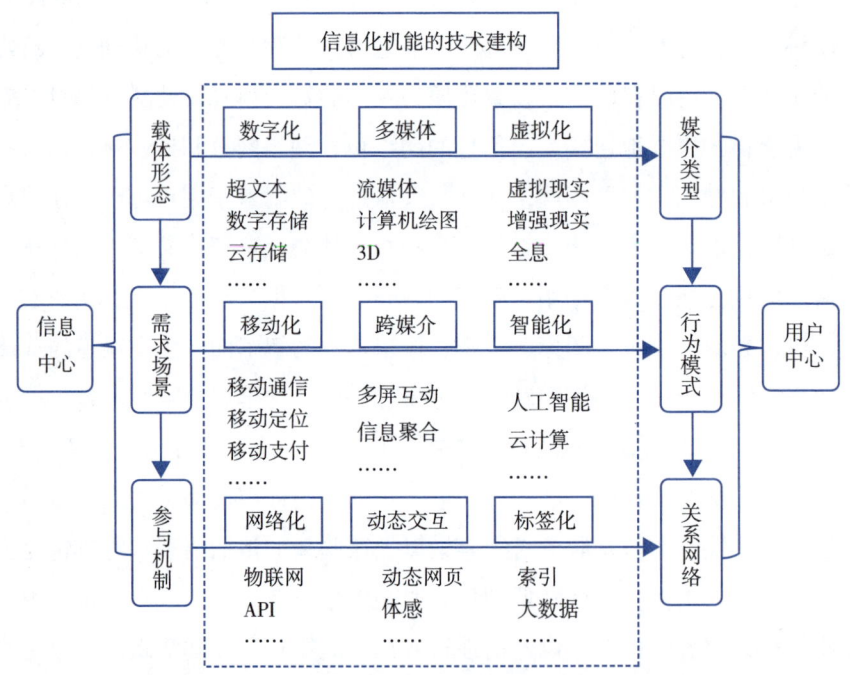

图 5.3 科普信息化的建设进路——从"信息中心"到"用户中心"的转向

从信息化的发展趋势来看，以虚拟现实、云计算、大数据、机器学习为代表的虚拟化、智能化和标签化技术的应用将越来越重要，因为它们可以基于个人的行为数据，实现针对个体需求的个性化服务。个性化的服务减轻了用户的信息负担，在服务与用户之间建立起更为紧密的联系，有助于落实传播意图和服务效果。这反映了信息化社会的一个重要转向：使每个人从源于信息过载的碎片化行为中解脱出来，接受更集约的信息和更精准的服务，从以信息为中心的社会回归到以人为中心的社会。

（三）"互联网＋科普"资源平台功能和服务创新

大数据技术和云计算的快速发展，引发了社会对数据资源共享和利用的强烈需求。在"互联网＋"趋势下，移动互联网、云计算、大数据、物联网等技术的广泛应用，使生产管理、市场研究、咨询行业以及用户体验进入了大数据服务模式。目前大数据平台研究主要集中在"数据拥有者"企业的软硬件建立、数据整合、个人隐私保护、平台安全管理等方面。由于缺乏适用的技术管理标准、法律法规和政府引导，产业链大数据服务主要集中在新闻网站、政府数据统计等部门，在科普领域的应用还比较少见。因此，本节通过分析产业链的大数据权力特点、技术要求、企业自身需求以及产业链服务环节，提出"互联网＋"科普大数据整合发展的策略和发展方向。

1. 智能化数据融合与自动化学习

（1）智能化数据融合。跨学科和跨领域交叉数据融合分析与应用将成为科普产业链大数据发展的重大趋势。基于垂直应用的科普行业 MPP 架构数据库逐步与 Hadoop 生态系统融合使用，用 MPP 处理 PB 级别、高质量的结构化数据，同时提供丰富的 SQL 和事务支持能力；利用 Hadoop 实现半结构化、非结构化数据处理，同时满足科普实践在结构化、半结构化和非结构化数据的处理需求。

（2）自动化学习机制。科普产业链大数据平台除包含普通大数据平台的技术、硬件、软件、信息服务等方面外，最重要的是产业链端的全体接入。针对信息维度非常丰富的非结构化数据，混合不同专家领域模型，以自动化学习和数据挖掘机制代替预先定义好的复杂算法和主观假设；以增量训练的方式实现在线流式学习，反映最新的数据变化；通过自动数据修复机制，提高数据的可用性等，实现对多维数据的包容性、模型的快速更新，最终提高大数据的边际收益。

2. 可视化交互引擎和开源平台级 SDK

数据可视化是科普领域专家理解数据的基础，而产业链大数据中的文本、网络/图数据、时空数据和多维数据均需要在不同的领域模型进行呈现。因此，可视化的交互引擎是实现数据收集、选择引导、交互反馈、实时处理的大数据决策综合系统的重要组成部分。通过开源平台级 SDK 及其软件开发的可视化工具降低区域性中小型科普机构的使用成本，借助可重新编程的物联网终端收集数据，借助第三方大数据基础设施实现大规模的协作分析，为非计算机专业人员提供交互方便的可视化操作通道，并进一步促进开源软件的良性循环发展。可视化交互引擎和公共开源 SDK 使得通过众包、众筹等方式进行跨学科、跨领域的模型分析成为可能，让更合适的受众和人群参与其中来发现创意和解决问题，并根据协作程度和分析结果享受相应红利。

3. 创新科普产业链大数据服务环节

科普产业链大数据将涉及数据采集、数据存储、数据处理、可视化分析、数据应用服务等各个方面，贯穿了科普数据整个生命周期，从互联网下的"数据驱动"转变为"互联网+"下以"智能应用"为核心的业务内涵和商业模式是其发展的原动力。产业链大数据服务环节分为数据采集、数据融合、云计算、信息反馈、"互联网+"服务五个环节。

（1）数据采集。针对科普行业和规范的流动性数据，传感器、采集器等（包括人工定时录入）物联网终端负责对数据进行实时采集、处理、传输，并实现行业应用接口等功能，提高人与人、人与物、物与物、物与系统之间的交流融合。

（2）数据整合。跨学科领域模型和开源技术接口是科普大数据整合的关键。从数据整合应用角度，实现大数据在计算编程模型、编程接口、应用框架、实现框架和资源管理等多个层面的数据融合，积极拓宽科普大数据平台的服务方式和模式，以响应不同地域、不同领域科普机构、受众在不同层次上的多方面需求。

（3）云平台。云端平台为科普产业链大数据提供了计算可扩展的基础设施。通过可扩展和按需服务的第三方云计算平台，建立一系列适用于产业链分析的经济社会模型，通过决策问题描述、推理问题分析、参数模型分析等一系列技术将多种专家领域模型集成在平台中，形成快速反应、交互方便、即时处理的智能决策综合系统。

（4）信息反馈。科普产业链大数据实现了科普供给和需求信息处理智能化，通过物联网流动性数据的不断产生和反馈，对于产业链中随时出现的个性化、精细化科普需求，实现跨区域、跨部门集成和组合，更加有效地配置各类科普资源，有利于提高行业运行效率和服务能力；同时，能够为科普管理、决策、规划、运营、服务提供有效的信息资源支持。

（5）"互联网+"服务。移动终端为大数据的使用提供了可视化交互通道。基于语音交互、触控交互、多媒体技术等多通道、多网络方式的信息交互整合，使中小科普机构也能够拥有个性化智能终端，既可以为科普机构活动开展、服务能力提升提供全方位支持，也能为数据分析、资源均衡、应急科普等提供新的理念、思路和解决方案。

三、"互联网+科普"服务平台建设

（一）基于云计算的科普服务平台内涵

基于云计算的科普服务平台，是指科普信息化过程中，为更好地解决传统科普信息化建设道路中遇到的问题，如资金不足、信息资源及硬件设备更新维护难、难以处理海量数据计算和存储等问题，充分利用云计算及其相关技术的优势，通过搭建科普服务云平台为科普信息化提供灵活便利的信息服务。该平台充分利用Web2.0、SOA、多媒体等现代信息技术，并结合最先进的云计算技术及其平台架构，通过云平台构建提供科普服务，是一个集科普组织办公自动化平台、科普资源共享平台、科普资源创新互动开发平台、科普协作学习平台、科普项目评估平台、科普项目决策支持平台等子系统于一身的综合性平台。

作为一种新型的平台服务模式，科普服务平台把分布在互联网上的科普资源和服务整合成一个整体，动态合理地为各个子系统分配资源，是科普服务

平台在云计算中的整合和迁移，是云计算在科普行业中的具体应用。云计算服务平台可以为用户提供硬件和软件计算资源，且这些软件和硬件是经过虚拟化技术处理后形成的庞大的资源池实现的，可以按需无限量地供给。使用基于云计算的科普服务平台的用户，可以像使用水电一样，按需获取源源不断的资源和服务支持。随着业务需求的不断扩展，云服务平台的内涵和功能也将不断扩展。也就是说，通过建立基于云计算的科普服务平台，一方面，可以为科普组织、科普专家提供一个统一标准的、灵活易扩展的办公和科普资源开发部署平台，另一方面，广大科普受众也可以在这个平台上尽情地享受高效的科普信息化服务。

（二）基于云计算的科普服务平台建设目标

考虑当前科普事业发展需求，科普服务平台建设应实现以下几个目标：

（1）节约科普信息化服务成本。鉴于科普投入经费比较紧缺，成本问题应是优先值得考虑的因素。在云计算平台上构建科普服务平台，可以摆脱传统资源获取模式，可以更加灵活地利用计算资源、应用资源和存储资源。因此，从长远发展来看，云计算平台的建设成本要比传统信息化环境搭建所消耗的成本低，而利用率则显著提高。

（2）为科普服务搭建高效的网络环境。对实现科普信息化过程所需的硬件资源、软件资源、网络资源、科普信息资源等进行一体化、信息化、集中化管理，形成统一、标准、规范的科普管理和服务体系。对于科普组织而言，科普服务平台能够为其提供一个高效统一的办公平台；对于科普受众而言，通过客户端随时随地登录科普云服务平台，可以快捷便利地获取科普信息，自由选择科普内容和科普学习方式。

（3）合理开发和配置科普资源。由于云计算平台具有强大的计算能力和存储能力，能够把各种科普内容、科普活动、科普博览会等虚拟化后置入科普云服务系统，在扩充科普资源的同时还能够克服时间、空间限制。此外，该平台还可以为科普工作者开发更多的办公辅助软件，如科普资源创新互动开发系统、科普项目决策支持系统、科普项目评估系统等。

（4）建立灵活、易扩展的服务平台。云计算具有高度灵活性和可伸缩性，计算能力和存储能力可以按需扩展。随着科普云服务平台内涵和功能的不断丰富，应用系统的数量将不断增长，有利于存进科普的多元化、综合化发展。

（三）基于云计算的科普服务平台基本架构

科普服务平台是科普信息化在云计算平台上的具体应用，因此该平台的架构是分层的，其结构如图 5.4 所示。

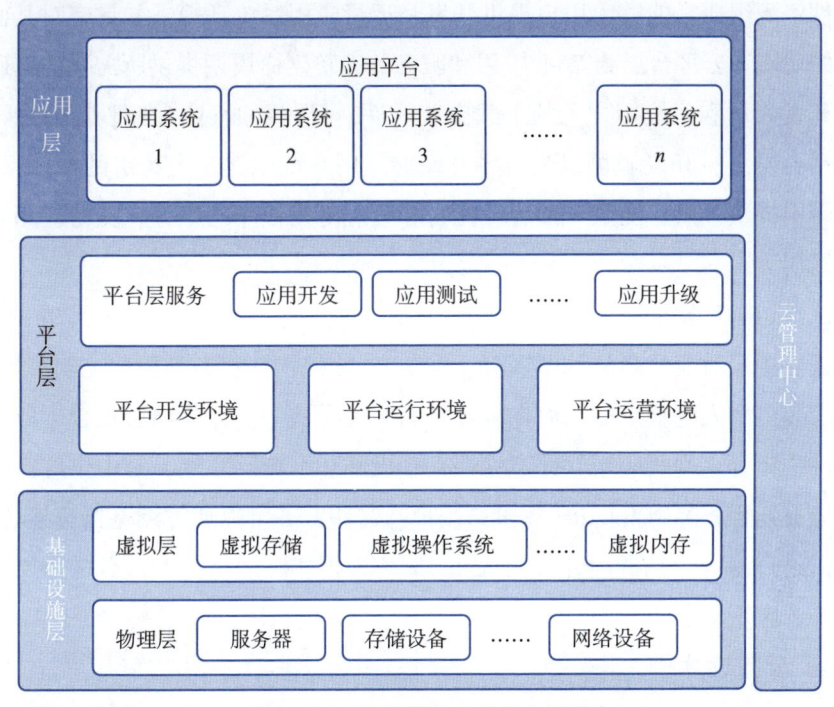

图 5.4 云计算服务平台基本架构

1. 云基础设施层

基础设施层对应的是云基础设施即服务（IaaS）。在云平台基本架构的基础实施层中，可细分为物理层和虚拟层两层。其中，物理层包含的是计算机、服务器、存储器、网络设备等硬件设备。这些硬件设备经过虚拟化处理后形成的资源可以看作一个庞大的资源池，资源池的资源可以按需分配，从而实现快速提供虚拟机器或物理机器，迅速部署环境和均衡工作负载。同时，它可以灵活地为上层提供各种虚拟的服务，实现强大的计算能力和海量的数据存储。通过云管理工具，基础设施层可以灵活地分配和回收虚拟资源，为在基础设施层上部署各种服务提供帮助，用户可以在基础设施层上构建各种平台和应用。基础设施层对应的服务为IaaS，作为一个平台的虚拟化环境，可以通过本地部署的云计算平台提供，也可以由第三方云服务供应商提供。

2. 云平台层

云平台层对应的是平台即服务（PaaS），架设在基础设施层之上，由一系列软件资源组成，能够为用户提供开发和运行应用系统环境，并具有对其监管控制的功能。云平台层为Web应用和服务的完整生命周期提供所需要的基础设施，开发人员和系统用户无须下载安装软件，只需要通过网络即可获取所需。在云平台层上，开发者可以为自主开发的应用系统创建一个特定的操作系统。云平台层提供开发、测试、部署、托管和管理应用程序的服务，支持应用开发生命周期。

3. 云应用层

云应用层对应的是软件即服务（SaaS）。传统软件服务是用户先购买软件，然后安装在个人电脑上的，而在云计算的服务模式中，云应用层集合了所有应用软件的集合。这些应用软件建立在基础设施和平台层之上，是由供应商或服务供应商托管，经由Internet提供给用户。这些服务可以通过浏览器直接访问，也可以通过瘦客户端调用开放的API。用户根据实际使用付费，云应用层具有较强的云应用整合能力。

4. 云管理中心

云管理中心在云计算平台中起到重要的协调作用。首先，通过云管理中心，实现云平台各层的配置和部署，确保各层协调工作，下层为上层提供服务。其次，云平台的自动化安装和升级也由云管理中心完成，从而降低了企业部署云计算的技术要求，快速实现将现有IT资源向云计算迁移的工作。此外，平台的安全认证、用户注册、用户认证、访问控制等也是通过云管理中心实现的，从而保证了云平台的安全性。

（四）科普云服务平台部署形式

科普资源集成与共享是一项具有战略意义和相当复杂的系统工程，工作中应坚持"统筹规划、综合集成、多方共建、共建共享、分步建设、边建边用"的原则。从技术角度看，基于云计算技术的科普信息化服务平台主要由内容云、渠道云和服务云组成，能够提供科普办公自动化、项目决策、资源共享、内容协同开发、项目评估等公共服务支持。

1. 内容云

内容云（content），是一个储存科普资源的整合平台，能够整合文字、图片、音乐、录像等多种格式的信息，用户可以"按需索取，按量计费"；在架构设计上，采用"众包+外包"模式；在架构存储上，采用众包数据在内+外包数据在外模式；在数据库设计上，按照先规划、逐步实施方案进行（图5.5）。

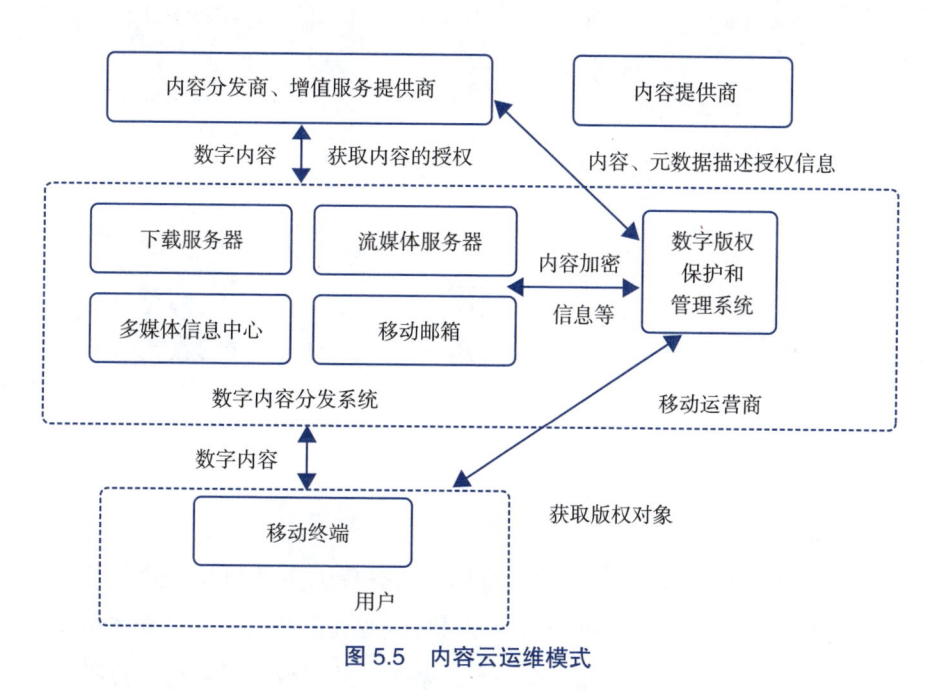

图 5.5 内容云运维模式

2. 渠道云

渠道云（channel），是平台、网络、终端的有机结合体，包括电子商务平台、科普商店、网络、移动客户端、大众资源推广终端、科技场馆、科普活动平台、科学技术中心等组成部分。渠道云旨在建立一个科普信息资源统一、运维及开发的商业架构平台，采用"一云多屏"和 O2O（online to offline）的融合模式。渠道云能够对接个人电脑、平板电脑、移动终端、智能TV、大众宣传屏幕等网络传播终端，并建立受众模拟平台和O2O互动方式（图5.6）。

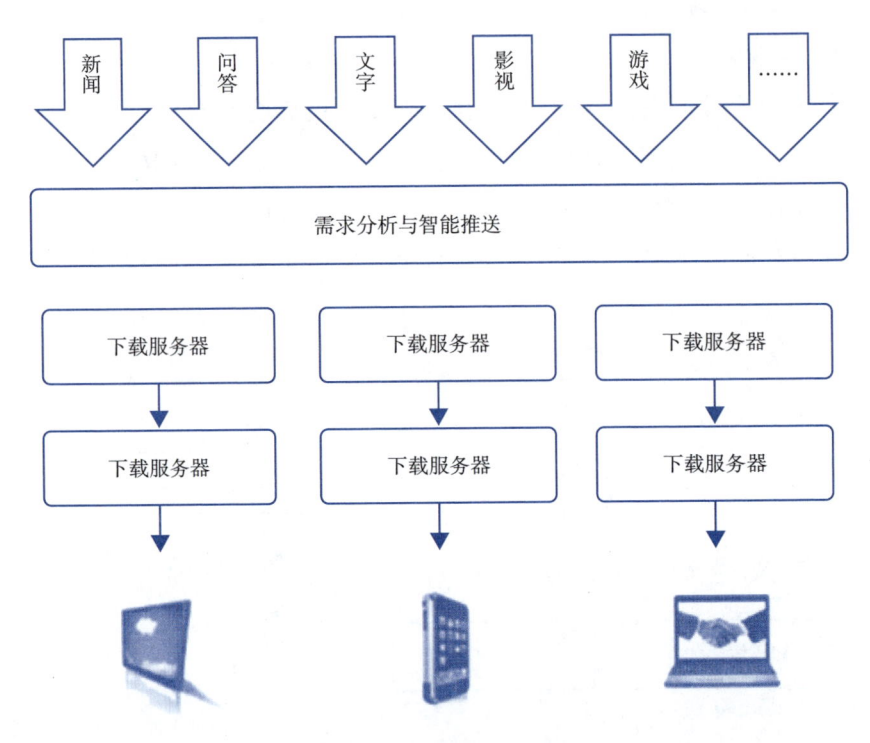

图 5.6　渠道云运维模式

3. 服务云

服务云（service），是专门为科普机构、科技工作者和普通受众提供一站式云服务的平台。它能够为科普机构和科普企业提供产品研发、测试和管理支持以及专业化的产品、服务和体验平台；基于开放平台+受众行为检测，为相关机构和个人提供网络设备运行对策。科普云立足于建立大众化的科普云信息与产品集成共享平台，提供信息选取、统一内容、产品研发、准确传递、运维支持等一站式服务，为科普机构、资源供应商、产品研发商、平台运维商提供科普信息化推广服务（图5.7）。

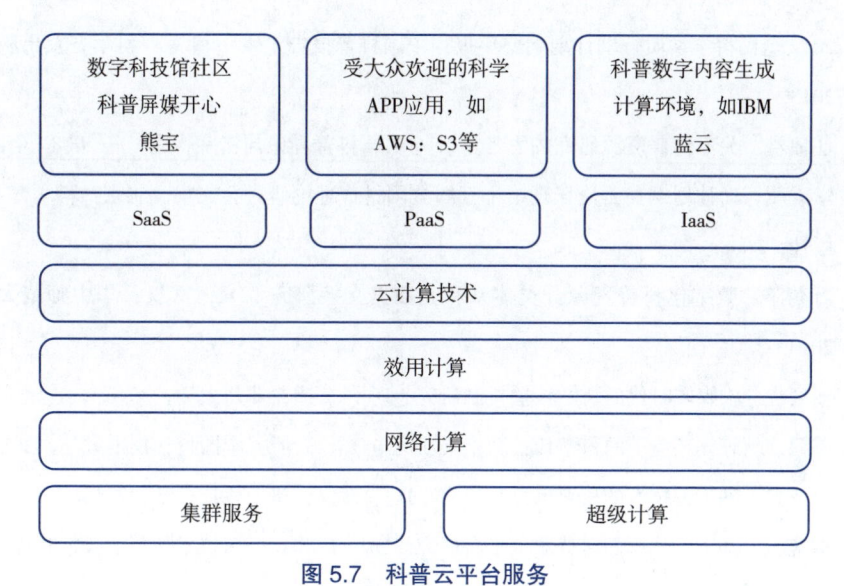

```
┌─────────────────┐  ┌─────────────────┐  ┌─────────────────┐
│ 数字科技馆社区   │  │ 受大众欢迎的科学 │  │ 科普数字内容生成 │
│ 科普屏媒开心     │  │ APP应用，如      │  │ 计算环境，如IBM  │
│ 熊宝            │  │ AWS：S3等        │  │ 蓝云            │
└─────────────────┘  └─────────────────┘  └─────────────────┘
      SaaS                 PaaS                  IaaS

                        云计算技术

                        效用计算

                        网络计算

         集群服务                        超级计算
```

图 5.7 科普云平台服务

参考文献

［1］任福君，翟杰全. 科学传播与普及概论［M］. 北京：中国科学技术出版社，2012.

［2］任福君，尹霖. 科技传播与普及实践［M］. 北京：中国科学技术出版社，2015.

［3］钟琦. 数说科普需求侧［M］. 北京：科学出版社，2016.

［4］翟杰全. 让科技跨越时空：科技传播与科技传播学［M］. 北京：北京理工大学出版社，2002.

［5］科学技术普及概论编写组. 科学技术普及概论［M］. 北京：科学普及出版社，2002.

［6］任福君. 中国科普基础设施发展报告（2009）［M］. 北京：社会科学文献出版社，2010.

［7］任福君，郑念. 中国科普资源报告（第一辑）［M］. 北京：中国科学技术出版社，2012.

［8］全民科学素质纲要实施办公室. 中国科普研究所全民科学素质行动发展报告（2006—2010）［M］. 北京：科学普及出版社，2011.

［9］翟立原. 公民科学素质建设的实践探索［M］. 北京：科学出版社，2009.

［10］任福君. 中国科普基础设施发展报告（2012—2013）［M］. 北京：中国科学技术出版社，2013.

［11］郑念，任福君. 科普监测评估理论与实务［M］. 北京：中国科学技术出版社，2013.

[12] 2012全民科学素质行动计划纲要年报：中国科普报告[M]. 北京：科学普及出版社, 2013.

[13] 任福君. 关于科普资源研究的思考[C]// 中国科普理论与实践探索——2008《全民科学素质行动计划纲要》论坛暨第十五届全国科普理论研讨会文集. 北京：科学普及出版社, 2008.

[14] 野菊苹. 数字化科普资源分类体系和元数据交换研究[D]. 武汉：华中师范大学, 2013.

[15] 杨辰晓. 融媒体时代的科学传播机制研究[D]. 郑州：郑州大学, 2016.

[16] 陈鹏. 新媒体环境下的科学传播新格局研究[D]. 合肥：中国科学技术大学, 2012.

[17] 尹亚光. 基于云技术的科普信息化研究[D]. 武汉：华中科技大学, 2015.

[18] 莫晓云. 基于云计算的科普服务平台研究[D]. 广州：广东技术师范学院, 2013.

[19] 孙文彬. 科学传播的新模式[D]. 合肥：中国科学技术大学, 2013.

[20] 张瑞冬. 科技革命背景下的科学传播受众研究[D]. 乌鲁木齐：新疆大学, 2012.

[21] 李皋阳. 论网络时代的科技传播机制[D]. 石家庄：河北师范大学, 2012.

[22] 廖思琦. 网络科普传播模式研究[D]. 武汉：华中师范大学, 2015.

[23] 赵明月. 互联网时代科学传播的新路径探析[D]. 福州：暨南大学, 2013.

[24] 郑念. 科普资源建设的基础理论研究报告[R]. 北京：中国科普研究所, 2007.

[25] 任福君, 郑念. 科普资源调查总报告[R]. 中国科普研究所, 2007.

[26] 任福君, 谢小军. 科普资源理论与实践研究报告[R]. 中国科普研究所, 2011.

[27] 郑念. 科普资源开发的几个理论问题[N]. 大众科技报, 2010-08-10.

[28] 任福君. 加强科普资源建设, 提高全民科学素质[J]. 科技中国, 2006（10）：46-47.

[29] 赵军, 王丽. 关于微时代科普模式创新的思考[J]. 科普实践, 2015（4）：91-96.

[30] 尹霖, 张平淡. 科普资源的概念和内涵[J]. 科普研究, 2007（5）：34-41, 63.

[31] 张明丽. 新媒体冲击下传统媒体的发展之道[J]. 新闻世界, 2012（7）.

[32]《科普研究》编辑部. 困境与突破：探索科普资源建设的康庄大道——科普研究学术沙龙（第2期）纪要[J]. 科普研究, 2011（6）：5-7, 26.

[33] 李立睿, 邓仲华. "互联网+"视角下面向科学大数据的数据素养教育研究[J]. 图书馆, 2016（11）：92-96.

[34] 詹青龙, 杨梦佳. "互联网+"视域下的创客教育2.0与智慧学习活动研究[J]. 远程

教育杂志，2015（6）：24-31.

[35] 孙立. "互联网+"趋势下产业链大数据整合与应用研究[J]. 科技进步与对策，2015（17）：57-60.

[36] 李立睿. "互联网+"视角下的科学数据生态系统研究[J]. 图书与情报，2016（2）：66-71.

[37] 杨传喜. 科普资源配置效率评价与分析[J]. 科普研究，2016（1）：41-48.

[38] 江苏省科协. 用好社会科普资源构建江苏科普工作大格局[J]. 科协论坛，2013（7）.

[39] 张军. 浅析信息资源管理与现代科普发展[J]. 科学大众（科学教育），2013（6）：160-161.

[40] 石志媛. 融媒体时代科普资源建设不掉队[J]. 科技与创新，2015（5）：23,26.

[41] 王翔. 大数据时代科普服务供给侧改革[J]. 科技导报，2016（12）：46-48.

[42] 陈戈. 科普资源共建共享问题研究：以福建省为例[J]. 海峡科学，2013（3）：70-72.

[43] 卢晓东. 科普资源开发与整合是新时期科普事业发展的必然[J]. 科技传播，2015（6）.

[44] 耿斌. 基于INFOMINE导航模式下的网络科普资源导航建设研究[J]. 电子商务应用，2015（8）：49-51.

[45] 葛倩. 基于云服务的科普资源平台研究与设计[J]. 软件导刊，2015（7）：129-131.

[46] 李世喜. 科普信息化与数字图书馆协作共建探索研究[J]. 河南图书馆学刊，2016（7）：125-127.

[47] 赵立新. 我国新时期科普资源开发对策研究[J]. 科技传播，2014（12）：1-3.

[48] 尹霖. 科普资源的概念与内涵[J]. 科普研究，2007（5）：34-41,63.

[49] 王丽慧. 大教育观引领青少年科普教育基地发展[J]. 科普研究，2010（2）：56-59.

[50] 任福君. 加强科普资源建设，提高全民科学素质[J]. 科技中国，2006（10）：46-47.

[51] 贾亚千. 动员社会力量实现科普场馆资源共建共享[J]. 科技导报，2012（21）：11.

[52] 孙莹. 科普场馆教育功能的类型及其实现机制[J]. 理论导刊，2012（2）：99-102.

[53] 张良强. 科普资源共建共享的绩效评价指标体系研究[J]. 自然辩证法研究，2010（10）：86-94.

[54] 莫扬. 我国科普资源共享发展战略研究[J]. 科普研究，2010（1）：12-16.

[55] 曲小敏，李新行，华明. 论吴江市加强青少年科普教育的实践与探索[J]. 大众科技，2005（6）：110-112.

[56] 任福君. 关于科技资源科普化的思考 [J]. 科普研究, 2009（3）：60-65.

[57] 张九庆. 关于科技资源科普化的思考 [J]. 山东理工大学学报（社会科学版），2011（1）：38-40.

[58] 莫扬，孙昊牧，曾琴. 科普资源共享基础理论问题初探 [J]. 科普研究, 2008（5）：23-28, 32.

[59] 曹再兴，谢华. 新形势下推进科技资源科普化的几点思考 [J]. 科技管理研究, 2012（2）：47-49.

[60] 危怀安. 中国科协科普资源共建共享机制研究 [J]. 科协论坛, 2012（4）：43-45.

[61] 陈运发. 自然类博物馆"十字星"价值体系与科普教育功能管理 [J]. 科普研究, 2012（4）：32-36.

第六章
"互联网 + 科普"传播模式构建

本章导读

　　为适应信息时代需要，利用移动互联网、物联网、大数据、云计算等技术，加快科普传播主体、内容、模式等创新，构建以资源数字化、传输网络化、管理自动化、应用个性化、服务知识化为主要特征的跨媒体科普传播体系是"互联网+科普"发展的必然选择。

学习目标

1. 了解新媒体时代科普传播模式创新的概念、内容和趋势；
2. 理解"互联网+"时代科普目标、形态与功能转变；
3. 理解"互联网+"背景下科普传播机制构建的目标、策略和路径。

知识地图

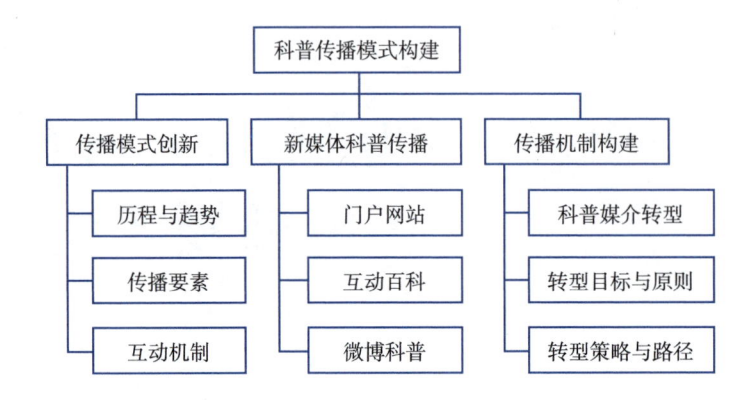

```
                    科普传播模式构建
        ┌──────────────┼──────────────┐
    传播模式创新      新媒体科普传播      传播机制构建
        │                │                │
    历程与趋势         门户网站         科普媒介转型
        │                │                │
    传播要素          互动百科         转型目标与原则
        │                │                │
    互动机制          微博科普         转型策略与路径
```

第一节　新媒体时代科普传播模式创新

一、科普传播发展历程与趋势

科普传播，是指通过报刊、广播、电视、网络等大众媒体进行科技传播活动。大众传媒是科普传播的重要工具、方式和渠道，也是公众获得科技信息的主要渠道。随着科技进步和传媒技术的迅猛发展，大众媒体功能趋于多元化和专业化，在科普传播中所发挥的功能和作用也越来越大。

（一）大众传媒科普传播发展历程

经过中华人民共和国成立 70 年特别是改革开放 40 年的建设，科普传播体系构建取得长足进步，成为开展群众性、经常性科普工作的重要渠道和途径。

我国报刊和图书具有科普传播的优良传统。早在 1915 年，中国科学社就创办了《科学》杂志，通过传播科技知识、提倡科学方法、鼓励科学探讨，团结和培养了一大批著名科学家。中国天文学会于 1922 年创办的《宇宙》、中华自然科学社于 1932 年创办的《科学世界》、中国科学社于 1933 年创办的《科学画报》、上海交通大学电机工程系于 1937 年创办的《科学大众》，都是早期著名的科普期刊。中华人民共和国成立以后特别是改革开放以后，一大批著名科普期刊如《世界博览》《电脑爱好者》《少年科学画报》《大众医学》《知识就是力量》《科技新时代·大众科技版》《环球科学》《中国国家天文》等先后复/创刊，在面向全社会普及科技知识方面发挥了重要作用。当前，我国比较有代表性和影响力的科普期刊有《中国国家地理》《舰船知识》《科学世界》等。

中华人民共和国成立后的第一份科技报是《科学小报》，由北京市科学技术普及协会创办于1954年3月。1956年党中央发出"向科学进军"的号召，随后一批报道科学技术知识和信息的专业报纸相继诞生。大多数主流报纸也办有科学副刊，如《人民日报》的《卫生》副刊、《工人日报》的《学科学》副刊、《大公报》的《科学广场》、上海《文汇报》的《人民科学》周刊等。目前，全国性的科技报有《科技日报》《中国科学报》《大众科技报》等，许多省区也都有自己的科技报。

我国第一个专业出版科普图书的出版机构——科学普及出版社于1956年在北京成立。该出版社拥有一大批著名科学家撰稿人，如华罗庚、钱伟长、戴文赛、高士其、傅连暲、竺可桢、茅以升、苏步青、谈家桢、郑作新、朱弘复、裴文中、裘法祖等，出版了一大批优秀科普读物。20世纪60年代少年儿童出版社出版的《十万个为什么》等优秀科普图书影响了几代人。

广播是20世纪80年代以前最具影响力的大众传媒，尤其是在边远的乡村，广播几乎成为农民获得信息的唯一渠道。中华人民共和国成立初期，广播电台便开办了科普节目，1949年8月，上海人民广播电台和中央人民广播电台相继开办了科普节目，播放科普文章和系列讲座。科普节目（栏目）顺应时代的发展，积极利用广播开展趣味性、贴近性、服务性和实效性并重的科技传播活动，如《科技与社会》《科技·知识·生活》《科学1+1》《科技大世界》《专家热线》《医药咨询台》等品牌科技（科普）节目，在社会上产生了广泛影响。

20世纪80年代以来，随着电视的日益普及，电视科技传播取得了长足进步。在节目制作理念上，由以往注重科技知识专题片和讲座介绍发展为形式多样、内容丰富和生动形象的科普（科技）节目；在传播内容上，电视科普（科技）工作者在普及科学知识、倡导科学方法、传播科学思想的同时，更加注重弘扬科学精神；在节目规模上，由单独的科普（科技）栏目发展到以众多专业电视频道为支撑的集群化报道。根据中国科学技术协会历次公众科学素养调查，公众从电视获取科技信息的比例最高，大都在90%左右。

进入21世纪以后，随着信息技术的迅猛发展，以网络媒体为代表的新媒体力量迅速崛起，给传统科普传播模式带来了巨大挑战，正取代电视等传统媒体成为公众获取科技信息的主要渠道，对提高我国公众科学素质起着越来越重要的作用。

（二）大众传媒科普传播发展趋势

为了适应信息时代的需要，科普正在进一步利用新媒体作为有效传播手段，加强对科技信息的分众传播，如利用大数据和云计算等技术，实现科普信息资源的挖掘、加工和分享；运用移动互联网、物联网等技术，满足公众细分的科普个性化需求；运用人工智能、全息仿真和虚拟现实等技术，促进科普线上与线下的结合、科普与艺术的结合、科普与人文的结合、中国化与国际化的结合，增强科普的开放性、参与性、体验感和游戏化。

1. 手机报科普作为分众媒体的科普传播功能不断拓展

手机报最先是作为某一领域的分众媒体发展起来的，随着手机报数量和受众不断扩大，分众聚合成较大规模，对大众传播的影响力也越来越大。自2006年以来，手机报科普内容由最初的农业、健康扩展到心理、航空航天、军事科技、自然地理和突发公共科技事件领域。

随着手机报科普传播栏目增多，品牌效应逐渐形成和确立，如2005年广州《信息时报手机报》推出的《食尚养生》栏目、2006年淄博《鲁中手机报》打造的《科技新知》栏目等。同时，综合类手机报中固定的科普栏目也大量出现，如《新闻早晚报》的《学堂》栏目、《新华手机报》的《生活百科》栏目等。随着2007—2008年的发展和调整，手机报对信息内容和用户挖掘的不断深入，除传统医学健康类别外，开设自然地理、气象、生物、心理、考古、军事等栏目的手机报也不断增多。2010年，中国移动共推出63份全国手机报和68份地方手机报，其中绝大部分都设置了科普传播栏目。自2011年起，随着智能手机日益普及以及微博、微信等自媒体的出现，手机报科普发展式微，近年来其主体地位逐渐被新媒体客户端、公众号所取代。

2. 移动电视成为利用公众碎片化时间开展科普的有效手段

移动电视一般主要是指在公共汽车等可移动物体内通过电视终端以接受无线信号的形式收看电视节目的一种技术或应用。作为一种较新的媒体形式，移动电视以其先进科学的电视运营模式进而成为社会公众瞩目的大众媒体，其兼有报纸、广播、电视、互联网等已有媒体的优点，被誉为"第五媒体"。2007 年，由烟台市科学技术协会与烟台移动数字电视中心联合开办的移动科普电视节目《科普快车》开播，以宣传节约资源、人身安全、健康保健等日常生活科普知识为主，凭借其新颖的宣传方式、丰富的宣传内容和宽广的覆盖面，迅速被广大公众所认可。移动数字电视不同于传统的固定电视节目，它通过高速移动接收系统，面向来自四面八方的流动人群，其有效覆盖面更广，使人们在乘坐交通工具过程中或其他闲暇时间内，能够学到一些与生产生活息息相关、通俗易懂的科普知识。

总体来看，移动电视在科普传播方面成为一种重要的补充，但其功能还未得到充分挖掘和发挥。在移动新媒体冲击下，如何利用其方便快捷、覆盖面广的优势，利用人们等乘的闲暇时间进行科普传播，是一个需要深入研究的课题。

3. 微博将成为"微"科普时代的先行者

新媒体形式的层出不穷经常令人眼花缭乱，微博、微信、微电影、微动漫，"微"传播的时代早已到来。而作为"微"传播时代的先行者，微博发展对科普传播有里程碑意义。微博，即微博客（microblog）的简称，是一个基于用户关系的信息分享传播以及获取平台，用户以文字、图片或视频形式更新信息，并实现即时分享。微博一度成为主流新媒体，是公众获取新闻、传播新闻、发表意见、制造舆论的主要途径。据 CNNIC 发布的第 34 次互联网发展报告，截至 2014 年 6 月，我国微博用户规模为 2.75 亿，网民使用率为 43.6%，其中，手机微博用户为 1.89 亿，使用率为 35.8%。

科普微博是网络科普时代的产物，它构建了一个从科普权威到科普草根均可参与的"科普微时代"。民间科普微博的博主一般以科研人员、高校教师、科普作家、科学记者、科学编辑为主，也包括相当数量的科学爱好者。这些参与者一般具备某一学科的专业背景和严谨的思维逻辑，且处于社会中上层，有一定社会话语权和社会公信力。这些群体代表了草根科普时代科学传播主体的扩充，其群体特征表现出了"微"科普内容撰写者所需具备的传播科学知识专业背景。以得到公众广泛认同的果壳网为例，自开设其科普微博以来，成功地建立了微博传播机制，培养了一支术业有专攻的微博创作队伍，确保了内容的质量和实效性。开博以来，果壳网科普微博充实了网络科普的内容，克服了其他网络科普模式的弊端，激发了公众对于科普的参与热情和积极兴趣，成为人气最高、粉丝最多的民间科普微博。

4. 微信科普将成为最方便快捷的科普手段

自 2011 年 1 月推出以来，微信便以势不可当的姿态迅速成为主流社交网络工具之一。作为一款专为手机终端用户打造的免费即时网络通信产品，它以近乎免费的方式实现跨运营商、跨系统平台的语音、文字、图片等信息的传递功能，并支持单人、多人语音对讲，超越了以往手机只能打电话、发短信、彩信的单一传统模式，使手机具备了双人、多人语音对讲、信息传递、图片分享等功能。随着移动网络技术发展、电信资费下调和智能手机普及，微信安装量呈加速上升趋势，截至 2016 年 12 月，微信在全球范围内拥有 8.89 亿月活跃用户和 1000 万个公共号。

鉴于微信的本质属性和特征，微信科普拥有渠道快捷、信任度高等口碑传播优势。目前，微信科普一般通过两种方式进行传播，①朋友圈分享，基于朋友关系分享信息，其内容多种多样，传播范围也往往局限于朋友圈内部；②机构或是个人建立微信公众号进行科普。在传播效果方面也令其他媒体相形见绌，首先，通过熟人和朋友圈传播，可信度较高；其次，凭借连续转发机制，传播效应能够迅速放大；最后，微博科普内容贴近生活和实际，易被不同年龄、知识层次、职业背景的受众所接受。目前，几乎所有科普机构、社会组织和科普媒体都注册了微信公众号。当然，作为新媒体，微信科普传播同样存在缺乏专业性、权威性等劣势，这是未来微信科普需要着重解决的核心问题。

二、新媒体发展与科普传播的互动机制

（一）新媒体与科普传播模式变革

随着信息技术的发展，以资源数字化、传输网络化、管理自动化、应用个

性化、服务知识化为主要特征的新媒体成为科普传播的必然选择。本质上，科普传播是一种知识的跨组织转移、传播和学习，能否跟上信息技术进步的步伐将决定其效率高低乃至整个科普事业的繁荣和衰败。在实践中，作为一种参与性和互动性都极强的媒介形态，新媒体对科普传播来说是一支极具潜力的力量，并且以其独特的媒介属性影响科普传播的主体、内容、模式等环节。

1. 释放传播力量：开放平台多元参与

受计划体制影响，当前我国的科普传播仍然是一项依靠行政拨款、政府主导的社会公共事业，科协系统及其领导下的公益性科普机构仍然是科普传播的主体。但新媒体的出现为多元传播平台构建提供了契机，科普网站、微博、微信等多种传播平台凭借较低的准入门槛、快捷的传播途径以及实时互动交流功能，成为当前参与科普传播的重要阵地。由于传播流程变革和网络角色转换，社会组织、企业、社区乃至受众个体不但可以随意接收所需的科普信息，还能够成为科普传播主体。如科学松鼠会就是致力于在大众文化层面传播科学的非营利机构，他们通过开展线上线下活动，以生动新颖的手段向大众传播科学；新浪微博上的账号"谣言粉碎机"专门致力于科学谣言的破解，团队秉承"严谨思考、分析真相"的理念运用专业知识为公众粉碎谣言、揭示真相，树立理性思考的生活方式。这些主体逐渐形成更大的科学传播群，科普信息传播主体正由单一走向多元。

2. 丰富传播内容：改变传统创新体验

新媒体是建立在互联网技术基础上的互动社区，其特有的技术优势给科普传播带来了全新体验。新媒体可以把图片、视频、文本和传统内容进行组合处理，进行分享和互动，以此建立多重"联系"并生成某种"意义"。同时，社交媒体能够将文字、图片、声音、影像和图表等媒体符号整合在一起，形成多媒体信息，使科普传播更加直观和形象，提升了科普传播的感染力和吸引力。利用新媒体，人们可以很便捷地分享有用的科普知识，为视频加上标签，对科普内容进行讨论、辨析，方便地组织各种线上线下活动。随着智能手机的普及，各种科普 APP 应运而生，新媒体完成了对电脑、手机、平板电脑、移动电视等智能终端设备的全覆盖，实现了真正的跨平台体验。总之，新媒体集合多种传播形态，将人际传播、群体传播、组织传播、大众传播等各种传播形态集于一身，并将口耳相传、报刊、广播电视、网络等多种传播方式进行有机整合，开创了崭新的科普传播形态。

3. 优化传播模式：自下而上社群协作

根据法国科学传播学者 Piere Fayard 的观点，科普传播大致分为计划科普和自由科普两种模式。在计划模式下，科学团体（科学家）作为传播主体，按照自上而下的传播流程和固有的传播渠道，将他们认为公众需要的科技信息传播出去。而源于传播技术革新的自由模式引发了科普传播观念和模式变革，在其模式下，新媒体将着眼点放在"人"上，以人为本，注重信息的自由流动和互动分享，大大提高了科普信息传播的效率和效果。

以维基百科为例，它是一个动态的、免费、可自由访问和编辑的全球性知识资源库，参与者来自世界各地。受众可以自由地对维基文本进行浏览、创建、更改，从而为他人提供更为专业、权威的知识（词条）。截至 2015 年 11 月 1 日，维基百科条目数第一的英文维基百科已有 500 万个条目。全球所有 280 种语言的独立运作版本共突破 4000 万个条目，总登记用户也超越 6900 万人，而总编辑次数更是超过 21 亿次。可见，维基百科的传播内容不再是预设的，而是根据公众日常生活或工作中的问题开展针对性传播。

4. 受众主体性嬗变：非线性螺旋式上升

受众主体性，是指受众在信息传播过程中，根据主体自我与劳动实践的需要，有意识地、批判地、自觉地进行信息选择与吸收的一种素质。就面向受众（audience）的科普传播而言，受众作为科普传播实践的参与者、科学技术知识与信息的接受者（甚至同时也是传播者），其主体性在一定程度上是决定科普传播实践成效的关键。

在人类文明发展初期，技术传播是依靠人际传播即口语传播，每个人既是传播者又是受众，"传受一体"现象就出现了；在第一媒介时代的科学传播，受众在接受传统媒体如报纸（期刊、书籍）、广播及电影、电视传播的科学技术知识与信息的同时，也在有意识或无意识地运用人际传播功能来传播科学技术知识，"传受一体"现象也存在；而在第二媒介时代，随着网络技术的运用，呈现的多元化、个性化、交互性、开放性、丰富性与无限性等传播特征，决定了受众在未来的科学传播实践中实现具有"主体间性"的传受一体。因此，通过媒体变革对科学传播受众影响的研究可知,伴随着媒体技术变革,科普传播实践中受众主体性呈现出非线性、螺旋式的嬗变轨迹,而这正是科普传播进步的重要体现。

(二)科普传播与新媒体互动关系

传播科技的每一次突破性的进展,通常都伴随着一种新的传播媒介的诞生,并导致传播水平的相应提高和传播观念的相应变革。信息技术革命实现了网络虚拟社会的平等和自由,也使现实社会的观念、意识日益多元化,受众的自我认同越来越强,群体分层分化现象越发明显,这一趋势为科普传播模式革新提供了良好机遇。与此同时,科普传播也在一定程度上"成就"了新媒体。

1. 科普传播与新媒体的耦合互动关系

科普传播与新媒体之间存在着天然耦合性,这是由新媒体的时代特征与科普传播的内在要求所决定的。新媒体的诞生与发展,是科学的创造发明与普及应用的结果;科学技术的普及反过来又需要新媒体的反哺支持。

(1)科学普及成就新媒体。"新"媒体,是一个相对发展的概念,它只是相对于过去的传统媒体而言,随着人类科技水平的日益飞速发展,当今时代的"新"媒体,一定会被更新的媒体所代替。当代意义上的"新媒体"是指在信息技术时代,利用计算机技术、网络技术、移动技术、无线技术、通信技术、卫星技术等手段,通过手机、电脑、数字化电视等终端工具,向受众提供讯息和娱乐的一种新型的传播模式和媒体形态。可见,新媒体与传统意义上的报刊、户外、广播、电视四大媒体相比,具有革新的一面,这种革新是传媒技术上的革新,也是在科学普及的带动之下人们生活理念与模式上的革新。因此,新媒体是在科学技术革新基础上诞生的,它是科学的产物,其后发展也是凭借科学传播普及开来。从全球范围来看,随着交通与电信技术的扩散,国际与国内交流日趋频繁,新媒体已经成为信息传播的主流,世界各国纷纷把新媒体技术创新作为社会和经济发展的重大战略目标。

(2)新媒体反哺科普传播。新媒体的时代特征决定了其具有反哺科普传播的重要功能,体现在四个方面。

①跨界性:打破科普传播的时空限制。传统媒介在传播过程中,最大的限

制是受到"时间点"和"空间点"的限制。新媒体的最大革新便是将受众在传统媒介获取信息时的界限彻底消融掉，打破时空限制，使受众对于信息的获取更自由、灵活。

②双向性：建立科普传受一体的交互模式。传统意义的媒介传播，是一种单一单向传播，受众对于信息的筛选、接收和范围都处在一种被动状态。这种传播模式忽略了"反馈"这一因素，也忽略了受众在传播过程中的主体地位。而新媒体的传受一体性、交互性消除了传统科普传播的单向性、延后性、非互动性等不足，为科普互动传播创造了条件和平台，也增强了现代科普的实效性，这是新媒体反哺科普的独特魅力所在。

③海量性：提供高效快捷的搜索功能。传统媒体在信息量上都各自有其局限性，如线性传播、不易存储、信息内容单一或不全等，并且，受众无法在其同一媒体上获取大量所需信息。科普发展依赖于新媒体超大信息储存能力，在资源共享基础上实现跨时间、跨地点的检索，一方面科普受众可以有针对性地进行搜索、选择、筛选，另一方面也为科研人员在学术研究上提供了丰富的资源，提升准确鉴别、获取有用信息的能力与解决问题的速度。

④多媒体与超文本：实现科普复合传播的技术支撑。以往单一的传统媒体只能实现或文字图片、或声音、或视频影像的技术效果，而新媒体技术是在集传统意义的媒体的基础上运用数字媒体技术开发创意完成的对于信息的传播加工以及新的诠释的一种新的媒体概念，它将传统媒体的文字、图片、声音、视频影像等多种符号复合为一体，通过网络链接实现多媒体和超文本的传输模式。利用新媒体虚实相济的网络平台使受众对所接收信息的理解更加生动、深入、形象。此外，新媒体具有绿色环保性，又符合科学倡导的"可持续发展"理念。在此基础上，两者达成天然耦合。

2. 科普系统与新媒体系统的非线性相互作用

进入21世纪以来，一种知识生产的新模式正在形成：知识生产正在更多类型的社会机构中进行，涉及各种不同关系中的更多的个人和组织。这种弥散于社会的知识生产体系意味着，知识由整个社会的个人和团体提供，并分配给这些个人和团体。在新模式下，科普和新媒体两者实际上都是知识生产、应用和传播的重要载体和形式。当前，这种模式正向一种全球网络形式发展，网络上联结点的数量随着知识生产场所的增加而持续增加，而联结点的增加必然需要一种协同力量以便使网络有序运行和发展，这就需要充分发挥出协同力量的效应：协同效应（synergic effect）、支配效应（control effect）和自组织效应（self-organized effect）。这三种效应，应用到解释科普与新媒体的关系上，就是通过两者协同、支配和自组织的发展，使得现阶段科普与新媒体从无序的发展状态走向有序的协同的发展状态。现在的科普和新媒体两个子系统之间关联运动少，导致"劲不往一处使"，两者无法实现协同。在科普与新媒体之间建立协同系统，包含改变科普和新媒体两个子系统的关联方式，使系统向控制的有序结构转化，以自组织方式形成宏观的空间、时间或功能有序结构的开放系统。

科普系统和新媒体系统中的各要素间的非线性相互作用，成为推动系统协同发展的动力。专业化与协同化是当前科技发展的两大趋势。但仅有专业化知识的线性相互叠加是不够的，还需要有多学科、多专业的交叉融合，多领域、多背景、多主体的政策协同起着主导作用。科普和新媒体的发展从无序结构向协同结构的转变，必须重视与环境的动态关系，调整自身的发展方式，以从环境中获得新的有序结构维持所必需的要素、知识和信息。也就是说，构建协同发展模式，应当重视利用社会资源协同保障科普和新媒体的发展。

（三）新媒体科普传播存在的问题

科普传播是一项系统工程，需要科学共同体与公众的共同努力，作为连接科普传播主体与受众的新媒体传媒，肩负着提高公众科学素养、提高全民族文化素质的责任。就现实来看，新媒体在科普传播实践中出现的问题值得关注和思考。

1. 科普传播内容需要强化"把关人"机制

科学本身的特性决定着科普传播内容的客观性与价值中立性。客观、理性的传播内容对公众认识科学、理解科学起着关键性作用。然而，当下的新媒体在科普传播过程中，出现了以关注度、经济效益等为主要追求指标、一味迎合受众需求而忽视科普传播基本规律等诸多问题。同时，科学界和教育界专家、学者未能进入科普传播的第一线，积极向公众传播他们所掌握、发现的新知识、新观念，没有与新媒体共同承担起科学与非科学的"把关人"职责。在科学界与传媒界把关机制尚未健全的情况下，科普传播内容的客观性、中立性也就无从得到根本保证。在新媒体的冲击下，如何对来源广泛的科技新闻信息进行内容把关，判断其科学性或对伪科学及时有效地抵制，成为新闻界乃至科学界亟待解决的重要问题。

2. 科普传播过程缺乏话语转换机制

当今的科普传播已经进入了"媒介化转向"时期，这种转向在给科普传播提供了一种全新途径的同时，也为科普传播模式提出了新挑战。随着新媒体深度介入科普传播，媒体界对科学报道的数量逐渐加大，但不尊重科学事实、违反科学原理，甚至错误的科学报道时有出现。媒体对科学的"误读"，究其原因，主要在于传媒界与科学界的不同话语体系。在科学界"专业话语体系"与大众传播"通俗话语体系"这两者之间的转换过程中，如何找到两者的契合点，既尊重科学规律，也尊重传播规律，让科学走近公众、让公众理解科学，是科普传播要解决的重要课题之一。

3. 科学界与媒体之间需要互动合作机制

科普传播需要媒介工作者和科学家的共同努力与密切协作。当前，由于科普传播的良性互动与合作机制尚未建立，科技记者与科学界、科技人物、学科部门之间缺乏理解与沟通；而科学界不太熟悉大众传媒的运作规律，很少将通过媒体开展科普纳入自身工作范畴，表现为传播议题的随意性和传播过程的孤立性。另外，媒体也缺乏对科学内涵的了解和领悟，难以深入理解科学事业的本质与规律，在传播科学信息时无法很好地把握科普传播的针对性，难以根据不同层次受众的需求创作出丰富多样、有针对性的科普内容。因此，建立科学界与媒体界之间的互动与合作机制，树立共同承担科普传播社会责任、履行科普传播社会义务的良好意识，最大限度地防止科学在传播过程中被歪曲或误读，成为当下科普传播研究的一个重要课题。

4. 受众需求转变对科技信息传播的制约

根据"使用与满足"理论，受众接收媒体信息是基于自身需要。就科普传播而言，接收者主要存在两种诉求：一种是出于学习、工作、生活需要或兴趣爱好而自觉接收；一种是出于某种原因无意识地接收科技信息。一般说来，前者是科技信息的稳定受众群，而后者则存在较大波动性，是当前科普传播所要着力关注的群体。在当代社会转型过程中，由于意识形态世俗化等因素，公众价值观念发生了较大转变，个体层面的务实需求逐渐成为公众获取信息的主要动机，科技信息在大众知识结构中也从理解性知识转向工具性知识，很大一部分科技知识则因缺乏即时效应无法进入公众选择范畴。此外，随着社会生活方式转变和媒介竞争加剧，科普娱乐化趋势日益明显，趣味性乃至娱乐性成了科技信息与电视剧、综艺节目等竞争的必备要素，这也使讲求科学性、严谨性原则的科普传播面临严峻挑战。

5. 市场竞争下科技信息传播的偏差

科技信息产品又有着自身特殊的生产要求，科学性、知识性以及对科学精神的弘扬，都使之不能像其他信息产品那样浅表开采，而是需要以厚实的科学研究为基础、娴熟的媒介传达能力为中介，这就对媒体形成了更高要求。对绝大多数媒体来讲，科普栏目都面临来自市场竞争的诸多困境：一方面，受众市场的细分局限科技信息的普及。以中央电视台科教频道为例，以受众为核心的明确市场定位使科教频道的节目成为相对高端的科技信息传播平台，而据此设置的节目内容难以吸引低端人群，限制了频道普及科技知识的范围。同时，在社会阶层分化的背景下，可能会因其精英化的品位进一步扩大"知沟"。另一方面，过度追求趣味性偏离科学精神。中央电视台对科教节目提出了4∶3∶2∶1的制作要求，其中趣味性占比高达40%，而知识要素仅占10%。这种节目制作确实起到了吸引一般观众的作用，在强调趣味性的转变中获得了收视率，但却因此消解了科教的品质，导致科学性、专业性严重不足。这一矛盾说明了基于市场考虑的煽情与科学精神崇尚的理性之间有着巨大冲突。

三、新媒体科普传播要素分析——以科学松鼠会为例

（一）传播者

1. 传播主体

科普传播本身是一个多元化主体、多层次传播构成的复合体，如参与主体就有政府、科学家、企业、媒体、公众、非政府组织、教育机构等，且每个主体的参与动机、方式、程度均有所不同。当前，我国科普传播的主体力量有三

个：①隶属于政府管理的科技研发与科技教育部门，如大专院校和科研院所等；②具有半官方、半社会性质的学术团体，如各种学会、协会、研究会等；③大众传播机构，如报社、电视台、网络媒体等。这三种力量构成我国现代传播体系的组织框架。

根据社会学理论，在政府不能有效地提供或配置公共产品（政府失灵），而企业囿于利润动机不愿提供公共物品（市场失灵）时，非政府组织（NGO）能够以其独特的资源配置方式弥补这些不足。经过长期实践和社会结构演变，当代发达国家已经形成了政府—非政府组织—企业三方参与、分工明确、互相协作的科普传播体系。我国在近代时期即出现了一批民间性质的社会科普传播组织，如1914年成立的中国科学社，其宗旨是"提倡科学，鼓吹实业，审定名词，传播知识"。当代中国NGO的出现源于信息技术革命和社会结构转型，适应了建设创新型国家和提升全民科学素养的战略需求，有其历史必然性。这是因为，民间科普组织更了解基层实际情况，对于科普需求的反馈更及时更有针对性，能够弥补政府和企业资源不足的缺陷，因而深受受众欢迎。以科学松鼠会为例，其团队成员大多来自国内外院校的一线科研工作者、媒体的科学记者和编辑，还包括科学家李淼、科幻作家刘慈欣等。这个团队更加强调受众互动和参与，为受众营造出了一个平等信息交流的环境，自组建以来开展了一系列线上线下科普活动，树立了较高的社会知名度、公信力和权威性。

2. 把关人角色

"把关人"理论是由库尔特·卢因提出的，认为在群体传播过程式中存在着一些信息过滤程序，只有符合群体规范或把关人价值标准的内容才能真正进入传播渠道。这一理论广泛存在于传统媒体运作机制中，但在网络媒体中往往是"失效"的，一是因为传播的双向性使得传播权力泛化，任何人都拥有信息发布的权力，传播者权威性被削弱；二是信息传播自由化使传播范围具有无限广阔性，容易造成信息泛滥。

虽然科学松鼠会是一个基于网络群博客传播的组织，但其内部有着严格的把关控制行为。在群博上发文需首先申请成为科学松鼠会作者，条件是提供个人信息、回答开放式问题以及撰写投名状，并经过评议小组严格考核后才能成为正式成员，这保证了科学松鼠会创作团队总体素质较高。在创作过程中，亦是通过层层把关来保障文章质量。首先每篇文章都由编辑加以审核，部分文章会经由"同行评议"，另外松鼠会网站吸引了大量科学专业人士，有错误很难逃出他们的法眼，这相当于一个第三方的监督作用。此外，读者也可以随时挑刺，使作者能够及时修改文章，使之不断完善。总体看，科学松鼠会可以媲美一家专业媒体，既有严格的审查制度，也有专业报道队伍，其把关控制是相对科学、严谨的。

（二）传播内容

根据中国科学技术大学吴娟对科学松鼠会100篇原创博文（2010年2月2日至2010年4月30日）的考察，可以看出其内容设计的主要特征：①迎合受众喜好和兴趣点。在100篇博文中，各学科领域所占比重排名为：生物（20%）、物理（13%）、健康（12%）、医学（8%）、心理（8%）、计算机科学（7%）。这一排序说明文章编排上照顾到了受众的需求，是科学松鼠会主动向受众认知范围靠拢的一个表现。②与受众生活的贴近性。选取的100篇博文大部分都属于日常生活科技知识，其中40%与公共事件直接相关，如地震、转基因、注射疫苗等。这一选择弥补了传统媒体在议程设置中的缺陷，即当进入更深层次的科学知识和意义挖掘时，媒体和科学家往往就缺位了。而科学松鼠会的选题大多与公众的认知范围相重叠，且能够在独特视角上以公众感兴趣的事情为引子开拓科学传播的范畴，如从电影《大侦探福尔摩斯》看心理学，借助《爱丽丝梦游仙境》讲科学与艺术。③生动活泼的显现形式。群博客建立在网络世界中，所以其有条件运用更多元和更立体的表现方式，文中可以添加图片、视频或者引申性阅读。样本中有80%的博文采用了图片、视频、引申阅读的方式来解释介绍文章所要表达的内容，如《很萌很牙医》就将漫画、时尚语言表达和健康知识完美地结合在一起。④注重传播内容的互动性。科学松鼠会每一篇博文下都有受众评论或读后感，也有质疑内容。100篇博文中最少评论为3条，最多为201条，平均评论数为38.44条。其中，评论较多的文章如《转基因，吃什么就变什么吗》（201条）、《转基因食品，恐慌不如监管》（196条）、《磁铁能预报地震吗》（110条），都是与受众生活密切相关的文章，或者说发生在受众极关心的知识领域以及靠近受众的认知范围。

刘华杰教授曾对科普传播的内容进行了划分："一阶科学传播是指对科学事实、科学进展状况、科学技术中的具体知识的传播；二阶传播指对科学技术有关的更高一层的观念性的东西的传播，包括科学技术方法、科学技术过程、科学精神、科学技术思想、科学技术之社会影响等的传播。"科学松鼠会的科普传播行为，大致也可分为一阶传播和二阶传播，分别对应"事件科普"和"科学精神"两个层面。就"事件科普"而言，科学松鼠会往往以一个公共事件为突破点进行持续宣传和深度解读，如汶川地震后策划的地震专辑，通过一系列客观、严谨、科学的文章纠正了许多常识性错误。诸如此类的科普专辑还有很多，如"事关牛奶""H1N1"等。这些有着广泛影响力的社会公共事件，本身并没有科普概念，但通过与科普传播的结合，促使公众以前所未有的热情参与到其中，此时便演变成一个以事件为中心，政府、科学家、媒体、受众和非政府组织共同参与、互动交流的科普信息网络。从"科学精神"层面看，在诸多围绕具体议题的争论中，科学精神得以凸显并不断传递，取得了超出预期的效果。

（三）传播受众

1. 受众特征分析

网络时代的到来对传播学最直接的冲击就是在网络环境下媒介形态的不断变化和重新整合，信息传播体现出双向乃至多向互动性的特点，受众在信息传播过程中的主体性得到了充分的张扬，而使用与满足理论第一次将受众定位成传播过程的主动参与者，而不是传统观点所认为的被动的接受者。

根据吴娟的调查数据，科学松鼠会的读者基本情况为：①性别。男性占比64.3%，女性占比35.7%。②年龄。科学松鼠会受众大多为18～29岁，占全部样本的78.1%，其中又以18～25岁的受众数量最多，占54.2%。③受教育程度。科学松鼠会的这一指标与普通网民状况差异明显，其中博士占5.4%，硕士占21.1%，本科占66.9%，高中及以下占6.5%。④职业。学生占38.1%，企业员工/管理者（不包括IT、电子行业）占15.2%，IT、电子行业占14.4%。其他职业依次为政府部门/事业单位工作人员（7.8%）、科研人员（5.3%）、医生/卫生保健行业（3.6%）、传媒领域工作者（3.4%）等。⑤收入。无固定收入占 37.1%，对比职业项可以推测这部分人群属于学生人群。在有固定收入的人群中，收入在 1000～2999 元的占 19.9%，3000～4999 元的占 18.5%，5000～10000 元的占 14%，10000 元以上的占 5.3%。

若从微观层面对科学松鼠会的受众进行分类，可以发现其中一部分已经具有较高的科学素养，这些受众中有的积极参与科普活动，参与和发表意见；有的以理解的方式参与科学活动，他们可以理解科学深层次的科学精神、科学伦理等问题；还有一部分较容易接受广泛传播的科技信息，可以做出基本的是非判断。可见，他们和"沉默的大多数"截然不同，是因为他们具备了一定的科学素养。

2. 热心读者和传受众合一

"热心公众"最早由阿尔蒙德于 1950 年提出，后来被米勒应用在科学政策领域。米勒将热心公众应具备的条件概括为三个方面：对某一领域的高度兴趣；对相关议题具有高度的知识水平；对该议题有直接或有目标的信息获取模式。

基于读者调研，科学松鼠会亦存在类似热心公众的读者。热心读者首先是科学松鼠会的忠实读者，他们认可其形式和内容，或者订阅了该网站或者每天都访问网站；其次他们对科学信息有高度的兴趣，对于网站的文章会直接获取或者有目标的获取，即每篇文章都读或者对于自己的爱好和专业领域的文章必读；再次，他们对科技信息的掌握较多，接受过良好教育，能够在其知识经验范围内参与论坛讨论。从调查数据看，订阅或者每天访问松鼠会网站的读者有 58.9%，这部分读者是科学松鼠会稳定而忠实的用户。每篇文章都会阅读的 19.5%，阅读自己爱好或者专业相关的有 67.8%，积极加入论坛并讨论文章的有 20.7%，占总样本量的 15.3%。以上这两部分读者满足热心读者的定义和特征。

"传受众合一"主要有两层含义：其一，热心读者向传者的升级。成为科学松鼠会正式成员首先要在群博上发文申请成为科学松鼠会的作者，在接到申请的一周或更长的时间内，申请者会被要求回答更多的问题和撰写更多的科学文章。因此，只有拥有大量稳定的热心读者，才能保证科学松鼠会创作群体的稳定和壮大。其二，就目前科学松鼠会的传播者队伍而言，他们作为个体既是一个传播者，同时又是其他传播者的受众。

（四）传播渠道

科学松鼠会诞生于媒体融合大环境下，其本身也表现出多种媒体形态、多种传播渠道交融的特点。科学松鼠会主要活动空间是在网络上，拥有一个果壳网、一个群博客，同时在豆瓣建立了科学松鼠会小组，也在新浪微博安家，后两者都是互动性较高的网络社区。同时，他们积极发展基于网络的线下活动小姬看片会和达文西行走中队，不定期地举办讲座、沙龙，承办"科学嘉年华"等活动，还出版了一系列网络文章合集的图书。综上所述，可以以一个简图（图6.1）来表明科学松鼠会的传播渠道和方式。

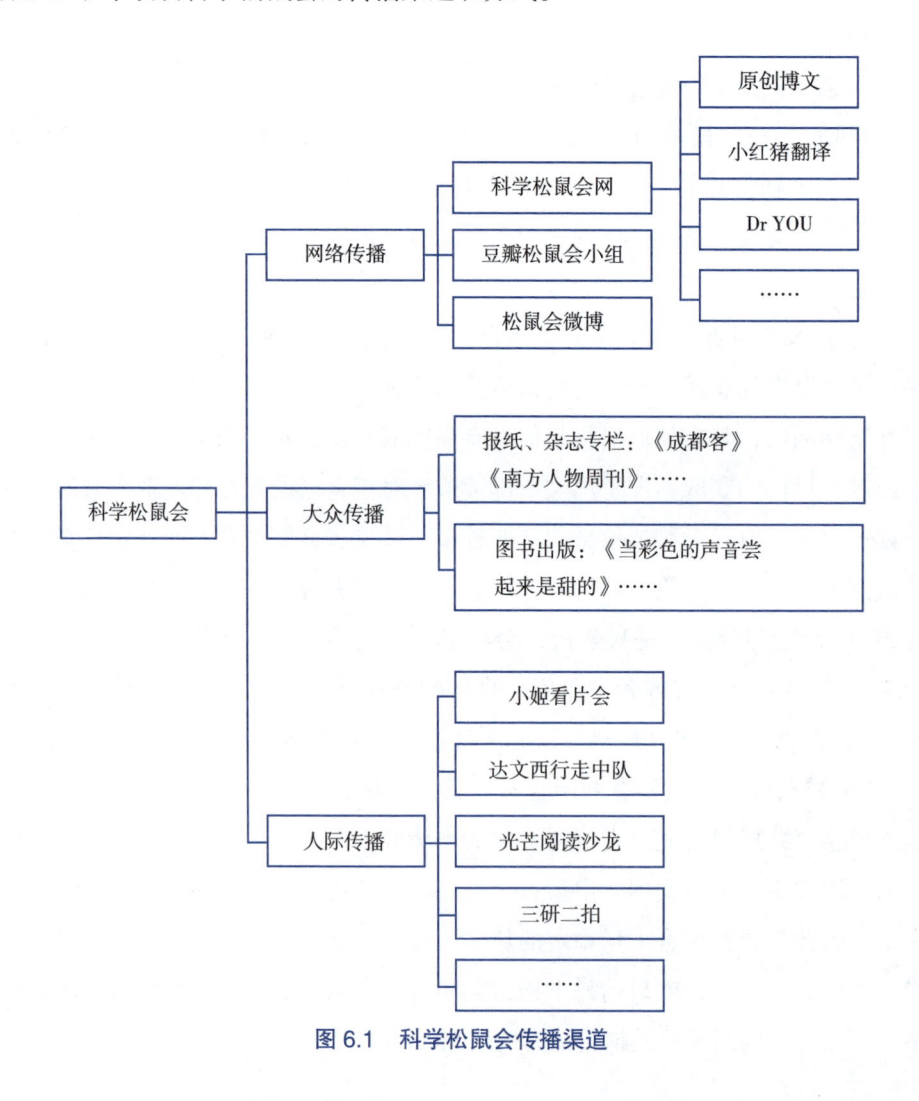

图 6.1　科学松鼠会传播渠道

根据这一传播渠道结构和布局，科学松鼠会对不同传播渠道资源和优势进行了整合利用，多种媒体形态之间互相联系和影响。如网上文章结集出版，就是对网络原创博文的收集整理；线下活动均通过网络召集和组织；科学嘉年华更是将多种传播渠道和传播方式的整合效应发挥到最大。综合来看，高互动性是科学松鼠会传播的显著特点。

第二节 新媒体科普传播的功能、特征与影响

一、门户网站科普栏目的科普传播研究

（一）门户网站及其科普栏目设置

门户网站是提供综合网络信息资源与服务的应用系统，包括新闻信息、搜索引擎、网络聊天、电子邮箱等多种服务，最突出的特点是其内容与服务的全面性与广泛性，被誉为网络世界的"百货商场"。这些门户网站以其信息的综合性、形式的多样性、内容的专业性、互动的便捷性拥有超高的人气和巨大的浏览量。科普栏目是门户网站下设的以传播科学知识为主要内容的栏目，以天文、地理、物理、自然等科学信息为内容，是网站科普传播的主阵地之一。

20世纪90年代我国门户网站开始设置科普栏目，如新浪科学探索、网易科学探索栏目。目前由新闻和商业门户网站建设的科技频道达到36个，占全国科普网站总数的5.7%。虽然门户网站的科普栏目不属于专业科普网站，但其科普传播能力却超过了很多专业科普网站。根据中国互联网信息中心（CNNIC）对科普网站用户认知度调查显示，新浪科技频道为58.0%，网易科技频道为41.0%，中国科普博览为22.8%，中国公众科技网为20.3%。根据Alexa网站对我国科学传播的"新闻与媒体"类目排名，14个媒体排名由高到低依次为：新浪科技频道、网易科技频道、新浪科学探索栏目、科学网、科学松鼠会、新华网科技频道、中央电视台科技频道、《江苏科技报》、中国科技新闻学

会、《山东科技报》《生命科学》(期刊)、《陕西科技报》。可见,门户网站科技频道的 Alexa 排名普遍靠前,这是因为门户网站拥有着较高的知名度和最广泛多样的受众群,庞大的受众正是科学传播的潜在受众。

以新浪科学探索、腾讯科学探索、网易探索、搜狐科学、人民网科学探索和新华网科普栏目为例,分析门户网站科普频道的栏目设置情况。

新浪网科学探索以"报道科学新闻,探索自然奥秘,普及科学知识,破解历史谜团,发现宇宙奥秘,保护生态环境"为宗旨,提供天文航天、动物植物、自然地理、历史考古、生命医学、生活百科、科学前沿等方面的知识和信息。另外,新浪网获得美国国家地理数字媒体的独家版权,拥有其独家的图片和视频资源。

腾讯网科学探索栏目是其传播科学知识和信息的主阵地。腾讯一直致力于科技研发,借助于其先进技术的支撑,科普栏目拥有着精良的图片、丰富的视频资源及其无障碍的传输播放能力。

网易探索以地球、城市、人为主题分设天文航天、动物世界、自然地理、城市建设、能源环保、重大灾难、生命医学、生活百科、科技生活、食品安全等子栏目。

搜狐则在 IT 频道下设《科学》栏目,分为资讯、互动、集锦三大块,资讯包括天文航天、生物自然、历史考古、医学健康、人文地理、百科揭秘、前沿科技。

人民网以科技频道为依托设置的航天、航空、生物、医学、心理、能源、资源、天文、地理、自然等多个栏目,以《人民日报》为依托,凭借其精良的内容制作水平,获得了较高的人气。其中航天子栏目以专题形式整合多种网络资源,并多次获得中国新闻奖。

新华网科技频道包括即时资讯、权威声音、科技产业、家电 3C、科技创新、时尚科技、新知探索、科普、保护野生动物等栏目。其中,科普栏目分类细致,包括自然地理、动物世界、发明快车、宇宙航天等。

(二)网络科普传播和门户网站科普栏目互动方式

相较于传统媒介,互联网提供了一种全新的传播平台和传播工具。在网络技术的支持下，科普传播受众不再满足于被动接受信息，而是主动搜索需要的信息甚至主动参与创造信息。网络媒介建立了全新的科普传播模式，其中表现最突出的就是综合门户网站。

1. 网络科普传播的参与和互动

Web3.0 提出了个人门户网站的新概念，个体真正成为信息制作、集成、传播的主体，并通过互动传播手段寻找志同道合者，由此受众在科普传播实践中实现了真正意义上的"受传一体"。就目前而言，门户网站的网络技术走在迈向 Web3.0 时代的最前端，其个性应用主要有网络阅读和手机阅读、微博、微信等。

（1）网络阅读和手机阅读。网络阅读是受众利用计算机或其他可读设备对互联网上的各种资源进行阅读，并且还可以不受时间和空间的限制。智能手机用户能快速查看电子邮件、阅读手机报和手机杂志等，通过下载新闻客户端还可以同步更新网站信息。

（2）即时通信工具。即时通信是网络终端用户借助网络媒介软件随时沟通交流的用户端程序，以信息沟通为直接目的向特定用户传播信息，而非面向非特定用户传播信息，能够形成点对点的定向传播，如手机 QQ、微博、微信等。即时通信工具最基本的使用动机是实现好友间点对点的私密交流，联机状态时可以通过实时互动实现深度沟通，这也为科普传播提供了交流和讨论平台，是形成科普舆论场的主要阵地。

2. 门户网站科普栏目互动方式

从门户网站科普栏目与受众参与互动的方式来看，主要有两类：

（1）内容页的网友讨论区。受众可以针对某条具体的科学信息进行评论；门户网站科普栏目的内容页基本都设置了网友留言讨论区，例如，新浪网的"我有话说"、腾讯网的"我的牛评"、搜狐的"我来说两句"、人民网的"我要留言"等，都以主人公式的口吻号召和鼓励网友参与评论。此外，还在网友评论下方设置了"一键"支持和回复功能，网友可以对某一评论进行表态并且直接进行点对点地讨论，由此形成了一个小型舆论场。

（2）内容页的分享链接。受众也可将阅读后的科技信息链接到多种个人主页上，或分享到"粉丝团""好友圈"中。各大网站都充分利用微博、微信、

QQ 等个性化应用的分享转发功能实现科技信息的扩散传播。"一键"分享的快捷转发为科普信息扩散传播创造了无限可能。另外，这些个性应用所自带的评论功能或交流平台，又为受众参与科学讨论、形成科学信息舆论场提供了技术支撑。

3. 构建科普传播公共领域

哈贝马斯认为，公共领域是一个由私人集合而成的公共领域，而且说到底就是公众舆论领域。构建科普传播公共领域，就是在全社会范围内搭建一个能够充分开展观点讨论并达成协议的舆论场所，有利于促进更高层次的科学方法、科学精神在公众中的有效传播。从科普传播历程看，在网络出现以前，大众传媒是构成公共领域的重要依托，但据哈贝马斯的观点，大众传媒所塑造的"公共领域"是一种假象。这是因为，传统媒体无法在"议程设置"上提供科学共同体与公众自由交流的平台和机制。但网络传播实现了"多点对多点"的交互传播，为科学传播者与受众平等对话、互动交流奠定了技术基础。门户网站科普栏目具有强大的交互性、及时反馈性等特点，通过留言区、网络聊天系统等，受众可以与传播者及时交流、及时反馈，有利于形成基于群体传播的公共讨论空间。

二、互动百科的科普传播研究

（一）维基科普传播概念

维基系统属于一种人类知识网络系统，用户可以在 Web 的基础上对维基文本进行浏览、创建、更改，而且创建、更改、发布的代价远比 HTML 文本小；同时维基系统还支持面向社群的协作式写作，为协作式写作提供必要帮助；最后，维基的写作者自然构成了一个社群，维基系统为这个社群提供简单的交流工具。与其他超文本系统相比，维基有使用方便及开放的特点，所以维基系统可以帮助我们在一个社群内共享某领域的知识。由于维基可以调动最广大的网民的群体智慧参与网络创造和互动，它是 Web 2.0 的一种典型应用，是知识社会条件下创新 2.0 的一种典型形式。目前国内最具代表性的维基网站有维基百科、网络天书、职业百科、维库、天下维客、互动百科等。

互动百科则是基于中文维基技术的网络百科全书，是全球最大中文百科网及百科全书，致力于为数亿中文用户免费提供海量、全面、及时的百科信息，并通过全新的维基平台不断改善用户对信息的创作、获取和共享方式。互动百科创建于2005年，发布了全球第一款免费开放源代码的中文维基建站系统HD-Wiki，充分满足中国数百万家中小网站的建站需求，并在此基础上建立起一个活跃的维基社群，大力推动维基在中国的发展。截至2016年年底，互动百科已经发展成为由超过1100万用户共同打造的拥有1600万词条、2000万张图片、5万个微百科的百科网站，新媒体覆盖人群1000余万人，手机APP用户超2000万。

（二）互动百科的科普新模式

以互动百科为代表的维基网站，代表了网络科普的一种新生力量，也体现了一种新的科普模式，主要表现在五个方面：

（1）科普目的转变。传统科普网站运行模式中，科普信息的生产者通过网络媒介向受众传播科技知识，在很大程度上仍然为了实现知识的线性传播。互动百科的运作机制有别于此，它允许广大用户共同就感兴趣的内容进行创作、协作、编辑和发布。这一过程实现了从"结果导向"到"过程导向"的转换，能够帮助受众更好地接受和理解相关信息，所有参与者所获得的不仅仅是作为"成品"的知识，同时切实地体验了一次全过程的"知识生产"流程，一次学习、发现和探索科学的过程。

（2）科普主体多元化。传统科普网站信息源主要是各个专业领域的权威人士，往往以意见领袖的身份出现，相对而言，受众处于与大众传播时代类似的"被动接受者"的位置。互动百科恰恰弥补了这一缺陷与不足，它改变了单向度的科普传播模式，构建了一个网络化的公共空间，不同参与主体以自身特长为依托，在不同领域承担着信息生产者的角色，实现了科技资源优势互补。此外，互动百科也建立了"行业专家库"，以确保信息发布的准确性和权威性。

（3）科普内容组织方式变化。在互动百科上，由于参与者所涉及领域较广，因此其内容组织方式以综合型为主，往往是以某一热点问题、事件为选题和切入点，从不同角度运用不同学科知识对其进行深入解读和分析，实现了知识结构拓展和信息价值提升，真正发挥了科普传播的目的。概而论之，互动百科实现了内容组织从"单一学科知识"转向"以热点问题、事件为选题的跨学科、多领域的知识"的方式转变，这一优势是传统科普网站不具备的。

（4）科普形式转变。为了体现专业性和知识性特点，传统科普网站多会采用图文和较为严肃的形式对科普信息进行解读，其中的专业词汇、术语往往晦涩难懂，从而在知识生产者与接受者之间形成了知识断层，即"知沟"。互动百科则开辟了百科词条、百科文章、百科图片、百科视频等不同类别栏目，融合了多种传播媒介和公众最熟悉的元素，使科普知识更形象、更具体、更直观，使"知识断层"转变为一个"缓坡"，更利于多方沟通与互动。

（5）科普传播路径转变。在互动百科上，一个词条从创建开始，随时可以被修改、更新，任何人都可以在前人编辑过的内容上再次对词条进行编辑、修订和加工。同时，互动百科为防止有害信息而建立的自检机制比 Blog、BBS 更加健全有效，可以自我纠错、自我完善，所谓"人人都是守门员"。这就形成了一种多向交互式传播的模式，使受众可以获得一种持续性的科普教育。

（三）维基科普传播模式评价

英国皇家学会在《社会项目中的科学》（Science in Society Program）设立了一些目标：①发展出广泛的、创新性的、有效的社会对话体系；②让社会更为积极地影响科学事务政策，并承担此间责任；③在决策上采纳开放的文化；④把公众的价值和态度考虑在内；⑤赋予社会促进国家科学政策的能力。在这个角度上，科普传播的关注点应该是过程价值而非信息本身，应将科普过程从信息的传递转变为意义的构建。

维基的科普传播模式恰好为我们提供了一种意义构建的路径选择：①注重公众的广泛参与。传统科普传播模式对"科学"和"技术"的抽象化，严重忽视了公众经验的维度，尤其是忽视了技术得以出现和使用的语境。同样，像"大众"这样的宽泛理念掩盖了不同的社会角色之间的差异，两个同样的人可能对同样的科学或技术发展有着完全不同的判断和体验。因此，应该注重公众的广泛参与，使公众在参与的过程中自觉或不自觉地提升基本科学素养。②强调非正规教育。如果普遍接受的共识不仅仅取决于"正确的"科技信息，更取决于信息接受的过程和方式，那么技术讨论的民主机制就有了非常重要的实践意义。在互动百科上，透明、开放、公正的传播机制和决策过程，对于共识的建立以及受众科学素养提升都具有举足轻重的价值和作用。

三、微博的科普传播研究

（一）微博科普传播功能

自 2011 年起，科普微博充分发挥自身的技术特征和平台优势，以其低技术门槛吸更多的人群参与到科技信息传播中来，为我国科普事业开辟了崭新的传播形式和路径。同博客专注个人写作与自我展示不同，微博是一个基于用户关系的信息分享、传播以及获取平台。就其特性而言，①它突出体现了多媒体融合、互动性强、传播速度快、信息量大以及便捷性等特点；②相对于 BBS、博客等"传统"网络交流形式，微博传播凸显了信息碎片化特征；③自媒体和互动性特性非常明显，任一用户都可以成为信息发布主体，也可以在转发信息时表明自身立场。

在 STS 视域下，科普微博在传播功能上的优势和特点主要体现在两个方面：①科学知识传播与应用功能。在博客技术支持下，科普微博的博主将个人的知识结构外化为符号知识，在博客这个超链接、信息量巨大的平台上实现知识的传播与应用。一般情况下，科普微博的传受双方是互为传播者和被传播者的，这就打破了传统科普的单向被动的、以传播者为主的传播模式，重新建立起互动双向的、传受双方均为主体的新型的科学知识传播方式。在微博的平台上，基于共享知识的技术支持和分享机制，使科学知识不仅实现了最大限度的扩散，也得以在更广阔的范围内得到应用。②科学知识生产与创新功能。STS 视域下的技术使用就是使用主体对投入消费市场的技术或技术产品进行符合预定功能或不符合预定功能的操作、利用和发挥的实践活动，这是技术系统里的特定技术与社会系统里的特定使用主体相互建构的动态过程。科普微博的博主正是使用博客技术的操作主体，是利用博客技术完成博客活动的主体。通过使用微博，使得科学知识产生的影响体现在打破科学知识产生的地域限制。传统意义上科学知识产生都有特定的空间范围，如在实验室等特定的地点。然而科普微博打破了这种地域限制，博客技术使科学博客成为科学知识产生的新空间。同时，科学博客还能够加速科学知识的产生。科普微博普遍被看成是科研工作的交流平台，使得一些新的科学思想和科学发现得到及时的讨论而不致埋没。

（二）微博科普传播机制——以"谣言粉碎机"微博为例

目前，参与微博科普传播的人群主要有三类：①专门从事科普传播的机构或组织，它们都设有官方微博；②专职科学家、科普创作者也都设立个人微博；③普通用户，由于专业知识水平参差不齐，发布科学类信息不频繁且往往只针对突发热点议题。从参与用户的数量规模来看，普通用户原创、转发、评论的信息量是最多的，这也造成微博空间"科学知识"鱼龙混杂的局面，谣言或伪科学信息数量庞大且极易形成热点话题。

基于以上状况，果壳网开设了致力于化解科学谣言的微博账号"谣言粉碎机"。目前，"谣言粉碎机"已成功破解了"加油站使用手机会引起火灾""吸入性迷药使人一闻就晕"等一系列流传甚广的网络谣言。在众多科学微博之中，粉碎机拥有其固定的传播方式，且已经形成了一定量的受众群。根据杨鹏、史丹梦的研究，粉碎机在多个层面体现出独特的传播机制特性。

1. 传播主体的"平民"身份

谣言粉碎机与其他网络科普品牌最大的区别在于它拥有一个平民化的传播团队，由ID为"秋秋"的化学专业博士后全职负责，其背后则有一个由20多名高学历专业人士组成的外援团队，学科背景涵盖物理、化学、生物、数学、植物等多个领域。由于这个团队属于公益科普组织科学松鼠会，没有官方背景，从网络传播心理与传播氛围来看，更易为大众所接受。这是源于"华南虎事件"以后公众逐渐形成了一种故意扭曲的理解模式，即对权威信息总会产生质疑并力图证明其中谬误。而网络的传播氛围也进一步塑造了受众对去中心、消解权威的传播追求。麦克卢汉的传播观点认为：媒介作为人体的延伸，能够通过对人感官中枢神经的影响进而对人的心理和整个社会的复合体都产生影响，媒介的特定性质事实上给当时的文化赋予特定性质标识。因此，在微博愈来愈多地介入公共事件的当下，其迅捷的传递速度、多元的意见表达空间以及传播权力分散等特点，都成为公众的传播诉求，微博用户对来自非权威背景的信息往往持有更多好感和认同。

2. 平等而可逆的传受关系

尽管谣言粉碎机"平民化"的传播团队颇受公众青睐，但并不意味着受众会无条件地接受其传播内容。与此相反，粉碎机在发布谣言粉碎信息后常常会遭遇很多质疑。但微博为受众提供了一个即时反馈的平台，受众有疑问、有反对意见，都可以通过评论功能在第一时间传达给传播者。针对一些用户的质疑，谣言粉碎机往往会提供更多的参考资料，并引导用户受众自己思考和论证，这正是"有反思的科学传播"所鼓励的一种传播态度。哈贝马斯认为，现代意义的公共领域包含平等、批判、拥有自由交流、充分沟通的媒介进而能够形成公众舆论的特点。这一概念同样适用于科学传播，而微博科学传播已初具"科学公共领域"的雏形。这种交互传播使微博用户有可能因为传播内容和思想的某种相关性或共鸣，而自发地在个人与个人、个人与群体、群体与群体之间，构建不同的公共知识传播空间。

3. 用户参与的信息发布流程

从 2010 年 11 月起，经过较长时间摸索，谣言粉碎机已经有一个比较固定的辟谣信息发布流程（图 6.2）。

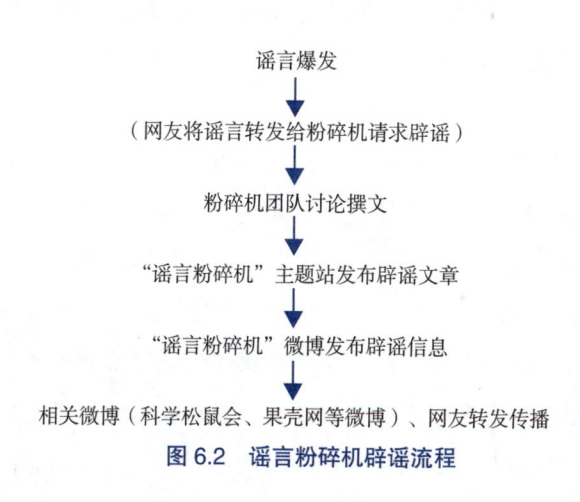

谣言爆发
↓
（网友将谣言转发给粉碎机请求辟谣）
↓
粉碎机团队讨论撰文
↓
"谣言粉碎机"主题站发布辟谣文章
↓
"谣言粉碎机"微博发布辟谣信息
↓
相关微博（科学松鼠会、果壳网等微博）、网友转发传播

图 6.2 谣言粉碎机辟谣流程

一条谣言在微博上大规模流传开后，粉碎机通常能在极短的时间内得知情况并迅速做出反应，这离不开微博特有的"转发"功能。微博内容短小精悍，配合手机客户端软件，用户可以随时随地阅读微博内容并且进行转发，并且微博一传

多、多传多的核裂变传播方式使一条谣言在短时间内即可获得巨大的影响力。

综上所述，微博为科普传播提供了新型的理念、技术和平台，其低进入门槛使科普传播拥有了众多潜在受众，而微博转发功能则使科技信息拥有更多通向受众的机会。同时，通过微博的评论功能，微博科学传播得以实现传者与受者、受者与受者之间的良好互动，批判思维、平等交流也得以体现，一个大众能够进行质疑、批判以及自由交流的"科学公共领域"已初具雏形。

第三节 "互联网+"背景下科普传播机制构建

一、"互联网+"时代科普媒介转型的目标与原则

（一）科普媒体转型升级的方向

进入 21 世纪以来，在"消亡论""颠覆论"的阴影之下，传统媒体通过经营网站、变革生产方式和传播机制、开设移动客户端、汇融自媒体、公众号等融合转型，尽力延展其深度、权威性、可信性等传播优势，经历了一个从"+互联网"到"互联网+"的传媒产业转型升级过程。在这一过程中，"互联网+"并未成为"颠覆"传统媒体的一种力量。就中国实践来看，一方面，自媒体、跨界资本的渗入的确使得传播主体更趋多元化、内容更为嘈杂、信息渠道入口更难把控、盈利模式不易定型，可这只说明了今日传播环境的变迁，并不意味着传统媒体本身注定遭到"颠覆"；另一方面，曾迷失在网络信息浪潮中的人们坚定地认为，传统媒体的专业化能够帮助新媒体创造经济效益和社会责任。在媒介发展史上，形态的变迁并不是今天才有的事，技术虽然带来传播形式的多元演进或称进化，但专业化、职业精神、阅读习惯与生理舒适感的寻求，同样是媒体发展不容忽视的人文、自然因素。在这个意义上说，"互联网+"媒体，并不是谁颠覆谁的问题，而是媒体阶段性、结构性转型升级历史要求的螺旋式再现。

"互联网+"行动，就是要求科普媒体对新传播条件下的生产能力、渠道、内

容、服务价值等重新评估,在提升互联网创新主导地位的同时,形成媒介资源、传播要素、机制流程乃至整个传媒生态圈的转型升级。而未来的"互联网+"媒体,需要呈现出这样的新特征:①全方位用户体验,突破感官体验的限制,增强人们消费信息的立体化感受;②可信性趋向,即多端传输的呼应与印证,使信息表更趋真实;③互联互动,即链接多元主体的所见所闻、所思所想,使交流沟通得心应手;④差异化挑选,即强化选择性,更体贴公众的个性化、社群化信息需求心理;⑤显在溢出效应,即内容、形式、渠道多方多形态互通,产生更大的用户影响力。

对传统科普媒体而言,"互联网+"意味着优化生产、创新形态体系与重构供需关系、影响力模式。这一过程强调的是创新性、整体性、全局性和化合态。传统科普媒体需要强化互联网思维,破除体制机制束缚、打通融合技能渠道,注重以服务用户为核心,建立起新的科学传播模式、服务模式、运营模式,有步骤有计划地协调发展,真正获得强大实力和传播力、公信力和影响力,进而形成立体多样、融合发展的现代科普传播体系。

(二)科普媒介转型升级的目标

未来,科普传播要承担社会对于自身所寄予的厚望,从科学文化本身、新媒体传播带来的重大变革以及全球化背景下的世界变化等方面切入,进行理论与实践的深入探索,建构适应新媒体环境的科普传播新格局。

1. 以国家软实力为内核,拓展科学传播的新领域

科普传播是与科学组织、国家经济、科技文化等有着密切关联的传播领域和文化活动,它与公众理解科学相关。科学需要传播,国民需要科学;在公众理解科学与科学普惠公众的双向良性互动中,各种高新技术、发明创造逐渐转化为"公共品"。这使得科普传播关注和研究的范围可以拓宽到政治、经济、社会、技术、文化以及军事等各个方面,成为国家软实力的重要组成部分。

2. 以互动交流为导向,构建科普传播"传者—媒介—公众"三维互动模式

新媒体环境不仅意味着传播主体、传播渠道和传播内容等的多元化和社会化,而且意味着非主流媒体或网站传播形成主导舆论的可能性。这就迫切需要建

立受众反馈机制的科普传播新模式。新媒体融合趋势下的科普传播，传者（传播主体）、受众（客体）和媒介三者融为一体。任何一种单一的传播模式都无法满足科普传播的要求。媒介融合带来了传播中心的多元化趋势，将科普传播过程视为循环系统，建立多元中心对话模式已经成为新趋势。构建传者—媒介—受众三维互动模式，方能提高科普传播的效果，实现传播主体与受众间的高效对接。

3. 以加强科普传播接受力为目标，加强科普传播影响力，提升科普传播的实效

科普传播的接受力指的是科学信息为受众所认可与理解的程度。面向科学公众，科普传播的接受力亟待加强：一方面，要重视受众对科学信息、专业知识的理解程度，摆脱科学工作者和传播者自身的喜好，时刻注意以受众为中心，在科普传播事件的选择、信息与材料的择取、科技知识表达与科学争论的报道上，做积极的解释，适应受众的接受程度，以减少"信息不对称"带来的传通障碍；另一方面，要细致分析科普传播对象在不同层次、不同阶层之间的文化差异，在选择传播内容时，体现出鲜明的对象化特性，针对受众对象的认识水平与科学信息的理解程度，进行适当的背景介绍与"信息诠释"。科普传播应融合科学文化与人文文化，确立全新传播理念，使科普传播符合其自身规律，才能收到切实效果。

（三）科普媒介转型原则与要求

1. "互联网＋"时代科普媒介转型的原则

（1）与网俱进体现时代性。随着信息技术迅速发展，网站、微博、微信、博客、播客等新媒体大量涌现并快速普及，充分利用新媒体优势开展科普传播刻不容缓。在形式上，要充分利用多媒体属性，通过文字、图片、音频、视频、动漫等多种表现形式相结合，将枯燥抽象的科普知识通过浅显易懂、生动有趣的视听语言表现出来，使科普传播更加直观和形象。内容上，应利用网络海量信息优势，通过原创与转发相结合，确保科普传播的科学性和实效性。在时效上，把握好"快"与"准"关系，既要满足"微"时代快捷传播的要求，也要严格把关，确保科普信息真实可靠。尤其是在应急科普方面，要第一时间发出权威声音，及时消除公众疑虑，避免谣言传播。

（2）受众主体体现尊重性。新媒体时代的科普传播必须遵循"受众本位"理念，以受众为中心，最大限度地适应受众需求。①要细分目标受众，根据不同目标受众的需求和喜好有针对性地确定科普宣传时间、步骤、渠道、内容和形式，避免信息泛滥和冗余；②尊重受众的参与权和平等的话语权，为受众提供一个平等、自由的表达空间，让受众参与其中，在与他人的沟通互动中体现自己的价值，深化对科普知识的理解；③增强科普活动参与性和互动性，围绕社会热点事件、自然现象和日常生活等出现的科学现象，通过科普知识竞赛、微博科普话题讨论等不断增加公众黏性。同时，还可通过科普动画、虚拟博物馆、虚拟体验馆等多元互动载体激发公众参与科普的兴趣，在寓教于乐中达到事半功倍之效果。

（3）结果为王体现效果性。传播效果是信息到达受众后在其认知、情感、行为各层面所引起的反应，它是检验传播活动是否成功的重要尺度。科普传播要取得实质性效果就必须借助有效的传播方式，要借助新兴媒体与传统媒体的优势互补，建立多层次、多角度、全方位的科普宣传模式。只有促使传统媒体、新媒体、新兴媒体形成合力，走媒介整合之路，共同普及科学技术知识，才能提高科技普及的有效性。

2. "互联网+"时代科普媒介转型的基本要求

（1）"告知平台"与"互动平台"结合。传统科普网站建设理念仍然停留在Web1.0时代，采取"一对多"传播模式，导致信息更新速度慢、传播方式和渠道单一、互动性差等弊端，受众很难获得良好的访问体验。依据当前实际需求，可按"1+N"的模式构建科普传播信息平台，注重网站传播渠道、互动功能的充分扩展。"1"即一个网站，"N"即多种互动平台，包括官方微博、官方微信、APP、手机报、论坛、博客等（图6.3），甚至可以将科普游戏纳入平台之中。

（2）"信息平台"与"体验平台"结合。科普网站的首要任务是科技信息发布和交流，这些信息可能是符号、文字、图片，也可能音频、视频、动画。从信息流向而言，可能是"一对多"传播，也可能是"多对多"传播。但拥有丰富的科普信息内容和畅通的传播渠道依然是不够的，还应该进一步强化参与和体验，做到寓教于乐。以"中国科普博览"为例，其访问量之所以较高，除栏目和内容丰富之外，还开设有模拟体验馆，使受众能够获得强烈的参与性和体验感。

（3）新媒体和传统媒体结合。基于新媒体技术的综合性科普网站平台及其自媒体延伸体系，具有传播速度快、科技信息量大、传播方式多样、互动性强等优势。但科普新媒体绝不能忽略与传统科普媒体的密切合作，这是因为：①传统科普媒体具有更高的权威性和公信力；②传统科普媒体储备了大量专业人才和科技资源，在内容生产上具备先天优势；③传统科普媒体在中老年群体以及特定群体中市场占有率更高。因此，在科普新媒体运营上，务必树立全媒体和协作理念，通过加强合作力度提升传播效率。

（4）"线上"与"线下"结合。鉴于网络机制特性，对新媒体科普网站平台进行线下推广是十分必要的，"守株待兔"是无法实现知名度提升的。因此，要借鉴科学松鼠会、果壳网等科普机构的经验，①要大力开展线上和媒体推广，在科协、科研机构等帮助下，邀请科学家、科普作家等权威人士为网络平台宣传造势；②进行线下活动推广，通过举办一系列科普活动，如组织观看科普电影、科普分享会、虚拟科普展览等，吸引目标人群参与、分享科普体验；③寻求科普公益组织的帮助，通过这些机构带动线下活动的开展。

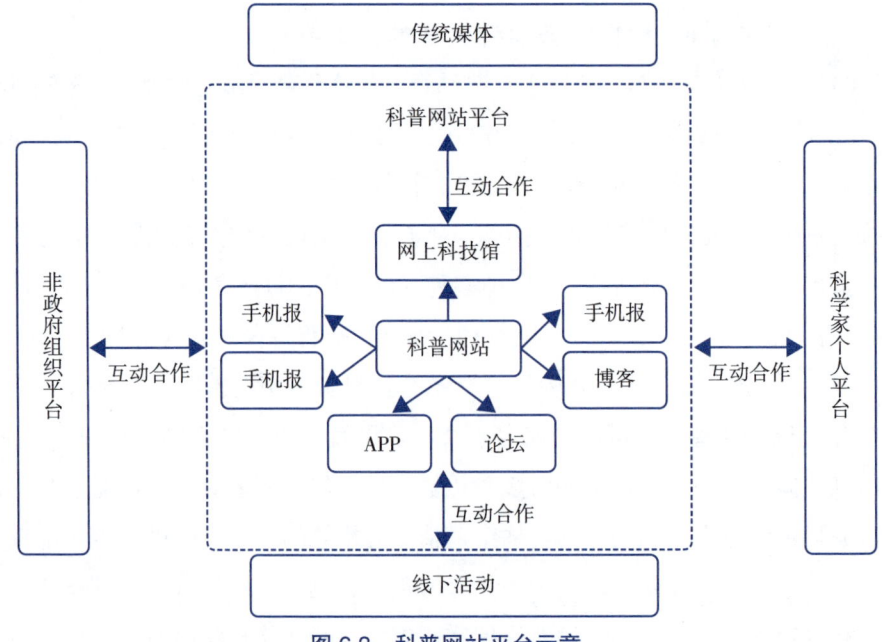

图 6.3　科普网站平台示意

二、"互联网+"时代科普媒介转型策略与路径

(一) 科普媒介"互联网+"转型策略

顺应"互联网+"发展趋势，推动科普媒介转型，加快科普传播能力建设，要加强三个方面的协同：

(1) 实现科普理念和新媒体理念的协同。即将新媒体的便捷、自由、平等、公开等价值理念融入科普媒介发展理念之中。文化的互补性和相近性能减少双方在合作中的冲突以及知识转移中产生的信息破损和理念变异。特别是对于价值理念等隐性知识的转移、学习和吸收，科普和新媒体双方应在知识协同中建立透明化的机制设计，尽量避免知识转移中的机会主义行为和衍生成本，提高双方的发展效益。通过双向交互协同方式，拉近科技与公众之间的距离，使新媒体成为公众参与科普的场所和平台。

(2) 促进科普产业与新媒体产业全产业链的协同。任何系统都具有开放性和开发性，现代产业获取竞争优势的途径已经逐步扩展到整个产业链，乃至多个产业链系统的交错关联中。作为知识生产、应用和传播的科普系统更不能封闭和孤立发展，其竞争优势的获得不能仅仅依靠自身资源和能力，必须将之置于产业链系统的协同整合中，特别是技术、管理和市场的三维协同。本质上，科普和新媒体两大产业链协同是一个涉及知识生产、知识应用、知识扩散的过程，知识生产提高了产业的科学技术内容和含量，使得产业革命成为可能；知识的应用提高了生产的效率和影响的深度；知识的扩散则迅速侵蚀初始移动壁垒，任何建立在专有知识或专门技术基础之上的移动壁垒都会随时间迅速消失，促进了科技的普及。因此，两大产业的关联与融合，将使不同产业价值链之间的关联度更加紧密，并出现一系列的重叠、替代、交叉和趋同等变化，成为获取独特竞争优势的新途径。

(3) 科普发展和新媒体发展体制机制的协同，最终为建设创新型国家大系统提供支撑。无论是科普还是媒体都是建设创新型国家重要的内容和子系统，这里必然存在着子系统和子系统之间、子系统和大系统之间多元复杂的协同发展的问题。科普与新媒体两者的各要素原来"点对点"合作模式已经落伍，需

要突破以往的线性模式，实现基于协同的并行模式甚至网络化模式。跨越科普和新媒体的学科、专业的知识合作与交流是网络化协同创新的优势，可以实现知识互惠共享、资源配置优化、行动同步最优。

（二）科普媒介"互联网+"转型思路

1. 智能升级：挖掘数据价值，消除行业壁垒

互联网的价值不仅来自网络技术，更在于用户在线数据的积累，而后者的价值更受业界重视。传统媒体利用"互联网+"引擎助推自身创新改革，最重要的一点是要挖掘用户数据价值。因此，根据用户网络数据，比如在线时长、搜索内容、跳转记录、媒体应用的下载量和评论转发情况等进行数据的收集、分析和整合，总结出用户的阅读习惯及个人偏好，有利于媒体及时调整传播策略。智能互联网不仅仅是指信息的流动与传输，更是对于信息的深层处理。在保护信息安全的前提下，对信息化资源进行开发是产业升级的前提。目前，平板电脑、手机、可穿戴设备发展迅速，智能化移动设备使用户数据及时无限传输，智能设备与网络的连接，促成传媒业新业态的出现和发展。目前，互联网所代表的数据流通并不是全方位、深层次的数据共享，在不同的行业之间存在着行业壁垒，传统媒体转型仍然面临着行业间的障碍，但这种障碍将随着传媒领域产业链的打通而消失。

2. 运营升级：运营策略改革与经营水准提升

媒体运营工作关乎媒体生存，借助于"互联网+"，传统媒体在运营方面实现了运营模式创新。当前，C2B、O2O等跨界商业模式的兴起对传统媒体业发展均有较大影响。在注意力经济时代，鉴于互联网新闻阅读是免费的，媒体大多数依靠通过"二次售卖"或提供增值服务获得利润收入，因此拥有庞大用户量是媒体获取收益的基础保障。从具体策略看，媒体需要对数据进行深入挖掘和分析，根据结论实施运营计划。此外，在商业模式和运营策略创新方面，许多传统媒体却并不想尝试。尽管已经饱受新媒体的冲击，但是有些传统媒体仍固守传统新闻阵地，不求改变。一方面是由于"内容为王"等传统理念作祟，另一方面则因存有静观其他媒体改革，自己坐收渔翁之利的幻想。对传统媒体来说，唯有亲身投入转型浪潮，才有机会突出重围完成华丽转身。

3. 服务升级：打造以用户为中心的个性化媒体

满足用户需求是媒体转型的出发点和落脚点。与传统媒体以提供大众化信息为主不同，网络媒体的要求是提供满足用户个人需求的具有个性化的信息与服务。通过网络技术，用户"在线"产生的数据被互联网记录，媒体根据用户不同的新闻资讯获取习惯或者新闻阅读偏好勾画用户画像，以个性化的服务获得用户青睐。同时，新传播技术也为媒体与用户互动提供了多元化的方式选择。例如，基于移动互联网的"微信摇一摇"实现了电视与手机的跨屏互动，打破了传统观众被动看春晚的习惯。摇一摇、晒一晒的参与方式使用户主动直接参与到节目的直播中，用户通过分享等形式完成了与媒体的互动。

（三）科普媒介"互联网+"转型路径

就实践看，要从传播体系要素出发，采取针对性措施，提升科普媒介的传播能力：

（1）依据《中华人民共和国科学技术普及法》等相关法律法规，抓紧制定网络媒体科技传播的相关规定。使科普媒介科技传播行为制度化，完善科普媒介科技传播体系，建立保障科普传播的长效机制。

（2）拓宽资金投入渠道，为保障科普媒介的科技传播提供资金支持。除政府公共投入、产业营业收入之外，还应出台相应政策鼓励社会团体、慈善机构、企业等组织以竞争、合作等方式支持科普媒介发展。

（3）提高网络媒体从业人员的科学素养与科技传播能力，建立一只专门从事网络媒体科技传播的专业队伍。科普传播离不开科学家、科技人物、科学文化传播者等群体，但也需要具有专业背景、敬业精神、较高科技素养的复合型采编队伍，他们在科普内容制作、产品开发以及充当科学家和普通民众的桥梁和纽带方面起到极为关键的作用。

（4）发挥网络媒体优势，深入挖掘焦点、热点事件的科技因素，拉近科技知识与公众的距离。科普媒介要充分利用新媒体技术优势，注意跟踪与把握社会焦点、热点新闻事件，有针对性地结合科技焦点，深度挖掘其中的科技因素，将抽象的理论知识，渗透到鲜活的现实生活中，在普及科学知识的同时提高公众应对突发事件的能力。

（5）创新科普节目形式，丰富的科普节目内容，为公众提供丰富的科普产品。鉴于网络科普媒介的优势和特征，要把其作为现代科普的重要阵地，培育、扶持发展对公众有较强吸引力的科学品牌栏目和网站，通过建设虚拟博物馆、科技馆，开设科学家论坛、科学交流网站，开辟手机科普短信等形式，大力开发网络科普资源，创新网络科普形式。

（6）建立包括内部管理指标、公众评价指标以及社会效果评价指标等在内的科普传播力评价指标体系。一方面有利于科普媒介依据这些指标进行自查、自检和自我完善；另一方面也有利于政府、机构或行业协会管理、指导、督促科普媒介采取有效措施，认真履行科普传播的社会责任。

三、"互联网+"时代科普传播体系构建

（一）传统科普媒介：全面互联网化转型

传统科普媒介作为权威科普信息生产和传播机构，面对"互联网+"时代的诸多挑战，必须转被动为主动，通过自我革新适应科普传播发展需要。在媒介融合环境下，虽然传统媒体也一定程度上展示了转型态势，建立了官方网站、微博、微信、APP客户端等，但从本质上来说只是把其作为一种传播形式和渠道的延伸。传统科普媒体真正需要的是把握"互联网+"理念，从打造互联网科普产品和服务角度，走好艰难的改革之路。

1. 转变理念，构建开放型平台

（1）从"信息"到"服务"。随着"互联网+"日益深入，媒体渐渐由"传播"功能向"沟通"功能转变，成为连接人与人、人与社会的一种介质，而不单单是连接人和信息。特别是微博、微信等自媒体的出现更进一步打破了信息的不对称，个人的传播权利和欲望在这一刻被完全释放，信息的功能也在评论、转发、点赞等分享式传播过程中被泛化，信息的传播不是一次性的单项传播过程，而是数次分裂式的传播。尽管近年来传统媒体一直努力探索"+互联网"路径，但因没有无法互联网逻辑而日渐式微。在"互联网+"理念下，传统媒体需要转变经营理念，突破单纯靠广告盈利的模式，通过构建泛媒体化产品体系，把自身打造成为服务性的机构平台，实现从"信息"到"服务"的全

面化、立体化转型。

（2）走综合化平台路线。互联网基因蕴含着连接、传播和分享，它存在的逻辑就是致力于拉近人与人、人与事物的距离，使接触变得便捷和低廉。而当这种基于人际关系、以个人为结点的网状结构形成之后，就有了搭建生态平台的基础。BAT作为三大互联网生态平台，在其发展初期都是通过核心业务深耕市场获得足够用户数量，然后逐步扩展业务范围，研发出更多的产品延伸至各行各业，最终搭建起了全品类产业生态。之后，依靠平台整合优势，将其开放，跨行业合作，接入其他行业的优质企业产品和服务，丰富自身服务属性。因此，传统科普媒介首先要实现产品升级，在此基础上构建新型多品类产品平台，并逐渐开放平台权限，与行业机构合作以接入更多服务，最终形成集多功能于一身的科普信息交互服务平台，形成科普产业生态闭环。

2. 走精细化传播路线

在"互联网+"时代，传统科普媒介转型做互联网科普产品，内容不是问题，关键在内容之外。以往传统媒体以自我为中心，将经过把关、采写、加工后的信息通过大众传播渠道播发出去，这种"粗放型传播"没有特定传播对象，媒体无法准确知晓消费人群多少以及消费者对不同信息的偏爱程度。而互联网的思维是，一切内容的制作、播发和调整都要"有凭有据"——依靠数据做出判断，做"精细化传播"。"精细化传播"包括两方面，即自身定位的精细化和用户定位的精细化。在媒介和信息泛滥的市场中，对自身和客户的精细化定位就决定了整个产品和内容的风格，这是形成用户认知的第一要务。总之，转型制作新媒体科普内容产品的有效路径是细分领域、下沉渠道，围绕行业、区域或者职业，甚至场景等要素进行内容渗透和窄众划分，不求内容丰富全面，只要深入满足目标用户需求即可。

3. 关注用户，建立运营化标准

（1）强调用户思维的重要性。之所以要关注用户，是因为用户是互联网商业模式的基础。互联网产品大都是免费获取的，但消费者获得产品后，媒介和消费者的关系就建立了。这里涉及三个对比概念。首先，有偿和免费。互联网产品虽需开发成本，但分摊到每个消费者身上的成本可以忽略不计。其次，一次性和持续性消费。互联网产品消费是一个持续使用并不断产生数据的过程，只有如此才能产生利润。最后，客户和用户。在互联网时代，只有超出用户意料的产品才是好的体验，这样做的目的就是留住用户。以微信为例，在聚集几亿用户的基础上，微信嫁接任何形式的服务都可以实现盈利。因此，用户需求代表行业发展方向，只有准确预测并把握用户需求，才能不断调整产品策略而不被边缘化。

（2）建立运营化标准。在关注用户的战略性要求之上，传统科普媒介还需要建立一套完善的产品运营标准，这一战术性要求的目的是建立与用户的长期沟通和互动关系，让产品在用户端持续产生价值。就具体策略而言，不仅包括对内容上线的更新及审查，更要对用户行为数据进行分析、策划营销推广活动、对增值服务的绩效进行评估等。对于传统媒体来说，这是一项全新的工作内容，也对产品运营人才提出了较为专业的要求。

（二）网络科普媒介：搭建场景化传播覆盖

这里说的网络科普媒介是一个宽泛的概念，包括众多社交平台、网络文字及音视频平台以及承载特定信息传播的互联网软硬件产品。在未来的科普传播体系中，拥有涵盖生活各方面海量用户行为数据的互联网企业将成为科普传播闭环中最重要的一极。

1. 社交场域：致力于移动政务

（1）技术驱动下的轻媒体产品。自2014年开始，最值得关注的一个趋势就是移动互联网的发展，大大深化了经济社会领域的"互联网+"趋势。而原本靠报纸、电视和广播获取新闻的受众也全部变成了以手机为承载平台的互联网媒体用户。以技术为驱动造成的媒介形态的转变，就是倒逼网络媒介进行产业升级，以适应社会发展和公众需求。当前，我国确定了以"两微一端（微博、微信、今日头条客户端）"为模式进行政务新媒体发展，这就意味着微博微信等社交平台的媒体属性得到了国家层面上的认同。但是，微博、微信和新闻客户端作为纯互联网背景产品，它本身不生产信息，更多的是起到连接作用。因此，如何开发更具个性化需求的延伸产品，才是网络科普媒介发展之道，也是构建未来科普传播生态的正解。

（2）消解舆论鸿沟是未来之道。微博、微信、今日头条客户端三种"国民

APP"最大的价值之处就在于对两个舆论场的融合与消解。三者涵盖网络中公开化的舆论场、封闭化的舆论圈以介于两者之间的舆论空间，在坐拥亿万用户的基础上有效连接政府机构，使官方政府机构以最直接的入驻形式空降在民间舆论场，加强双方的正面沟通与博弈，是逐渐解决官民对立、消除双方诸多误解的有效方法。但是，从互联网新型媒介自身发展角度来看，微博、微信及客户端的繁荣都是暂时的，只是因为没有更多的信息传播渠道被创造出来，为社会公众所认可。未来以信息为基础的政务性服务及商业性服务将会随着互联网行业整合所带来的"数据红利"而彻底爆发，对于科普传播而言亦是如此。

2. 超量级平台：释放数据红利

（1）互联网平台的价值。微博、微信和今日头条"国民性"地位的确立，背后所反映出的是互联网竞争逻辑：即深耕某一垂直领域，在保证用户数量和质量的基础上，向平台化发展。微博的核心价值是建立了最广泛的"公共领域"，实现了人与人间的平等沟通以及人对于信息的自主选择和发表意见的权利，在此基础上搭建含"股票""购物""旅游""游戏"等多种服务于一体的全媒体平台。当前，"两微一端"只是网媒系统发展的初级阶段，虽然以多样增值服务辅助运营，但信息的传播仍然以短平快为主，内容的接收易停留在浅显层面，即"快餐式""浏览式"的选择与接收。而未来的网络媒介系统，必然也是以平台化运营，作为某一行业传播生态系统中的一部分，在行业发展中发挥其独特的社会协调能力。

（2）数据基础上的网络操作平台。从本质看，互联网是将后现代主义发挥到了极致，每一个曾被权威机构占据主动权的社会领域，都在互联网时代被彻底解构并重新组合拼接，媒体也不例外。在互联网大潮冲击下，秉持全新理念的一系列新媒体产品将信息传播变得亲民、灵活。在媒介体验形式的角度上，通过逐一分析报纸杂志、广播和电视媒介的互联网延伸平台——新闻客户端、网络 FM 和视频网站等，能够说明以大数据为基础的开放化媒介平台在未来媒介传播体系中的重要作用。以新闻客户端为例，以央视新闻、人民日报、腾讯新闻、澎湃新闻等为代表的信息平台，凭借庞大的用户数、多样化（或个性化、分类）内容覆盖及简约化产品设计等优势，都取得了骄人的成绩。当前，诸多新闻类客户端一定程度上重叠化的问题依然严重，而未来的新闻类客户端市场也必然要存在一定规模的整合，从而实现更加集约化、精细化的资源配置，提高信息的传播率和利用率，形成更加规范的行业运行体系。

3. 万物互联：营造泛媒介环境

"两微一端"的成熟和新媒体形态的变迁，只是技术赋予媒体以新的发展动力，是媒体在新生产力条件下谋求发展的必然选择，但"互联网+媒体"的意义却远不止于此。"互联网+媒体"打破了媒体作为媒体的边界，使媒体传播能力彻底泛化。个人作为独立信息源，拥有史无前例的信息传播权力，任何组织及个人都有机会在网络用户行为数据的基础上进行精准化的信息生产及传播，继PGC（精英产生内容）与UGC（用户产生内容）后，人类社会迎来AGC（算法产生内容）时代。而以这种基于无数个体传播行为之上的量级数据库为基础又更进一步催生了众多新行业与新产品的诞生，体现在两方面：①泛媒介信息在社会范围内的普及；②物联网与智慧城市的建设。总之，社会正经历着通过数据构建新服务和改善既有服务的过程，传媒机构通过可视化信息沟通社会的功能正在被计算机后台亿万看不见的行为痕迹所替代。凯文·凯利曾指出，"连接起来的智慧一定大于个体的智慧"。这是他对世界未来趋势的一种预测，而这种预测与我们正在经历的"互联网+"的精髓不谋而合。"+"的本质就是一种联通，联通带来共享，共享产生新的经济。就实践而言，连接也是意味着分享，意味着交流，在公开场域下的互动能形成智能的集大成化，从而将智商转换成服务。

（三）科普自媒体：建立社区化行业路径

自媒体作为未来科普传播体系中重要的一极，需要做出的调整还很多。在内容提供上，只有少数的自媒体机构能做到"创作"而非"转载"。在媒介形态上，自媒体仍处于散乱、非标准化、欠缺规范的状态。因此，形成以内容为核心的知识性社群，并辅之以规范化的运营，是自媒体应择之路。而从行业意义上来看，需要在众多专业性自媒体社群的基础上进一步形成统一的自媒体集合社区，通过集群效应最大化发挥其科普功能。

1. 自媒体主体：做原创意见分享者

自媒体（we media），是伴随互联网发展而产生的一种以个体为单位的互动式媒介形态，包括门户网站时期的博客、QQ 空间和人人网，以及移动互联时代的移动 QQ、微博、微信等。当前，科普类自媒体已经随着技术成熟和公众分享习惯的养成而变得较为强大，每天有数以万计的文字、图片、音视频等原创科普作品被创作出来，撑起了科普传播的半边天。

科普类自媒体的出现确实弥补了以往传统科普媒介单向发声的局面，有其革命性意义：①赋予受众公平表达、参与互动的权限；②最大化发挥科普"高手在民间"的效应；③对科普公益的贡献也是功不可没。但是，现阶段自媒体依然是不受严格管理和限制的一类传播领域，不可避免地存在着严重的内容同质、谣言（伪科学）泛滥和规范缺失等问题。在注意力经济下，不少自媒体通常是以煽情、猎奇为主要手段，对科普内容进行随意加工，形成低俗营销，而公众特别是中老年群体已经习惯于"不求甚解"，很少去深究内容的来源及可证实性。科普类自媒体不同于有着精锐采编团队的传统媒体，也异于有着规范组织架构的新媒体企业组织，自媒体作为从一种社交行为发展成为的一个行业，明显存在整体行业欠缺规范、有待形成标准化的运营规则的缺陷。总结看来，自媒体行业中，专业化程度较低，从业人员较为年轻，且行业资历较浅。这就导致自媒体无法像其他行业一样以整体利益为核心，去建设和维护，形成良性、可持续化的行业发展空间。

本质上来说，自媒体的突破口依然在于内容，应该扮演的角色是意见提供者，做快消息时代的慢耕者。信息泛滥的时代，思想却是稀缺的，如果不能在内容上做到专业和独到，那自媒体就失去了其成为行业的资格。所以，自媒体的标签应该是"原创的意见分享者"，其中"意见"是至关重要的。既要做到有料，还得能说服受众。这一点相对于现如今普遍的自媒体来说，是较有挑战性的。

2. 专业性社群：内容驱动运营辅助

作为一种行业，自媒体必然要有自身的盈利模式和产业生态。自媒体如何做出有别于表面化信息的思想内容，这需要精准的策划定位，找到文化市场中的空白点；以及通过独到的眼光去分析和解读，帮助大众通过该视角去了解和领悟；还要选择一个优质的平台进行有效的多渠道运营等。以《逻辑思维》为例，虽然依然存在特殊性使得该模式不可被广泛推广和效仿，但从其运营手法上来分析的话，对产品和用户这两大方面的极度关注，是值得自媒体个人和机构应该把握的。当前，虽然在整体上呈现出全民参与态势，但专业化程度低、行业规范性缺乏仍是亟待解决的问题。在此情况下，对产品内容质量的保证已属不易，更遑论用户（粉丝）经营。从纵向上看，要求以个体为单位的自媒体通过内在运营机制提升专业化程度；但从横向角度看，则需要建立规范化、统一化、标准化的自媒体服务平台。

与微博、微信等"无门槛"式的自媒体场域不同，精英社区内的自媒体会在平台效应下按照统一标准进行内容生产、传播和营销，发挥集聚优势以达成1+1＞2的效应，比如科学松鼠会、果壳网等。此外，诸如知乎、豆瓣、简书等现有的内容分享社区都有其自身鲜明的特点取向，如果能将其优点加以有机整合形成一个全新的社区属性产品，就自然拥有了推动自媒体行业发展的潜力和资格；而对于现阶段的自媒体乱象，也不失为一次开辟式的改革。

3. 精英化社区：整合带来规模效应

由于缺乏良好的平台和机制，导致自媒体始终处于一种混乱无序状态，自媒体机构及个人游离依附于网络渠道，大部分自媒体既没有特定形态，于微博、公众号、简书、空间、知乎、音视频平台等处处留痕；也没有专注的内容取向，科技生活、政经文化涉猎广泛；更没有明确的资质认可，传播内容来源与质量都有待考究。美名曰为自媒体，事实上也可能仅仅是百度搜索内容的整理拼贴版。然而，科普类自媒体作为未来科普传播体系中重要的一极，必须以规范的标准去运营，这就需要建立一个自媒体行业的"淘宝"，也就是所谓的"精英社区"，将散乱的科普自媒体都吸纳到这个平台体系当中，发挥平台优势，打造规模效应，确立行业模式；使科普类自媒体不受渠道阻碍和注意力缺失影响，充分发挥科技内容和思想的魅力与价值。

就打造精英社区的策略而言，不外乎形态和内容两个方面。从形态上来说，社区也就意味着虽然其作为一种公开化的产物所存在，但由于要确保社区属性的"专业"与"深刻"，其在内容生产方面就必须有统一的标准和模式。这一点，果壳网、互动百科、知乎等都作出了初步尝试。以知乎为例，其作为问答社区围绕"提问"与"回答"展开内容的制造与传播，但社区只参与优秀问题的整理与推送，并不对用户的问题及回答质量与数量等进行管理，只是做信息的二次筛选与呈现，除用户自主关注外，信息呈现机制较为匮乏，且内容较为行业化和专业化，难以在社会上产生广泛影响，因此这一形态并不适合自媒体的长远规范发展。就内容而言，以个体为主的科技信息创作、流动和扩散只是自媒体发展的初级形态，类似于传统媒体时期的"自由撰稿人"。未来的自媒体应该确立和规范内容生产体系，而区别于表层碎片化信息的自媒体内容包括"内容话题"和"内容形式"两个范畴。内容价值很大程度上来自话题是否具有引起人们兴趣乃至引发思考的特质，这也是果壳网贴近生活、紧密结合受众认知水平的原因。自媒体的内容形式也是打造精英社区过程中需要重点关注的，要允许多种内容传播形态存在，并汇集此前散落在互联网各个角落的思想，将之打造成一个由众多行业精英构成的巨大的科技知识智库。

参考文献

［1］任福君，翟杰全. 科学传播与普及概论［M］. 北京：中国科学技术出版社，2012.

［2］任福君，尹霖. 科技传播与普及实践［M］. 北京：中国科学技术出版社，2015.

［3］钟琦. 数说科普需求侧［M］. 北京：科学出版社，2016.

［4］任福君，郑念. 中国科普资源报告（第一辑）［M］. 北京：中国科学技术出版社，2012.

［5］科学技术普及概论编写组. 科学技术普及概论［M］. 北京：科学普及出版社，2002.

［6］吴娟. 科学松鼠会传播要素及模式研究［D］. 合肥：中国科学技术大学，2010.

［7］郑健. 从"乐视模式"看"互联网+"时代我国视听新媒体的发展［D］. 重庆：重庆大学，2015.

［8］张博. 试论"互联网+"背景下传媒体系的构建［D］. 武汉：华中师范大学，2016.

［9］伍正兴. 大众传媒科技传播能力建设研究［D］. 合肥：合肥工业大学，2012.

［10］蒋娟娟. 门户网站科普栏目的科学传播研究［D］. 南宁：广西大学，2014.

［11］廖思琦. 网络科普传播模式研究［D］. 武汉：华中师范大学，2015.

［12］杨维东. 社会化媒体环境下科普宣传的平台建构与路径探析［J］. 新闻界，2014（13）：63–66，71.

［13］陈鹏. 新媒体环境下的科学传播新格局研究［D］. 合肥：中国科学技术大学，2012.

［14］李皋阳. 论网络时代的科技传播机制［D］. 石家庄：河北师范大学，2012.

[15] 孙文彬. 科学传播的新模式 [D]. 合肥：中国科学技术大学，2013.

[16] 张瑞冬. 科技革命背景下的科学传播受众研究 [D]. 乌鲁木齐：新疆大学，2012.

[17] 赵明月. 互联网时代科学传播的新路径探析 [D]. 福州：暨南大学，2013.

[18] 杨辰晓. 融媒体时代的科学传播机制研究 [D]. 郑州：郑州大学，2016.

[19] 郑念. 科普资源建设的基础理论研究报告 [C]. 北京：中国科普研究所，2007.

[20] 陈鹏. 新媒体时代下的科学传播 [J]. 理论视野，2012（4）：16-18.

[21] 任福君. 加强科普资源建设，提高全民科学素质 [J]. 科技中国，2006（10）：46-47.

[22] 李立波. 媒介融合建设科技多媒体传播平台 [J]. 科技传播，2010（2）：205-207.

[23] 项宇琳. 科学普及、提高科学素质和持续创新的互动关系 [J]. 科技创新导报，2012（9）：249.

[24] 李国敬. 加强网络媒体科技传播力研究 [J]. 齐鲁师范学院学报，2012（5）：147-150.

[25] 胡燧华，王翀，韩显男. 利用新媒体数据资源进行科普舆情的探索 [J]. 中国科技论坛，2014（8）：132-137.

[26] 罗子欣. 新媒体时代对科普传播的新思考 [J]. 编辑之友，2012（10）：77-79.

[27] 陶春. 基于知识生产新模式的科普与新媒体协同发展研究 [J]. 湖北行政学院学报，2013（1）：47-50.

[28] 王亚男. 新媒体环境中科普期刊的内容重构 [J]. 编辑学报，2017（4）：103-107.

[29] 李天慧. STS视域下科普微博发展的困境解析 [J]. 社科纵横，2014（10）：129-133.

[30] 潘煜. 科学松鼠会的传播特色及其传播效果 [J]. 科技传播，2010（2）：117-119.

[31] 郑念. 科普资源开发的几个理论问题 [N]. 大众科技报，2010-08-10.

[32] 刘峰. 大数据时代电视科普节目的传播策略探析 [J]. 科普研究，2013（5）：53-57.

[33] 王炎龙，李开灿. 科普期刊数字出版困局及突破路径 [J]. 中国科技期刊研究，2015（7）：722-726.

[34] 李雪. 科普期刊全媒体出版创意探析 [J]. 编辑学报，2015（3）：210-213.

[35] 陆芳. 浅析新媒体环境下科普报纸的转型思考 [J]. 内蒙古科技与经济，2016（17）：144-147.

[36] 徐彩群. 科普杂志的"微媒体"应用现状研究 [J]. 科技传播，2014（8）：16-17.

[37] 李乔. 科学大家谈科普创作和科学普及传播 [C] // 中国科技新闻学会，首届中国科技论坛，北京：2013. 科技传播，2014（2）.

［38］孙茹. 科普影视传播的融媒体之行［J］. 科学普及实践，2016（23）：121-123.

［39］吴晓鹏. 谈全媒体时代科普作品之策划［J］. 出版参考，2013（12）：22.

［40］王亚男，俞敏. 新媒体环境中科普期刊的内容重构［J］. 编辑学报，2017（4）：103-107.

［41］管静. 新媒体科学传播亲和力的话语建构研究［J］. 视听，2016（1）：125-126.

［42］董阳. Web2.0时代的维基网络科普新模式：以互动百科为例［J］. 科普研究，2011（S1）46-49.

［43］刘伯宁. 新媒体语境下的"草根"科普：体会与建言［J］. 科普研究，2012（6）：11-14，84.

［44］曾静平，郭琳. 新媒体背景下的科普传播对策研究［J］. 现代传播，2013（1）：115-117.

［45］杨鹏，史丹梦. 真伪博弈：微博空间的科学传播机制［J］. 新闻大学，2011（4）：145-150.

［46］季海. 网络时代科普编辑的业务素养［J］. 新闻世界，2011（10）：79-80.

［47］覃晓燕. 科学博客的传播模式解读［J］. 科学技术哲学研究，2010（1）：97-100.

［48］吴娟. 科学传播的新探索：科学松鼠会［J］. 新闻传播，2010（4）：26-27.

［49］熊澄宇. 对新媒体未来的思考［J］. 现代传播，2011（12）：126-127.

［50］俞敏，刘德生. 全媒体时代提升科技期刊品牌影响力策略研究［J］. 中国科技期刊研究，2016（12）：1328-1333.

第七章
"互联网+"与科技场馆教育模式创新

本章导读

科技场馆强调开放式、主动式、启发式的教育和学习方式，是青少年素质教育和公众终身教育的最佳形式和载体之一。加强"互联网+科技馆"建设，就要充分利用新兴信息技术，以场馆设施建设为基础，以科普教育研发、服务和管理应用为引领，以科普资源及信息开发、应用和共享为核心，以信息技术应用人才队伍培养为保证，应用驱动和机制创新并举，统筹规划、逐步推进。

学习目标

1. 了解科技场馆的概念、类别，科技场馆教育功能及其演化；
2. 理解"互联网+科技馆"的定义、特征、技术体系与发展趋势；
3. 理解"互联网+科技馆"传播与教育模式创新的目标、机理和路径。

第七章 "互联网+"与科技场馆教育模式创新

知识地图

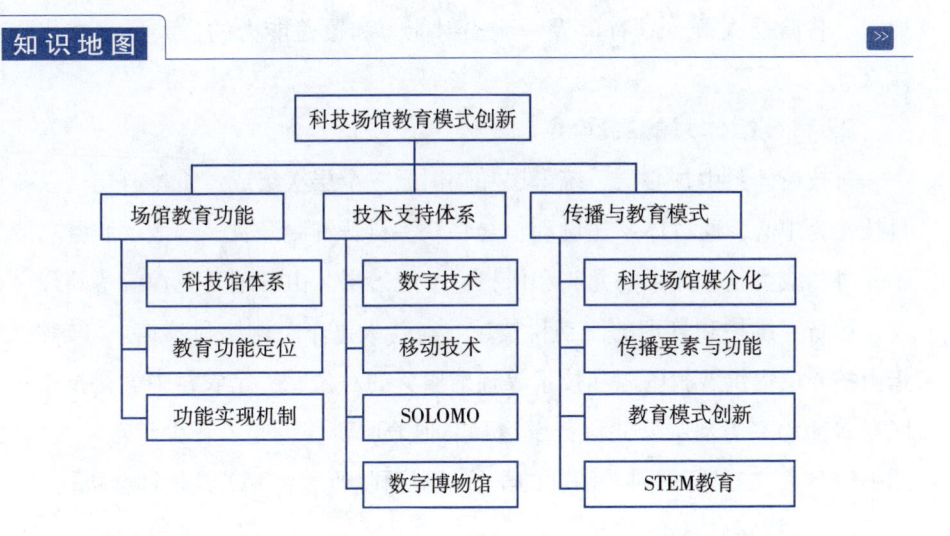

```
                    科技场馆教育模式创新
          ┌──────────────┼──────────────┐
      场馆教育功能      技术支持体系      传播与教育模式
        ├ 科技馆体系      ├ 数字技术        ├ 科技场馆媒介化
        ├ 教育功能定位    ├ 移动技术        ├ 传播要素与功能
        └ 功能实现机制    ├ SOLOMO          ├ 教育模式创新
                         └ 数字博物馆       └ STEM教育
```

第一节 科技场馆教育功能及其演变

科技场馆作为面向公众、服务社会的公益性城市基础设施，是普及科学知识、倡导科学方法、传播科学思想、弘扬科学精神的重要场所，也是扩大科技文化交流、展示科学技术成果、创新城市文化的重要载体。推动科技场馆建设和发展，对提高全民科学素质、建设创新型国家以及全面建设小康社会有重要意义。

一、科技场馆的概念、类型及其发展

（一）科技馆体系的内涵及构成

1. 科技馆体系的内涵

中国特色现代科技馆体系是立足国情，以科技馆为龙头和依托，通过增强和整合科技馆的科普资源开发、集散、服务能力，统筹流动科技馆、科普大篷车、数字科技馆的建设与发展，并通过提供资源和技术服务，辐射带动其他基层公共科普服务设施和社会机构科普工作的开展，使公共科普服务覆盖全国各

323

地区、各阶层人群，具有世界一流辐射能力和覆盖能力的公共科普文化服务体系。

2. 科技馆体系的层次

科技馆体系由核心层、统筹层和辐射层三个层次组成：①核心层。以各地科技馆为中心，通过体系建设和整合将众多科普资源开发、集散、服务功能集于一身，成为整个体系的龙头和依托。②统筹层。由各地科技馆统筹建设、开发、运行、维护和管理的流动科技馆、科普大篷车、网络科技馆。③辐射层。指由核心层提供展教资源和技术等辐射服务的对象。一是农村中学科技馆、社区科普活动室等基层公共科普设施和其他兼职科普设施（青少年宫、文化宫、图书馆等）；二是开展科普活动的学校、科研院所、企业等其他社会机构。

3. 科技馆体系的构成

科技馆体系由基础设施、资源供给、辐射服务、制度保障四个子系统构成：①基础设施分系统。包括科技馆、流动科技馆、科普大篷车、数字科技馆、基层科普设施等，构成科技馆体系在功能、资源、信息上的节点，形成科技馆体系的物理结构。②资源供给分系统。指各类科普展教产品和资源的集成、转化、开发、生产等，为各层次场馆提供科普产品和资源支持。③辐射服务分系统。包括相关科普展教资源、信息（以及附加在资源和信息上的资金、技术、服务）的输送平台与渠道，是科技馆体系内资源、信息等实现精准输送、有序流动的输送管道和利益纽带。④制度保障分系统。包括科技馆体系的运行管理、考核评价、经费与人员等方面的机制与政策、法规、标准等制度性安排。

（二）现代科技馆体系发展现状

1. 实体场馆快速发展与科普功能显著增强

20世纪80年代我国建成并开放了第一批科技馆[①]，2000年以后实体场馆进

---

① 本文中"科技馆"是指采用国际上科学中心模式，以互动体验型和动态演示型展品为主要展示和教育载体，以科普展览为基本功能，同时具有其他科普功能，符合《科学技术馆建设标准（建标101—2007）》，常年对全社会公众开放，不以营利为目的的公益性的"达标科技馆"。具体而言，"达标科技馆"需同时满足下列条件：以科普教育为主要功能，拥有常设展览，以互动体验、动态演示型展品为主要展示载体；科普教育设施（常设展厅＋临时展厅＋教室＋报告厅＋影厅）占建筑面积50%以上；常设展厅面积1000m^{2}以上，并占建筑面积30%以上。

入快速发展时期。"十五"年间，全国建成科技馆数目从 11 座增加到 155 座，平均每年建成科技馆 9.6 座。全国科技馆常设展览规模迅速扩大，截至 2015 年年底，全国科技馆常设展览总体规模扩大至 94.7 万米^2。此外，还有 110 余座已动工建设，30 余座已纳入当地发展规划。总体而言，未来一段时期科技馆建设仍将保持迅速发展势头（表 7.1）。

表 7.1 全国科技馆数量和规模情况（2000—2015 年）

年份	科技馆数量（个）	建筑面积（万米^2）	常设展览面积（万米^2）
2000	11	16.6	7.1
2005	41	61.1	28.1
2010	101	146.0	62.4
2015	155	222.4	94.7

数据来源：中国科技馆 2015 年"全国科技馆建设发展基本情况调查"。

全国科技馆分布不均衡局面有所改善。2015 年与 2010 年相比，西部地区科技馆占全国的比例由 13.9% 上升为 20.6%；中、西部地区科技馆之和的比例也由 44.6% 上升为 49.7%。2014 年，全国 143 座"达标"科技馆馆内接待观众总数超过 4100 万人次，比 2010 年增长近 1 倍，社会效益凸显。

2. 流动科普设施发展与服务覆盖范围扩大

2011 年起，中国科协实施了"中国流动科技馆"项目。截至 2015 年年底，该项目面向中西部地区配发 167 套，东部地区自主开发 53 套，共计 220 套；巡展 1200 余站，参观人数约 4600 万人，其中，中小学生参观比例占 90% 以上（表 7.2）。

表 7.2 流动科技馆发展情况（2011—2015 年）

项目	2011 年	2012 年	2013 年	2014 年	2015 年	合 计
展览数量	10 套	3 套	64 套	66 套	77 套	220 套
展览站数	9 省 24 站	9 省 46 站	23 省 185 站	27 省 374 站	29 省 551 站	29 省 1180 站
参观人数	102 万人	164 万人	808 万人	1538 万人	2124 万人	4736 万人

自 2000 年起，中国科协开始研制并向基层科协配发科普大篷车。截至 2015 年年底，科普大篷车面向全国累计配发 1071 辆，累计行驶里程近 2757 万千米，开展活动近 15 万次，受益人数近 1.8 亿人次（图 7.1）。

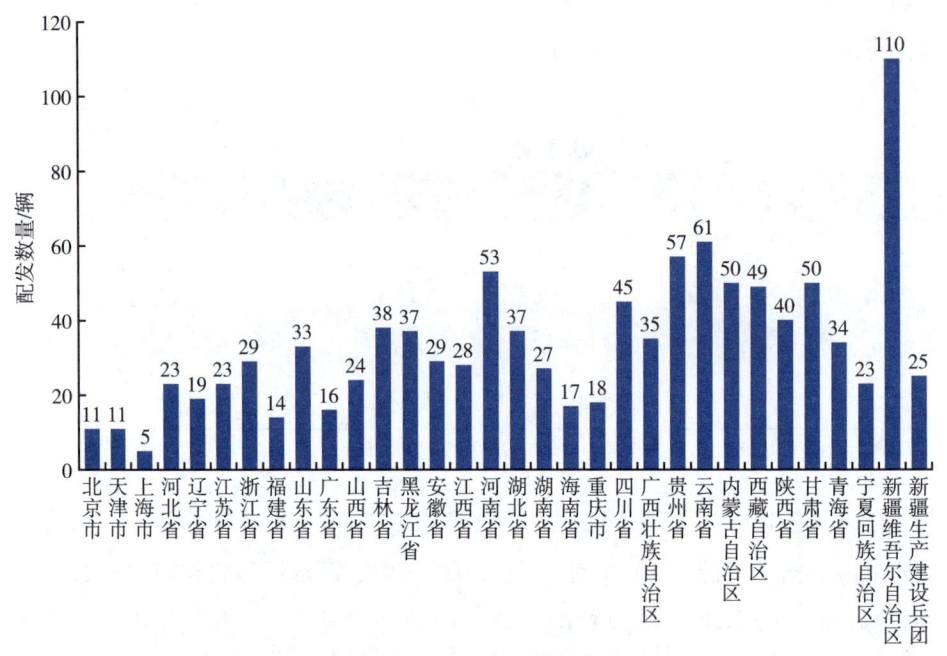

图 7.1 各省科普大篷车配发数量（2000—2015 年）

2012 年起，中国科技馆发展基金会开始实施"农村中学科技馆公益项目"。截至 2015 年年底，全国已有 29 个省（自治区、直辖市、兵团）的 112 个县建立了农村中学科技馆，共计 171 所试点学校，直接受益人数已达 100 万人次以上。

3. 数字场馆资源扩展与影响力提升

2006 年中国科协启动了"中国数字科技馆"项目，整合国内外优质科普资源，开展以网络为主要平台的科技教育，并通过子站建设带动省区数字科技馆建设。近年来，该项目取得突破性进展，从科普网站跃升为集网站、移动端、O2O 活动、科普推送、离线服务、远程平台等为一体的立体服务系统。截至 2015 年 10 月底，"中国数字科技馆"网站资源总量约为 8.56 太字节；全国共建成二级子站 55 家，分布于 26 个省（自治区、直辖市），带动地方科技馆开展网络科普；向偏远地区提供科普光盘寄送服务，并通过 25 个"中国数字科技馆"分站点、3 个远程科普播发平台、98 套中国流动科技馆、55 座农村中学科技馆、47 个社区服务站、950 个科普示范县等为基层百姓提供离线科普服务，实现二次传播；ALEXA 国内网站排名从 2010 年的近 25000 名上升至 2015 年年底的 200 名左右。

4. 展教研发能力及服务水平增强

科技类博物馆普遍加大了常设展览和展品的投入，常设展览规模扩大，展品数量增加、质量提升，涌现一大批特色展馆或特色展区。2009—2013 年，全国有 45 座达标科技馆对常设展览进行了更新改造，更新改造总面积为 68220 米^2，更新或改造展品总计约 3602 件，平均每年更新或改造 720 件，展品平均年更新率 3.8%，其中黑龙江省科技馆、合肥科技馆等进行了展区整体全新设计并取得创新性突破。各地科技馆展品开发越来越重视新型展示技术在展览展品中的应用，增加了展览和展品的互动性和体验性。此外，教育活动资源日益丰富，教育活动种类及数量快速增长，活动形式日益丰富，质量显著提升。

5. 科普公共服务体系构建与服务均衡化

2012 年年底，中国科协围绕十八大提出的要求，提出中国特色现代科技馆体系的概念并统筹管理多种科技馆业态，包括实体科技馆、流动科技馆、科普大篷车、数字科技馆、学校科技馆等资源。根据现实需求与国情，借鉴国际科技馆发展经验，积极构建公共科普服务体系，旨在促进资源共享、布局合理、优势互补，迅速提升我国公共科普服务能力。2015 年起，开展了全国科技馆免费开放工作，中央财政安排专项资金，重点补助地方科技馆免费开放所需资金。同时建立健全绩效考评机制，促进科技馆科普公共服务能力的提升。

（三）现代科技场馆发展存在的问题

尽管"十二五"期间我国科技场馆取得了长足发展，但仍不能较好满足全民科学素质提高与创新型国家建设的需要，体现在两个方面。

宏观上，我国科技类博物馆建设与发展滞后于经济社会发展，不能满足公众的科学文化（科普）需求。①部分区域尚未达标，截至"十二五"末，只有26个省（自治区、直辖市）完成了国家的指标要求，其他省会城市、自治区首府中有4个科技馆正在施工建设中，还有1个科技馆已建成但尚未正式开放；城区常住人口100万人以上的大城市中，仍有40%的城市尚未建有科技类博物馆。②区域发展不平衡问题在"十二五"期间仍未得到根本扭转，东部11省份拥有全国约一半的科技类博物馆，中、西部地区科技类博物馆较少。③科技类博物馆自身发展存在着严重的不平衡，现有科技馆几乎都是综合性场馆，缺少专业性、专题性科技馆。

微观上，科技场馆利用率不高、管理机制滞后等问题仍然较为突出。①展教水平不高，场馆利用率较低。目前，科技类博物馆展教资源总量偏少，展陈方式和手段单调、陈旧、创意不足，说教和灌输意味重，更新周期长，大量中小科技类博物馆处于展陈内容长期难于更新的状态，教育活动少，无法满足信息时代公众多层次、多样化的科普需求。②管理体制滞后，运行缺乏活力。科技类博物馆目前靠财政拨款的单位约占60%，其余40%靠自收自支或通过其他方式募集资金得以生存和发展，在满足基本运行后剩余款项远不能满足设备更新、提供优质科普服务等要求。同时，由于政策和机制原因，科技类博物馆的社会资金利用程度普遍不高，利用途径少，利用状态不稳定。

二、科技场馆教育功能及其机制分析

教育功能是科普场馆最核心、最重要的功能。科技馆教育有别于传统、正规的学校教育，它强调开放式、主动式、启发式的教育和学习方式，有意识地培养观众的创新意识、创新思维和创新能力，是青少年素质教育和公众终身教育的最佳形式和载体之一。

（一）国内外科技场馆教育功能开发现状

1. 国外科技场馆教育功能演进

1937年建成的巴黎发现宫与1969年建成的旧金山探索馆率先实现了从注重展览展示转向以教育为目的的转型，开创了科技场馆教育新篇章。历经几十年的发展，国外科技场馆教育理论与实践都得到长足发展，对科技场馆教育功能的开发也越来越充分和多元化。在教育功能开发方面，抓住教育者、受教育者、教育资源等关键要素进行了深入剖析和挖掘；在教育团队建设方面，通过建立激励机制将志愿者、科学家、学校教师等人群纳入其中；在受教育者人群开发上，通过开发形式多样、内容丰富的教育活动吸引不同年龄层次、知识结构、教育背景、职业背景的人群；在教育资源的开发上，不仅注重与学校教育结合，还通过与社区、企业、科研院所、大专院校等合作，拓宽教育途径和渠道，使科技场馆教育功能得以充分发挥。目前，国外科技场馆不仅是公众学习科学知识、实现自我终身教育的场所，更是公众参与社会讨论和国家政治生活的重要平台。

2. 国内科技场馆教育功能发展现状

我国传统科技场馆服务内容一般包括展览教育、培训教育、实验教育等，技能培训、科普讲座、科技电影、互动体验、动手实验、科普剧、专题讲解等等也都是常见活动形式，有些可以放到流动科技馆或学校去开展。近年来，各地还兴起了学习体验模式，如定期招募青少年到馆内充当小志愿者，使其在不同的岗位上体验并为公众服务。这一模式既让青少年学习到知识，培养了公益心，又锻炼了社会交际能力。除利用场馆资源开展活动外，一般还会与其他部门和机构合作，开展诸如青少年科技创新大赛、机器人竞赛、科普剧竞赛、科技馆活动进校园等项目。

当前，虽然我国科技场馆数量和规模迅速增加，但从整体上看，科技场馆教育质量并没有得到相应提高，存在问题日益凸显：如对科技场馆教育对象了解不够，展览设计和教育活动不分对象，只注重青少年，忽视了成年人、老年人终身教育的需求；过于关注展品展览开发，忽略配套教育活动的重要作用；过于强调科学知识传播，忽视了展品背后科学精神与科学方法培养；对社会教育资源整合利用不足，仅依靠科技场馆内部力量，未能发挥科学家、行业专家、媒体在科技场馆教育中的作用等。这些问题导致科技场馆教育水平不高、教育功能开发不足，并成为阻碍我国科技场馆事业发展的瓶颈。可喜的是，业界已经意识到了这一问题，针对当前存在的对科技场馆教育功能认识不足、内涵界定不清以及实现教育功能的途径单一等情况，提出要实现由"重展轻教"向"展教并重"、由单纯依赖展览向多种科普教育方式的转变。

（二）科技场馆教育功能的概念和类型

1. 科技场馆教育功能界定

从概念上看，科技场馆从属于非正规教育机构，是以提高公民科学素质为主要目的，以互动、参与、体验为核心特征的公众接受终身教育和参与科技、文化活动的社会公共场所。相应地，科技场馆教育是科技场馆利用自身资源优势，有意识地通过若干方法、媒介等形式向公众传递信息，期望以此激发公众对科学的兴趣，弘扬科学精神、普及科学知识、传播科学思想和科学方法的一种社会活动。

作为一种社会公益性科普教育实体，科技场馆担负着一定的社会职能，是社会教育重要组成部分。因此，科技场馆教育功能是其对个体发展和社会发展所产生的各种影响和作用，是科技场馆教育在增进公众科学知识、技能、身心健康以及形成或改变人们科学思想意识等方面所产生的影响和作用。教育功能是科技场馆的诸多功能之一，与科技场馆所发挥的经济功能、政治功能、文化功能等相互补充，共同构成科技场馆的功能系统。

2. 科技场馆教育功能类型

从作用对象看，科技场馆教育功能可分为个体功能和社会功能。作为一个独立的系统，科技场馆工作者、科技场馆资源、观众等要素之间的相互作用构成了科技场馆教育的内部结构，它决定了科技场馆教育的个体功能，也称为本体功能或固有功能。科技场馆教育作为社会结构的子系统，通过对个体的影响进而影响社会的发展，这构成了科技场馆教育的社会功能。可见，社会功能是科技场馆教育本体功能在社会结构上的衍生，是科技场馆教育的派生功能。从作用的呈现形式看，则可分为显性功能和隐性功能。显性教育功能是依照教育目的，在实际运行中所出现的与之相符合的结果，如增进公众的科学知识、激发科学兴趣、提高科学素养等。隐性教育功能是伴随显性功能所出现的非预期的功能，如对传统社会价值观的影响和削弱等。

（三）科技场馆教育功能的形成机制

1. 科技场馆教育的结构要素及其关系

（1）科技场馆教育的基本结构要素。厘清科技场馆教育的基本要素是认识其内部结构的前提，也是分析其功能的基础。科技场馆包括三个基本结构要素：①科技场馆教育者，即科技场馆教育过程中"教"的主体。人的因素是科技场馆事业发展中最重要的因素，而科技场馆教育者的专业素质则成为影响科技场馆教育功能发挥的重要方面。②科技场馆教育资源，即科技场馆教育的客体，是科技场馆教育功能所依赖的对象，也是科技场馆教育功能实现的基础，包括软件资源和硬件资源两大类。③科技场馆受教育者，即科技场馆教育过程中"学"的主体，是教育内容的接收者。

（2）科技场馆教育的结构要素间关系分析。科技场馆教育结构要素间存在互为依赖、互为条件的复杂关系，具体体现为两方面：一方面是相互依存。作为一个结构系统，科技场馆教育是由相互依赖、相互制约的三个要素组成彼此关联的整合系统，各要素的相互依存是各要素相互作用的基本前提。其中，教育资源作为科技场馆教育的内容，只能相对于观众而存在；具有价值的教育资源才有触发观众的学习动机；科技场馆教育者通过对教育资源的开发整合、策划实施教育活动来吸引观众，由此发挥科技场馆教育资源的教育功能。这一相互依存的关系既反映了科技场馆教育的整体性，也构成了教育系统的运行机制。另一方面是相互制约。上述要素间的结构关系又构成了制约教育质量的因素系统，其中任何一个结构要素的变化，都将影响各要素间的关系状态和系统的整体功能。其中，教育资源开发需要满足观众的利益需求；教育者在了解观众需求基础上，利用教育资源开展教育活动；观众能否获得正向教育，与科技场馆教育资源开发水平、活动组织质量等密切相关。

2. 科技场馆教育功能的形成机制

科技场馆教育功能的形成发生在科技场馆活动过程中，它的起点来自社会和个人发展的愿望和需求，功能期待只有通过科技场馆的教育行动才能转化为现实功能，而功能行动的发生受科技场馆教育资源开发水平、教育者和观众等因素影响（图7.2）。

下面从外部机制和内部机制两方面来分析科技场馆的教育功能形成过程。

（1）科技场馆教育功能形成的外部因素与作用机制。科技场馆系统是社会大系统的一部分，必然受到外界诸多因素影响。①经济发展推动。经济发展既为场馆兴建提供资金和条件，也使公众拥有闲暇时间和物质基础。②政

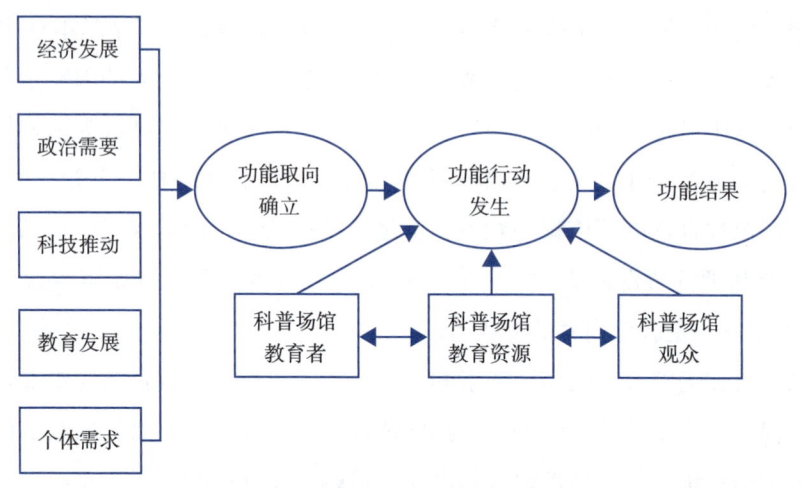

图 7.2　科技场馆教育功能形成机制

治需要。这是科技场馆在政府特定目标和方针指导下所承担的特定功能，体现在精神文明建设、促进人的全面发展等方面。③科技进步推动。科技发展为科技场馆发展提供了技术支撑，使之教育功能、范畴不断拓展。④社会教育发展。随着全民教育和终身教育的不断完善，科技场馆教育功能和价值也不断提升。

（2）科技场馆教育功能形成的内部机制。一方面，从系统内部而言，科技场馆教育功能实现受到多种因素影响：①需要与动机。源于观众或潜在观众对高质量生活和高层次需要的追求，这是教育功能实现的前提。②公众态度。态度决定观众行为，积极的态度是诱发观众产生科技场馆动机和行为的主要因素。③公众选择。包括教育内容、教育形式、教育层次等，这就要求科技场馆以合适的方式向观众传递有效信息，引导观众积极参与。

另一方面，体现在科技场馆教育功能实现机理上：首先，科技场馆教育资源是教育功能实现的基本载体，是教育功能实现的决定因素；其次，科技场馆教育者不只是知识的传播者，也是科技场馆、展品展项、观众之间的连接剂及催化剂，可以连接"观众与科技场馆""观众与展品""观众与观众"之间的关系，并促使其产生互动；再次，观众的认知水平也影响着科技场馆教育功能的实现。另外，科技场馆环境是影响科技场馆教育效果的重要因素和条件。

三、世界科技场馆教育功能演变及其启示

2007年，第21届国际博物馆协会代表大会对博物馆定义进行了重新修订与阐述，首次提出将"教育"作为博物馆的第一功能，实现了一大跨越。实际上，世界科技场馆的教育功能定位和角色演变经历了长期的探索实践，从最初作为收藏机构的角色定位到后来以公众教育为核心的功能定位，其间经历了多个发展阶段的探索与实践。

（一）世界科技场馆教育功能定位和角色演变

从世界范围来看，美国科技场馆教育理念和角色定位的演变在世界科技场馆的发展中起着重要的推动作用，在梳理世界科技场馆的发展历程时，不可避免地将以美国科技场馆的发展历程作为主线。

1. 世界科技场馆对公众教育理念的初步探索（20世纪以前）

20世纪以前，世界科技场馆对自身的功能和角色定位还相对模糊，博物馆的公众教育属性还不十分明显，多被认为是收藏、研究、展示自然或工业遗留物的场所。"教育性博物馆"的理论于19世纪末，被史密森博物馆学会的古德（G. B. Goode）旗帜鲜明地提出，这奠定了科技场馆教育功能的理论基础。在这一理论指导下，众多学者不仅探讨了教育性博物馆与研究性博物馆之间的区别，还研究了科技场馆的基本功能、设计原则和机构性质等。然而，这一时期对世界科技场馆的公共教育研究还仅仅停留在理论研究层面，面向公众的教育实践活动并没有展开。

2. 科技场馆业界对自身教育机构角色的认定（20世纪初期：1900—1940）

20世纪初，杜威"做中学"的教育思想逐渐风靡，而越来越多的观众也开始对博物馆的教育功能提出要求。1907年，德意志博物馆最先将展厅中一些用于静态展示的工业机械解剖并运转，以便向公众进行演示和讲解。之后，科技场馆开始在"教育性博物馆"理念指导下积极与学校、社区合作，通过印制和发放宣传页、广告和参观手册等形式开展教育实践活动。随后，欧美各国科技场馆纷纷成立教育部门，以满足不同层面公众对科技场馆教育的需求。

3. 政府认定科技场馆教育机构的属性（20世纪中期：1950—1980）

到20世纪中叶，美国博物馆从机构设置到展览策划的展开都以教育功能的实现为主要目标和首要任务。教育逐渐发展成博物馆一切工作的核心。随着"发现学习""探究学习"等教育理念的应运而生，博物馆的教育机构属性已经成为业界不争的事实。1968年，为解决博物馆难以从政府获取财政经费和政策支持的难题，在美国总统约翰逊授权下，联邦艺术与人文基金会发布了《美国博物馆：贝尔蒙报告》，促使博物馆作为教育机构的角色认定被政府认同，并享有政府提供的财政支持和税法优惠。

4. 科技场馆实现教育功能质的飞跃性提升（20世纪后期：1980—2000）

20世纪80年代以后，随着美国博物馆"全方位"教育理念的提出，有关"终身学习""多元文化阐释"等理念成为21世纪博物馆的发展趋势。这一时期，教育已经成为科技场馆的根本使命和核心功能，教育功能质量的高低成为科技场馆社会角色和社会价值的核心和关键。随着多元文化的发展，公众服务的核心逐渐向博物馆教育靠拢，业界对于教育功能的研究逐渐聚焦于对公众服务的研究上。1992年美国博物馆协会发布了《卓越与公平：博物馆教育功能与公众服务》报告，深入阐述了博物馆教育功能。这一报告随后成为欧美博物馆界的共识，各国科技场馆不断拓展其教育功能的深度和广度，科技场馆的社会影响力和核心地位逐渐形成。

（二）世界科技场馆教育的创新与发展

从世界科技场馆300多年的历史可以看到：教育功能是科技场馆发展与变化的核心，其发展过程就是科学教育观念不断更迭、教育形式日益拓展更新、教育内容逐渐加强深化、教育效果愈发凸显的过程。世界科技场馆教育活动在20世纪中后期以来的创新与发展更是证明了这些特征和趋势。

1. 教育目标三维化

1996年，美国颁布的《国家科学教育标准》中强调科学教育要帮助学生发展三种科学和理解能力：学习科学的原理和概念，获得科学家的推理和程序技能，理解科学作为一项特别的人类事业所包含的本质。这之后，逐渐形成了

"知识与技能，过程与方法，情感、态度、价值观"的"三维化"教育目标。构成公民科学素养的三个层次是科技知识与技能、科学意识与方法、科学世界观，"三维化"教育目标恰好与此相契合。由此可见，教育目标的三维化不仅是正规科学教育的教学需求，也应是科技场馆正规科学教育的必须。

2. 教学方法特色化

20 世纪 80 年代中期美国新一轮科学教育改革以及 20 世纪末的美国第三次科学教育改革，在杜威"做中学"理念、布鲁纳"发现教学法"和施瓦布"探究学习法"的引导下，都强调了以探究为核心的科学教育。与此相对应，20 世纪初德意志博物馆在科技场馆界首先发展了动态演示方式，首创"动手型展品"，目的在于让观众亲自操作机器、仪器进行运行演示；美国旧金山探索馆也在其教育活动设计中逐渐减少"发现教学法"，开始向"探究学习法"的转变。科技场馆界依托展览展品资源、实验室和活动室等场所开发了各种特色教育活动为观众创造和提供了丰富的科学实践与探究机会，由此形成了以"基于实践的探究式学习"为最大特色的教学方法。

3. 教育资源产品衍生化

教育活动开发由单体化发展转向衍生化发展。①强调教育资源建设与整合，突破单一模式，协同增效，即在开展一种教育活动的同时要考虑开发其衍生产品（包括活动），并使之形成协同增效的效果，突破单一模式，如安大略科学中心于 2011 年引进的科普剧《犯罪现场调查》。②将科技场馆的教育活动衍生为"资源包"，包括教材、教具、教案等，以供其他社会教育机构和学校使用，如为加拿大北部边远地区中小学的科技教育资源包常年由加拿大国家科技场馆负责。

4. 教育活动过程全程化

教育活动过程从一开始的观众参观中，逐渐向参观前、中、后的全过程拓展。展览和教育活动的内容可由观众在参观科技场馆之前，通过网络等媒体途径选择最喜爱、最适宜的，这也有利于观众更有针对性、更有效果地参观展览和参加教育活动。而在参观结束之后，为了巩固和深化参观的教育效果，科技场馆可为观众提供延伸、拓展的科学资料，并可根据观众的喜好推送活动预告，吸引其再次参观科技场馆。

5. 教育传播媒介全媒体化

随着技术的不断进步，科技场馆教育手段也发生了相应演进。早期以语言和文字为仅有的教育传播手段；20世纪40年代以后，开始综合运用电教手段；50年代后，引进了影视、实验、表演等作为教学手段；进入90年代后，又将计算机、多媒体、互联网、新媒体等手段引入教学。目前，越来越多的新技术手段诸如二维码、裸眼3D、虚拟现实等应用于场馆展示中，而手机APP、微博、微信等信息化手段和社交媒体则让观众与科技场馆建立了更加紧密的互动关系，教育功能借助新媒体与新技术不断得到拓展和延伸，科技场馆教育逐渐形成了综合利用多种媒介的全媒体化发展趋势。

（三）对我国科技场馆教育发展的启示与借鉴

1. 进一步明确科技场馆的教育机构性质，实现教育理念的转变

由世界科技场馆的发展历程可见，政府在科技场馆教育机构性质的认定中扮演着非常重要的角色。科技场馆教育因此被纳入国家的整个教育体系之中，能够享受与学校教育类似的财政经费和政策支持，而其作为教育机构的社会角色和重要地位才能最终被公众认可。科技场馆则需要对自身教育机构的本质属性有清晰的认识，明确科技场馆的观众是通过体验、触摸、互动等方式在轻松愉悦的气氛下进行自我学习的，具备学校教育没有的教育优势。

2. 拓展教育功能的深度和广度，向"公众服务为中心"转变

20世纪中期的新博物馆运动之后，世界博物馆开始从"过去导向、物件导向"转为"观众导向、未来导向"。因此，博物馆教育需要加强观众的参与度，满足公众对博物馆的核心需求，并以此为导向，明确科技场馆的定位和特色，创新"以人为本"的服务理念。通过让更多观众经常走进科技场馆，促使公众主动走进科技场馆进行学习的习惯，增强观众对科技场馆的理解度和忠诚度，使观众实现被动的教育接受者到主动的教育参与者的转变。

3. 实现教育活动的常态化、特色化和多样化

世界科技场馆已经进入三维化、特色化、衍生化、全程化、全媒体化的发展趋势，这也应成为我国科技场馆教育活动的发展目标。鉴于目前我国科技场馆教育基础存在较为薄弱的问题，应首先将科技场馆教育活动常态化、

特色化、多样化作为基本发展方向和要求。常态化即是将教育活动的开发与实施作为科技场馆运行工作的核心，将教育活动的数量与频次作为考核评估体系的核心内容与重要指标；特色化就是要大力开发与开展基于展品资源、科技实践的"探究式学习"教育活动，使其成为教育的特色和亮点；多样化就是要不拘一格、大力开发形式多种多样的教育活动，以满足不同层次观众、不同特点展品的需求。

第二节　信息技术应用与科技场馆建设

一、信息技术在科技场馆建设与运营中的应用

进入信息化时代，各种新兴数字媒体技术层出不穷，对于将观众纳入展陈环节中、参与互动，全方位地提高观众的观赏兴趣和探索积极性有重要推动意义，同时也对科技场馆设计和运营提出了更高的要求。

（一）数字技术在科技场馆建设中的应用

1. 数字化信息采集技术

文化遗产、文物古迹是古代人类社会流传下来的蕴含整个社会形态及其发展脉络的活化石，具有极高的历史、科学、文化和艺术价值。从信息源头上获取珍贵文物影像资料，尽可能延续其寿命，是文物保护科技领域十分迫切、艰巨而长期的任务。

（1）高清、超高清图像采集技术。高清、超高清图像采集技术包括二维数字化采集技术、三维全景数字化采集技术。前者主要针对古籍、画稿、图册、平面纹理等二维文物对象，但目前书画、壁画扫描设备在高分辨率以及速度上还不能适应文化遗产快速数字化应用要求，分组面阵扫描的高分辨率自动二维信息采集与拼接技术将是未来二维数字化技术的发展方向。在三维全景数字化采集方面，需要高效率、高清晰度、高自动化设备和系统支持，鉴于以往全

景拍摄技术清晰度不够高，可集成基于自动云台、光场拍摄技术的全景采集系统，提升全景影像的清晰度，逐步突破10亿乃至100亿像素。

（2）基于视觉的三维数字化采集/重建技术。基于视觉的三维数字化采集/重建技术，即采用计算机视觉方法进行物体的三维信息采集与重建，利用数字摄像机作为图像传感器，综合运用图像处理、视觉计算等技术进行非接触三维测量，用计算机程序获取物体的三维信息。根据摄像机数目的不同，可分为单目视觉法、双目视觉法、三目视觉或多目视觉法。目前，一般采用单目视觉法中的运动法来进行三维数字化采集与重建工作，其优势是可以对大规模场景进行重建，输入图像数量也可以达到百万级，适合自然地形、大型遗址、博物馆建筑外景的三维重建。

2. 虚拟现实交互漫游平台构建技术

（1）虚拟现实技术。虚拟现实（virtual reality，VR）技术，是在现代科学技术的基础上发展起来的一门交叉科学技术。其特点以计算机技术为主。利用计算机等设备创造一个视听感受逼真的三维虚拟环境，该环境是人工虚构的，在这个虚构的环境中能实现与现实相同的感受，可以利用它观察周围世界，也可以与虚拟世界进行人机互动等。虚拟现实是人类与计算机和极其复杂的数据进行交互的一种方法，具有沉浸、交互和构想三个基本特征。

（2）分布式虚拟现实系统。分布式虚拟现实技术（distributed virtual reality，DVR）是虚拟现实和计算机网络技术相结合的产物，它是基于网络的虚拟环境，在这个环境中，位于不同物理环境位置的多个用户或多个虚拟环境通过网络相连接，或者多个用户同时参加一个虚拟现实环境，通过计算机与其他用户进行交互，并共享信息。系统中，多用户可通过网络对同一虚拟世界进行观察和操作，以达到协同工作的目的。换而言之，是指一个支持多人实时通过网络进行交互的软件系统，每个用户在一个虚拟现实环境中，通过计算机与其他用户进行交互，并共享信息。

（3）虚拟现实技术在科技馆中的应用现状。早期国内科技馆对虚拟现实技术的应用主要集中在科技馆展品内容的在线展示上。例如，从2007年开始设计的中国科技馆网站上的虚拟漫游功能模块，就是依据场馆的真实场景，利用三维建模技术构建了科技馆的虚拟场景。从2015年开始，虚拟现实技术获得了大量的产业投资，科技馆应用虚拟现实技术也就成了热点。2016 年 6 月，中国科技馆启动了首个虚拟现实博览会，引进全球最大裸眼 3D 屏幕，提供了"基因探索""嫦娥奔月""航母虚拟漫游""飞夺泸定桥"等 30 多个互动展项，全方位展现虚拟现实技术在航空航天、科研、文化、教育等众多领域的应用现状与发展前景。

基于数字科技馆的在线虚拟现实体验和基于情境式科教的虚拟现实内容传播是当前科技馆与虚拟现实这一媒介技术融合的两大方向。前者利用虚拟现实的临场性，力求在线还原科技馆的原貌；后者则是将虚拟现实设备带到科技馆中去，使用虚拟现实设备代替传统科技馆中的展品，实现科技馆的展教功能。无论是哪一种应用形态，科技馆与虚拟现实媒介的融合都具有巨大的发展空间和实践价值。

3. 智能导览技术

智能导览技术是指以实体博物馆为对象，研究智能导览技术来代替传统的标牌式信息服务，将移动终端、二维码/电子标签、博物馆信息数据库以及嵌入式 GIS 系统结合在一起，为参观者提供智能化音视频讲解、展馆定位引导服务及其他信息服务。该系统的博物馆导览软件在观众通过入口的通信设备（蓝牙、WLAN 等）或博物馆网站来下载，安装在参观者导览终端后使用。参观者在进入展馆后，可利用该自助导览系统在感兴趣的展台或需要自我定位的标志物前，用其终端摄像头拍摄对相应的二维码或感应电子标签，由此可自动识别相应位置 ID 并显示、播放相应展台或标志物位置的图文、音视频信息，此外也可进一步查询相关服务信息。

4. 4D 动感影厅工程系统设计技术

4D 动感影厅系统是一个高度科技化的集成系统，也是一个全自动的工程系统。它由放映系统、银幕系统、音响系统、特效系统与控制系统、操作监控一体化等子系统构成，各个子系统协同作用，构成一个整体，共同刺激体验者的视觉、听觉、触觉、感觉等各个感官，再现影片主题所涉及环境内的各种细节，以及体验者在特定环境内的遭遇等，营造出使人身临其境的整体效果。4D 动感影厅是近年来规划馆、科技馆、展示馆和博物馆等场所青睐的特殊展演形式，相比较于其他类型影院或大型展演系统，具有主题突出、科技含量高、效果逼真、娱乐性强等特点和优势。

（二）移动技术在科技场馆运营中的应用

1. 科技场馆移动技术

科技场馆应用的移动技术主要有以下六类：①移动网络接入技术。包括支持高速数据传输的蜂窝移动通信技术以及可将电脑、手持设备等终端以无线方式互联的技术，如 WIFI。②移动定位技术。包括室外定位（如 GPS、北斗导航系统等）和室内定位技术（如 RFID 辅助定位等）。③身份识别技术。包括 RFID、二维码等。④移动支付技术。包括近场支付（如 NFC、二维码、手机支付等）和远程支付（如网银、电话银行等）。⑤信息推送技术。主要包括小区广播、手机报等。⑥移动终端。指可以在移动过程中使用的计算机设备，包括手机、平板电脑等。

科技场馆应用移动技术具有两个特点：①将科技知识巧妙融入日常科学传播服务中；②移动技术通用应用形式与专用应用形式相结合，如门票预订等通用服务形式、展项交互、特定虚拟任务等。

2. 基于移动技术的科技馆科学传播服务模式

科技场馆应用的移动技术及典型场景，能够为公众提供了六类科普传播服务：①场馆信息与服务获取。公众可以借助移动终端方便快捷地获取科技馆的位置信息、展览介绍以及活动安排等，或在移动终端直接完成科技馆门票预订和支付等。②数字化导览服务。通过遍布各处的传感设备和移动终端，可以有效搜集用户位置、路径、参观轨迹等信息，进行人流密度监控，引导观众更好地进行参观。③基于展项的交互式新体验。借助移动技术，科技馆可以设计出线下实体展品与线上虚拟活动相结合的新的展览活动形式，中国科技馆基于展项的网络教育平台——《艾迪历险记》就是展项交互式体验的一个典型应用。④提供科普移动应用 APP。主要包括信息提供、展品互动、数字化科普资源三类服务。⑤社交媒体服务。主要用于互动交流、活动推广、品牌营销等。⑥信息推送服务。科技场馆可以根据用户的兴趣提供个性化定制服务。

3. 移动技术带来的影响与挑战

借助移动技术，科技馆为用户提供了更加灵活、智能的参观互动体验，用户参观互动行为的改变也为科技馆的科学传播活动带来了巨大影响，主要体现在三个方面：①提升传播速度，扩展传播空间。科技馆可以随时随地向用户发布场馆动态、展览信息等，极大地缩短了信息传播时间。同时，手机终端的便携性和多功能性，使传播空间也得以扩展。②丰富传播途径，促进双向互动。移动技术应用能够使科技馆和用户之间的信息反馈和双向交流互动更广泛、更快捷、更深入。③改良传播内容，提供定制服务。用户可利用闲暇时间获取科技信息或个性化定制服务。

与此同时，移动技术也给科技场馆教育带来了一些挑战：①公众的认同感、接受程度和使用习惯；②信息安全问题，要采取措施以减少数据被非法窃用的可能性。在实践中，这些问题也是不容忽视的。

（三）SOLOMO 技术理念及其应用

2011 年，约翰·杜尔（John Doerr）将 social（社交化）、local（本地化）和 mobile（移动化）这三个关键词整合到一起，构成了一个全新概念"SOLOMO"。此概念一经提出即风靡全球，并被视为互联网产业未来发展的趋势。

1. SOLOMO 的概念

SOLOMO 是 So+Lo+Mo，即 social、local、mobile 三个概念的融合，而这三个概念又是相互依赖、不可分割的。SOLOMO 并非全新的技术，它是已有技术的一种综合应用，涉及移动通信、无线网络、社会性网络、数据挖掘、智能感知、物联网等多种技术门类，这种综合本身也是一种创新。相关技术还包括数字地图、移动定位、近场通讯（NFC）、二维码（QR）、多媒体技术（VR、AR）、云计算、IPv6、语义网等。但是，每一个具体的 SOLOMO 应用并不会涉及所有这些技术。从系统角度来看，SOLOMO 是在互联网基础上进一步整合移动通信技术的成果，通过社交网络媒体（So）了解用户，结合位置定位（Lo）技术和移动智能终端（Mo）改进服务，从而满足用户实际需求和增强互动体验。

2. SOLOMO 在科技场馆中的应用现状

虽然"SOLOMO"是一个崭新的名词，但国内外科技场馆已有不少相关应用实践。就本质而言，SOLOMO 作为一种理念和模式，对科技场馆全面融合现代信息技术的成果，重新审视科技场馆的服务理念和服务模式将产生深远影响。

从 So 方面来看，社交化可以给科技场馆和公众带来很多便利，主要作用表现在：①公众参与展览设计与资源建设，如美国马萨诸塞州克拉克博物馆的"邀您策展"活动；②针对馆藏特色资源、动态科学信息、主题展览等开发 APP 进行个性化推送定制，用户可以远程访问；③公众参与科学传播和研究，就有关科学问题发表评论、共享内容、与科学家互动，形成"公民科学家"和"开放科学"机制；④科技场馆营销和宣传。

从 Lo 方面看，Lo 主要是指基于位置的服务 LBS。其中室外定位主要靠 GPS 来完成，如伦敦博物馆推出了的街头博物馆 APP，使公众走在街头就能欣赏与之相关的丰富艺术和摄影作品；室内定位主要利用 WIFI、RFID、NFC 等等，如美国自然历史博物馆推出的具有个性化定位系统的 APP 移动导航系统，能够对博物馆的 45 个展厅、剧院、餐厅以及卫生间等进行导航。

从 Mo 方面看，移动技术和智能终端在科技场馆的应用主要集中在三方面：①运用二维码（QR 码）、无线射频识别技术（RFID）、近场通信技术（NFC）等技术对馆藏资源进行深度揭示，为用户提供知识链接；②提供基于数字资源的服务，主要包括音视频播客、资源集成网络平台、数字化学习项目等；③移动科普游戏。主要借助基于地理位置、增强现实应用等技术，设计角色扮演、侦探游戏等形式来让用户在参与互动中增强对博物馆相关馆藏或主题资源的了解和学习。

3. SOLOMO 对科技场馆运营的影响

（1）SOLOMO 改变了科技场馆的工作思路。SOLOMO 的应用，彻底打破了传统媒介的传播格局，极大地改变了原有的科学传播格局。科学传播的模式也开始由从公众理解科学、公众参与科学到公众主动参与和创造科学而转变。主要体现为新媒体环境下，公众在对资源进行随时随地的访问、评价、分享和交流的基础上，开始越来越主动地在兴趣爱好或社会责任意识的主导下，自发地参与到科学文化知识的传播、创造和再传播中去，使得科学家或政府的观点不再成为传播的唯一内容。在 SOLOMO 环境下，知识生产方式和过程以及观众的需求、行为和互动都产生了变化，知识传播和学习方式也发生着改变，因此，科技场馆的工作思路也应做出相应的调整。

（2）SOLOMO改变了科技场馆的服务模式。SOLOMO的应用改变了科技场馆服务模式，其服务内容和形式方面都发生了变化，打破了传统实体馆服务和数字馆服务的界限，延伸了服务价值，使科技场馆服务真正体现以人为核心。到馆条件下，通过QR、RFID、AR或VR、NFC等技术为公众提供参观导览、知识链接、互动体验、智能推送等服务，公众还可以通过移动智能终端访问科技场馆数字资源，在社交媒体上即时发布感受、评论、音视频等信息，分享收获和体验；非到馆条件下，APP软件使公众无须到馆就可以通过智能终端随时随地学习展藏品知识、参与科学传播与研究、访问数字科普资源、参与科普游戏等。

SOLOMO时代，已经改变了公众的生活习惯，也产生了新形势下的科普需求，公众希望不受空间和时间的限制，利用碎片化时间得到泛在化、个性化、智能化的科普服务。随时随地推送信息和资源的无缝链接，移动访问、社交网络链接和地理位置定位趋于一体化，打通了实体资源和数字资源的通道，进一步实现了以展品为中心到以观众为中心的变迁，在服务内容的设计上，也开始越来越集知识性、互动性、智能性于一体。

（3）SOLOMO提升了科技场馆的社会价值。SOLOMO对于科技场馆社会价值的提升体现在三方面：①提升展览展品资源的社会价值。传统科技场馆知识来源以展览展品为主，传递给公众的大多属于显性知识。从知识管理角度来看，固化在人的大脑中的隐性知识，通过SOLOMO时代的社会交流，能更好地把个人化的隐性知识社会化、外部化、联结化、内部化，实现知识创造转换（SECI）模型，并形成"知识螺旋"。②提升传播渠道的社会价值。在SOLOMO环境下，公众可以随时随地获取科技知识，科技知识传播渠道已经发生了彻底改变。SOLOMO时代，几乎任何信息、知识都可瞬间被传递到世界的每个角落，同时，也能即时接受反馈，公众通过即时交流的效果和能力，拓展了科技场馆科技知识的传播渠道。③提升服务平台的社会价值。SOLOMO这一社会化交流平台，不但把人与网络、人与人紧密地结合在一起，也把人与科技场馆之间的距离彻底拉近，科技场馆通过SOLOMO提供科普服务，使个体在交流实践中自觉地通过多种途径、形式、手段获取知识，并内化为人的素质、能力，最终实现公民科学素质的提高。

二、数字化科技场馆及其建设

以信息技术为代表的科技革命,极大地推动了博物馆网站的建设和藏品数字化的进程,数字博物馆在此基础上形成并蓬勃发展。作为一种"成长期"的全新科普教育模式,数字博物馆受到越来越多的关注和重视。

(一)数字博物馆的定义及其特征

1. 数字博物馆的概念界定

"博物馆数字化"是在信息技术发展推动下,实现博物馆藏品、展览、观众、教育、票务、楼宇等各类信息的采集、整理和管理的动态过程。它把实体博物馆的资源信息数字化,建立数据库和管理信息系统,具有网络化、智能化、虚拟化的特点。而"数字化博物馆"是博物馆数字化的结果及应用,表现为管理系统、数据库、多媒体、软件、网站等各种载体形式。它是基于实体博物馆的"忠实的数字转化",如果没有实体博物馆也就无所谓"数字化博物馆"。

至于"数字博物馆",一方面可以是数字化博物馆在网络上的表现方式,是实体博物馆在网络空间的再现和补充;另一方面,数字博物馆也可以脱离实体博物馆而独立存在,即"虚拟博物馆"。台湾地区对"数字博物馆"的定义是以"数字化"的方式,将各种器物、标本及文件等典藏资料,以高解析度扫描、数字化拍摄、三维空间模型虚拟制作等技术加以数字化与储存,并通过国际互联网完整地呈现一般实体博物馆所应具有的展示、收藏、教育、研究等功能的无实体空间的虚拟博物馆。杨玲、潘守永则把数字博物馆定义为一个信息服务系统:"数字博物馆是以数字形式对有形的物质文化遗产以及无形的非物质文化遗产的各方面信息进行收藏、管理、展示和处理,并通过互联网为用户提供数字化的展示、教育和研究等各种服务,是计算机科学、传播学以及博物馆学相结合的信息服务系统。"

2. 当代数字博物馆的模型与特征

在众多的定义表述中,可以找到一个统一的特征:采用现代数字三化技术,如网络、多媒体、虚拟现实等实现的,用以传播科学、提高公众科学文化素养的分布式网络资源的集合。但是这个特征尚没有体现现代信息技术，特别是物联网、互联网和通信技术的发展而带来的数字博物馆的革新。顾洁燕、王晨认为，21世纪的数字博物馆是一个基于网络的数字科普内容服务系统。它通过网上数字博物馆、博物馆数字化、虚实博物馆的互动等形式，运用第二代互联网技术、现代通信技术、智能芯片和移动终端技术等，将实体博物馆和网络数字内容有机结合，实现科学家、科技馆和公众三者之间的平等沟通交流，并共建共享科普资源。它是一个既可以横向延伸，又可以纵向拓展的T型系统，其功能模块、主题内容和技术手段，都可以灵活方便地实现扩充和深化。

"数字"和"博物馆"是数字博物馆的关键词，是数字博物馆的重要属性。把握好这两点，对于区别数字博物馆和实体博物馆、数字博物馆和博物馆网站非常重要。只有定位明确、依托技术特点，数字博物馆才能充分发挥它的价值和作用。相比较而言，数字博物馆可以容纳更多的知识内容，而不必受实体博物馆的限制；数字博物馆可以快速、高效、方便地反映最新的知识动态，而不必受实体博物馆展览开发周期的影响；数字博物馆可以给用户呈现一个全天候的、全球的博物馆，而不必受时间和空间的限制；数字博物馆可以更有效地实现博物馆对个体的友好沟通，构建有针对性的、个性化的学习体系。

（二）从技术角度看数字博物馆发展

借助于网络的传播速度和传播能力，数字博物馆为博物馆开创了一个全新的服务领域。根据技术应用情况，可以把数字博物馆的发展区分为三个阶段，而技术也同时影响着数字博物馆的科普传播方式，两者呈现出协同发展的特征。

1. 第一代数字博物馆：自上而下型

最早一批在互联网上建立网站的欧美博物馆包括英国牛津大学阿什莫林博物馆、旧金山探索馆（1993年）、波士顿科学博物馆（1993年）、明尼苏达科学博物馆（1993年）、俄勒冈科学和工业博物馆（1993年）、加州科学博物馆（1993年）以及法国的博物馆（1995年）等。与网络技术的发展一致，这一时期的博物馆网站主要为静态的文字和图片，提供展览介绍、教育资料、商品、参观路线等各类服务信息。

随着博物馆目标人群细分和网络多媒体技术发展，博物馆网站也呈现更加人性化的特征。以美国纽约自然历史博物馆为例，从 1999 年起持续建设针对 5～7 岁儿童的学科（Ology）网站，主题化的内容组织方式，色彩明快的设计和大量视频、动画等多媒体表现手段的应用，营造了一个令人赏心悦目的学习情境。当然，第一代数字博物馆网站受到技术限制，虽然有 BBS、留言板等功能，但是缺乏与公众沟通交流的渠道，网站科普资源仍保留传统科普传播时期"自上而下"的特征。

2. 第二代数字博物馆：社区集群型

第一代数字博物馆以"内容"为王，而第二代数字博物馆则以"联系和社群"取胜，特别重视"沟通"。20 世纪末，朱斯特·杜马提出的"自下而上"的博物馆展示教育理念，推动了博物馆从"教育中心"向"学习中心"的转变，使受众成为知识的缔造者和传播者。得益于第二代互联网技术（Web2.0）的发展，第二代数字博物馆充分体现了以学习者为中心、以公众参与为特色的理念，它让受众更多地参与信息产品的创造、传播和分享。

第二代数字博物馆主要有两种模式：①以博客、微博、社交网站等为代表的数字博物馆模式，可以向观众提供快捷的交流讨论互动和建设，观众不再是被动的知识接收者，而成为知识的贡献者、共享者和组织者，成为真正的探索者和实践者；其学习也由个体的浏览参观转变为个体与个体之间、个体与博物馆之间的沟通交流；知识的传播摆脱了传统科技馆展示教育时效性不强的缺点，得以快速传播和反馈。②以虚拟网络社区为代表的数字博物馆模式，它是以"博物馆知识和价值观念"为核心内容为网民构建的一个虚拟社区。在这里，人们可以拥有虚拟的身份，进行选择、假设、实验、判断、分析等，从而较为完整和系统地了解诸如"科学和技术是如何被应用到社会、经济和政治中去的，他们又是如何相互影响和决策的"等知识内容。除了可以开展在真实世界无法实践的科学实验，网民还可以主导或影响科学社会事件的走向，充分彰显其"独立性"，在多种思维的碰撞中，全面辩证地理解和参与科学、技术、社会问题。

3. 第三代数字博物馆：虚实互动型

随着移动互联网技术、物联网智能技术和云计算技术的迅速发展，数字博物馆实现了实体博物馆的虚实互动，有效提升了科技馆观众的参观体验，此为第三代数字博物馆。

目前，第三代数字博物馆正处于发展之中，就趋势而言，它有两个显著特征：①构建可持续的终身学习平台。在第三代数字博物馆中，观众参观实体博物馆时可通过智能芯片、条形码等主动记录感兴趣的参观内容；同时，系统也可记录观众的参观行为，分析其特征，并主动提供相关科普资源服务。观众可登录数字博物馆继续个性化的学习，利用博物馆提供的无线网络环境，观众可实时登录具有 WIFI 功能的手机等智能移动终端，更快捷地获取科普信息。②通过广泛的虚实互动，实现实体博物馆和数字博物馆功能的协同发挥。第三代数字博物馆不仅提供在线观看实体博物馆展览的服务，还为参观过实体博物馆的观众提供继续学习的机会。而后者在使用网上数字博物馆资源的时候是最具有情感共鸣的，因为其获取的信息是度身定做的、是其真正所需要的。这是因为，博物馆能够通过可精准追踪的信息系统，提供有针对性的个性化服务。

（三）从科学传播角度看数字博物馆建设

当代信息技术发展推进了博物馆科普教育理念的创新和实践，也丰富了博物馆科学传播的模式。从发展历程来看，数字博物馆的发展基本以 10 年为一个周期：1990—1999 年为第一代，发起者为英国牛津大学阿什莫林博物馆；2000—2009 年为第二代，代表者为中国数字科技馆、美国纽约自然历史博物馆等；现在正是第三代数字博物馆的兴起时期，英国自然史博物馆的"自然增值卡（Nature Plus）"是第三代数字博物馆的雏形。

从技术角度来看，三代数字博物馆经历了从"简单"向"综合"、从"静态"向"动态"、从"图文等单一媒体"向"多媒体、流媒体、富媒体"的转变。第一代数字博物馆以"静态图文网页"为表现手段；第二代数字博物馆以"联系和社群"为特色；第三代数字博物馆则以"虚实互动"为特色。新一代技术并不排斥原有的技术，而是吸纳、保留其优点，所以数字博物馆的表现手段和参与方式得以不断完善和丰富。

从科学传播模式来看，无论是"自上而下"的单向权威式科学传播方式，还是"自下而上"的双向民主式科普传播方式,都各有优缺点。前者确保了知识的准确性,但是在如何因材施教、按需服务方面,存在着时效性和贴切度上的不足;而后者能够构建个性化的学习环境,并给予快速的反馈,但是存在信息碎片化和科学性不够的缺陷。第三代数字博物馆提供了博物馆权威和公众需求间的双向互动沟通平台,既可确保信息的科学性和时效性,又满足了不同公众的个性化学习需求。

第一代数字博物馆符合农民、社区居民等科学素养水平较低人群的学习需求;第二代数字博物馆适合有一定科学素养、有一定自主学习能力的公众;第三代数字博物馆适合面最广,为有自我学习要求的公众提供了良好学习环境(表7.3)。

表 7.3 数字博物馆的三种类型及特征

	第一代:自上而下型	第二代:社区集群型	第三代:虚实互动型
发展年代	1990—1999 年	2000—2009 年	2010 年至今
技术特征	文本、图片、静态网页	博客、微博、网络社区、严肃游戏、多媒体	实体科技馆和虚拟科技馆的紧密联系和互动
传播模式	自上而下 权威型 信息完整、科学性强 被动 实时性弱	自下而上 自由型 信息碎片化、科学性较弱 主动 实时性强	双向交流 民主型 信息完整、科学性强 主动 实时性强
适合人群	科学素养水平较低的农民、社区居民	具备一定科学素养和自主学习能力的公众	较广泛人群,尤其是有自我学习要求的公众

综上所述,数字博物馆给公众带来革命性的全新科普体验方式,在信息技术飞速发展的今天,它需要建设者紧紧把握各种技术手段特征,选择最适合的方式,有机地融合各类数字博物馆的技术优点。除技术的适用性,以人为本的数字博物馆建设,还需要注重分层次的内容策划和形式设计,以满足不同群体的科普体验需求。同时,数字博物馆的建设不是单纯的技术和集成,更重要的是内容的持续更新和维护,建立集专业研究人员、博物馆工作者和志愿者等为一体的大网络系统是数字博物馆未来发展的一大课题。

三、"互联网+"与科技场馆发展

(一)科技馆发展及其本质

科技馆源于博物馆。传统博物馆的功能依次为收藏、研究、展陈,展陈是其主要教育形式,观众通过参观静态陈列的实物、标本等历史和自然见证物接受教育。第一次产业革命后诞生的科学与工业博物馆,展示与教育逐步取代收藏成为首要功能,并创立了许多重要的教育原则,如观众参与、寓教于乐等。科技馆(科学中心)是在科学与工业博物馆基础上,随着当代教育的需求而发展起来的,并在进一步强化教育功能的过程中形成了自己的特色,如表7.4所示。

表 7.4 传统博物馆、科学与工业博物馆、科技馆的区别

	传统博物馆	科学与工业博物馆	科技馆/科学中心
核心功能表述	收藏、研究、展陈	教育(含展陈)、研究、收藏	教育(含展示)、研究、(收藏)
主要定位	过去文明见证物的保存者	弘扬科技进步的成就并加以继承和发展	启发人们内在的探索和求知的兴趣并培养能力
展示物	历史文物、自然标本实物	科技文物、工业设备或产品	专门制作的科技展品
教育的核心	认识文明成就	认知科技的作用	参与和体验科技实践过程
代表	中国故宫博物院等	德意志博物馆等	美国探索馆等

由此我们可以发现:①教育对于博物馆及科技馆都很重要;②体验型科技实践教育是科技馆教育的本质特点,是其得以迅猛发展的根本原因;③科技馆的核心工作要围绕体验型科技实践教育来展开,无论是展览还是活动,都要在教育目标指导下进行具体设计。

(二)"互联网+"及"互联网+科技馆"

"互联网+"并非用互联网颠覆传统产业,而是让传统产业与互联网相融合,从而推进传统产业升级与换代。互联网将大量的信息沟通和重新组合,必然产生更多创新的机会。从技术角度看,互联网使以往无法实现的环节变得简单、可操作;从载体上讲,互联网是建立在虚拟空间的网络,它承载各种信

息以表达内容；从创新机会来说，互联网与各行业的深度融合，通过互联网理念、技术加载体的创新而形成新业态。因此，除互联网企业外，互联网本质是工具，是助力实现创新变革的工具，它的意义首先在于理念，其次是手段或技术，也包括载体平台。

从本质上看，"互联网+科技馆"是互联网推动之下科技场馆科普模式的创新和改变：引入互联网思维，以其开放、协作、共享、精准等理念及重视用户体验的精神来指导科技馆工作；教育手段更加多样，科普阵地更加拓展，创新机会更多；依托理念、技术的深度融合创造科技场馆发展新业态。在新业态形成中没有改变的是科技场馆的本质特点——体验型科技实践教育。"互联网+"只不过是扩展了实现其本质特点的理念、技术、载体和创新机会。

（三）科技场馆信息化、智慧科技馆与"互联网+科技馆"的关系

科技场馆信息化，是将信息作为基本构成要素，并在各个环节广泛利用信息技术，促进信息流动与有效利用，实现科技场馆数字化、自动化和智能化的过程。这里的信息，不仅包含科普资源（展览和教育活动、科普素材等），也包含对象的背景及行为信息、业务数据、能力数据（如辅导员可授课程）等。信息化就是紧紧围绕提升教育、管理和服务的效率、效益和效果，通过各种技术手段采集、存储、分析和利用信息的过程，核心在于全面提升科技馆教育的品质。

传统科技场馆模式是科技馆工作人员研发展品和教育活动，观众在场馆与展品和教育活动互动。网络时代的科技场馆增加了网络平台，公众借助网络可与网站交互，也可通过网络与实体馆交互，实体与虚拟建立了联系；公众有机会参与到实体和网络科普的建设当中，从而使信息流和工作流得到了较大范围的扩充，充分体现了开放、协作、共享、众创等互联网的理念。而智慧科技馆是以技术为手段实现对人、财、物、教育及业务流程的自动、实时、联动、全面透彻的感知和管理，实现以公众为本的信息的多向、精准流动与交互。智慧的基础在于数据的采集、分析与利用。有了数据支撑，大众才真正从参观者变为建设者和传播者，科技场馆从固定场所转变为无所不在的学习和分享空间；融合，不单指教育资源、教育活动、教育形式的融合，也包括施教者和受教者的融合、真实与虚拟空间的融合。

从上述分析可见，科技馆信息化着重建设的具体步骤与过程，"互联网 + 科技馆"倾向从理念指导到手段运用等思维的转变，智慧科技馆是愿景或目标，三者没有本质区别。

（四）"互联网 +"形势下科技馆发展趋势

当前，推动"互联网 + 科技馆"，须通过加强科技馆信息化建设，借助大数据、云计算、物联网等技术，为实现智慧科技馆而不断探索。

（1）实体科技馆的教育因信息网络技术的应用而更加丰富和鲜活。科技馆教育融入信息网络技术，从而丰富了教育内容、手段与交互形式，也跨越了时空阻隔；通过虚实结合创造更逼真的体验情境；线上线下资源整合，促进教育向更宽更深延展。

"互联网 + 科技馆"是充分利用互联网的创新引擎作用，加快促进实体馆的升级和拓展，而非取消实体馆。因为真实体验和模拟真实情境的科学实践，是任何虚拟过程都无法替代的；再美好的间接经验都无法替代直接经验，再逼真的虚拟互动都抵不过与真实展品互动所带来的感受，抵不过与辅导员交流的情感沟通。

（2）实体科技馆的服务与管理从粗放走向精细化、精准化和智能化。互联网理念与技术也深入服务与管理，促使其更精细、精准和智能。就目前而言，科技馆资源的数字化和数据化、工作流程的信息化、观众行为数据的采集分析和利用都是重中之重。从公众服务的角度来看，科技馆服务体系主要分为实体运营、服务运营、活动运营和网络运营，其目标是业务管理制度化、业务数据标准化、业务流程信息化、决策依据数据化。

（3）网络科普平台因为实体馆的支持而厚重且独具特色。科技馆运营网站、微博、微信等各类媒体平台，必须依托实体馆的教育和服务展开，这既是科技馆特性决定的，也是科技馆网络平台发展的必然，是"互联网 +"本意之所在。科技馆网络平台承担着教育、服务和宣传三重任务。宣传要注意以时代和用户特点为导向；服务要以用户为中心，以便捷、适合和体验佳为根本；教育则重点围绕实体馆的展览和活动等进行拓展，形式可以多样，专栏、APP、游戏、视频等均可，需重点研究虚拟或数字科技馆及远程体验。

（4）整合教育、服务和管理，形成点网纵横、虚实结合、动静互补的体系。未来的科技馆因为互联网的介入，从而使实体馆、流动馆（巡展）、数字馆（网络平台）形成点网纵横、虚实结合、动静互补、相互支持、协调统一的系统，形成强大合力，造就全覆盖、全时空、立体化、多方式的新格局，促进科技馆整体向大众化、移动化、终身化和泛在化发展。

（5）公众可参与展教资源开发、实施、传播等全过程，真正实现共建共享。互联网的核心理念"开放、协作、共享"将在科技馆建设中得以体现，广大公众将全面参与到展览及教育活动等的开发、实施和传播之中。科技馆建设不再仅是科技馆人的事业，也是公众的志愿及自发行动。这种利用"众智"开展"众创"的方式，因为互联网的存在而便利可行。科技馆应尽快建设融大众智慧、服务于大众深度参与的交流平台。

综上所述，"互联网＋科技馆"，要以信息环境基础设施建设为基础，以科普教育研发、服务和管理应用为引领，以科普资源及信息的开发、应用和共享为核心，以信息技术应用人才队伍培养为保证，应用驱动和机制创新并举，统筹规划、逐步推进。

第三节　科技场馆传播与教育模式创新

一、科技场馆媒介化及其路径

博物馆文化在其不断发展的历程中，通过不断地进行公共化与社会化，逐步成长为现代社会公共文化不可或缺的部分。然而，因为博物馆藏品自身具有的实物性在一定程度上限制了其社会意义和美学价值的表达，所以普通公众对藏品难以有深刻的理解。对此，严建强教授提出，面对学习型社会建设的时代要求，科技场馆必须致力于对展品进行更深入的阐释，使之真正成为帮助公众理解历史与环境的大教室，在此背景下就必须推动科技场馆媒介化。媒介化主要表现为通过对展品的阐释与叙述，将展品转化为学习的介质，其方法包括构建易于理解的观察平台、提供操作与体验的参与性机会，并辅以文字与言语为主的符号系统，使观众通过观察、操作、体验、阅读与听讲，实现对展品的理解。

（一）媒介化：构建一座沟通的桥梁

为了更好地体现媒介化之于科技场馆的重要作用，可将科技场馆资源利用者与图书馆资源利用者之间的差别以传播模式进行比对。图书馆资源的传播模式是通过写作和阅读在作者与读者之间构建沟通的桥梁，这种文字通信使作者的思想表达能被广大读者十分容易地接收并加以理解，因而无须其他的辅助解读。类比于图书馆资源的文字传播方式，若将自然社会与人类社会的发展历史视为信息源，那么留存至今的实物藏品则是这些信息的无声承载者，它们将浩大的历史信息尘封在内，等待后人的解读。然而，很高比例的观众对实物藏品的解读能力还有待提高，难以自行解读其中的历史信息。因此，若博物馆的展览只是单纯的展出实物藏品，而缺少必要的辅助解读，那么绝大部分的观众也就只能看着物件而不能更多了解藏品本身蕴含的历史信息与意义。所以，科技场馆传播模式必须多元化，对展出的藏品要向观众进行必要的解读，这就是科技场馆针对藏品所展开的科研工作。

溯本求源，最重要的还是对藏品蕴含的信息进行解读。专家大可焚膏继晷，探究出实物藏品传达的历史信息，但这是不够的，因为科技场馆作为文化传播的重要阵地，必须要服务于社会大众，应更高效简明地将专家的成果向社会传播。因此，科技场馆不单单要作为实物藏品信息的解读者，更应面向人民大众，成为一个合格的传播者。因此，科技场馆是由两个通信过程构成的（图 7.3）。

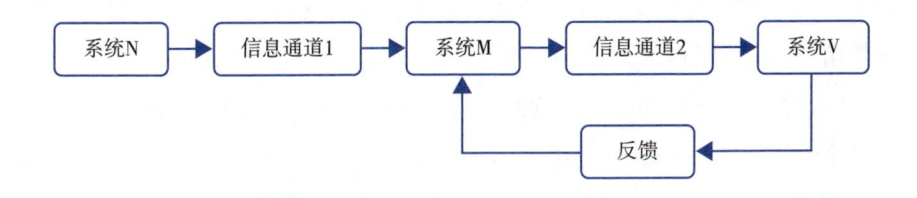

图 7.3 博物馆信息传播模型

这个模型表明，科技场馆是由科学研究与科学普及两大环节构成的。前一个通信过程（科研）是为了让自己明白（释读信息通道 1），后一个通信过程（科普）则是通过传播让自己的明白转化为观众的明白（构建信息通道2）。当我们把自己的明白成功转化为观众的明白，就沟通了观众与历史及环境的对话，科技场馆也就成为沟通的媒介。由此可见，让观众明白的奥秘在于信息通道的重塑，即由信息通道1转变为信息通道2。信息通道1之所以没有被观众看懂，是因为它没有被阐释；信息通道2被观众理解了，是因为科技场馆将自己的理解注入展览，使它成为一种可以被理解的东西。

（二）实现媒介化的途径与方法

展览是由我们根据主题所选择的一群展品构成的。媒介化在这里包括微观与宏观两个层面，它不仅仅是对单件展品的媒介化，也有全部展览的媒介化。前者称为"阐释"：对单件展品而言，用深入浅出的方式向观众阐释藏品本身的"小故事"；后者称为"叙述"：围绕展览主题，将与之有关的展品以完整的故事线融入进来，以众多单件藏品的"小故事"有机组成展览这一"大故事"。

展览要实现媒介化，需要策展人和观众能够通过展览进行双向交流，策展人以独特的展览设计吸引观众并为观众进行藏品解读，而观众的观展体验则表明了展览的成功与否。观众在参观展览的过程中，能够以文字阅读、倾听讲解、主动观察、亲身体验等多元的方式学习展品蕴含的信息与价值，而这实为达到媒介化的必由之路。

1. 观察与可视化

博物馆的认知对象是实物，因此，观察展品乃是极其基础也是极其重要的学习方式。提出"二元配置"的哈佛大学教授阿卡西斯就对观察的内涵提出了自己独到的见解。若只要以观察展品的方式就可以了解其蕴含的信息，则无疑是博物馆传播的终极典范，这被称作"陈列语言"。因此，对于策展人而言，在设计展览的过程中以合适的空间经营方式给观众打造一个完美的观察平台是十分重要的。这能使观众对展品的观察更加高效便捷，进而更好地理解展品蕴含的信息。

在观众的双目聚焦于展品的那一刻起，观察随之而来。观察是个从外在到内在、循序渐进的过程，观众的目光首先会接触展品的外表，他们就会从展品的形、质、色、纹等方面对展品的外观进行观察；在观察完外表后，观众无疑会想要接着探寻封存在展品里的历史信息。若观众在观察一件明清时期的宫廷瓷器，脑海中难免会产生一系列的问题：什么人、在什么时候、什么地方，用什么材料、用什么工序与工艺制造的？他制作这件瓷器的目的是什么？人们在生活中怎样使用它？瓷器的上色和图纹有何特殊寓意？它们与周边的其他器物有怎样的关系，等等。

在日本横滨历史博物馆中有件古代的陶器展品，专家通过对残余物的考证研究，确定它是用于日常煮食的器皿，煮过蛤蜊等食物。专家又在遗址里找到了由石头建的灶，通过相关考证，确定了这件陶器是用手工生产的。基于这些结论，博物馆使用蛤蜊雕塑，并对遗址中的灶进行复原，把陶器置于灶上，而其上是一张人们正在制作瓷器的画面。通过这种展出方式，观众不仅可以身临其境地观察展出的陶器，还能对它的制作、用途、功能等相关信息进行直观的了解，这样就将这件陶器内蕴含的信息进行了可视化展出，让其能够被观众直接观察。

日本这件陶器的展出表明，博物馆可以对展品的内在信息进行可视化处理，从而引导观众的观察由表及里、由外而内对展品进行透彻的了解。在现实中，展品可视化的手段是多样的，如组合化、情态化、语境化等。

（1）组合化。按照合理的空间序列，对展品进行合理的组合，以此体现展品间的逻辑联系，让参观者能观察到展品间的联系与不同。

（2）情态化。按使用时的逻辑关系将展品进行展出，引导观众从各个展品的摆放位置进行思考，进而明确展品间的联系，加深观察效果。

（3）语境化。将展品嵌入由单元、小组构成的框架中，以单元与组分为基础，对其进行组合从而形成特定的"语境"（context）。只要展品分类得当，便能很容易地实现传播目的，其相关的信息与意义就会展露无遗。

2. 参与：操作与体验

近年来，科技场馆观众参观展览的方式不再仅仅是观察，而是更多地通过操作与体验进行参与式认知。参与行为越来越受到科技馆与博物馆的重视，参与的形式和手段也变得更加多样化。

（1）体验式参与。电荷有向物体表面或末梢运动的倾向。如果我们将这一定律只用文字来阐述，观众不易理解。然而，通过使用范德格拉夫静电发生器让观众的头发竖起来，他们就会立马理解自己的发尖便是身体的末梢。由此可见，这种体验式参与不仅容易理解，而且使观众印象深刻。

（2）沉浸式体验。具身认知理论提出，当多种感官共同作用时，会提升认知效果。这一理论启发了博物馆展览的沉浸式体验。20世纪50年代，日本岩手县博物馆的"鹰之窠"就逼真地还原了情景，观众宛若真的在险峻的悬崖之上观察鹰窠，为观众带来了强烈的穿越感和逼真的现场体验感。我国浙江台州博物馆的一个海岛体验项目也采用了多种感官的综合作用，观众不仅可以看到大海、渔村，还可以听到涛声与海鸥声，感受到空中夹杂着淡淡鱼腥味的海风，更可以在现场品尝渔村生产的小鱼干。五种感觉器官共同作用，使观众在参观中对渔村生活形成完整的印象。

（3）仪式性体验。这种参与方式以处在闹市高层建筑里的中国台湾地区台北市的世界宗教博物馆最为代表，为了使观众能够摆脱参观前所经历的嘈杂，达到最佳的参观效果，博物馆特地设计了一个"洁净仪式"：当观众走进博物馆之前，首先会看到有潺潺水流沿表面流下的巨大玻璃，观众遵嘱将双手掌贴在玻璃上，水流从指缝间流过，内心便会瞬间变得宁静平和。

（4）实际操作。目前流行的创客空间就为了实现操作性体验，鼓励观众亲自动手。在陶瓷博物馆，人们可以拉成各种陶胚，或者在上面绘图。而在国外，澳大利亚黄金博物馆为了使观众获得真实的淘金体验感，鼓励观众在河里淘金，虽然希望渺茫，却每天都吸引众多的观众，因为当观众能够进行实际操作时，这种直接经验带来的喜悦与成就感更为重要。

（5）模拟操作。在模拟操作机械和发掘考古现场时，观众按照规定的方法和程序进行操作，不仅各个身体器官得到了协同活动，自主性得到充分发挥，相关的原理和知识也在模拟过程中被理解。如美国芝加哥科学与工业博物馆的"U505潜艇"展厅给观众提供了一个可以操纵潜艇的展项，观众可以使视频中的潜艇前行、倒退、下潜或上浮，如果操作失误，也会发生意外情况。

（6）角色扮演。角色扮演式参与的好处便是可以充分发挥观众的主观能动性，引导其深入理解某一主题。台湾地区台中市的自然科学博物馆的"剧场教室"有一个"在山坡旁造房屋"的展项。

观众在老师讲解完山坡构造、山体运动的规律后，扮演成建筑工人，思考并辩论在山坡旁哪一处地点最适合造房子。而在虚拟现实环境中，观众甚至可以与虚拟的人物及环境发生互动。

如果观众想要感受竞选美国总统的气氛，美国历史博物馆的"你是一位总统"会用影像将他们带到国会会场，在那里发表施政演说。

3. 符号化：阅读与听讲

利用常规的语词符号（包括文字与言语）是走向媒介化道路的一种无法替代的方式，与其对应的学习行为就是阅读与听讲。这种方式虽然老套，却在展览媒介化过程中起着非常重要的作用。虽然在多年前，一些雄心勃勃的设计师妄想在几年内消灭文字，然而事实却是符号化系统在概括与归纳、背景介绍、精确地描述与定义以及关系的交代与联结等方面有着不可替代的地方，因而符号系统到今天没有灭亡，反而焕发了新的生机。

对展览而言，符号化系统的出现使各种碎片化的展品联结为一个整体，大大加强了其表达的有机性和深度。而多层级符号化系统的运用将展览变成一个具有等级序列的信息空间，有力彰显了各类展品之间的从属关系，观众因此更容易分辨展览的层次与秩序，从而增进对展览的理解。

除了传统讲解员外，以文字和语言为媒介的其他手段如展厅中的小教室、小剧场等也逐渐发展壮大起来；并且语音导览、二维码、APP等高科技手段的出现也使符号化的阐释手段变得更加丰富、便捷和个性化。

观察、阅读、听讲、操作与体验等便是媒介化的主要途径与方法，通过这些对展品进行深入的阐释，对展览做出系统的叙述，可以让展品的内涵与展览的立意被观众充分地理解与把握，从而让博物馆展览真正成为社会公众了解历史、认识自然的大教室，这不仅是信息通道构建的目标，也是媒介化实现的关键。

二、科技场馆传播要素、功能与模式分析

在科普传播过程中，作为非正规教育机构和科普基础设施的科技场馆群体扮演着一个非常重要的角色，它已成为社会大众的终身学习场所和学生的第二课堂。因此，在建设学习型社会的大背景下，关注科技场馆的科学传播与教育职能及其传播模式有十分重要的意义。

（一）科技场馆科学传播功能的发展

科技场馆在出现伊始，其科学传播的功能并不突出，甚至可以说是非常薄

弱。回顾科技场馆的发展历史，可以发现在科技场馆刚刚出现的时候，它其实是作为一个收藏和研究的机构而存在，虽然也承担科学传播与教育的任务，但这一职能并不突出。工业革命让人们认识到了科技对于工业发展的巨大推动作用。期间的一些技术发明和工业机械开始成为科技场馆的收藏和展览内容，其目的是让人们对科学原理有更形象具体的认知以及明白科技在工业发展中所发挥的变革性作用。这时，科技场馆科学传播的功能定位才逐渐得以清晰和明确。如今，科技场馆的科学传播和教育工作已成为其主要的任务，特别是对于现代的科学中心来说，收藏和研究的角色已几乎不复存在，因为他们没有藏品，馆内陈列的只是一些因教育目的而设计的科普展品。进行科学知识、科学精神以及科学方法的传播，提升民众的科学素质，成了他们创立和运营的重要使命。

（二）科技场馆科学传播活动的要素演化分析

1. 传播主体

传统意义上的科技场馆科学传播活动的主体主要有馆内的讲解员、科学家、科普作家以及科普记者等群体，或者从一个更广阔的角度来讲，科技场馆整体就是一个科学传播活动主体。然而，当代科技场馆科学传播主体的身份越来越难以确认，因为随着"共识会议""科学俱乐部""科学咖啡馆"等活动的盛行，原来在传播活动中完全处于被动地位的普通参与者都可以成为传播的主体。事实上，这种参与式、开放性、团队协作式的科学传播活动备受青睐，其影响也越来越大。

2. 传播内容

科技场馆传播内容由最初的科学事实、科学概念和科学原理的传播到"四科"——科学知识、科学方法、科学精神、科学态度的传播，这是一个重要的转变，仅仅是传播基本的科学知识并不能从根本上提高公民科学素质，"四科"才能更完整地反映一个人的科学素质。如今，科技场馆的传播内容又将有所转变，中国自然博物馆协会理事长徐善衍认为，当代科技馆内容建设的价值目标应该是从单纯传播部分科学知识到追求科学自身全部内涵，从而进一步走向科学与现实生活世界以及人文关怀相融合，使科技馆目标定位在追求人类生存发展理念和实践的结合上。此外，科技场馆科学传播功能也在逐渐改变，除了教育与启迪目的外，休闲和娱乐所占比重正在不断提升，很多人到科技场馆参观并不仅仅是出于学习的目的，放松身心和愉悦心情也是重要原因。所以，科技场馆在传播和教育内容的设置上也要做到教育性、趣味性和娱乐性的结合。

3. 媒介和形式

起初，科技场馆只有一些实物、模型，配以图文的形式展示给观众，从而达到传播基本科学事实的目的。20世纪初期，随着博物馆讲解员的出现，科技场馆的科学传播活动也开始加入了声音这一媒介要素，传播的效果要优于之前完全静态的文字和图片。随着信息技术的发展，各种3D/4D、增强现实以及虚拟现实技术的采用使科技场馆传播媒介呈现多元化和情境化特点，如幻影成像、球幕剧场等。此类展示形式具有强烈的临场感和沉浸感，符合人们追求参与和自我实现的心理需求，所以很受欢迎。在现代科普教育理念和实践中，模拟现实情境的创设变得越来越重要，因为知识经验建构的一条重要途径就是亲身实践。通过自己主动去发现和探索，人们对科学知识、科学方法、科学精神才会有更深刻的了解和体会。这也是目前"参与式科普"和"体验式科普"盛行的一个重要原因。

4. 受众

科技场馆早期参观者主要是广大中小学生，随着全民科学素质浪潮的推进，受众人群逐渐扩大到全体的社会公民。《全民科学素质行动计划纲要》中就明确了科学传播与教育的四类重点人群，这说明我国科学教育工作既要求有人群覆盖的广度，又要求在广度的基础上突出重点，这也给科技场馆科学传播活动的设计提出了新的要求，即要考虑不同层次、不同背景人群的需求差异。此外，随着社会属性愈加明晰，城市社区将成为未来科技场馆开展科学教育工作的一个重要对象和重要平台。社区科技馆就是科技场馆和社区相结合而产生的一种为社区居民提供科普传播服务的机构。

（三）科技场馆科学传播的模式探索

随着科技场馆传播活动要素的不断发展和变化，科技场馆的传播模式也处在不断地变化当中，从最初自上而下、单向线性的知识灌输模式向当今平等、多元和互动的体验模式，科技场馆一直都在推动科普传播模式创新。在信息技术迅猛发展以及全民科学素质建设步伐日益加快的背景下，科技场馆传播模式包含哪些要素以及它是怎样循环互动的？汤书昆、张勇在传统科普传播模式基础上，结合科技场馆科学传播活动自身的一些特性，提炼了一个科技场馆科学传播的模式（图7.4）。

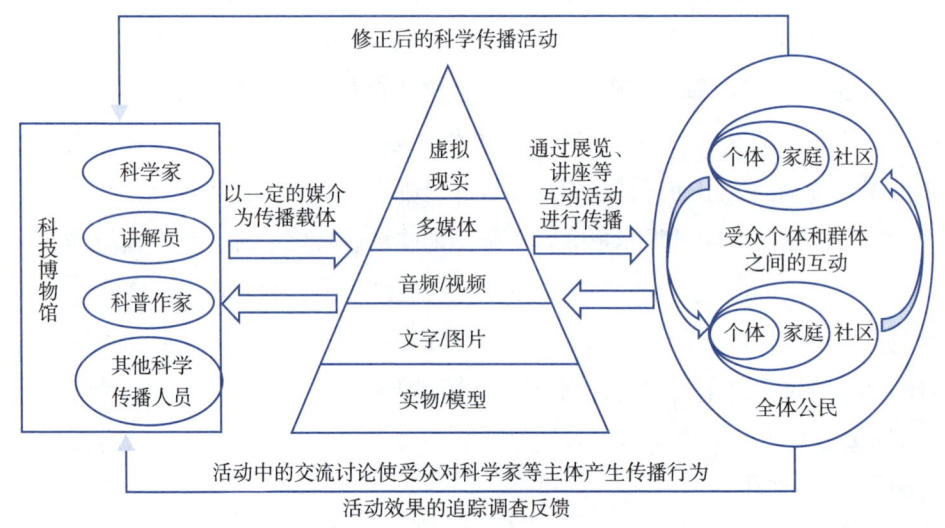

图7.4 科技场馆科学传播模式

在这一新模式中，科技场馆整体可以作为一个传播主体，其又可以分为科学家、讲解员、科普作家等传播主体。科学家将科学知识等内容以一定的媒介形态和途径表达出来并传递给观众，如展览、科技讲座、科普剧场等；科学家等传播主体在进行传播活动时，观众通过与之互动而产生传播行为，这时受众身份发生了转变。此外，受众在活动期间也会产生与其他受众间的互动行为；科技场馆的受众反馈渠道还有活动之后的效果追踪调研，可使其进一步了解传播效果，以便其修正后重新开展传播活动。纵观整个模式，其特点和创新之处主要有以下几点。

1. 显现科技场馆传播媒介的形态转变

在马斯洛需求理论中，自我实现的需求是人最终的需求，只有当其他的需求得到满足以后才会被"唤醒"。该模式用同样的方式反映了科技场馆科学传播活动中各种传播媒介的发展历程——从下往上大致代表了科技场馆传播媒介的转变，即从最初的实物/模型、文字/图片发展到当今的幻影成像、科普沉浸剧场等形式。同样，更高一级的媒介形态也是在融合之前各种媒介形态优点的基础上产生的。事实上，观众在接受科普教育时愈加注重逼真的情景及其带来的感官刺激，而多媒体和信息技术蓬勃发展为这一趋势提供了技术支撑。

2. 突出公众学习的社会性与协作性

人是社会性的动物，社会性也是区别人与其他动物的重要标志。同样，人们的学习行为也具有社会性，人们在学习的过程中时时刻刻都要与社会发生联系，都要和其他的社会成员交流联络。鼓励参观者之间协作、交流与互动是很多科技场馆科学传播活动所倡导的。建构主义理论也认为一个理想的学习环境应该包括情境、协作、交流和意义建构四个部分。在此模式中，受众可以以多种组织形式出现：可以是单一个体，也可以家庭、学校、社区等团体形式出现。事实上，现在很多科技场馆的展教活动都允许两个或更多观众一起参与，这样设计的优点是给观众们提供了更多合作互动的机会，在活动中学会交流、分享与团队合作。

3. 强调现代科技场馆的科学传播职能

传统的科普带有一种自上而下、单向线性的色彩，科学家权威不容置疑。在现代科普理念中，科学家与观众的地位完全是平等的，普通的观众可以和科学家进行交流和讨论，甚至对科学家提出质疑。在这种情境中，传播行为的主客体界限逐渐变得模糊。所谓"术业有专攻"，科学家也并非通晓万物，对于其专业之外的领域，普通民众也许还可以给他们"指点迷津"。所以，此模式中的科学家等主体在传播科学的同时也会因与公众的互动而成为受众。此外，受众在活动中也处于交流、互动状态，其中有个人之间的交流、家庭之间的讨论甚至是社区之间的合作互助。

三、"大科学"视野下科技场馆教育模式创新

（一）现代科普教育的演化和发展

20世纪60年代，以美国为代表，掀起了批判杜威实用主义而推崇布鲁纳

发现法的革新运动。在这个大背景下，弗兰克·奥本海默在美国旧金山创建了探索馆，推动了"做中学"和"科学探究"成为科普教育的主要方式，这一理念对20世纪80年代美国的科学教育变革产生了深刻的影响。

科普在世纪之交，进入了科学传播的时代，其内涵关注的是科学与公众的互动，而不是科学家向公众单向的传播，强调科普要向公众阐明科学的正面和负面作用，以及政府的参与，使科普成为全社会的一项立体工程等，公众理解科学的内涵提升到新的层面。

近十多年来，科学教育的发展出现了新的走向。以美国的未来学家丹尼尔·平克编著的《全新思维》一书成为典型代表。平克认为，一个更加强调右脑开发的时代已经到来。这就是由信息时代将要迈向创意时代，创意时代要求具有全新思维的人。全新思维表现为六种能力：设计力、故事力、交响力、共情感、趣味感、价值感，强调的是人文科学和自然科学高度结合下的创造力开发，更加关注启迪好奇心、培育想象力、激发创造力。

总体来看，以上三个阶段都是从公众个体的微观视角来规划和实施科普教育，分别强调科普教育为促进公众的科学素养的提升服务、为促进公众理解科学服务、为提升公众的创新思维服务。随着科技发展进入大科学时代，一个从人类整体的宏观角度来审视科普教育的趋势正在显现。

（二）"大科学"推动着人类和社会的进步与发展

20世纪90年代以来，国际科技界十分关注"大科学"的研究与发展。由于跨学科综合性技术革命的到来，以"大科学"视野研究解决事关国家利益和人类共同命运的问题，已成为一种时代的新趋势。

科技界将"大科学"界定为：投入巨大，巨额的投资；人员众多，庞大的队伍；大项目，大规模；具有综合性、战略性，推动社会发展有重大影响的科学和工程项目。比如核电建设、探月工程、国际空间站、对撞机、深蓝计划以及暗物质、引力波，等等。大科学工程本身就是科学技术高度发展的综合体现，是各国科技实力的重要标志。例如，我国在贵州建立了一个500米直径的射电望远镜，这个望远镜可以进行地外文明的观测，进行捕捉外星人相关的信息的探索等，这项研究关系人类发展的重大走向问题。

"大科学"视野就是从系统的、整体的、宏观的视角去观察、认识、研究科学技术对人类发展的关系。具体内容可以概括为三个方面：①顶尖基础科学。例如对撞机、暗物质、引力波、"天擎计划"等。②战略先导科技。包括核电建设、探月工程、深蓝计划、托克马克装置等。③高端装备制造。包括航空装备、航天装备、轨道交通装备、海洋装备、人工智能等。这些都是对人类社会、国家创新有重大战略影响的"国之重器"。

科技发展宏观战略是人类社会与国家创新的重要依据。如果公众不了解这些，将对时代和社会进步造成负面影响。比如公众不了解核电建设的内涵和深远意义而片面反对，这就对社会进步造成不良影响。从这个意义上来讲，科技馆（科学中心）引入"大科学"视野，将使科技馆教育功能和价值取向与人类社会和国家创新发展紧密融合。也就是说，拉近公众与人类、社会、时代的关系，使科技馆教育更有效地服务于国家创新战略，适应于创新战略结构调整。因此，科技馆教育应该关注这一重要议题。

（三）引入"大科学"视野，推进科技馆教育的创新

1."大科学"视野将提升科技馆目标理念的创新

要使公众树立既要关切切身利益，也要关切人类与社会长远发展的价值观。现在一说保健、健身、防病、治病都是公众非常关心的，这固然是对的，然而对"大科学"对社会人类发展的影响关注不够，也是在认知领域上的一大缺失。"大科学"视野的教育与传播，是使公众不仅关心切身利益，也要让公众更加关心人类社会发展长远利益，推进公众不仅在具体的而且也要在宏观的层面上看问题，通过战略层面的视野来提高自己的认知观。这实际上是关系到科普不仅是传播知识，而且要提高公众的科学思维、科学方法的问题，也是把科普提高到关注公众有怎样价值观的问题。

2."大科学"视野将推进科技馆教育内容的拓展

（1）大科学工程项目的展示和相关教育体现出科普教育更加关注前沿科技和世界科技发展的新走向。"顶尖基础科学""战略先导科技""高端装备制造"所展示的内容，如对撞机、人工智能、探月工程、引力波等，以全新的概念和领域，开阔公众视野、激励对未来美幻世界的向往。

（2）"大科学"带动跨学科、综合性教育内容的设置和传播。"大科学"将带动更加重视STEM、STSE等教育理念的实践，从而改变着学校里的物理、化学等学科性、印证性教育模式。以工程技术为核心的STEM教育本质上是跨学科的教育，这将使青少年、公众进一步更实际地了解科学技术是怎样推动社会进步的，也必将推动科普教育的深化。

（3）"大科学"视野必将推动展教活动的多元产出。对"大科学"综合性、复杂性项目的展示教育，有利于挖掘跨界思维，获取丰富的科学思想、科学方法，提高科技馆教育水平。在科技馆中反映基础科学，通常都是在经典科学中反映的，如牛顿三定律、声学、光学、电磁学。但是，高新技术中也有许多基础科学，"大科学"的引入将有利于开创在高新科技中反映基础科学的新局面。此外，"大科学"展示的设计和内容的摄取，将必然地要走进国家重点实验室或者高等学校科技前沿去挖掘，使更多的科技成果走向科普大众化。而"大科学"选题的专题展览，经过优选、固化可以及时充实为常设展览，推进"大科学"内容展示的常态化。

（4）引入"大科学"将推进创客教育，培养公众的创造力，为铸建创新驱动战略的社会基础开创新局面。创客教育与青少年科技创新活动有着共同的科学教育基础。然而，创客教育更加强调已知到未知，强调解决0到1的问题，即创造力的开发。创客教育强调采用的技术手段更加趋向于国家创新发展战略。同时，创客教育的选题和应用，更加强调有更高的附加值。因为项目立意时，就更加强调跟踪前沿，关注需求，贴近生活。总之，创客教育最重要的是体现一种开源、开放、合作、共享的精神文化，这一点应该值得科技馆引鉴并贯穿于今后的科普活动中，成为一种根本的理念和行为泛式。

3."大科学"视野将促进教育方式的新变革

（1）"大科学"视野的引入，将有利于"互联网+"与科普教育深度融合。运用云计算技术，加之以网格计算、并行计算与分布式计算，将推动大型科普探索活动成为现实，如近年来美国开展的"探索宇宙中的地外文明"，吸引了近500万公众参与。推动大规模群众参与活动，将进一步实现O2O科普教育模式，中国科技馆"大熊猫生活习性观察活动"就是利用网络技术的一种观测活动。同时，传播"大科学"将进一步推动设置大数据支持下的新一代智能化展品的教育活动。当前人工智能发展迅速，将成为科技创新主战场之一。因此，科技馆教育也应积极运用人工智能开展科普深度教育。

（2）"大科学"视野的引入，推进多媒体、跨媒体等新媒体技术应用。呈现"大科学"视野的科普，必将与多媒体、跨媒体等新媒体技术紧密结合。"大科学"不可能把实体搬来，那就将促进富媒体，包括功能媒体、呈现媒体、社交媒体和融媒体的集成运用，来实现不容易搞清楚的"大科学"中的深度主题，使其浅显易懂。某科技开发公司与合肥科技馆合作，用增强现实技术（AR技术）演示建造国际空间的过程。以此为例，"大科学"项目会大大促进实体科技馆展项与虚拟展项的结合。虚拟展项将是实体展项的延伸以及更好的诠释，为了深化教育，科技馆应该走一条运用数字技术和新媒体技术与实体展品相结合的虚实结合的道路。

4. "大科学"视野的引入，将推动科技馆的功能更加向着"全民科学中心"发展

（1）"大科学"视野的引入必将推动科技馆与科学工作者、科学家建立更加紧密的联盟，也必将推动科技馆进一步建立社会化的新机制。科学中心引入"大科学"以后，将会推动全民科学的发展，不仅青少年，而且更多公众甚至专业人员也会被吸引、关心、参与到科技馆中。从社会更广泛的层面上看，公众了解大科学，也必将有利于推动科学民主化。

（2）引入"大科学"视野是科技馆走向"全民的科学中心"的新步伐，将使科技馆（科学中心）教育理念和目标更加贴近与人类、时代、社会发展及国家命运相融合。同时，也为公众理解科学注入新内涵，引导公众进一步树立关注时代、社会、人类命运的价值观。科技馆（科学中心）教育的领域将更加宽泛。一种创新的涌动，将牵引科技馆创新的未来。

四、科技场馆与 STEM 教育

（一）STEM 教育的定义与特点

研究表明，在非正规教育环境下开展的科学教育，采取的方式更加多样化，在提高公众对科学、技术、工程和数学的兴趣和理解上，起到非常重要的

作用。如今在国际上盛行的 STEM 教育正是与青少年的生活紧密相关，以解决实际问题为导向，结合科学（science）教育、技术（technology）教育、工程（engineering）教育和数学（mathematics）教育，把学生学习到的零碎知识与机械过程转变成一个探究世界相互联系的不同侧面的过程。STEM 活动有如下特点：①综合性。STEM 教育将科学、技术、工程和数学相结合，以整体、联系的思维模式解决各种现实问题的挑战，体现出学科的综合型。②实践性。非正式教育环境下开展的 STEM 活动大多以场馆资源为依托，通过互动体验，培养学习者的逻辑思维能力，弱化学习者对于知识的记忆，注重内容的拓展与深化，结合实际经验，构建知识体系。③灵活性。STEM 活动大多是以小组的形式有序开展，学习者可自主选择学习时间、地点、学习内容，选择的自由度较大。

博物馆、科技馆等非正规教育环境可以依据丰富的场馆资源，开展相关主题的 STEM 活动，一则可以提高青少年对科学、场馆的兴趣，对展品的兴趣，二则可以培养和发展青少年解决问题的能力、探究精神和综合实践能力，为国家培养创新人才奠定基础。在国家大力倡导创新教育的今天，非正规教育环境作为学校教育的补充，同样有着为中小学校科普教育服务的义务与责任。

（二）科技馆教育与 STEM 教育

通过对比科技馆展示教育和 STEM 教育的基本特征，我们会发现：两者均拥有"实践""探究式学习""直接经验"三个关键要素；科技馆展示教育虽未强调跨学科的知识内容，但实际拥有跨学科的教育资源；科技馆虽未提出跨学科概念，但一直追求科学精神、科学思想、科学方法的传播。

与 STEM 教育同样，在科技馆展品及基于展品的教育活动中，"实践""探究""直接经验"缺一不可；那些以科学家进行科学研究、科学考察、技术发明的实验装置或对象为原型的科技馆展品，可以为学习者提供其他教育机构所不具备的实践条件和信息载体。因此，基于科技馆展品开展 STEM 教育，不仅吻合了两者的基本特征，而且具有天然的资源优势。但是，目前我国部分科技馆只关注了通过展品传播科技知识，忽视了基于实践的探究式学习，忽视让观众获得直接经验，忽视了展品知识背后的科学方法、科学思想和科学精神，致使科技馆展示教育本应具有的功能和效果未能充分实现。同样，部分科技馆

STEM 教育的论文和案例也存在上述问题，并且未能将 STEM 教育与科技馆展示教育的基本特征相结合，未能将 STEM 教育作为充分实现科技馆展示教育应有特点的有效途径。

因此，科技馆通过开展具有"基于科学与工程实践的跨学科探究式学习"特征的 STEM 教育项目，不仅为 STEM 教育提供了优势资源和条件，使二者互补相长，而且使科技馆展示教育本应具有的功能得以充分实现，成为提升科技馆展示教育效果的突破口。这样，就明确了 STEM 教育与科技馆教育之间的关系，并为科技馆 STEM 教育项目提供了开发思路。

在此，笔者想强调通过 STEM 教育弥补科技馆目前未能很好实现的"跨学科概念"教育。在以往的科学教育中，一说到科学的认识论、方法论和价值观，仿佛除了通过说教灌输间接经验之外别无他法。但在近年来部分优秀 STEM 教育项目中，我们看到了通过基于实践的探究式学习过程使受众亲身体验或感悟"跨学科概念"的成功案例。

根据科技发展历程的无数案例，科学发现的规律或过程可概括为现象/问题→判断/假说→验证→发现/结论（包括通过科学实验或科学考察的验证，即通过"实践"来验证）。在科技发展的过程中，还由此形成了"实证的科学"与"一切科学发现与结论必须来源于对自然的考察与科学实验"这一科学的认识论和方法论（这也是后来马克思主义认识论"实践是检验真理的唯一标准"的来源）。同样，在技术发明、工程设计项目中也有类似的过程，即任务/问题→设计→验证→实施方案。

不论是科学发现、技术发明还是工程设计，"现象/任务/问题→判断/假说/设计→验证→发现/结论/实施方案"的过程，其实都是科学探究的过程；而通过"实践"来发现问题，通过"实践"来验证假说、判断、设计方案是否正确、可行，并将"实践"作为最终的检验标准，本身即反映了科学的认识论、方法论和价值观。

（三）STEM 活动案例分析

1. 活动实例一：LED 穿戴式设备

LED 穿戴式设备是一个以电路设计为主要任务的 STEM 活动内容，适合于四年级以上的学生,因为四年级的学生已经通过科学课程学习了相关的电学知识,具备一定的知识基础。且中高年级的学生已经掌握了一定的操作技能。该活动中需要考虑的核心问题包括如何用电源、导线和LED灯搭建一个电路?如何设计穿戴式设备上的电路?它的作用是什么?如何连接电路?如何推销我们的产品?

(1)活动任务。

小学生版:用电池、导线、LED和开关为连接电路的材料,设计和制作一个可穿戴的物品,再将电路安装在该物品上,制作成一个独特的可穿戴式LED作品。

初中生版:设计和制作一个能实现一定功能的可穿戴LED作品,以电池、导线、LED、蜂鸣器、开关等电路元件为连接电路的材料。该作品要能实现一定的功能,并能解决生活中的现实问题。要求完成详细的设计图、产品说明书,列出材料情况并提交合理的产品预算。

(2)活动材料。每组一份塑料眼镜、发箍、LED灯、蜂鸣器、纽扣电池、开关、导线、透明胶、双面胶、剪刀、工具刀、彩色卡纸、装饰材料等。

(3)活动设计思路。本活动将科学、工程与技术相结合。学生需要先了解LED发光原理和基本的电学知识,掌握连接简单电路的基本方法,并将其运用于LED可穿戴设备的设计和制作这项工程任务中,在制作过程中还要解决电路连接、外观设计、功能配比、设计图、产品说明书等工程与技术问题。本活动中学生将经历寻找设计机会、设计、选材、制作、测试、改进、再设计、再制作、再测试、再改进、交流分享等活动环节。

(4)活动特点。组织该活动时,需要给学生提供丰富的材料,让学生设计能穿戴在身上的物品,这是一个非常开放的任务,因而也没有好坏之分,教师鼓励学生做出各种各样不同的物品,不仅激发了学生的热情,同时也体现了STEM活动的多样性和开放性。对于初中生,活动提出了更高的要求,不仅要设计和制作出作品,还要求该作品具备一定的功能、能解决生活中的问题,并要求他们能绘制设计图、计算产品预算、撰写产品说明书。

活动中学生的技能可以得到快速发展,因为学生不仅要根据自己的想法设计作品，还要设法将 LED 的电路安装在作品上，这对学生的设计和动手操作能力都是一个不小的挑战。在解决问题的同时，促进了学生思维和动手能力的提升。

2. 活动实例二：快递薯片

"快递薯片"是以设计和制作易碎品保护装置为主要任务的活动。该活动帮助学生了解碰撞和缓冲的原理，认识常见的缓冲材料，探索能够保护易碎品的包装方式。同时体验设计、制作、测试、改进等工程设计过程。

（1）活动材料。每组一份报纸、一次性塑料袋、泡沫片、泡沫板、气泡纸、海绵、塑料直尺、硬卡纸、彩色水笔。公共材料：大纸箱。

（2）活动内容。教师现提出问题情境：薯片在快递过程中极易破损，请同学们想想办法，运用什么材料改善快递包装，可以解决这个问题？

学生探索有关碰撞、缓冲等基础知识。

讨论对最终包装成果的评价方式，制定评价表。

每组学生利用各种缓冲材料制作薯片的快递包装，通过测试最终选定某种包装方式，并完成对三片薯片的包装制作。

教师将各组的包装都放进同一个大纸箱，全班同学一起模拟快递运输的过程。最后开箱检测各组薯片完整情况。

各组汇报设计方法，交流经验；运用评价表给予评价。

（3）活动设计思路。该活动帮助学生了解物体碰撞和缓冲的基本原理，并运用到设计、制作薯片的快递包装这个工程问题上，还需要解决缓冲材料选择、固定等技术问题。该活动还可以结合数学，添加缓冲材料价格和兑换币环节，给每组一定量的兑换币，让学生用兑换币来买材料，因此学生要学会计算材料成本。成本最低、效果最好的小组获胜。

（4）活动特点。该活动具备 STEM 活动的诸多特点，如情境的设置、多样性的作品、STEM 各个领域的结合等。同时该活动还体现出另外两个特点：模拟活动的设置，评价表的设计与讨论。

(四) STEM 活动教学策略

STEM 活动教学遵循 5E 教学模式，该模式体现了以学生为学习中心的教学方式。体现了 STEM 活动的综合性、实践性和灵活性的特点。5E 教学模式分为以下五个阶段：

1. 参与（engagement）

此阶段的活动设计用于吸引学生的注意力，激发他们思考，帮助学生获取记忆中的已有知识。由教师或学生提出一个现实世界的问题、复杂的问题或者全球性问题。然后学生头脑风暴产生可能性方案或构建对问题的解释。

2. 探索（exploration）

此阶段主要给学生时间去思考、设计、调查和组织收集到的信息。在这一阶段中，学生可以通过探索建立起科学、技术、工程、数学和其他学科之间的联系。鼓励学生选择和应用恰当方法解决复杂性问题，设计解决方案应对真实世界的挑战。

3. 解释（explanation）

此阶段学生将对他们的探索和探究进行分析和解释。他们澄清自己的理解发现，以多种方式交流。

4. 阐释或延伸（elaboration or extension）

此阶段学生有机会扩大和巩固他们对概念的理解。在 STEM 活动中，学生可以根据其他组的分享发现改进自己的模型设计。

5. 评价（evaluation）

评价贯穿于 5E 模式中。教师和学生开发了评估标准确定学生必须知道什么和做什么。在评估中，学生反映了他们应对复杂事物、问题和挑战的方案，参与同行评议，通过基于绩效的任务来展示理解。在每个 STEM 活动中，都配有记录单，教师和学生可以根据记录单的评分点，对各小组进行评分。

(五) 结语

综上所述，在非正规教育环境下开展 STEM 活动，可以有效弥补课内科学教育中动手做活动缺乏、班容量大、科学探究机会少等不足，为青少年搭建起广泛的科学学习的平台，提高孩子们主动学习的能力，同时青少年的观察能力、记录能力、创造能力和社会情绪能力也可以得以发展。当前，STEM 教学实践现在仍在进行中，学生的认知水平在不断进步，课程也要不断更迭出新，以满足学生的学习发展需求。中国的 STEM 教育仍处在引进理念和课程设计探索之中，也需要更多的小学科学教师和校外科学机构、科技场馆教师一起加入，丰富课程，切实发挥 STEM 的精髓，提高学生的科学素养，为国家培养创新人才。

参考文献

[1] 任福君，翟杰全. 科学传播与普及概论 [M]. 北京：中国科学技术出版社，2012.

[2] 任福君，尹霖. 科技传播与普及实践 [M]. 北京：中国科学技术出版社，2015.

[3] 周孟璞，松鹰. 科普学 [M]. 成都：四川科学技术出版社，2008.

[4] 贾英杰. 科普理论与政策研究初探 [M]. 成都：四川科学技术出版社，2016.

[5] 程东红. 中国现代科技馆体系研究 [M]. 北京：中国科学技术出版社，2015.

[6] 杨辰晓. 融媒体时代的科学传播机制研究 [D]. 郑州：郑州大学，2016.

[7] 陈鹏. 新媒体环境下的科学传播新格局研究 [D]. 合肥：中国科学技术大学，2012.

[8] 张瑞冬. 科技革命背景下的科学传播受众研究 [D]. 乌鲁木齐：新疆大学，2012.

[9] 李皋阳. 论网络时代的科技传播机制 [D]. 石家庄：河北师范大学，2012.

[10] 廖思琦. 网络科普传播模式研究 [D]. 武汉：华中师范大学，2015.

[11] 赵明月. 互联网时代科学传播的新路径探析 [D]. 福州：暨南大学，2013.

[12] 孙文彬. 科学传播的新模式 [D]. 合肥：中国科学技术大学，2013.

[13] 陈昆. 科普信息化背景下的科学传播模型研究 [D]. 长沙：湖南师范大学，2016.

[14] 段炼. 从二十世纪美国博物馆教育理念看博物馆教育角色的演变 [D]. 长沙：中南大学，2012.

[15] 杨建杰. 基于虚拟现实技术的博物馆网络仿真展示研究 [J]. 软件导刊，2015（9）：163-166.

[16] 吴丽雪. 中国数字科技馆中的网络科普教育新模式：参与式及体验式科普教育 [J]. 学周刊，2015（6）：226.

［17］马麒. 整合社会资源形成良性互动是推动场馆科普教育发展的有效形式［J］. 科普论坛，2013（4）：56-59.

［18］胡滨. SOLOMO 时代科技场馆的发展策略［J］. 科普研究，2015（2）：36-42.

［19］黄俊，杨晓飞. 博物馆数字化科普平台建设［J］. 文物保护与考古科学，2014（4）：116-121.

［20］张文婷. 科普展馆中信息数字视域下的展陈空间及展示形式设计［J］. 学术论坛，2015（1）：248-149.

［21］韩玉娟，张敏. 基于科普场馆的学科实践活动探索［J］. 开放学习研究，2016（6）：57-60.

［22］常娟，李博. 建立科技馆教育活动的新常态［J］. 学会，2015（6）：62-64.

［23］潘丽. 科普场馆多形式并存，现代模式融社会发展：浅谈现代科普场馆发展现状及趋势［J］. 大众科技，2013（9）158-160.

［24］纪丽君. 试析行业博物馆展教现状及功能的提升［J］. 博物馆研究，2013（1）：33-36.

［25］刘盈. 略论科普场馆科学传播活动创新发展的四个层面［J］. 科技通报，2015（7）：267-271.

［26］顾洁燕，王晨. 试论当代数字博物馆的模式和发展［J］. 科普研究，2011（4）：39-44.

［27］宋娴. 信息时代博物馆知识管理模式探究［J］. 中国博物馆，2010（4）：17-19.

［28］龙金晶，刘玉花. 世界科技场馆教育的角色演变与发展趋势研究［J］. 自然科学博物馆研究，2016（1）：27-34.

［29］廖红. "互联网＋科技馆"发展方向的思考［J］. 自然科学博物馆研究，2016（1）：35-42.

［30］朱幼文. 基于科学与工程实践的跨学科探究式学习：科技馆 STEM 教育相关重要概念的探讨［J］. 自然科学博物馆研究，2017，2（1）：5-14.

［31］宋向光. "异化"与"创新"：当代科技类博物馆面临的挑战与对策［J］. 自然科学博物馆研究，2016（1）：13-18，48.

［32］陆建松. 我国科技场馆建设存在的问题与发展对策思考［J］. 自然科学博物馆研究，2016（1）：19-26.

［33］叶兆宁，郝瑞辉，王蓓. 非正规教育环境下青少年 STEM 教育活动的设计与实践研究［J］. 自然科学博物馆研究，2016（1）：43-48.

[34] 伯纳德·希尔，高秋芳. 科学博物馆与科学中心：演化路径与当代趋势［J］. 自然科学博物馆研究，2016（4）：79-89.

[35] 王春山. 中西方博物馆文化产品开发比较研究［J］. 自然科学博物馆研究，2017（1）：62-68.

[36] 郑奕. 科学的博物馆教育活动组织管理模式［J］. 中国博物馆，2013（3）：64-72.

[37] 鲍贤清. 科技场馆中的创客式学习［J］. 自然科学博物馆研究，2016（4）：61-67.

[38] 王康友，李朝晖. 我国科技类博物馆发展研究报告［J］. 自然科学博物馆研究，2016（2）：5-13.

[39] 齐欣，朱幼文，蔡文东. 中国特色现代科技馆体系建设发展研究报告［J］. 自然科学博物馆研究，2016（2）：14-21.

[40] 唐志强，吕珊雁，于湛瑶. 我国专业科技场馆发展现状与对策研究［J］. 自然科学博物馆研究，2016（2）：30-35.

[41] 刘盈. 略论科普场馆科学传播活动创新发展的四个层面［J］. 科技通报，2015（7）：267-271.

[42] 孙莹. 科普场馆教育功能的类型及其实现机制［J］. 理论导刊，2012（2）：99-102.

[43] 郝倩倩. 移动技术在科技馆中的应用［J］. 科普研究，2013，8（3）82-86.

[44] 汤书昆，张勇. 从传播要素演化的角度探讨科技场馆的科学传播模式［J］. 科普研究，2011（3）：14-19.

[45] 米海波. 中国社会语境下科学咖啡馆科学传播模式的适应性探析［D］. 石家庄：河北大学，2014.

[46] 严建强. 博物馆媒介化：目标、途径与方法［J］. 自然科学博物馆研究，2016（3）：5-15.

[47] 周荣庭，黄钺，丁献美. 基于沉浸式媒介的科技馆科学传播模型建构与对策［J］. 自然科学博物馆研究，2016（3）：22-27.

[48] 许艳，曾川宁. 对科技馆的"使用与满足"研究：以江苏科技馆"引力波"主题活动为例［J］. 自然科学博物馆研究，2016（3）：28-32.

[49] 黄晓峰. 专题活动科普传播模式探索［J］. 大众科技，2016（2）：152-154.

[50] 田蕊. 美国移动科普网游发展模式分析及启示［J］. 科普研究，2015（4）：29-34.

[51] 任广乾. 科普体验中的认知：偏好与信念研究［J］. 科普研究，2011（1）：15-21.

[52] 胡小武、田蓉. 科普 NPO 到网络新贵："果壳传媒"商业反哺"科学松鼠会"公益的

路径分析［J］．科技与经济，2012（4）：11–15．

［53］朱幼文．科技场馆教育功能"进化论"［J］．科普研究，2014（4）：38–44．

［54］中国科技馆课题组．全国科技馆现状与发展趋势研究报告［R］．北京：中国科技馆，2011．

［55］李象益．"大科学"视野下科技馆教育的创新［J］．自然科学博物馆研究，2016（4）：17–21．

［56］谢俊翔，许艳．运用5E学习环等教学法设计科技馆教育活动的实践探索："星空探秘"活动策划［J］．自然科学博物馆研究，2016（4）：40–45．

［57］陈闯．"分解—体验—认知"：探究式展品辅导开发思路［J］．自然科学博物馆研究，2016（4）：46–52．

［58］朱幼文．新媒体时代科技馆教育的生存之道与发展之路［J］．上海科技馆，2014（2）：8–14．

［59］陈刚．智慧博物馆：数字博物馆发展新趋势［J］．中国博物馆，2013（4）：2–9．

［60］宋新潮．关于智慧博物馆体系建设的思考［J］．中国博物馆，2015（2）：12–15．

［61］张丽．克利夫兰美术博物馆的创新互动空间［J］．上海文化，2014（5x）：119–127．

［62］中国自然科学博物馆协会科技馆专业委员会课题组．基于展品的教育活动项目调研报告［R］．北京：中国科技馆，2017．

［63］张首驹，萧文斌．我国公共服务供给中科技馆的可持续发展研究［J］．科学与财富，2018（17）．

［64］常娟．科技馆教育功能及其形成机制探析［J］．科学之友，2011（9）：1–3．

［65］谢蓉，刘炜．SoLoMo与智慧图书馆［J］．新视野，2012（3）：5–10．

［66］胡滨．SOLOMO时代科技博物馆的发展策略［J］．科普研究，2015，10（2）：36–42．

［67］廖红．"互联网+科技馆"发展方向的思考［J］．自然科学博物馆研究，2016（1）：35–42．

［68］汤书昆，张勇．从传播要素演化的角度探讨科技博物馆的科学传播模式［J］．科普研究，2011（3）：14–19．

［69］张勇．科技博物馆科学传播模式研究［D］．合肥：中国科学技术大学，2011．

［70］谭茗元．STEM教育理念下科技馆馆校课程的开发与设计［J］．科技风，2018（10）．

［71］叶兆宁，郝瑞辉，王蓓．非正规教育环境下青少年STEM教育活动的设计与实践研究［J］．自然科学博物馆研究，2016（1）：43–48．